国家科学技术学术著作出版基金资助出版

现代机器与装备的机构创新设计

——特征溯源型综合理论及应用

郭为忠　林荣富　著

科学出版社
北　京

内 容 简 介

机构构型设计，亦称构型综合或型综合，是现代机器与装备产品开发过程中概念设计阶段最主要的任务。本书从机械运动功能入手，通过严格的数学证明，提出一套便于逻辑推演、适合概念设计阶段现代机器与装备机构的创新构思和设计的特征溯源型综合理论与方法，主要内容包括：现代机器功能结构与开发过程，基于任务需求的运动特征定义、提取、表达与分类，运动特征的运算法则与完备性证明，机构末端至支链末端的特征溯源设计，支链末端至关节的特征溯源设计，关节特征的拓扑构造，运动特征集聚方法与定性评价指标，面向复杂任务需求的特征溯源流程，以及应用案例。

本书可供从事机械工程、机器人、高端制造装备等学科和领域工作的工程师、研究人员、硕士和博士研究生阅读和参考。

图书在版编目(CIP)数据

现代机器与装备的机构创新设计：特征溯源型综合理论及应用 / 郭为忠，林荣富著. —北京：科学出版社，2024.1

ISBN 978-7-03-076817-9

Ⅰ. ①现… Ⅱ. ①郭… ②林… Ⅲ. ①机械设计 Ⅳ. ①TH122

中国国家版本馆 CIP 数据核字(2023)第 205763 号

责任编辑：许　健 / 责任校对：谭宏宇
责任印制：黄晓鸣 / 封面设计：殷　靓

科学出版社 出版
北京东黄城根北街 16 号
邮政编码：100717
http://www.sciencep.com

南京展望文化发展有限公司排版
苏州市越洋印刷有限公司印刷
科学出版社发行　各地新华书店经销

*

2024 年 1 月第　一　版　开本：B5(720×1000)
2024 年 1 月第一次印刷　印张：18
字数：353 000

定价：150.00 元

(如有印装质量问题，我社负责调换)

前　言

现代机器与装备发展日新月异，以机电一体化系统、自动化装备、智能机器、智能装备、机器人等为代表的现代机械在人类生活、国民经济和国家安全领域中广泛地得到应用，越来越成为一个国家和地区高科技发展水平的重要标志和国际竞争力的战略支点。现代机器与装备是典型的机电一体化系统，机械运动是其功能实现的核心手段，而机械运动生成和传递的功能载体是机构及其系统。根据任务和需求进行机械运动功能及载体的构思和设计，即现代机器与装备的机构型综合，是现代机器与装备产品开发的方案创新设计中最具有创造力的环节，是获取整机知识产权的核心途径，也是现代机构与机器人学的主要研究议题之一。如何根据任务和需求科学、理性地规划现代机器与装备的机械运动功能和形式、发明和设计相应的机构及其系统是极其重要的事情，事关一个国家/地区、企业高端机械装备的国内外市场竞争能力。

现代机器与装备机构的构型创新设计是一个典型的从设计任务/复杂运动功能需求出发、自上而下、正向进行构型创新设计的问题。对于真实的现代机器与装备的开发任务来说，任务和需求往往十分复杂，需要综合考虑多方面要求，并受到诸多条件约束，如执行任务时作为输出的构件可能会发生变化、转动特征轴线可能会发生交错、运动特征要求不同且在工作过程中动态变换等。与此同时，机械运动功能的机构解不局限于单一机构，而可能是复杂的机构系统。此外，型综合属于概念设计阶段，目前的构型综合过程多涉及较复杂的数学工具的有效运用，与概念设计阶段设计师主要依靠形象思维和逻辑推演来进行方案设计的基本特点有距离，实用化和应用推广受到制约。

本书从机械运动功能入手，以现代机器与装备的创新研发和任务功能需求为向导，提出一套便于逻辑推演的特征溯源规则，并加以严格的数学证明，形成一套适合现代机器与装备复杂机构创新构思和设计的特征溯源型综合理论方法。本书建立的方法适合以形象思维、定性推理和逻辑演绎为特点的概念设计阶段使用，不限于单一机构的设计任务，将构型方法从单一机构的型综合拓展到了现代机器与装备的型综合，既具有理论意义，又具有实用价值，易于工程应用与推广，特色鲜明。本书抓住现代机器与装备概念设计的思维特点，为现代机械与机器的原始创新设计提供思维方法和基本工具，有利于推动机构学在机器与装备原始性创新研发中得到基础性应用。

本书是一部学术专著，内容涵盖理论方法、应用案例和附录，理论方法部分从数学证明层、溯源法则层、机构构型层和方法应用层四个层面系统阐述了特征溯源型综合理论方法及设计流程，提炼出一套适合工程师使用的特征溯源型综合推演规则；应用案例部分通过案例研究示范了理论方法的具体运用；附录部分汇集了方便读者查阅的溯源法则、支链类型等补充材料。具体内容包括：理论方法部分的现代机器功能结构与开发过程，基于任务需求的运动特征定义、提取、表达与分类，运动特征的运算法则与完备性证明，机构末端至支链末端的特征溯源设计，支链末端至关节的特征溯源设计，关节特征的拓扑构造，运动特征集聚方法与定性评价指标，面向复杂任务需求的特征溯源流程；应用案例部分的运动特征集聚与设计的案例分析，固定式着陆器特征溯源设计，可移动式着陆器特征溯源设计，大型仿生恐龙机器人特征溯源设计；附录的符号与标记，运动特征溯源法则，支链类型，数学工具。

本书涉及的研究成果是在国家自然科学基金重点项目(51735009)和青年基金项目(51905338)、载人航天领域预先研究项目(0115)、机械系统与振动国家重点实验室重点基金项目(MSVZD202008)等支持下完成的，并得到2022年度国家科学技术学术著作出版基金资助，作者在此表示衷心感谢。同时，感谢郭文韬、郭令、唐佑远、赵常捷、李子岳、赵辰尧、何明达、朱高晗、胡源、王旭、韩有承等博士和硕士研究生对本书成果作出的贡献。

囿于作者水平，本书难免存在不妥之处，诚盼读者不吝批评指正。

郭为忠
于上海交通大学
2023年7月13日

目 录

第十一章 固定式着陆器特征溯源设计

第十二章 可移动式着陆器特征溯源设计

第十三章 大型仿生恐龙机器人特征溯源设计

附录一　符号与标记

附录二　运动特征溯源法则

附录三　支链类型

附录四　数学工具

第一章
绪　论

1.1　正确认识现代机械和机器

现代机械和机器种类繁多、形态各异，遍布生产生活、海陆空天、国防军工、生命生态等几乎所有领域，涵盖了仪器仪表、设施设备、装置装备、日常家用、健康养生、文化娱乐等各种门类。现代机器与装备（以下简称现代机器或现代机械）发展日新月异，以机器人、机电一体化系统、自动化装备、智能机器、智能装备等为代表的现代机械在人类生活、国民经济和国家安全领域中越来越广泛地得到应用，越来越成为一个国家和地区高科技发展水平的重要标志和国际竞争力的战略支点。特别是作为现代机械最典型代表的机器人，其技术进步直接推动了现代机构学的发展和深化，被广泛应用于航空航天、工程领域、医疗领域、农林畜牧、轻工业等不同领域的任务需求。

由于时代的飞速发展，现代机械与机器更多是被计算机局部或全面控制的现代机械系统，机械运动和/或机械承载是其核心功能实现的手段，机电一体化是其基本特征，网络化、智能化、云端化是其发展新阶段，集群化、群体化、社群化、社会化是其发展新趋势。对于典型的现代机器来说，机构及其系统（以下简称机构）是其机械运动和机械能生成、转换和传递的功能载体，它决定了机器的工作能力；信息处理与控制系统是机械运动规划设计和实施的功能载体，它是机器的指挥中枢，决定了机器执行任务时的工作性能；传感与检测系统是为信息处理与控制系统提供机器自身及环境的状态信息的功能载体，为机械运行过程中的信息处理与控制提供依据。因此，现代机器与装备的创新研发是一个以多目标融合、多学科交叉为特点的创造性设计开发过程。从机械运动生成、转换和传递的角度来看，如何根据任务和需求科学、理性地规划现代机器与装备的机械运动形式、发明和设计相应的机构是极其重要的事情，事关一个国家/地区、企业高端机械装备的国内外市场竞争能力。

现代机器与装备是典型的机电一体化系统。从方案设计和功能构成的视角来观察，现代机械与机器可以划分为运动执行和控制两大功能模块，即“干活”和“指挥干活”这两部分。其中，运动执行功能模块一般包含驱动、传动与执行三个单元，构成广义执行子系统；运动控制功能模块进一步可以划分为信息处理与控制、传感与检测两个子系统。运动执行功能模块或者说广义执行子系统的载体是作为执行单元的执行机构或系统、作为传动单元的传动机构或系统以及作为驱动单元的电机等原动机；运动控制功能模块的载体是控制计算机、控制板卡、控制器、驱动器、传感器，以及用于万物互联进行信息传递或感知的有线或无线网络、云系统等。现代机械与机器是通过控制与执行功能模块间的相互配合、相互协调、相互协作来共同实施机器和装备的机械运动，完成作业过程，实现机器和装备的功能和性能。因此，从机械运动功能组成的角度看，现代机械与机器可以认为是由广义执行、信息处理与控制、传感与检测三个功能子系统构成的，即现代机械与机器的“三子系统论”[1-3]。形象地说，对于现代机械与机器，机构是其执行机械运动的“骨骼系统”，是机器与装备的骨架和运动生成器，决定了系统功能与性能的“基因”；信息处理与控制、传感与检测两个子系统分别是机器的“大脑和神经中枢”“感官和神经末梢”，通过相互配合，起到感知机器自身和外部状态、指挥机构去高质量实施机械运动的作用。

对于现代机器与装备的方案创新设计来说，根据任务需求对机械运动功能进行构思和设计是其最具有创造力的环节，也是现代机器与装备研发获取核心知识产权的关键途径。从设计理论和方法来说，如何根据任务需求进行机械运动功能的构思和设计、获得合适的机构方案是需要解决的首要问题，这也是现代机构与机器人学的一个核心研究议题，即现代机器与装备机构的型综合问题（亦称构型综合、构型创新设计、拓扑综合、拓扑设计）。

现代机器与装备机构的构型创新设计是一个典型的从设计任务/复杂运动功能需求出发，自上而下、正向进行机构构型创新设计的问题。对于真实的现代机器与装备的开发任务来说，任务和需求往往十分复杂，需要综合考虑多方面要求，并受到诸多条件约束，如执行任务时作为输出的构件可能会发生变化、转动特征轴线可能会发生交错、运动特征要求不同且在工作过程中动态变换等。与此同时，机械运动功能的机构解也不一定局限于单一的机构，而可能是复杂的机构系统。此外，型综合属于概念设计阶段，目前的构型综合过程多涉及较复杂的数学工具的有效运用，与概念设计阶段设计师习惯于依靠形象思维和逻辑推演来进行方案设计的基本特点有距离，建立的型综合方法目前仍更多地局限于大学等科研机构的研究人员使用，实用化和应用推广受到制约。

本书从机械运动功能入手，以现代机器与装备的创新研发和任务功能需求为导向，提出一套便于逻辑推演的特征溯源规则，并加以严格数学证明，构建成一套适合现代机器与装备复杂机构创新构思和设计的特征溯源型综合理论方法。本书建立的方法适合以形象思维、定性推理和逻辑演绎为基本特点的概念设计阶段使用,且不限于简单任务、简单特征、单一机构的设计任务,将构型方法从单一机构的型综合拓展到了现代机器与装备及其系统的型综合,既具有学科理论意义,又具有实际应用价值,易于工程应用与推广,特色鲜明。本书提出的型综合方法抓住了现代机器与装备概念设计的思维特点,为现代机械与机器的原始创新设计提供了思维方法和基本工具,有利于推动机构学在机器与装备的原始性创新研发中得到基础性应用。

1.2 机构发展历史及其应用

机构是机械运动的载体,是机械和机器的“骨骼系统”与运动生成器,是满足运动功能需求的决定性因素和决定机械产品功能与性能的“基因”。机械的发展推动了人类文明的进步,可以说人类文明的进步史伴随着一部机械的发展史,而机械的发展史几乎就是一部新机构的发明史和应用机构发明新机械的文明史。从远古的简单机械、宋元时期的浑天仪到文艺复兴时期的计时装置和天文观测器;从达·芬奇的军事机械到工业革命时期的蒸汽机;从百年前莱特兄弟的飞机、奔驰的汽车到半个世纪前的模拟计算机和数控机床;从 20 世纪 60 年代的登月飞船到现代的空间站和星球探测器,再到信息时代的数据存储设备、消费电子设备和服务机器人,无一不说明了新机器的发明是社会发展的助推器、人类进步的动力源,即使在信息革命的今天,机械与机器的进步仍然是人类社会发展不可或缺的重要推动力。

机构类型众多、特性各异,有平面机构、空间机构之分,有低副机构、高副机构之分,有开链机构、闭链机构之分,有恰约束机构、过约束机构之分,有串联机构、并联机构、混联机构之分,有单自由度、多自由度机构之分,有简单机构、组合机构、机构组合之分,有单一机构、商联机构之分,也有一般机构、机器人机构、可重构机构之分。此外,也有根据构件数进行分类(如四杆机构、五杆机构、八杆机构)、根据运动副类型进行分类[如平面铰链机构、曲柄滑块机构、3 - RPS(R 代表转动关节 revolute joint, P 代表移动关节 prismatic joint)并联机构、6 - SPS(S 代表 spherical joint)并联机构]、根据驱动系统类型进行分类(如电机驱动、液压驱动、气动、压电陶瓷驱动)、根据驱动运动可编程性进行分类(如固定不可编程的普通电机驱动、可编程的步进电机/伺服电机驱动、可编程的伺服液压驱动)、根据机构杆长等参数变化与否进行分类(如常参数机构、变参数机构、可调参数机构)、根据材料刚度特性进行分类(如刚性机构、柔索机构、柔顺机构、软体机构)等。本书仅讨论刚性机构。

自机器人诞生以来,机器人机构学加速发展,现在已经成为机构学研究的主要方向和最为活跃的分支,极大地推动了现代机构学的发展,为此也常常将两者合在一起,并称为机构与机器人学(mechanisms and robotics)。与此相应,国内外相关学术组织、期刊等也出现将二者并称的现象，如 ASME Mechanisms and Robotics Committee、*Transactions of ASME-Journal of Mechanisms and Robotics*，中国国家自然科学基金委员会的学科资助方向为“机构学与机器人”（截至 2019 年）、“机器人与机构学”（2020 年至今）。

对于机器人机构来说，既有串联（开环、开链）、并联（闭环、闭链）、混联、商联等连接方式，也有低副、高副等连接关系，既有一般（普通、常规）输入输出、多输入少输出、少输入多输出、冗余输入（过输入）、欠输入，甚至多输入单输出、单输入多输出等输入输出关系，也有单机作业、多机协作、集群作业、流水线作业、商联运动等协作形式。

串联机构或含有局部闭链的串联机构是工业机器人的主流机构型式，也广泛应用于各类工业装备中，如生产线、机床、SCARA（selective compliance assembly robot arm）机器人等。串联机构属于开放的运动链拓扑结构，其特点在于：① 工作空间大；② 运动学建模/分析简易；③ 每个关节均为驱动副（主动副），可以独立控制；④ 一般而言，仅有一个电机安装在机架处，其余电机并非安装于机架处（往往安装于关节处），转动惯量较大。

并联机构被定义为动平台与机架间由至少两条独立运动支链连接的闭环机构，是封闭的运动链拓扑结构，与串联机构在应用上构成对偶互补关系，其特点在于：① 驱动副可安装于机架或接近机架位置，有利于减轻参与运动的质量和惯量，易于实现高速运动和良好的动态性能；② 因各支链间无误差累积效应，仅在支链内有误差累积效应，且支链间误差可相互部分抵消，并联机构末端位置运动精度相对较高；③ 结构紧凑、承载能力强、刚度高；④ 易于实现对称结构形式，工作空间性能分布较易实现各向同性；⑤ 工作空间相对较小。随着控制技术和计算工具的发展，并联机构成为国际学术界和工业界关注的一个热点。因相较于串联机构在刚度、承载、结构、精度等方面具有的优越特性[4]，并联机构在工业加工、导航定位、医药、食品抓取、3D 打印等领域逐步得到应用。与此同时，由于并联机构具有结构类型多样、运动多维耦合、工作空间性能分布迥异等特点，其设计与分析比串联机构更为复杂，对设计人员的数理力学等基础要求较高，且面向客户需求的任务驱动型机构设计方法还不完善。

早在 1931 年，Gwinnett[5]发明了一种基于球面并联机构（当时还没有并联机构的概念）的娱乐装置，其转动平台可以在任意方向倾斜以配合银幕的画面动作；1940 年，Pollard[6]提出了一种空间并联机构用于汽车的喷漆；1962 年，Gough 和 Whitehall[7]发明了一种基于六自由度并联机构的轮胎检测装置；1965 年，Stewart[8]为飞行模拟器提出 Stewart 机构并对其进行了分析；1978 年，Hunt[9]将包括 Stewart 并联机构在内的一类机构称为并联机器人操作器，标志着并联机器人的正式诞生。近年来，出现了一大批应用或可以等效为并联机构的机械产品，例如：用于隧道挖掘的盾构[10]、用于巨型重载操作的操作机[11]、模拟空间对接碰撞运动过程的多自由度运动模拟器[12]、实现精密加工的并联机床[13-15]、用于微操作的微动切割设备[16]、微操作机器人[17-19]、医疗远心并联机器人[20-23]、高速轻载的Delta并联机器人、步行机器人[24-29]、移动式并联机器人[30-34]、六维力传感器[35-37]、可移动式着陆器[38-42]。针对不同的应用场合,机构构型会不同,为获得符合要求的机构构型解,离不开面向任务需求的机构构型创新设计方法。

混联机构兼具串联、并联的结构优势,经合理设计后可获得良好的工作空间性能分布,实现运动范围大、速度快、刚度高等机构性能,已大量应用于工程实际中。

随着对高端装备需求的不断升级,传统的平面简单机构正向现代的空间复杂机构演进,机构特性由定拓扑向变拓扑、单环路向多环路、单层向多层、弱耦合向强耦合发展,新特性机构不断涌现,导致陆续出现一些新的机构学问题需要解决,特别是面向具体的产品开发任务,如何获得相应的机构构型满意解还需要从理论上加以系统性研究。

1.3 机器与机构的构型综合方法

机构学又称机械原理、机构与机器理论(mechanism and machine theory)、机构与机器科学(mechanism and machine science),是机械工程学科中的重要基础性研究分支。机构学研究的最高任务就是揭示自然和人造机械的机构组成原理,发明新机构,研究满足特定功能需求的机构分析与设计,为现代机械与机器人的设计、创新和发明提供系统的基础理论和方法。因此,机构学的研究对提高现代机械产品的设计和创新能力、提升现代装备技术水平和市场竞争力有着十分重要的意义[43]。

机构学主要包括机构结构学、机构运动学和机构动力学三个层面的理论和方法研究。机构结构学主要研究机构组成原理以及如何获得满足功能需求的拓扑构型(型),机构运动学和机构动力学则和性能(性)和尺度(度)相关。因此,机构的构型(型)、性能(性)、尺度(度)即构型综合、性能评价、尺度综合是机构分析和综合的三大核心研究议题,也是机械装备原创性开发需要解决的三大核心问题。其中,构型设计解决的是机构创成问题,涉及构型分析与综合两个方面,目的是确定满足特定功能需求的机构构型包括构件数与类型、运动副数与类型,以及相互连接方式,获得满足预期功能和性能要求的机构构型方案,是机构设计中最具创新性和发明性的阶段。为了减弱机构发明对个人经验和灵感的依赖程度,使得机构创新更具理论性、系统性和可操作性,国内外学者在机构构型分析与综合方面开展了卓有成效的工作,形成了各具特色的理论和方法体系,主要包括:基于螺旋理论的末端瞬时运动约束法及图谱法、基于李群理论的位移流形法、基于单开链和方位特征的拓扑综合方法、基于集合论的 G_F 集法等。

构型综合(拓扑结构设计)是指给定动平台自由度数目与运动性质(转动或移动),确定各分支运动链中运动副的类型、数目、几何布置、驱动副选取以及分支间的几何关系。构型综合是一个非数值、非线性和一对多的映射,实现“从 0 到 1”,决定知识产权的归属,体现原始创新。在国家自然科学基金委员会《机械工程学科发展战略报告(2011~2020)》中指出:在机构学研究中,重大科学问题涉及的是产品机构的原始创新问题,着力解决拓扑综合与尺度综合的集成设计问题[44]。法国机构学家 Merlet 曾在 2002 年美国机械工程年会主题报告中指出[45,46]:与开链机构相反,并联机构构型综合十分复杂,大多凭设计者的经验直觉,缺乏通用的理论工具。经过中外机构学者的不懈努力,机构综合研究取得长足进展。

根据机器人构型综合过程中应用的数学工具与表达方法的不同,现有国内外的构型综合的方法主要有基于约束层面、基于运动层面两方面和其他方法[47],其中基于约束层面的构型方法主要有:约束旋量综合法及基于 Grassmann 线几何和线图方法;基于运动层面的构型方法主要有:位移子群/流形综合法、方位特征综合法、G_F 集法、虚拟链法、基于线性变换和形态进化的构型方法、有限旋量综合法;其他方法主要包括:基于自由度计算的枚举法、构型演绎法、基于计算机可视综合法等方法。下面分别进行简要介绍。

1. 基于自由度计算的枚举法

基于自由度计算公式的列举法是比较传统的一种机器人构型创新的综合方法。少自由度并联机构自由度计算的 Grübler-Kutzbach 公式反映了自由度数目与机构的阶、杆件数、运动副数及各副自由度数间的关系。根据该公式,当给定自由度数目时,可推导出机构阶数、支链数及各支链自由度数间的关系。特别是对于支链结构相同,且支链数等于机构自由度数的对称机构,此计算关系式可进一步简化。Hunt 教授[48]、Tsai 教授是该流派的早期代表人物。其综合思路是:在给定机构所需的自由度后,根据自由度公式可导出每个分支运动链的运动副数,再由支链的结构关系,可以枚举分支运动链,进而得到构型。Hess-Coelho[49] 利用该方法对 3 自由度转动并联机构进行了综合。翟旭基于修正自由度计算公式,运用系统连杆法和拓扑矩阵-图表法对含有过约束的并联机构进行型综合[50]。此类方法简单直观易行,但不能保证找到所有可能的结果,无法给出分支运动链中各运动副间的相对几何关系和所有分支间的配置。另外,因该方法未考虑运动副的几何布置,易得出无效的结果,其存在一定的局限性。首先,由于只考虑了各支链与机构动平台约束系统之间在数值上的关系,列举法只能在给定自由度数目的条件下开展构型综合,无法得到具有指定自由度类型的机构;其次,作为列举法计算式中重要参数,除六自由度机构、三自由度平面和球面机构外,其他少自由度机构的阶取值难以确定,极大限制了该方法适用范围;同时,因 Grübler-Kutzbach 公式并未考虑各支链间冗余约束的存在,故该方法得不到过约束机构;另外,列举法只反映了各运动副、支链及机构之间在约束系统层面的数值关系,因此无法给出所综合机构中各支链内运动副间的几何排布关系,以及各支链空间布局,正如 Merlet 在 2002 年美国机械工程师协会设计工程技术会议(ASME Design Engineering Technical Conferences)所作的主题报告中指出的:列举法由于未考虑运动副的几何布置关系,容易得到无效的机构[1]。

2. 运动链发散创新方法

运动链发散创新方法(颜氏创新法)[51]是根据产品功能要求,将已经存在的结构以及机构作为功能解的初始机构,研究它的拓扑特征,然后将初始机构化为一般运动链,再根据一定规则进行演化得到新机构。从这些类型中采用能满足功能(设计要求)的特定化运动链的相应机构,得到所需的创新机构。这种方法在发现能实现相同功能的新机构、规避专利寻求替代机构、复原失传古机械等方面十分有效。

3. 构型演绎法

构型演绎法是以典型成熟的机构原型为蓝本,通过多种演化方法,例如:改变支链数目、改变驱动方式、改变平台型式、改变运动副以及运动副间的配置等,从而得到满足特定需求的新构型。此方法在工程应用中较为广泛,例如:瑞士苏黎世联邦高等工业学院开发的 Hexaglide 机械手便是将 Stewart 平台的移动副驱动改为水平平行布置;法国 Renault Automatio 公司开发的 Urane SX 高速卧式钻铣床,以及德国 Reichenbacher 公司开发的 Pegasus 型木材加工机床均利用平行四边形原理来实现动平台的三维平动,其本质是 Delta 机构的变异。范彩霞等[52, 53]基于构型演变和李群理论提出了一种解耦并联机构的综合方法。构型演变对于机构的综合是一种直接又实用的方法,其关键是基于合适的原型并联机构,然后通过多种演化方法来获得期望的新颖并联机构。该方法得到的新构型虽不属“原始创新”,但却符合人类对客观世界循序渐进的认知规律,且通常具有较好的工程实用价值。

4. 约束螺旋综合法

约束旋量综合法又称约束螺旋综合法,是基于旋量理论[54]中瞬时运动旋量(系)及其互易约束力旋量(系)的概念和性质提出的构型综合理论。其构型过程为:根据给定的期望自由度,得到机构运动螺旋系,求反螺旋得到机构的约束螺旋系,然后通过查表可以得到分支的约束螺旋系,再对其求反螺旋得到分支的运动螺旋系,对分支的运动螺旋系进行线性组合得到满意的分支运动链结构,然后根据对应的几何条件构建并联机构,最后进行机构瞬时性的判定,如图 1-1 所示。该方法已在并联机构综合中取得了丰硕成果。约束旋量综合法的基本原理最早由黄真等[55]在1997年提出,并用该方法综合出一种3-RHHH空间平动机构。在此基础上,黄真和李秦川[56, 57]、赵铁石和黄真[58]、Hunt[48]等综合出了少自由度结构对称的并联机器人机构。郭盛、方跃法等[59, 60]使用该方法综合得到对称四自由度和五自由度并联机器人机构。因瞬时运动与约束力旋量可直接表达转动/平动与约束力/约束力偶的轴线方位,故直观反映了机构在参考位形下的速度与约束系统特征。同时,考虑到瞬时旋量满足线性叠加原理,因此并联机构及其支链与运动副三者瞬时运动/约束力间的全部运算关系均建立在线性代数范畴内,使得该方法计算简洁,易于掌握和应用。因瞬时旋量系描述机构在参考位形下的瞬时运动特征,得到的机构可能是瞬时的,需要做运动全周性判断。黄真和李秦川[56, 61]、方跃法和Tsai[60]、Kong和Gosselin[62]在文章中均讨论并给出了避免得到瞬时机构的方法。

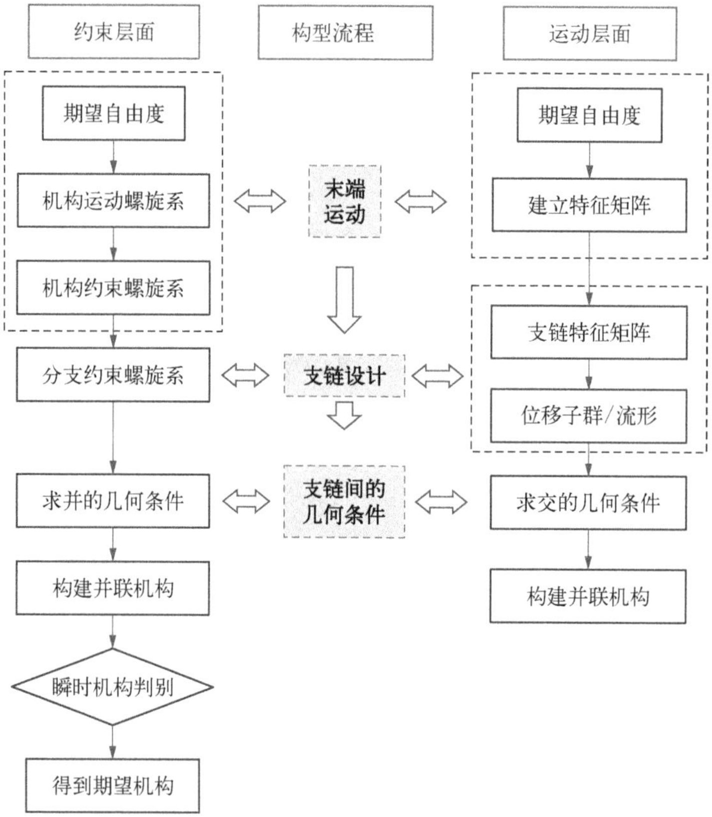

图1-1 并联机构构型综合流程

5. 基于虚拟链的构型法

孔宪文等[63-66]提出虚拟链的概念,并以此来表达末端特征,进而提出基于虚拟链的构型法。所谓虚拟链,是指在连续运动过程中末端刚体(串联虚拟链)/动平台(并联虚拟链)生成某种给定位形集合的运动链。其构型思路是:首先求解特定虚拟链的约束力旋量系,并将其分解到支链,然后构建自由度数目与虚拟链相同,结构中含虚拟链,且满足支链约束力旋量系的单环运动链,通过从满足条件的单环链中拆去虚拟链,获得可行支链结构,最终由这些支链组装出瞬时旋量系在任意位形下都与虚拟链相同的并联机构,最后选取驱动副。利用等效支链的概念,给出了并联机构具有全局自由度的充分条件:并联机构存在相应具有全局自由度的等效运动链。该方法给出了 13 种运动模式对应的虚拟链,可综合出具有全周自由度的机构。该方法通过借助虚拟链生成的运动定义机构运动模式,克服了约束旋量综合法在描述运动模式及其对应约束力旋量系方面存在的歧义,保证了机构的连续运动特性。

6. 基于位移子群的构型法

位移子群/位移流形综合法,是根据任意刚体有限运动集合均构成特殊欧式群 $SE(3)$ 的子群或子流形而提出的构型综合理论。基于位移子群的构型法的基本思路是:将支链末端刚体运动的集合抽象成位移子群,而将支链中各运动副所生成的末端刚体运动的集合抽象成其子群。通过对这些子群的求并运算得到支链末端运动的集合。因动平台的运动集合是支链末端位移运动的交集,故可通过对所有支链末端位移子群求交集得到动平台的运动。Hervé[67]采用位移子群研究并联机构的拓扑结构分析与综合问题,证明了所有六种低副所生成的运动都是位移子群,还给出了六种位移子群以及子群间交集的运算法则。李泽湘等[68]运用李群和李代数、微分流形等数学工具建立了少自由度并联机构构型分析与综合的几何理论与方法。李秦川和黄真等[69-72]运用李群和李代数概念对 3 自由度并联移动机构以及 $3R2T$ 型 5 自由度机构等进行型综合,综合出数种 3 自由度移动并联机构和 $3R2T$ 型 5 自由度机构。Angeles[73]运用位移子群方法提出并联机构的Ⅱ、$Ⅱ^2$、$Ⅱ^3$ 型铰链。孟建等[74]提出商联机构的概念,吴元庆[75]对实现商空间的并联机综合问题(包括运动类型分解和模块构型综合)进行研究,基于微分几何的方法对商联机构进行构型综合。于靖军等[76]基于位移子群和子流形方法得到正交的 3 自由度移动并联机构。李秦川和 Hervé 等研究了 Schoenflies 群与转动群合成的位移子流形对应的运动生成元为支链,综合出多种四自由度分叉 Schoenflies 运动并联机构,研究了非对称三自由度一平两转且无伴随运动机构以及三自由度 RPR 链运动等价机构[77-80]的构型综合问题,提出了上述两类并联机构的多种新构型。齐杨与孙涛基于位移子群图谱表示系统综合了二维转动机构[81]、球面并联机构[82]和 $1T3R$ 并联机构[83]的全部可行支链结构,并讨论了相应的装配条件。位移子群综合法的优点在于可以给出具有确定几何关系的分支运动链以及用多个分支运动链构造并联机构的几何条件,且因位移子群代表的是连续运动,其得到的机构都是非瞬时机构。

7. 方位特征集法

杨廷力等[84-86]提出了尺度约束类型、方位特征集、单开链单元三个概念，建立了基于方位特征集进行支链拓扑结构综合的方法，基本过程是：已知方位特征集和自由度，确定支链的方位特征矩阵，然后进行支链的类型综合，确定最少支链数，设计并联支链的组合方案和方位配置，最后检验自由度，得到期望的并联机构。邓嘉鸣等[87]、沈惠平等[88]、余同柱[89]将此方法应用于六自由度并联机构和混联机器人机构的型综合中。方位特征集可描述机构的有限位移运动，得到的机构无需瞬时性判断。

8. 基于线性变换和形态进化的构型方法

Gogu[90-94]根据雅可比矩阵的特性，将并联机构分为5种：maximally regular 并联机构、fully-isotropic 并联机构、uncoupled motions 并联机构、decoupled motions 并联机构以及 coupled motions 并联机构。基于线性变换理论，给出了机构活动度(mobility)、连接度(connectivity)和冗余度(redundancy)的定义及不同于传统自由度公式的计算方法。将形态进化定义为包含6个元素的多元体，包括设计目标集、组成部件集、形态算子集、评价指标集、解决方案集、形态进化的终止规则。依据进化论和遗传算法，给出了并联机构设计流程，综合出大量并联机构，还综合出多种复合运动副，如 R_b(rhombus loop)、P_{n2}(bimobile loop)和 P_{n3}(trimobile loop)等，在构型中引入了消极自由度及其条件。

9. 基于 G_F 集的构型方法

高峰等[95-100]提出了 G_F 理论，给出了机构末端转动特征任意可转性条件，建立了三类25种 G_F 集的分类方法，建立了末端约束集与末端特征 G_F 集的对应关系，给了 G_F 的求交运算法则，综合出了大量的支链和并联机构构型，并通过 P_a 副、U^* 副、U^P 副、^PU 副、2 - UU 副等运动副的引入，丰富了并联机构运动副的家族，从而得到更多的并联机构。此方法关注了转动轴线的性质，即转动特征是否具有迁移性，并开发了并联机构型综合软件原型系统。

10. 基于 Grassmann 线几何和线图方法

Hopkins 和 Culpepper[101]提出一种自由度和约束拓扑(freedom and constraint topology, FACT)的互补方法和设计原则，为多自由度并联柔性机构的拓扑综合提供了方法，其特点在于：将自由度和约束的拓扑结构以图形化方式直观形象地呈现出来，适用于概念设计阶段。于靖军、刘辛军和谢福贵等[102-108]基于 Grassmann 线几何和线图方法，综合出多种并联机构和柔顺机构。

11. 基于有限位移螺旋方法

黄田等[109-112]揭示有限旋量与对偶四元数之间的内在关联，研究旋量三角积运算的性质，揭示有限与瞬时旋量集合的代数结构及其内在联系，构建两种旋量之间的代数映射关系基于螺旋的三角形法则提出有限螺旋方法。进而基于有限旋量这一数学工具，构造机构、支链及支链中运动副的有限运动解析表达式和关联关系，给出构型综合的一般流程，并综合出包括 3*T*、3*T*1*R*、3*T*2*R* 等多类并联机构。

12. 机构构型计算机可视化实现方法

随着计算机技术的兴起，将先进的计算机技术与机构构型综合理论融合，形成数字化机构构型综合理论，进而实现构型综合的计算机化、自动化、可视化，引起许多学者的兴趣。丁华锋和曹文熬等[113-115]提出空间并联机构的数字化构型综合方法，分别推导了九种少自由度对称和非对称并联机构的约束模式。将螺旋的参数化表达与字符描述相结合，实现了分支运动螺旋系的自动求解。实现了自由度瞬时性自动判别，最终实现了空间并联机构的自由度数字化自动分析。研究了在给定约束模式下的构型综合过程，建立了各种少自由度并联机构的构型数据库，开发了人机交互的构型软件。孟祥敦和高峰[116]根据所提出的 G_F 集构型方法开发了相应的软件原型系统。

除了上述构型方法外，一些方法仍在不断涌现。

郭令等[117]提出支链末端特征的实轴迁移定理和虚轴迁移定理，分 6 种情况采用虚设转动副法利用自由度分析加以证明，并利用轴线迁移定理分析了两种新机构的末端转动特征。林荣富等[118]基于上下组合思想，提出构造"海狮顶球"机构的构型方法。Kuo 和 Dai [119]提出构造含有被动支链的系统方法，得到 2、3、4 和 5 自由度的并联机构。郭文韬等[120]提出基于螺旋理论的含被动支链并联机构的构型方法，论证了在刚度上存在的优势。曹文熬、丁华锋等[121, 122]基于螺旋理论构造出空间多环耦合机构，曾强、叶伟等[123-126]提出具有串并混联形式与变自由度特性的空间多环机构的拓扑设计方法，综合出多种空间多环机构和具有变自由度特性的多环机构。Caro 等[127, 128]提出约束图谱分类，并基于此提出无约束奇异的 3*T*1*R* 和 3*T*2*R* 运动模式的机构构型。

上述方法各有特色，为构型综合提供了多样化的解决路径。随着科技的不断进步，创新研发满足更为复杂多样需求的新机器、新装备的产品开发任务不断涌现，从实际需求出发找到满足多方面技术要求的产品机构构型解的现代机械产品概念设计的理论和方法值得继续研究。

1.4 本书内容

目前对满足复杂功能要求的现代机器与装备机构构型设计方法研究较少，主要是针对单一机构开展研究，较少从复杂多样的工程需求出发考虑输出运动特征更为复杂的情况。同时，型综合属于产品研发的概念设计阶段，目前的构型综合过程多涉及较复杂的数学工具的有效运用，与概念设计阶段设计师主要依靠形象思维和逻辑推演来进行方案设计的基本特点存在一定距离。现代机器与装备机构的构型创新设计是一个典型的从设计任务/复杂运动功能需求出发、自上而下、正向进行构型创新的问题。对于真实的现代机器与装备的开发任务来说，任务和需求往往十分复杂，需要综合考虑多方面要求，并受到诸多条件约束，如执行任务时作为输出的构件可能会发生变化、转动特征轴线可能会发生交错、运动特征要求不同且在工作过程中动态变换等。与此同时，机械运动功能的机构解不一定局限于单一机构，而可能是更为复杂的机构系统。

本书从机械运动功能入手，以现代机器与装备的创新研发和任务功能需求为向导，提出一套便于逻辑推演的特征溯源规则，并加以严格数学证明，构建成一套适合现代机器与装备复杂机构创新构思和设计的特征溯源型综合理论方法。考虑到机构的末端运动特征是由各关节特征共同作用决定的，因此机构构型综合的过程可以认为是从期望的机构末端特征经由一定的法则溯源至各关节特征及其构造的过程，本书称这个过程为特征溯源。特征溯源型综合过程可以划分为四个大的阶段：① 任务需求至机构末端特征的溯源/设计；② 机构末端特征至支链末端特征的溯源/设计；③ 支链末端特征至关节特征的溯源/设计；④ 基于关节特征的关节构造。为清晰论证本书提出的特征溯源型综合理论，将本书内容划分为四个层次，包括：数学证明层、溯源法则层、机构构型层和方法应用层，如图 1－2 所示。

全书分理论方法、应用案例、附录三个部分，理论方法部分从数学证明层、溯源法则层、机构构型层和方法应用层四个层面系统阐述了特征溯源型综合理论方法及流程，提炼出一套适合工程师使用的特征溯源型综合推演规则；应用案例部分通过案例研究示范了理论方法的具体运用；附录部分汇集了方便读者的补充材料。具体内容包括：绪论（第一章）；理论方法部分包括第二章至第九章，即现代机器的功能结构与开发过程（第二章）、基于任务需求的运动特征定义、提取、表达与分类（第三章）、运动特征的运算法则与完备性证明（第四章）、机构末端至支链末端的特征溯源设计（第五章）、支链末端至关节的特征溯源设计（第六章）、关节特征的拓扑构造（第七章）、运动特征集聚方法与定性评价指标（第八章）、面向复杂任务需求的特征溯源流程（第九章）；应用案例部分包括第十章至第十三章，即运动特征集聚与设计的案例分析（第十章）、固定式着陆器特征溯源设计（第十一章）、可移动式着陆器特征溯源设计（第十二章）、大型仿生恐龙机器人特征溯源设计（第十三章）；附录部分包括符号与标记（附录一）、运动特征溯源法则（附录二）、支链类型（附录三）、数学工具（附录四）。

本书建立的方法适合于以形象思维、定性推理和逻辑演绎为特点的概念设计阶段使用，不限于单一机构的设计任务，将构型方法从单一机构的型综合拓展到了现代机器与装备的型综合，既具有理论意义，又具有实用价值，有利于推动机构学在机器与装备原始性创新研发中得到基础性应用。

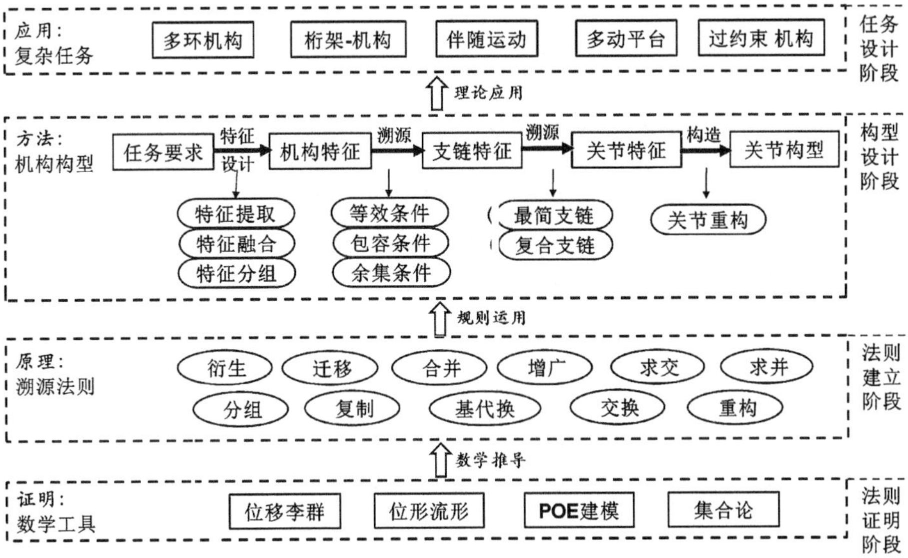

图 1-2　运动特征溯源型综合方法

参考文献

[1] 郭为忠, 邹慧君. 机电产品运动方案创新的人机协同研究[J]. 计算机辅助设计与图形学学报, 2002, 14 (2): 176-180.

[2] 郭为忠, 梁庆华, 邹慧君. 机电一体化产品创新的概念设计研究[J]. 中国机械工程, 2002, 13 (16): 6.

[3] 郭为忠, 梁庆华, 邹慧君. 略论机电运动产品及其概念设计方法[C]. 大连: 中国机械工程学会现代设计理论与方法学术研讨会, 2001.

[4] Dasgupta B, Mruthyunjaya T S. The Stewart platform manipulator: A review[J]. Mechanism and Machine Theory, 2000, 35 (1): 15-40.

[5] Myers H A. Amusement device: US1198749A[P], 1931.

[6] Pollard G. Spray painting machine: US2192357A[P], 1940.

[7] Gough V E, Whitehall S G. Universal tire test machine: GB991531A[P], 1962.

[8] Stewart D. A platform with six degrees of freedom[J]. Proceedings of the Institution of Mechanical Engineers, 1965, 180(1): 371-386.

[9] Hunt K H. Kinematic geometry of mechanisms[M]. New York: Oxford University Press, 1978.

[10] Guo W T, Guo W Z, Gao F, et al. Innovative group-decoupling design of a segment erector based on G_F set theory[J]. Chinese Journal of Mechanical Engineering, 2013, 26(2): 264-274.

[11] Chu X P, Gao F, Guo W Z, et al. Complexity of heavy-payload forging manipulator based on input/output velocity relationship[J]. Proceedings of the Institution of Mechanical Engineers Part C: Journal of Mechanical Engineering Science, 2010, 1 (11): 1-9.

[12] Zhang J Z, Gao F, Yu H N, et al. Use of an orthogonal parallel robot with redundant actuation

as an earthquake simulator and its experiments[J]. ARCHIVE Proceedings of the Institution of Mechanical Engineers Part C: Journal of Mechanical Engineering Science, 2012, 226 (1): 257-272.

[13] Siciliano B. The Tricept robot: Inverse kinematics, manipulability analysis and closed-loop direct kinematics algorithm[J]. Robotica, 1999, 17(4), 437-445.

[14] Huang T S, Li M, Zhao X M, et al. Conceptual design and dimensional synthesis for a 3-DOF module of the TriVariant-a novel 5-DOF reconfigurable hybrid robot[J]. IEEE Transactions on Robotics, 2005, 21 (3): 449-456.

[15] Li M, Huang T, Mei J P, et al. Dynamic formulation and performance comparison of the 3-DOF Modules of two reconfigurable PKM — the Tricept and the TriVariant[J]. Journal of Mechanical Design, 2005, 127 (6): 1129-1136.

[16] 高峰，金振林，刘辛军，等. 六自由度并联解耦结构微动机器人：CN1086163C [P], 2002.

[17] Culpepper M L, Anderson G. Design of a low-cost nano-manipulator which utilizes a monolithic, spatial compliant mechanism[J]. Precision Engineering, 2004, 28 (4): 469-482.

[18] Hesselbach J, Raatz A, Wrege J, et al. Design and analysis of a macro parallel robot with flexure hinges for micro assembly tasks [C]. Tokyo: Proceedings of 35th International Symposium on Robotics (ISR), 2004.

[19] Nguyen T V, Ting Y, Leorna M. Development of 6DOF nano-precision stewart platform for nano-milling application [C]. Nanjing: 2014 IEEE International Conference on Robotics and Biomimetics (ROBIO 2014), 2014.

[20] Chen G L, Wang J P, Wang H. A new type of planar two degree-of-freedom remote center-of-motion mechanism inspired by the Peaucellier — Lipkin straight-line linkage[J]. Journal of Mechanical Design, 2018, 141 (1): 015001.

[21] Chen G L, Wang J, Wang H, et al. Design and validation of a spatial two-limb $3R1T$ parallel manipulator with remote center-of-motion[J]. Mechanism and Machine Theory, 2020, 149: 103807.

[22] 陈泽. 微创手术机器人不动点机构综合[D]. 天津：天津大学, 2017.

[23] 宗光华，裴旭，于靖军，等. 双平行四杆型远程运动中心机构的设计[J]. 机械工程学报, 2007, 43 (12): 103-108.

[24] Ota Y, Kan Y, Ito F, et al. Design and control of 6-DOF mechanism for twin-frame mobile robot[J]. Autonomous Robots, 2001, 10 (3): 297-316.

[25] Nagakubo A, Hirose S. Walking and running of the quadruped wall-climbing robot [C]. Piscataway: Proceedings of IEEE International Conference on Robotics and Automation, 1994.

[26] Sugahara Y, Carbone G, Hashimoto K, et al. Experimental stiffness measurement of WL-16RII biped walking vehicle during walking operation[J]. Journal of Robotics and Mechatronics, 2007, 19 (3): 272-280.

[27] 程刚. 并联式仿生机械腿结构设计及动力学研究[D]. 徐州：中国矿业大学,2008.

[28] 崔冰艳. 仿生机器人并联关节/运动单元的性能分析与设计[D]. 秦皇岛：燕山大学,2011.

[29] 荣誉. 基于并联机械腿的六足机器人分析与设计[D]. 秦皇岛：燕山大学,2015.

[30] Liu R, Li R M, Yao Y A. Reconfigurable deployable Bricard-like mechanism with angulated

elements[J]. Mechan. Mach. Theory, 2020, 151: 103917.
[31] Liu Y, Li Y Z, Yao Y A, et al. Type synthesis of multi-mode mobile parallel mechanisms based on refined virtual chain approach[J]. Mechanism and Machine Theory, 2020, 152: 103908.
[32] Sun X M, Li R M, Xun Z Y, et al. A multiple-mode mechanism composed of four antiparallelogram units and four revolute joints[J]. Mechanism and Machine Theory, 2020, 155: 104106.
[33] Sun X M, Li R M, Yao Y A. A new Bricard-like mechanism with anti-parallelogram units[J]. Mechanism and Machine Theory, 2020, 147: 103753.
[34] 关永瀚, 姚燕安, 刘超. 单自由度八面体概率滚动机器人[J]. 机械工程学报, 2020, 56(7): 58-65.
[35] 杜铁军. 机器人误差补偿器研究[D]. 秦皇岛: 燕山大学, 1994.
[36] 高峰, 陈玉龙, 彭斌彬, 等. 新型解耦和各向同性五维力传感器性能分析[J]. 机械工程学报, 2004, 40 (9): 71-74.
[37] 宫金良, 张彦斐, 周玉林, 等. 一种新型六维鼠标在虚拟现实技术中的应用[J]. 传感器技术, 2005, 24 (9): 82-84.
[38] Lin R F, Guo W Z. Novel design of a family of legged mobile landers based on decoupled landing and walking functions[J]. Journal of Mechanical Science and Technology, 2020, 34: 3815-3822.
[39] Lin R F, Guo W Z, Chen X B, et al. Type synthesis of legged mobile landers with one passive limb using the singularity property[J]. Robotica, 2018, 36 (12): 1836-1856.
[40] Lin R F, Guo W Z, Li M. Novel design of legged mobile landers with decoupled landing and walking functions containing a rhombus joint[J]. Journal of Mechanisms and Robotics, 2018, 10 (6): 061017.
[41] Lin R F, Guo W Z, Li M, et al. Novel design of a legged mobile lander for extraterrestrial planet exploration[J]. International Journal of Advanced Robotic Systems, 2017, 14 (6): 1729881417746120.
[42] Lin R F, Guo W Z, Zhao C J, et al. Topological design of a new family of legged mobile landers based on truss-mechanism transformation method[J]. Mechanism and Machine Theory, 2020, 149: 103787.
[43] 高峰. 机构学研究现状与发展趋势的思考[J]. 机械工程学报, 2005, 41(8): 3-17.
[44] 国家自然科学基金委员会工程与材料科学部. 机械工程学科发展战略报告: 2011-2020[M]. 北京: 科学出版社, 2010.
[45] Merlet J P. Still a long way to go on the road for parallel mechanisms[C]. Montreal: ASME Design Engineering Technical Conferences, 2002.
[46] Merlet J P. An initiative for the kinematics study of parallel manipulators[C]. Montreal: Workshop on Fundamental Issues and Future Research Directions for Parallel Mechanisms and Manipulators, 2002.
[47] Ye W, Li Q C. Type synthesis of lower mobility parallel mechanisms: A review[J]. Chinese Journal of Mechanical Engineering, 2019, 32 (1): 1-11.
[48] Hunt K H. Structural kinematics of in-parallel-actuated robot-arms[J]. Journal of Mechanical Design, 1983, 105 (4): 705-712.

[49] Hess-Coelho T A. Topological synthesis of a parallel wrist mechanism[C]. Salt Lake City: ASME 2004 International Design Engineering Technical Conferences and Computers and Information in Engineering Conference, 2004.
[50] 翟旭. 基于修正自由度公式的并联机构型综合理论[D]. 秦皇岛: 燕山大学, 2009.
[51] 颜鸿森. 颜氏创造性机构设计(一)设计方法[J]. 机械设计, 1995(10): 39-41, 59.
[52] Fan C X, Liu H X, Zhang Y B. Type synthesis of 2*T*2*R*, 1*T*2*R* and 2*R* parallel mechanisms [J]. Mechanism and Machine Theory, 2013, 61 (1): 184-190.
[53] 范彩霞, 刘宏昭. 基于李群理论的双驱动 2*T*3*R* 五自由度并联机构型综合[J]. 中国机械工程, 2012, 23 (17): 2053-2057.
[54] Barus C. A treatise on the theory of screws[J]. Science, 1900, 12(313): 1001-1003.
[55] 黄真, 孔令富, 方跃法. 并联机器人机构学理论及控制[M]. 北京: 机械工业出版社, 1997.
[56] Huang Z, Li Q C. General methodology for type synthesis of symmetrical lower-mobility parallel manipulators and several novel manipulators[J]. International Journal of Robotics Research, 2002, 21 (2): 131-146.
[57] Huang Z, Li Q C. Type synthesis of symmetrical lowermobility parallel mechanisms using the constraint-synthesis method[J]. International Journal of Robotics Research, 2003, 22 (1): 59-82.
[58] 赵铁石, 黄真. 欠秩空间并联机器人输入选取的理论与应用[J]. 机械工程学报, 2000, 36 (10): 81-85.
[59] 郭盛, 方跃法, 岳聪. 基于螺旋理论的单闭环多自由度过约束机构综合[J]. 机械工程学报, 2009, 45 (11): 38-45.
[60] Fang Y F, Tsai L W. Structure synthesis of a class of 4-DoF and 5-DoF parallel manipulators with identical limb structures[J]. The International Journal of Robotics Research, 2002, 21 (9): 799-810.
[61] Huang Z, Li Q C. Type synthesis of symmetrical lower-mobility parallel mechanisms using the constraint-synthesis method[J]. The International Journal of Robotics Research, 2003, 22 (1): 59-79.
[62] Kong X W, Gosselin C M. Type synthesis of 3-DOF translational parallel manipulators based on screw theory[J]. Journal of Mechanical Design, 2004 , 126(1): 83-92.
[63] Kong X W, Gosselin C M. Type synthesis of 3-DOF spherical parallel manipulators based on screw theory[J]. Journal of Mechanical Design, 2004, 126 (1): 101-108.
[64] Kong X W, Gosselin C M. Type synthesis of 5-DOF parallel manipulators based on screw theory[J]. Journal of Robotic Systems, 2005, 22 (10): 535-547.
[65] Kong X W, Gosselin C M. Type synthesis of 4-DOF SP-equivalent parallel manipulators: A virtual chain approach[J]. Mechanism and machine theory, 2006, 41(11): 1306-1319.
[66] Kong X W. Type synthesis and kinematics of general and analytic parallel mechanisms[D]. Quebec: Laval University, 2003.
[67] Hervé J M. Analyse structurelle des mécanismes par groupe des déplacements[J]. Mechanism and Machine Theory, 1978, 13 (4): 437-450.
[68] Liu G F, Meng J, Xu J J, et al. Kinematic synthesis of parallel manipulators: A lie theoretic

approach[C]. Las Vegas: 2003 IEEE/RSJ International Conference on Intelligent Robots and Systems, 2003.

[69] 李秦川，黄真. 基于位移子群分析的3自由度移动并联机构型综合[J]. 机械工程学报，2003, 39 (6): 18-21.

[70] Li Q C, Huang Z, Hervé J M. Type synthesis of 3*R*2*T* 5-DOF parallel mechanisms using the Lie group of displacements[J]. Robotics and Automation IEEE Transactions, 2004, 20 (2): 173-180.

[71] Li Q C, Xu L M, Chen Q H, et al. New family of RPR-equivalent parallel mechanisms: Design and application[J]. Chinese Journal of Mechanical Engineering, 2017, 30(2): 1-5.

[72] Li Q C, Chai X X, Chen Q H. Review on 2*R*1*T* 3-DOF parallel mechanisms[J]. Chinese Science Bulletin, 2017, 62(14): 1509-1519.

[73] Angeles J. The qualitative synthesis of parallel manipulators[J]. Journal of Mechanical Design, 2004, 126 (4): 617-624.

[74] Meng J, Liu G F, Li Z X. A geometric theory for analysis and synthesis of sub-6 DoF parallel manipulators[J]. IEEE Transactions on Robot, 2007, 23 (4): 625-649.

[75] 吴元庆. 商联机构：建模、分析与综合[D]. 上海：上海交通大学，2010.

[76] Yu J J, Dai J S, Bi S S, et al. Numeration and type synthesis of 3-DOF orthogonal translational parallel manipulators[J]. Progress in Natural Science: Materials International, 2008, 18 (5): 563-574.

[77] Li Q C, Hervé J M. 1*T*2*R* parallel mechanisms without parasitic motion[J]. IEEE Transactions on Robot, 2010, 26 (3): 401-410.

[78] Li Q C, Hervé J M. Structural shakiness of nonoverconstrained translational parallel mechanisms with identical limbs[J]. IEEE Transaction on Robot, 2009, 25 (1): 25-36.

[79] Li Q C, Chen Q H, Wu C Y, et al. Geometrical distribution of rotational axes of 3-[P][S] parallel mechanisms[J]. Mechanism and Machine Theory, 2013, 65: 46-57.

[80] Ye W, Li Q C, Chai X X. New family of 3-DOF up-equivalent parallel mechanisms with high rotational capability[J]. Chinese Journal of Mechanical Engineering, 2018, 31 (1): 57-68.

[81] Song Y M, Qi Y, Dong G, et al. Type synthesis of 2-DoF rotational parallel mechanisms actuating the inter-satellite link antenna[J]. Chinese Journal of Aeronautics, 2016, 29 (6): 1795-1805.

[82] Qi Y, Sun T, Song Y M, et al. Topology synthesis of three-legged spherical parallel manipulators employing Lie group theory[J]. Proceedings of the Institution of Mechanical Engineers, Part C: Journal of Mechanical Engineering Science, 2015, 229 (10): 1873-1886.

[83] Sun T, Song Y M, Gao H, et al. Topology synthesis of a 1-translational and 3-rotational parallel manipulator with an articulated traveling plate[J]. Journal of Mechanisms and Robotics, 2015, 7 (3): 310151-310159.

[84] 杨廷力. 机器人机构拓扑结构设计[M]. 北京：科学出版社，2012.

[85] Yang T L, Sun D J. A general degree of freedom formula for parallel mechanisms and multiloop spatial mechanisms[J]. Journal of Mechanisms and Robotics, 2012, 4 (1): 011001.

[86] Yang T L, Liu A X, Jin Q, et al. Position and orientation characteristic equation for topological design of robot mechanisms[J]. Journal of Mechanical Design, 2009, 131 (2): 021001.

[87] 邓嘉鸣，余同柱，沈惠平，等. 基于方位特征的六自由度并联机构型综合[J]. 中国机械工程，2012，23 (21)：2525－2530.
[88] 沈惠平，赵海彬，邓嘉鸣，等. 基于自由度分配和方位特征集的混联机器人机型设计方法及应用[J]. 机械工程学报，2011，47 (23)：56－64.
[89] 余同柱. 基于方位特征集的并联机构型综合研究与应用[D]. 常州：常州大学，2013.
[90] Gogu G. Structural synthesis of fully-isotropic parallel robots with Schönflies motions via theory of linear transformations and evolutionary morphology[J]. European Journal of Mechanics – A/Solids, 2007, 26 (2): 242－269.
[91] Gogu G. Structural synthesis of parallel robots. Part 1: Methodology[J]. Dordrecht: Springer Dordrecht, 2007.
[92] Gogu G. Structural synthesis of parallel robots. Part 2: Translational topologies with two and three degrees of freedom[M]. Dordrecht: Springer Dordrecht, 2009.
[93] Gogu G. Structural synthesis of parallel robots. Part 3: Topologies with planar motion of the moving platform[M]. Dordrecht: Springer Dordrecht, 2010.
[94] Gogu G. Structural synthesis of parallel robots. Part 4: Other topologies with two and three degrees of freedom[M]. Dordrecht: Springer Dordrecht, 2012.
[95] Yang J, Gao F, Ge Q J, et al. Type synthesis of parallel mechanisms having the first class G_F sets and one-dimensional rotation[J]. Robotica, 2011, 29 (6): 895－902.
[96] Gao F, Yang J, Ge Q J. Type synthesis of parallel mechanisms having the second class G_F sets and two dimensional rotations[J]. Journal of Mechanisms and Robotics, 2011, 3(1): 623－632.
[97] Gao F, Li W M, Zhao X C, et al. New kinematic structures for 2－, 3－, 4－, and 5－DOF parallel manipulator designs[J]. Mechanism and Machine Theory, 2002, 37 (11): 1395－1411.
[98] 高峰，杨加伦，葛巧德. 并联机器人型综合的 G_F 集理论[M]. 北京：科学出版社，2011.
[99] Meng X D, Gao F, Wu S F, et al. Type synthesis of parallel robotic mechanisms: Framework and brief review[J]. Mechanism and Machine Theory, 2014, 78 (4): 177－186.
[100] 孟祥敦. 并联机器人机构的数综合与型综合方法[D]. 上海：上海交通大学，2014.
[101] Hopkins J B, Culpepper M L. Synthesis of multi-degree of freedom, parallel flexure system concepts via freedom and constraint topology (FACT) — Part I: Principles[J]. Precision Engineering, 2010, 34 (2): 259－270.
[102] Xie F G, Liu X J, Wang J S. A 3－DOF parallel manufacturing module and its kinematic optimization[M]. New York: Pergamon Press, 2012.
[103] Yu J J, Li S Z, Pei X, et al. A unified approach to type synthesis of both rigid and flexure parallel mechanisms[J]. 中国科学：技术科学, 2011, 54 (5): 1206－1219.
[104] Xie F G, Liu X J, Wang C. Design of a novel 3－DoF parallel kinematic mechanism: Type synthesis and kinematic optimization[J]. Robotica, 2015, 33 (3): 622－637.
[105] Xie F G, Liu X J, You Z, et al. Type synthesis of 2*T*1*R*-type parallel kinematic mechanisms and the application in manufacturing[J]. Robotics and Computer Integrated Manufacturing, 2014, 30 (1): 1－10.
[106] Xie F G, Li T M, Liu X J. Type synthesis of 4－DOF parallel kinematic mechanisms based on

Grassmann line geometry and atlas method[J]. 中国机械工程学报：英文版，2013，26（6）：1073－1081.
[107] 于靖军，裴旭，宗光华. 机械装置的图谱化创新设计[M]. 北京：科学出版社，2014.
[108] Yu J J, Li S Z, Pei X, et al. A unified approach to type synthesis of both rigid and flexure parallel mechanisms[J]. Science China Technological Sciences, 2011, 54（5）：1206－1219.
[109] Yang S F, Sun T, Huang T, et al. A finite screw approach to type synthesis of three-DOF translational parallel mechanisms[J]. Mechanism and Machine Theory, 2016, 104：405－419.
[110] Yang S F, Sun T, Huang T. Type synthesis of parallel mechanisms having $3T1R$ motion with variable rotational axis[J]. Mechanism and Machine Theory, 2017, 109：220－230.
[111] Sun T, Yang S F, Huang T, et al. A way of relating instantaneous and finite screws based on the screw triangle product[J]. Mechanism and Machine Theory, 2017, 108：75－82.
[112] 杨朔飞. 基于有限旋量的并联机构构型综合方法研究[D]. 天津：天津大学，2016.
[113] Cao W A, Ding H, Zi B, et al. New structural representation and digital-analysis platform for symmetrical parallel mechanisms[J]. International Journal of Advanced Robotic Systems, 2013, 10（3）：1－10.
[114] Ding H, Huang Z, Mu D J. Computer-aided structure decomposition theory of kinematic chains and its applications[J]. Mechanism and Machine Theory, 2008, 43（12）：1596－1609.
[115] Ding H, Cao W A, Cai C W, et al. Computer-aided structural synthesis of 5－DOF parallel mechanisms and the establishment of kinematic structure databases[J]. Mechanism and Machine Theory, 2015, 83：14－30.
[116] Meng X D, Gao F. A framework for computer-aided type synthesis of parallel robotic mechanisms[J]. ARCHIVE Proceedings of the Institution of Mechanical Engineers Part C：Journal of Mechanical Engineering Science, 2014, 228（18）：3496－3504.
[117] 郭令，郭为忠，高峰. 支链末端特征的轴线迁移定理与应用[J]. 机械工程学报，2015（7）：24－29.
[118] Lin R F, Guo W Z, Gao F. Type synthesis of a family of 4－, 5－ and 6－DOF sea lion ball mechanisms with three limbs[J]. Journal of Mechanisms and Robotics, 2015, 8（2）：V05CT08A036.
[119] Kuo C H, Dai J S. Task-oriented structure synthesis of a class of parallel manipulators using motion constraint generator[J]. Mechanism and Machine Theory, 2013, 70（6）：394－406.
[120] Guo W T, Guo W Z. Structural design of a novel family of 2－DOF translational parallel robots to enhance the normal-direction stiffness using passive limbs[J]. Intelligent Service Robotics, 2017, 10：333－346.
[121] 曹文熬. 空间多环耦合机构数字化构型综合理论[D]. 秦皇岛：燕山大学，2014.
[122] Ding H, Cao W A, Chen Z M, et al. Structural synthesis of two-layer and two-loop spatial mechanisms with coupling chains[J]. Mechanism and Machine Theory, 2015, 92：289－313.
[123] 曾强. 具有串并混联形式与变自由度特性的空间多环机构的拓扑设计方法[D]. 北京：北京交通大学，2012.
[124] 叶伟. 一类可重构并联机构的结构设计方法与运动学分析[D]. 北京：北京交通大学 2016.

[125] Zeng Q, Fang Y F, Ehmann K F. Topological structural synthesis of 4 − DOF serial-parallel hybrid mechanisms[J]. Journal of Mechanical Design, 2011, 133 (9): 091008.

[126] Tian C X, Fang Y F, Ge Q J. Structural synthesis of parallel manipulators with coupling sub-chains[J]. Mechanism and Machine Theory, 2017, 118: 84 − 99.

[127] Amine S, Nurahmi L, Wenger P, et al. Conceptual design of schoenflies motion generators based on the wrench graph[C]. Columbus: ASME 2013 International Design Engineering Technical Conferences and Computers and Information in Engineering Conference, 2013.

[128] Caro S, Moroz G, Gayral T, et al. Singularity analysis of a six-Dof parallel manipulator using Grassmann-Cayley algebra and Gröbner bases[M]. Beilin: Springer Berlin Heidelberg, 2010.

第二章
现代机器的功能结构与开发过程

2.1 引　　言

有意识地制造并使用工具是人类诞生的重要标志。从石器时代开始,人类就不断挑战自身智力发展极限、创造出新工具,在延展人类体力与脑力、维护人类自身生存、促进自身智力发展和社会进步的同时,持续推动了各类制造与设计技术的发展,创造出名为**机器**的人工物系统。各类机器在得到极大发展的同时,机器的设计与制造也逐步由依靠个人经验和天赋、手工作坊式的开发方式向总体上依靠理论和方法、可计算化的开发方式发展,机器自身逐步从功能单一、机械呆板、缺乏灵活性发展到功能多样、机械化、自动化、数字化,并向高度信息化、智能化、集群化、巨/微型化、网络化、社会化、人机实时交互、人机共融、人-机-环境协调与绿色节能环保等方向发展,愈加体现鲜明的多/跨学科交叉特色。

由于时代的飞速发展,现代机械与机器更多是被计算机局部或全面控制的现代机械系统,机电一体化是其基本特征,网络化、智能化、云端化是其发展新阶段,集群化、群体化、社群化、社会化是其发展新趋势,往往又被称为机电一体化产品、机电一体化系统、机电产品、机电系统、现代机械产品、现代机械系统、智能机器、智能机械、智能装备等。

本书所研究的现代机械与机器,是指能实现预期的机械运动和/或机械承载,并以机械运动、机械传力和承载为基本手段实现其功用。从组成、功用和运动特点等方面进行概括和抽象,本书所讨论的机器定义如下:机器是一种由人为物体组成的、能产生期望的机械运动、实现一定的机械传力和承载、进行机械运动和能量的传递的装置,用来完成一定的工作过程,以代替生物的劳动或辅助生物的活动。这里的劳动包括体力劳动和脑力劳动,活动包括行走、奔跑、跳跃、攀爬、负重等。

2.2 现代机器的功能结构

2.2.1 物理结构

现代科技条件下,机器通常是一个复杂的技术系统,涉及多个学科,由控制器、传感器、动力部分、传动部分、执行部分等不同的物理硬件组成，并常常安装有控制计算机，具备人工智能、人机交互、人机协同、网络互联等功能，能完成信息处理和规划控制等高层次任务。现代机器是机电一体化技术诞生和发展的成果，因可控（或可编程）动力系统的引入而展现出比传统机器更灵活、更智能、更轻巧、更聪慧、更高效等优点，在现代信息技术、网络技术和人工智能技术等推动下，其自适应能力和智能化发展趋势日益明显。加工中心、盾构机、深海探测机器人、多足移动机器人、多轴飞行器、电脑绣花机等都是典型的机电一体化的现代机器。

图 2-1 所示为一款变形轮式机器人小车的结构示意图[1]，其中 1 为变形轮，由 1-1 腿杆、1-2 车轮外壳、1-3 变形电机、1-4 主动盘、1-5 连杆组成，2 为光电开关的发射端，3 为光电开关的接收端，4 为变形电机，5 为滑环，6 为驱动电机，7 为车身支架，8 为控制板，9 为深度相机，小车底盘上装有独立电源。机器人小车共有四个可变形的车轮，每个变形轮装有两只电机 4 和 6，其中电机 4 用于实现车轮在顺向爪式轮、圆形轮与逆向爪式轮三种模式之间的切换，电机 6 用于驱动车轮旋转。滑环 5 用于电机 4 的电信号和控制信号传输，避免电机线在小车行驶过程中发生缠绕。变形轮上还装有光电开关和编码器，用于实现车轮初始复位和模式切换到位。通过变形轮的模式切换控制，机器人小车能够实现两种爪式轮模式的攀爬、越障功能，以及圆形轮模式的平坦路况快速行驶功能。

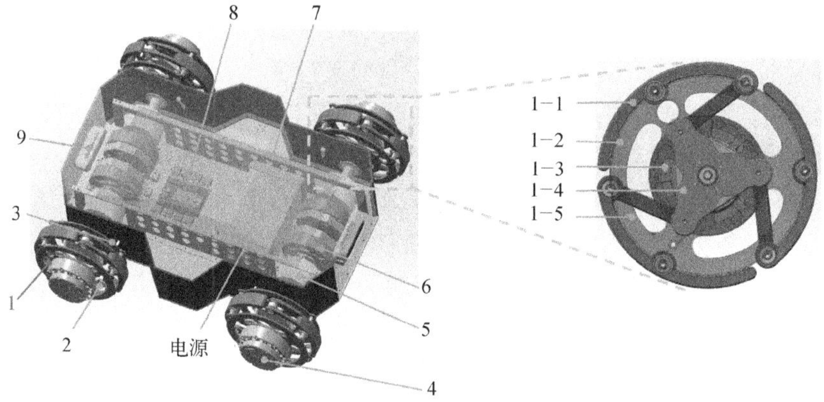

图 2-1 三模式变形轮小车

从物理组成上看，现代的机器大多可以拆解成一堆机械结构件、运动构件、控制器、机电接口、动力接口、驱动器、计算机、集成电路、线缆等不同性质的机械零部件、电气电子元器件，这些零部件和元器件分别来自机械加工、电气制造、电子制造、光学制造等不同学科的制造工艺和过程。很显然，仅从物理结构的角度无法洞悉机器的内在本质。因此，我们需要换一个角度来考察现代机器，从方案设计的角度将机器的实体结构进行必要的、合理的抽象。

2.2.2　功能逻辑结构

不管现代机器如何发展,机器结构如何复杂,本学科讨论的机器都是要借助机械运动、机械传力与承载来实现机器的功用。从机器整体或局部实现机械运动功能的角度出发,可以认为机器都包含运动执行和运动控制两大功能模块(图 2-2),通俗地说就是“干活”和“指挥干活”这两部分。

运动执行功能模块是实现机器的机械能转化,机械运动生成、传递和变换等功能的执行者,其载体是机构或机构系统以及原动机,一般包含驱动、传动与执行三个单元,构成广义执行子系统。运动执行功能现在又常称作**广义执行功能**,是相较于传统的、常规的执行功能而言,其载体已发生了巨大变化,出现了各类新机构,故而统称为广义执行功能及相应的**广义执行机构**,或**广义机构**。

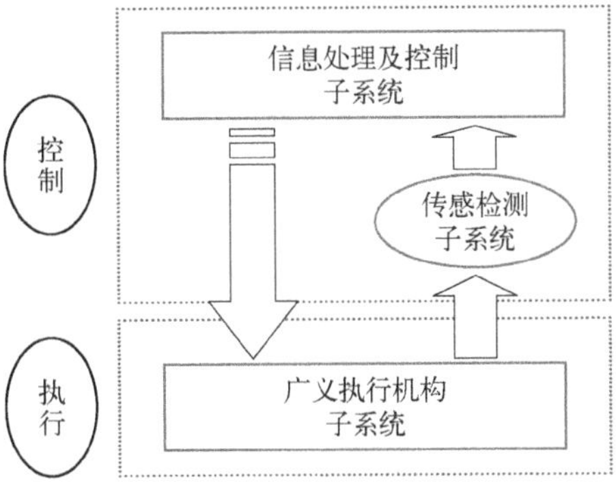

图 2-2　现代机器的逻辑结构

运动控制功能模块负责指挥、协调和优化执行功能模块内的动作配合,保证执行功能模块高性能地实现其运动功能,并与操作者实现人机交互,有些机器还和环境实现信息交互。为达到此目的,控制功能模块进一步可以划分为**信息处理与控制**、**传感与检测**两个子系统。信息处理与控制子系统的功能载体是计算机、控制器以及驱动器,传感与检测子系统的载体是各类传感器。现代机器是通过控制与执行的功能模块间相互配合、相互协调来共同实施机器的机械运动、完成作业过程,从而实现机器的功能和性能。现代机器是通过控制与执行的功能模块间相互配合、相互协调来共同实施。如图 2-2 所示,控制与执行的功能模块之间构成了开环或闭环的信息传递与控制回路,形成了现代机器的逻辑结构,共同保障所需要机械运动的生成。上述关于现代机器功能结构组成的观点又称为“**三子系统论**”[2-5]。

因此,机械运动是现代机器实现功能的核心手段,实现机械运动的执行部分即机构是机器的核心组成单元,机器中不同机构通过有序的运动和动力传递来实现功能变换、完成预定的工作过程。与骨骼系统作为生物体的运动系统相类似,**机构可以形象地比作机器的“骨骼”系统,起到支承、运动产生与变换以及动力传递的作用**。机器的运动单元体称为**构件**。因此,**机构**是把一个或几个构件的运动,变换成其他构件的确定或预期运动的构件系统。从现代机器发展趋势来看,机构中的构件可以是刚性的,也可以是挠性的或弹性的。构件可以由刚性材料制造,也可以由流体材料、弹性材料、电磁材料,甚至绳索来制造。现代机器中的机构不再局限于由纯刚性构件组成。

机构是机器中执行机械运动的“**骨骼**”系统,而信息处理与控制、传感与检测两个子系统则可形象地比作机器的“**大脑和神经中枢**”“**感官和神经末梢**”，通过相互配合，起到感知机器自身和外界状态、指挥机构去实施机械运动的作用。信息处理与控制子系统的物理载体目前主要是各类计算机、控制器、驱动器，以及用于万物互联进行信息传递的有线或无线网络、云系统；传感与检测子系统的物理载体主要是各类传感器或传感系统。

2.2.3 复杂机器的功能逻辑结构

从控制逻辑的复杂程度来看，现代机器可以划分成单元和系统两个层次的产品类型。图 2－2 表示了单元层次的现代机器闭环控制逻辑结构。对于一部更复杂的现代机器，其控制结构大都表现为递阶分层嵌套模式，各执行单元都可能是一个较为完整的动作单元，由广义机构和控制两部分组成。如图 2－3 所示，系统层次的现代机器总体上仍包含运动执行和控制两大功能模块，从控制的角度呈递阶分层控制结构，其中每个执行单元可以是完整的闭环控制逻辑结构，也可以是非完整的开环控制逻辑结构，甚至是只有启停功能的功能单元。

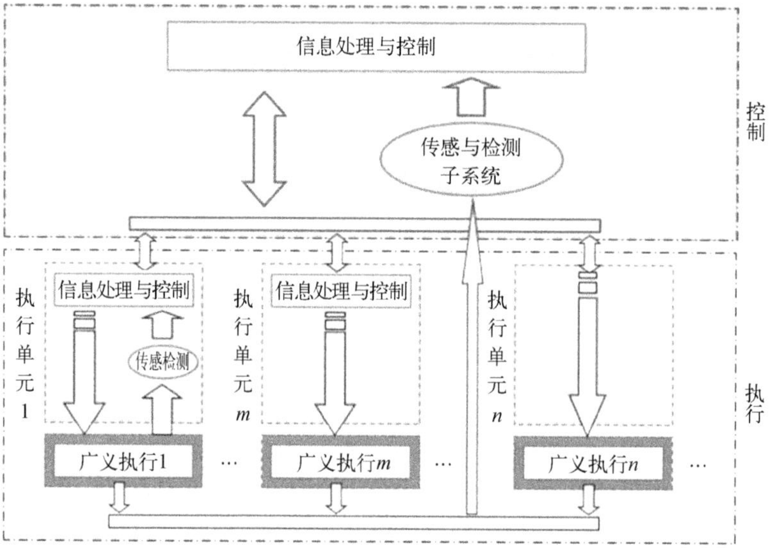

图 2－3 复杂机器的功能逻辑结构

2.3 现代机器的产品开发过程

2.3.1 机械产品开发一般过程

现代机器的整体或局部本质上是实现预期机械运动的现代机械系统，以机械运动为实现其功用的手段。因此，现代机器的设计开发本质上就是对所要实现的机械运动及其过程的构思与规划、设计与优化、运行与控制及其物理实现的创造性开发过程。

如图 2-4 所示，对于现代机械产品，其设计过程大致可以划分为需求分析/产品规划、概念设计、详细设计和改进设计四个阶段；制造过程主要包括产品工艺设计、工装设计、产品试制、批量生产四个阶段。

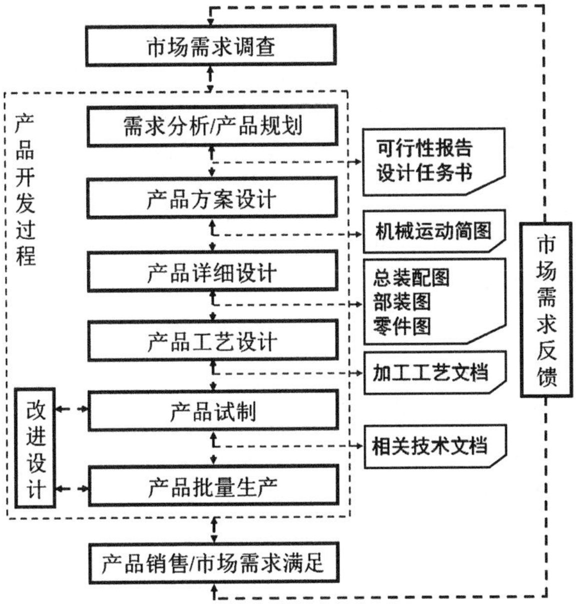

图 2-4　现代企业产品开发的一般流程

下面对现代机械产品设计过程的四个阶段进行简要介绍。

1. 需求分析/产品规划阶段

产品规划阶段的中心任务是在市场需求调查的基础上，进行需求分析、市场预测、可行性分析，确定设计参数及制约条件，最后给出详细的设计开发任务书（或要求表），作为后续设计、评价和决策的依据。作为产品开发的起点和终点，市场需求的发现与满足往往会开辟一个新的市场空间，极大地实现产品开发的最终目标，即满足市场从而占领市场，达到最大利润。对于市场需求，既包括易于把握的显需求，更包括难以轻易感知的隐需求。因此，产品开发中不但要开发满足显需求的产品，而且要善于发现隐需求并开发能满足隐需求的产品，达到引领市场和获取高额回报的目的。

2. 概念设计阶段

市场需求的满足或适应，是以产品的功能来体现的。产品功能与产品设计是因果关系。体现同一功能的产品,可以是多种多样的。概念设计阶段要完成产品功能分析、功能原理求解和评价决策,以得到最佳功能原理方案,并完成**机械运动方案的设计**(又称**机器运动简图设计**、**机械运动简图设计**或**机构运动简图设计**)。所谓机械运动简图设计,就是按机械的工作过程和动作要求,创造性地设计出由若干机构组成的机构系统方案并绘制其机构运动简图。一般情况下它决定了机械设计的优劣成败,是获取整机方案自主知识产权的核心环节。机械运动方案或者说机械运动简图包含了两方面信息,一是机构或机构系统的类型和尺度;二是机构或机构间的运行时序关系,即机械运动循环图。概念设计阶段的主要任务是完成**机构设计**和**控制系统概念设计**。产品方案的好坏,决定着产品性能和成本,关系到产品的技术水平和市场竞争力。因此,设计出好的方案是产品设计成功的关键。随着我国知识产权保护法律法规体系的建立和日益完善,根据产品功能要求、工作性质和工作过程等基本要求,进行能获取自主知识产权的机械运动方案的创新设计,越来越受到企业和产品开发人员的重视。**机构与机器人学学科将为现代产品的机械运动方案设计提供理论和方法**,因此,在企业现代机械产品开发中具有举足轻重的地位。

3. 详细设计阶段

详细设计阶段是将机械运动简图具体化为机器及零部件的合理结构,以及信息处理与控制、传感与检测两个子系统的软硬件选型和控制逻辑图,也就是要完成产品的机械结构总体布局设计、部件和零件的结构设计和性能设计,以及控制功能模块的板卡结构设计与软硬件选型、控制逻辑设计,完成全部生产图纸、控制逻辑时序图、采购清单并编制设计说明书等相关技术文件。详细设计阶段的核心任务是完成**机械结构设计**(又称**机械零件设计**或**机械设计**)和**控制系统详细设计**。在此阶段中,零部件的结构形状、装配关系、材料选择、尺寸参数、加工要求、表面处理、总体布置、产品外观等设计合理与否,对产品的技术性能和经济指标都有着直接的影响。**机械设计学科将为现代产品的机械结构方案设计提供基本理论和方法**,在企业现代机械产品开发中具有基础性作用。

4. 改进设计阶段

改进设计阶段的主要任务是根据产品在试验、使用、鉴定中所暴露出来的问题,进一步作相应的技术完善工作,使产品的效能、可靠性和经济性得到提高,更具有市场生命力。

在上述四个阶段中,需求分析/产品规划阶段解决产品的市场定位、功能定位和性能定位问题,主要决定产品市场目标的独特性、功能定义的新颖性、性能定义的合理性;概念设计阶段解决机器的概念方案设计问题,包括机构方案设计问题、控制方案设计问题和传感方案设计问题,主要决定产品概念方案的科学性、合理性和新颖性;详细设计阶段解决机器的结构设计问题,包括机械结构设计问题、控制软硬件选型问题、传感软硬件选型问题，主要决定产品结构方案的合理性、可制造性、经济性和实用性；改进设计阶段解决试制、试验、使用等过程中暴露出来的各类问题，实现产品方案的完善和升级。本书重点研究现代机械产品运动系统的概念设计即面向复杂任务需求和功能要求的机构系统创新设计的理论、方法和手段，为现代机械产品创新开发提供理论、方法和工具。

2.3.2　机器运动方案设计

机器运动方案设计又称机械运动方案设计。对于决定产品设计新颖性的机械运动方案设计来说，如图 2-5 所示，主要包括型综合和尺度综合这两部分。

1. 机械运动简图的型综合

遵循某种工作机理先按工作过程和要求构思工艺动作过程和工艺动作序列，确定出若干执行动作及其时序方位关系；再根据执行动作要求选择各执行机构的机构型式（或进行构型设计以创造新机构），细化各执行机构输出工艺运动的时序方位关系；再将这些机构组合成一个机构系统。这就是**机械运动简图的型综合**。型综合又称**构型综合**、**构型设计**，其结果是获得机械运动示意图。

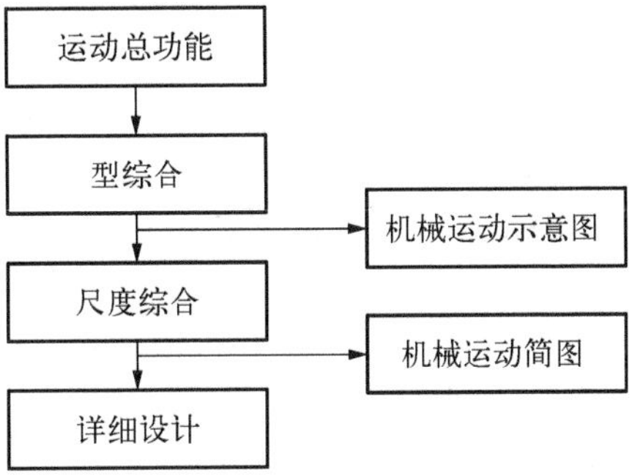

图 2-5　机器运动方案设计

2. 机械运动简图的尺度综合

按初步确定的机构系统的机构型式，根据各执行机构的运动规律要求和动作配合要求，进行各机构的运动尺度的设计计算和机构间的协调设计。这就是**机械运动简图的尺度综合**（又称**尺度设计**）。

在机械运动方案设计过程中，型综合和尺度综合这两部分设计往往需要反复进行，甚至是融合进行，最终获得能较好满足设计要求的机构构型和运动尺度的全局优化解，得到机械运动简图。

由此看出，机械运动方案设计是机械产品设计的重要内容，是决定机械产品质量、水平、性能和经济效益的关键性阶段。机械原理是机械运动方案设计的理论基础，为搞好机械运动方案设计，必须学好机械原理的基本内容，理解机械原理的基本内涵，掌握机构及其系统设计的理论和方法。

2.3.3　机器运动方案设计过程与功能逻辑结构

任何产品的设计都是从需求到功能再到结构的映射过程。但在不同的产品领域，功能到结构的映射和求解途径各不相同，结构自身的概念也不一样。对机械运动方案设计来说，功能到行为再到结构的映射求解是比较合理的设计过程模型，这里的行为就是工艺动作，结构就是广义机构或系统，功能到行为的映射就是工艺动作序列构思的过程，行为到结构的映射则是工艺动作的机构求解和工艺动作时序的优化过程。

1. 机器运动方案设计过程模型

如图 2－6 所示，机械运动方案设计过程可以描述为功能要求-工艺动作序列-机械运动方案示意图-机械运动方案简图的映射求解模型。通过工艺动作序列构思，功能要求转化为工艺动作及其时序配合与位姿序列。通过工艺动作序列求解，得到包含广义机构构型和机械运动循环示意图的机械运动方案示意图。再通过尺度综合、时序优化及传动驱动设计，最终得到包含广义机构尺度、驱动传动方案和机械运动循环图的机械运动方案简图。这样，广义机构的型和尺度、广义机构间的时序控制要求都被确定下来，获得由控制时序图和动态控制模型共同定义的控制系统设计任务，这为后续的机械结构设计和控制系统设计提供了前提条件和基本要求，为机器运动的时序逻辑控制和动态过程控制提供了基本依据。

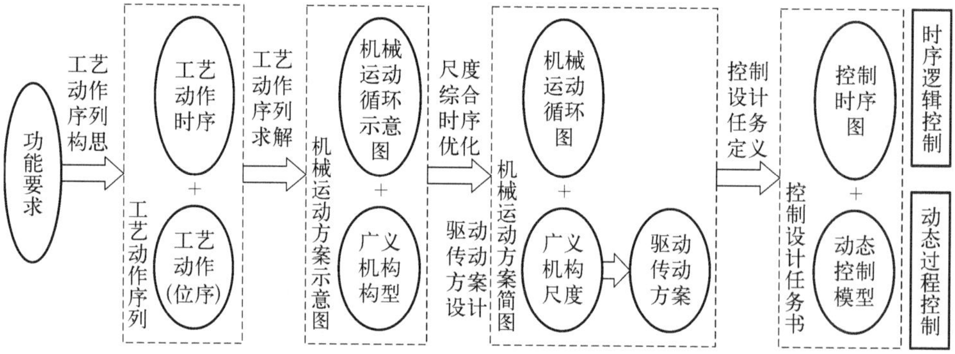

图 2－6　机器运动方案设计过程的映射求解模型

在这个过程中，现代设计与传统设计的不同之处在于功能分解和求解始终是在广义机构范围内进行考虑，不再局限于传统机构的约束。这种变化使得工艺动作序列构思和求解的空间大大扩大了，特别是机械运动循环图的实现手段由传统的机构这种纯机械方式拓展成高度柔性化的现代控制系统，机电一体化成了现代机器的显著特征。

2. 机器运动方案设计过程中的功能逻辑结构

如前所述，从功能逻辑结构来看，现代机器包含执行和控制两大功能模块，或者说包含广义执行机构、信息处理与控制、传感与检测三个子系统。很显然，现代机器的功能逻辑结构是在现代机械运动方案设计过程中逐步形成的。

对于单元层次的现代机器，机械运动方案设计过程中首先产生的是广义机构构型,再进行尺度综合得到机构尺寸。为获得良好运行性能,通过运动学和动力学建模,为控制系统提供被控对象的控制模型。在信息处理与控制系统的设计过程中,产生传感与检测子系统的基本要求和配置方案。

对于系统层次的现代机器,如图 2－6 所示,同时存在两条演化路径,一条是功能-工艺动作-广义机构构型-广义机构尺度的映射过程,一条是功能关系-工艺动作时序-机械运动循环图-控制时序图的进化过程。前一个映射过程产生了现代机器的机械运动载体方案,即广义机构组成的执行功能模块,后一个进化过程则产生了现代机器正常运行必需遵守的运动协调关系,即机械运动循环图和控制时序图,这为信息处理及控制子系统提供了基本设计任务。因此,从诞生时间表来看,在现代机器的设计进程中,首先产生其运动载体方案(即广义机构方案)及其运作的控制逻辑(即机械运动循环图),其次根据该控制逻辑和动态运行性能要求设计出信息处理及控制子系统。根据信息处理及控制策略的需要,确定出传感与检测子系统的技术方案。也就是说,从现代机器的设计过程来看,核心是进行机械运动方案的设计,这正是现代机构学的主要研究任务。信息处理及控制子系统(包括传感与检测子系统)设计的一个基本任务是要保障机械运动方案的正常运行和良好动态性能,其技术要求来源于机械运动方案的构思过程和广义机构的动态性能优化。

2.3.4　本书研究的目的

现代机构与机器人学研究的是如何认识、发明和设计以“三子系统”为特征的现代机械和机器,包括改进现有的机器和设备,使其具有新的功能和性能;或者创造性地实现具有预期功能和性能的新机器、新设备。对于一部典型的现代机器,在设计过程中除了完成机械系统(广义执行机构子系统)的设计之外,还要同步进行信息处理与控制子系统、传感与检测子系统的功能设计、软硬件选型以及算法的设计开发。对于一部机器的设计开发来说,工程师主要是从机械运动和承载传力功能的设计和实现的角度,提出信息处理与控制、传感与检测 2 个子系统的设计任务和功能性能要求,完成对信息处理、电子控制、传感与检测等所需控制计算机、控制板卡、电控元器件、传感器等的类型和参数确定、软硬件选型、采购或定制。机械工程师及其研发团队需要具备电子控制技术、传感与检测技术等基本知识,熟悉相关软硬件的发展现状,能进行合理的选型应用。

现代条件下的国内外市场竞争,归根结底是产品创新能力和产品性能及性价比的竞争。作为国家工业体系的主体组成部分,以机械运动和机械承载作为功能载体的现代机械产品与装备的创新设计理论和开发方法是国家创新体系的重要组成部分,是实现我国自主开发具有高附加值的高端机电产品、增强国家原始创新能力、实现工业强国的基础性保证。

参考文献

[1] 徐浩，郭为忠. 轮式机器人：创新设计与实验研究[J]. 集成技术，2022，11(4)：3－18.
[2] 邹慧君，汪利，王石刚，等. 机械产品概念设计及其方法综述[J]. 机械设计与研究，1998(2)：9－12.
[3] 邹慧君，廖武，郭为忠，等. 机电一体化系统概念设计的基本原理[J]. 机械设计与研究，1999(3)：14－17.
[4] 郭为忠，梁庆华，邹慧君. 略论机电运动产品及其概念设计方法[J]. 机械设计，2001(专集)：49－52.
[5] 李瑞琴，邹慧君. 机电一体化产品概念设计理论研究现状与发展展望[J]. 机械设计与研究，2003，19(3)：10－13.

第三章
基于任务需求的运动特征定义、提取、表达与分类

3.1 引　言

任务需求分析/产品规划阶段是现代机械产品设计的首要一步,决定了机械产品与装备的独特性、创新性与新颖性。其中任务功能需求的运动特征定义、提取、表达与分类,是需求分析/产品规划阶段的重要步骤,是连接任务需求与产品开发理论体系的开端与纽带,其主要目的是:根据任务功能需求建立与广义机构运动之间的映射关系,从而得到机构的运动特征需求,进而为机构构型综合提供期望的运动表达。故本章给出运动特征的概念和定义,给出机构拓扑结构的表示,以及运动特征的表征方法;应用了 Chasles 等效轴等方法验证了运动特征的属性和具体轴线;给出了基于任务需求的特征提取与特征表达,表达方式包括几何表达、群或流形表达、符号表达;最后给出了运动特征的分类,并建立层级包容关系。本章为之后特征集聚和特征溯源提供了理论依据。

3.2 运动特征的定义

运动特征集(motion characteristic set, 简称特征集):某一机器系统或机器人构件(刚体)所允许的运动形式集合,即为该机器系统或构件运动特征集合。此处所述的运动特征具有全周性。

例如:为实现三维刚体的移动空间,则需要三个独立的移动特征,其运动特征集为$T(\boldsymbol{u})T(\boldsymbol{v})T(\boldsymbol{w})$ [$T(\boldsymbol{x})$, $\boldsymbol{x}=\boldsymbol{u}, \boldsymbol{v}, \boldsymbol{w}$ 表示沿着方向矢量 $\boldsymbol{x}$ 的移动特征]。相互独立且可张成目标运动特征集的元素称为生成该运动特征集的运动特征基(简称运动特征)。为统一描述运动特征的运动信息,将移动特征的移动方向和转动特征的轴线称为特征线。移动特征的特征线仅有方向没有位置信息,转动特征的特征线具有方向和位置信息。

特征空间:是指刚体运动特征所张成的特征集合,与运动特征集属同一概念;

特征基：是运动空间的子集或元素，特征空间是由多种非线性相关的特征基张成。

为方便后续研究，对运动特征进行细化分类加以说明。

（1）按运动特征元素分

运动特征集元素可分为移动特征、转动特征以及由移动特征和转动特征复合而成的螺旋运动特征三种基本类型。为简化问题，本书不讨论螺旋运动特征类型。运动特征可由1~6个基本运动特征（简称基本特征）构成，包括1~3个独立的基本移动特征（translation，简称 T 特征）和/或1~3个独立的基本转动特征（rotation，简称 R 特征）。沿单位矢量 $\boldsymbol{u}$ 移动的一维移动特征可用 $T(\boldsymbol{u})$ 表示，其性质为：只具有方向属性，没有位置属性，其特征线位置任意，方向固定。绕过点 N 方向矢量 $\boldsymbol{u}$ 的特征线转动的一维转动特征可用 $R(N, \boldsymbol{u})$ 表示，其性质为：同时具有方向特性和位置特性，其特征线可为固定或浮动，如表3-1所示。

表3-1 基本运动特征的属性

运动特征	方向属性	位置属性
移动	√	—
转动	√	√（固定、浮动）

（2）按作用对象分

运动特征集按作用对象可分为关节特征、支链末端特征和机器人末端特征。

关节运动特征集（motion characteristic set of joint，JMC，简称关节特征）是指关节允许的运动所蕴含的基本特征集，基本特征数大于0而小于6，可包含1~3个独立 T 特征和/或1~3个独立 R 特征。

支链末端运动特征集（motion characteristic set of limb，LMC，简称支链末端特征）是指支链的末端杆件（末端执行器）相对机架杆允许的运动所蕴含的基本特征集，可包含1~3个独立 T 特征和/或1~3个独立 R 特征。

机器人末端特征集（motion characteristic set of robot，RMC，简称机器人末端特征）是指机器人的动平台（末端执行器）相对静平台允许的运动所蕴含的基本特征集，可包含1~3个独立 T 特征和/或1~3个独立 R 特征。

（3）按依赖性分

运动特征按其相互间的依赖性可分为纯运动特征和伴随运动特征。纯运动特征（pure-characteristic）：刚体仅在独立自由度方向上发生运动，包括纯 T 特征和纯 R 特征。纯 T 特征：在欧氏空间中或在笛卡尔坐标中，刚体上的所有点在运动过程中的轨迹为直线，而非曲线，称为无伴随的纯 T 特征；纯 R 特征：刚体可绕固定不变的轴线转动，则称为无伴随的 R 特征。

伴随运动特征（parasitic-characteristic）[1]：刚体在非独立自由度上发生的运动，指不具备独立自由度的、随其他方向刚体运动而变化的运动。伴随性是指输出运动特征分量间的关系，而不是输入与输出自由度间的关系，如图 3－1 所示。当机构末端特征的维数大于独立特征的维数时，则其存在伴随特征。例如：平面四杆机构中的连杆构件，其运动特征为二维点移动特征和一维转动特征（$2T1R$），但仅能选择 1 个独立的参数，另 2 个为非独立参数，即这 3 个运动特征中，仅能有 1 个独立的运动特征，另 2 个为伴随特征。若选取 R 特征为独立特征，则其他 2 个 T 特征为伴随特征，可表示为 $R(N,\ \boldsymbol{w})\oplus T(\boldsymbol{u})T(\boldsymbol{v})$（式中 $A\oplus B$ 表示为 A 特征和 B 特征为伴随关系）。再例如：平行四边形副（P_a 副）中的连杆，其末端具有一维的运动特征，运动在笛卡尔坐标系中，可用 2 个参数去表示，但其刚体上点的运动轨迹为圆弧，其仅能选择一个独立的参数，另一个则为非独立的参数（即为伴随运动），则可表示为 $T(\boldsymbol{u})\oplus T(\boldsymbol{v})$。再例如：DS Technology 的 Echospeed FHT 机床包含一个空间 $1T2R$ 的并联模块 Sprint Z3，它在运动过程中存在平面 $2T1R$ 的伴随运动，则可表示为 $\{R(N,\ \boldsymbol{x})R(N,\ \boldsymbol{y})T(\boldsymbol{z})\}\oplus\{R(N,\ \boldsymbol{z})T(\boldsymbol{x})T(\boldsymbol{y})\}$。

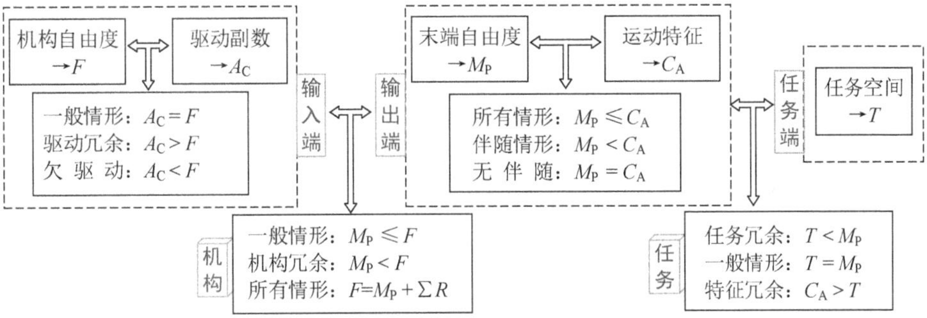

图 3－1　机构学的基本概念

为便于统一论述，需给出机构学的相关基本概念（图 3－1）。根据相关概念的载体分为机构的输出端、输入端以及输入与输出的传递过程，具体如下：运动特征集是在机构输出端；输入自由度是指确定机构位形所需独立参数的数目；输出自由度等于独立的机器人末端特征数，是指构件相对于机架所具有的最大独立运动自由度数；驱动副数是指施加驱动的关节数。

自由度的概念[2]：据国际机构学与机器科学联合会（International Federation for the Promotion of Mechanism and Machine Science，IFToMM），机构自由度定义为对于任意一个机构，保持机构中所有构件能在确定位姿所需要的独立输入的个数。机构自由度也可以分为瞬时自由度和全周自由度。瞬时自由度是指在某一瞬间机构的自由度；全周自由度是指机构在一个范围内的自由度，这里的“全周自由度”不是要旋转副作整周旋转时的自由度，而是在一个范围内即可，若用数学的语言描述，可以称作“邻域”。

任务冗余度：完成某一特定作业时具有额外的自由度，即机器人末端自由度超出定义所需完成任务的独立变量的数量。

欠驱动机构：机构中驱动数小于其自由度的机构。

机构自由度：确定机构或运动链的构形所需独立的数目。

构件自由度：确定该构件位形所需独立变量的数目。

注：冗余的概念可分为驱动冗余、机构冗余和任务冗余。其中驱动冗余指驱动副数与机构自由度之间关系，机构冗余描述输入自由度与输出自由度之间关系，任务冗余描述任务的维数与输出自由度之间关系。

如图 3－1 所示，机构自由度 F 和驱动副数 A_C 在输入端，运动特征与伴随运动在输出端。在输入端中，当 $A_C>F$ 时为驱动冗余；当 $A_C<F$ 时为欠驱动情形。在输出端中，所有机构应满足 $M_P\leqslant C_A$（M_P 表示构件自由度数，C_A 为特征集维数），当 $M_P<C_A$ 时，机器人末端特征具有伴随运动；当 $M_P=C_A$ 时，机器人末端特征不具有伴随运动。

在输入与输出间关系中，大多机构满足 $M_P\leqslant F$，即构件自由度小于等于机构自由度。机构都应满足 $M=M_P+\sum R$，对于运动冗余机构而言，有 $A_C>F$，其中 $\sum R$ 为所有冗余自由度。

在任务阶段，$M_P=T$（T 为任务空间维数）时为非任务冗余；$M_P>T$ 时为任务冗余。

从构型设计的角度来看，串联机器人关注关节运动特征和末端运动特征；并联机器人关注关节运动特征、支链末端运动特征以及机器人末端运动特征[1]。

注：可从螺旋系角度来解释纯运动特征、伴随运动特征以及一般情形运动特征。纯运动特征是指机构在运动过程中末端的螺旋系内部元素之间以及与全局坐标系之间的方位关系都不变，其末端特征满足对应的群结构，如 $\{S(N)\}$、$\{G(w)\}$ 等运动；伴随运动是指机构在运动过程中末端的螺旋系内部元素之间的相对方位不变，而螺旋系相对于全局坐标系的方位关系发生了变化，如 3－RPS 机构在运动过程中，其末端所受的约束螺旋系均保持在同一平面内，但其螺旋系相对于全局坐标系的方位却在变化；又如平行四边形机构，在运动过程中，其末端所受的约束螺旋系内部元素之间的方位关系保持不变，但相对于全局坐标系却一直在变化；对于一般情形下的运动特征，其机构在运动过程中末端的螺旋系内部元素之间以及与全局坐标系之间均发生了变化。

3.3 机构的拓扑结构表达

为便于构型分析和综合运算过程的符号化，有必要给出机器人机构的统一描述。对机构拓扑结构的描述需从三要素进行表达，包括运动副类型、机构拓扑单元之间的连接关系以及各运动副之间（包括相邻和非相邻的运动副之间）轴线的几何约束类型[3]。并联机构是由动、静平台以及两个或两个以上连接动静平台的支链组成的闭环机构。为完整地描述机构构型，需考虑多方面因素，包括运动副类型、相邻和非相邻运动副间的关系、支链间的方位关系、运动副方位与动静平台间的关系等。

3.3.1 运动副类型的描述

典型的运动副有转动副、移动副、圆柱副、虎克铰副、球副等，如表 3－2 所示。

表 3－2 简单运动副及其对应运动特征

维数	运动副名称	运动副图	简 图	符号	运动特征	运动特征符号
1	圆弧副	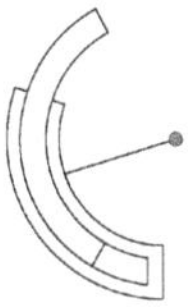	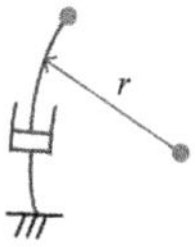	P_R	$\{R(N, \boldsymbol{u})\}$	
	转动副			R		
	移动副	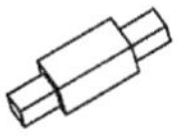	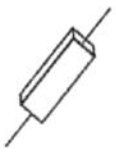	P	$\{T(\boldsymbol{u})\}$	
2	圆柱副			C	$\{C(N, \boldsymbol{u})\}$	
	虎克铰副	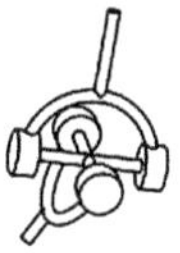		U	$\{U(N, \boldsymbol{u}, \boldsymbol{v})\}$	
	球销副			S′	$\{U(N, \boldsymbol{u}, \boldsymbol{v})\}$	
3	球副			S	$\{S(N)\}$	

3.3.2 相邻运动副间的方位描述

相邻运动副间的方位关系主要存在平行、空间垂直、平面垂直、重合、相交(但不垂直)以及空间异面六种情形,其几何、符号描述以及相应的运动特征描述,如表3-3所示。机构在有限的运动过程中,两个相邻运动副间方位关系具有不变性。

表3-3 相邻运动副间方位关系与对应运动特征描述

相邻运动副	方位关系	运动副特征的直接表达
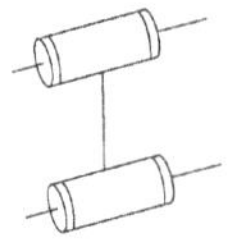	平行 ∥	$R(A, \boldsymbol{u})R(B, \boldsymbol{u})$
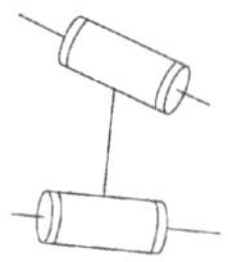	空间垂直 $R_1 \perp R_2$	$R(A, \boldsymbol{u})R(B, \boldsymbol{v})\ \boldsymbol{u} \perp \boldsymbol{v}$
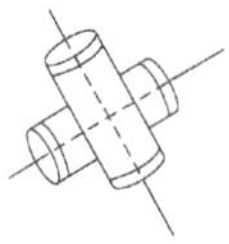	平面垂直 $(R_1 \perp R_2)_O$	$R(A, \boldsymbol{u})R(A, \boldsymbol{v})\ \boldsymbol{u} \perp \boldsymbol{v}$
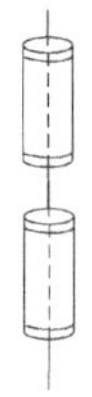	重合 |	$R(A, \boldsymbol{u})R(A, \boldsymbol{u})$
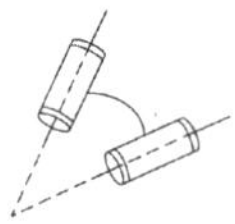	相交(不垂直) $(R_1R_2)_O$	$R(O, \boldsymbol{u})R(O, \boldsymbol{i})\ \boldsymbol{u} \pm \boldsymbol{i}$
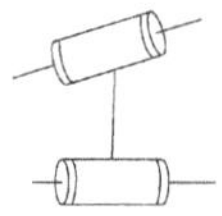	异面/任意 -	$R(A, \boldsymbol{u})R(B, \boldsymbol{i})\ \boldsymbol{u} \pm \boldsymbol{i}$

3.3.3 开链机构的拓扑结构表达

结合相邻两运动副间的方位关系,易写出其支链描述。如图3-2(a),可表示为($U_{B_1}^{uv} \perp P_{M_1}$),其中 $U_{B_1}^{uv}$ 中轴线方向为方向矢量 $\boldsymbol{uv}$,且过与静平台接触点 B_1 点的U副;$U \perp P_{M_1}$ 表示与U副轴线垂直且过与动平台接触点 M_1 的P副。图3-2(b)表示为($U_{B_1}^{uv} \parallel R \parallel R_{M_1}$),图3-2(c)表示为($R_{B_1-O}^{u} - R_O \parallel R - R_{M_1-O}$),其中 R_{M_1-O} 表

示过与动平台接触点 M_1 和 O 点的 R 副，故此支链中有三个 R 副交于一点。此表示方法明确了开链中各运动副轴线的方位关系、开链与动、静平台间的关系，同时便于后续表达各开链之间的关系。另外，因在每个运动副中加入了轴线信息，一般情况而言，图 3－2(a)、(b) 和 (c) 也可分别直接表示为 ${}^{uv}U_{B_1}{}^{w}P$、${}^{uv}U_{B_1}{}^{v}R_{M_1}{}^{v}R_{M_2}$ 和 ${}^{u}R_{O}{}^{v}R_{O}R_{N}{}^{w}R_{O}$。

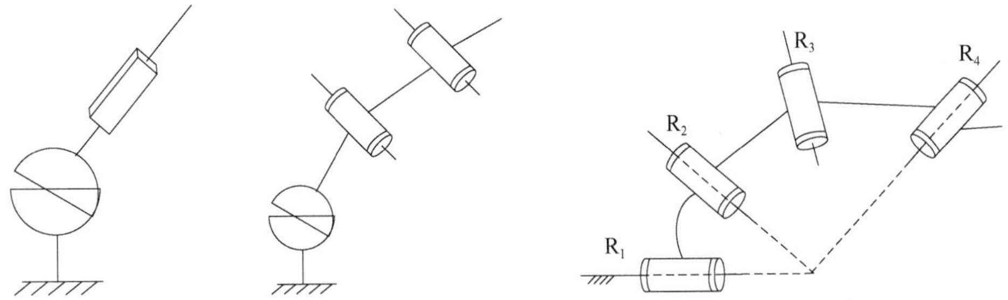

(a) ($U^{uv}_{B_1} \perp P_{M_1}$)　(b) ($U^{uv}_{B_1} \| R \| R_{M_1}$)　(c) ($R^{u}_{B_1-O} - R_O \| R - R_{M_1-O}$)

图 3－2　开链机构的拓扑结构表达

3.3.4　闭链机构的拓扑结构表达

对于单闭链而言，如平面四杆机构[图 3－3(a)]，可看作是并联机构，取连杆为动平台，两侧为支链，可表示为 Robot：($R^{z}_{B_1} \| R$)&($R^{z}_{B_2} \| R$)，$-B_1B_2$（其中 $-B_1B_2$ 表示两点共线）。并联机构是由至少一个闭链组成的闭链机构，图 3－3(b) 所示机构的拓扑结构可表示为 Robot：($U^{uv}_{B_1} \perp P_{M_1}$)&($U^{uv}_{B_2} \perp P-S_{M_2}$)&($U^{uv}_{B_3} \| R \| R_{M_3}$)，$\Delta B_1B_2B_3$，式中 & 表示并联关系，$\Delta B_1B_2B_3$ 表示三个点位于呈现三角形分布。一般情况而言，图 3－3(a) 和图 3－3(b) 中的机构可分别表示为

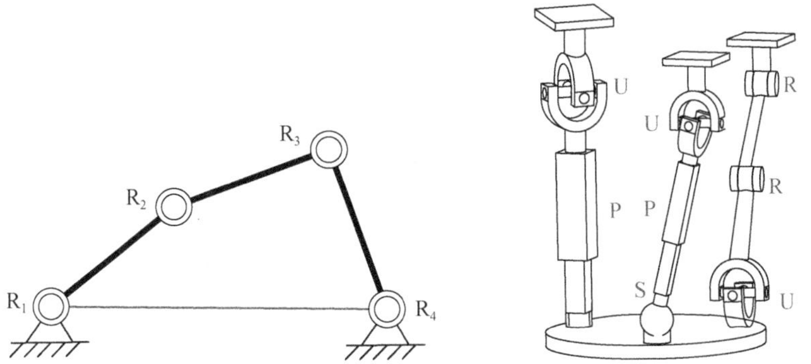

(a) 平面四杆机构　(b) 并联机构

图 3－3　并联机构的拓扑表达

${}^{z}R_{B_1}{}^{z}R_{C_1}\&{}^{z}R_{B_2}{}^{z}R_{C_2}$ 和 ${}^{uv}U_{B_1}{}^{w}P\&{}^{uv}U_{B_2}{}^{w}PS_{M_2}\&{}^{uv}U_{B_3}{}^{v}R^{v}R$。

3.3.5 拓扑结构说明

在物理层面上,机构所对应的拓扑结构是不变的;但其所对应的数学层面的拓扑表达是可能变化的。本书所涉及拓扑结构是指与运动特征相关的拓扑结构。

瞬时性:瞬时是一个时间点,时间轴上的任何一个点都可以有一个瞬时,瞬时性是时间上的概念,而本书中构型主要讨论位形空间、位形与其输入角度间的关系,与时间无直接关系,故不存在瞬时性这一说法,但存在特殊位形,如奇异位形。若用输入与输出关系表示,则

$$y = f(x) \tag{3-1}$$

式中,y 为输出,这里指运动特征;x 为输入,这里指输入量,与位形对应,与时间无关;f 为机构输入与输出之间的关系函数。

对拓扑结构的数学表达作如下说明:

(1) 相邻运动副间的几何关系是不变的;

(2) 机构在运动过程中,不相邻的运动副轴线之间可能发生改变;

(3) 拓扑结构表达是针对机构的一定范围内的位形进行描述,不包括奇异位形,如图 3-4 所示;

(4) 机构处于奇异位形时,其拓扑结构可能发生变化,例如:图 3-6 中非相邻的 R_2 和 R_4 运动副轴线关系会发生变化,非相邻的两个运动副 R_2 和 R_4 重合时,其拓扑结构发生了变化;

(5) 同一个拓扑结构在奇异位形时,可能具有不同的运动特征,如图 3-7(a)中当三个转动副的开链位于边界奇异时,其末端运动特征由三维降为二维,图 3-7(b)中四杆机构位于奇异位形时,连杆的运动特征由一维升为二维;

(6) 变胞机构、变拓扑机构和变构态机构的物理结构不变,其运动特征属性发生变化,主要针对特征属性层面而言。

综上,拓扑结构在非奇异位形内(或有限连续运动)运动中具有不变性。

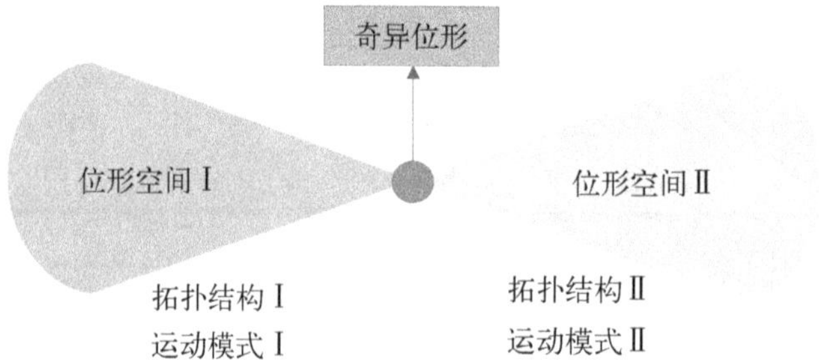

图 3-4 机构有限连续运动中拓扑结构不变性

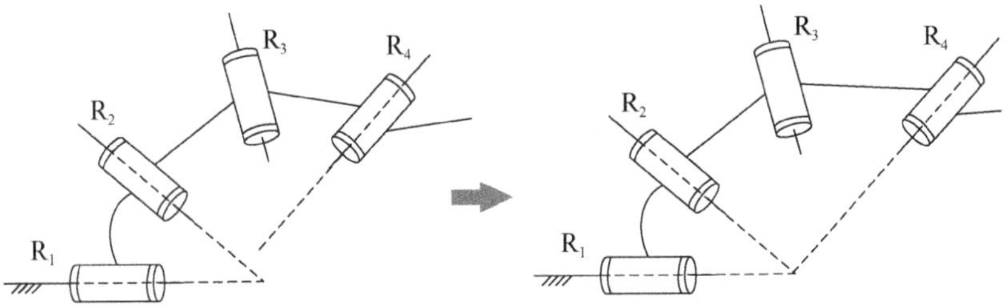

非奇异位形　　奇异位形

图 3-5　不相邻运动副的轴线关系

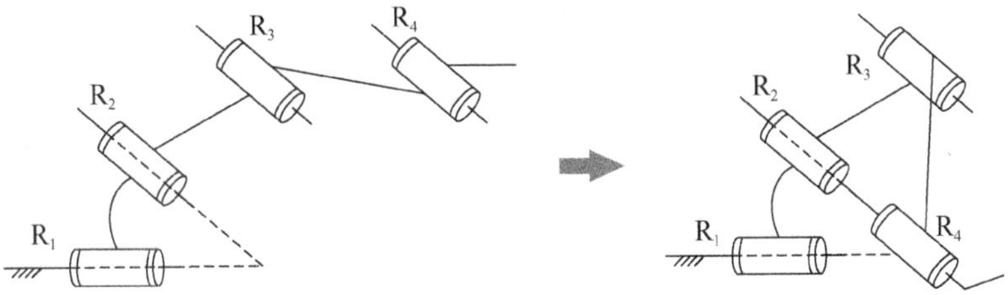

非奇异位形　　奇异位形

图 3-6　奇异位形的拓扑结构

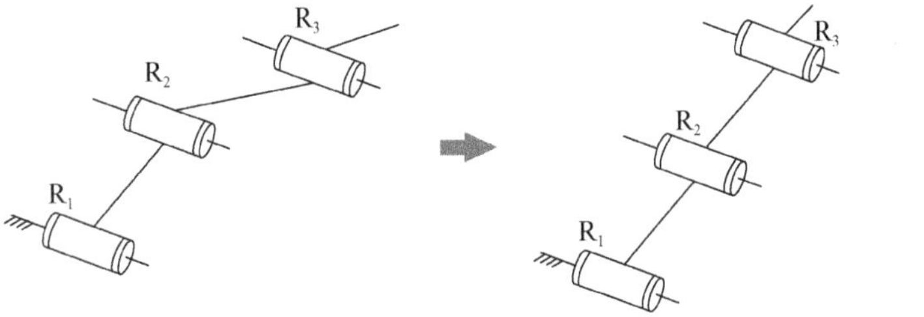

(a) R||R||R

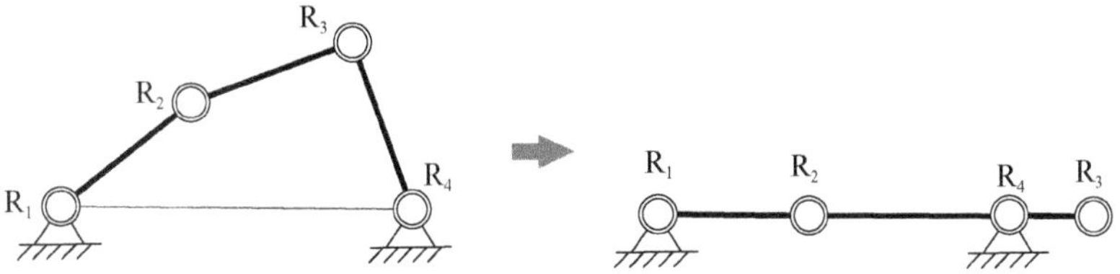

(b) 平面四杆机构

图 3-7　拓扑结构的奇异位形

3.4　基于任务需求的特征提取与特征表达

在工程实际应用中，若仅通过运动特征的个数（$mTnR$）来表示运动特征类型，则其意义将不明确，它虽指明了运动特征的元素，但并没有指明运动特征的具体信息，例如：具体特征线的方位、特征间的相互关系和顺序等，而任务功能需指明运动特征的具体特征线，又因机构末端执行构件可能是刚体或点，即机构的末端运动可能是刚体的位姿或点的轨迹，故有必要针对刚体与点两种情形分别进行分析，具体如下。

1. 末端执行件为刚体

（1）当机构末端刚体执行构件需作绕某一轴转动的运动时，则引入一维 R 特征，且其特征线与该转动轴线重合，可用 $\{R(N,\ \boldsymbol{u})\}$ 表示，其特征线经过点 N 且方向沿单位矢量 $\boldsymbol{u}$，对应符号如表 3-4 所示；

（2）当机构末端刚体执行构件需作沿某一方向移动的运动时，则引入一维 T 特征，且其特征线与该移动方向相同，可用 $\{T(\boldsymbol{u})\}$ 表示，其特征线方向沿单位矢量 $\boldsymbol{u}$，对应符号如表 3-4 所示；

（3）若机构末端刚体执行构件作二维及以上运动时，可遵循以上两个运动特征的提取法则，得到所需的全部运动特征，对应满足李群代数条件的常规运动特征表达如表 3-4 所示。

表 3-4 刚体运动特征的符号与几何描述

符　　号	运动特征-位移子群	刚　体　运　动
	$\{E\}$	无相对运动
	$\{R(N,\ \boldsymbol{u})\}$	一维转动特征，特征线方向沿单位矢量 $\boldsymbol{u}$ 且经过点 N
	$\{R(N,\ \boldsymbol{u})\},\ N \in \Theta$	沿任意平行于 $\boldsymbol{u}$ 的一维转动特征
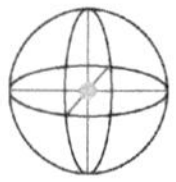	$\{S(N)\}$	绕转动中心点 N 的三维转动
	$\{T(\boldsymbol{u})\}$	一维移动特征，方向：沿单位矢量 $\boldsymbol{u}$
	$\{T(\perp \boldsymbol{wv})\}$ 或 T_r	圆弧移动特征，其刚体上点的轨迹为圆弧，$\boldsymbol{w}$ 为圆弧平面的法线，$\boldsymbol{v}$ 为圆弧半径方向矢量
	$\{T(P_{vw})\}$	二维移动特征，运动平面：由单位矢量 $\boldsymbol{v}$ 和 $\boldsymbol{w}$ 张成的平面 P_{vw}
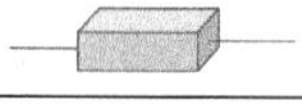	$\{T\}$	空间三维移动特征
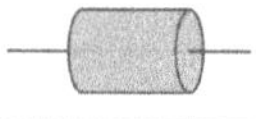	$\{C(N,\ \boldsymbol{u})\}$	特征线重合的一维移动和转动特征，特征线方向沿单位矢量 $\boldsymbol{u}$ 且经过点 N
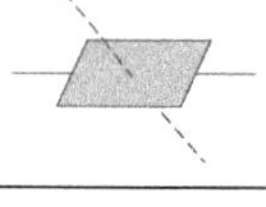	$\{G(\boldsymbol{u})\}$	法线为 $\boldsymbol{u}$ 的二维移动特征和沿任何平行于 $\boldsymbol{u}$ 的一维转动特征

续　表

符　　号	运动特征-位移子群	刚　体　运　动
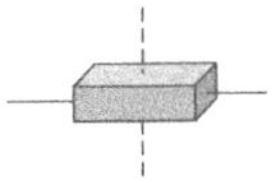	$\{X(\boldsymbol{u})\}$	沿任意平行于 $\boldsymbol{u}$ 的一维转动特征和空间三维移动特征
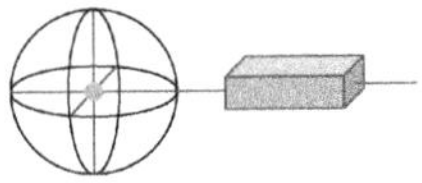	$\{D\}$	六维刚体运动

为便于工程应用,可考虑运动特征元素间的属性以及相互间的几何关系,且按特征维数的大小进行特征增广层与缩减层分类,列举较为常用的运动特征的层级关系图,如图 3-9 所示(图中 $A \otimes B$ 或写成 AB 表示:A 特征和 B 特征是串联关系)。其他形式可通过类似方法得到,主要考虑特征的因素包括:① 特征类型和维度;② 顺序性;③ 特征间的方位关系,如垂直、平行、重合等,易于应用于工程应用;④ 特征是否具有迁移性。其中一维运动特征包括 $R(N, \boldsymbol{u})$:实现的位形空间为转动;$T(\boldsymbol{u})$:实现平移运动,其刚体上点的轨迹为直线;T_r:实现平移运动,其刚体上点的轨迹为圆弧;H:实现螺旋运动,其末端特征也可表示为$T(\boldsymbol{u}) \oplus R(N, \boldsymbol{u})$或$R(N, \boldsymbol{u}) \oplus T(\boldsymbol{u})$($A \oplus B$表示特征 B 是 A 的伴随关系),即 R 与 T 特征的互为伴随运动。二维或二维以上运动特征可由其上层的运动特征相互作用而成。

在空间机构构型设计中大多以刚体为研究对象,而以点直接作为研究对象却较少,主要限于函数综合。空间中刚体的信息较点的信息更为全面,即刚体包含三维转动和三维移动的信息,而点仅有位置信息,不存在姿态信息,因此点的运动可看作是刚体运动的一个特例。

2. 末端执行件为点

末端执行件为点时,其符号表示如表 3-5 所示;点的运动特征可用刚体的运动特征来实现,若不考虑函数综合的实现方式,其一维、二维和三维移动特征的实现方式,如表 3-6 所示。

表 3-5　点的运动特征以及表示

符　　号	运动特征	点　运　动
	$T_P(\boldsymbol{u})$	一维移动特征,方向:沿单位矢量 $\boldsymbol{u}$
	$T_P(\boldsymbol{uv})$	二维移动特征,运动平面:由单位矢量 $\boldsymbol{u}$ 和 $\boldsymbol{v}$ 张成的平面 P_{uv}
	$T_P(3)$	三维移动特征

（1）机构末端点作直线运动时，可映射为刚体的一维 *T* 特征，且特征线与该直线方向相同；

（2）机构末端点作圆弧运动时，与刚体的映射可有以下情形：① 可映射为刚体的一维 *R* 特征，其特征线与该圆弧平面垂直，特征线穿过圆弧线的中心；② 可映射为刚体的一维的圆弧形移动特征，其运动特征为 T_r 特征；

（3）机构末端点作平面运动时，与刚体的映射可有以下情形：① 可映射刚体的二维 *T* 特征，且圆弧包含于其二维 *T* 特征所张成的平面；② 映射于刚体的一维 *R* 特征和一维 *T* 特征，其中 *R* 特征与 *T* 特征的特征线垂直，且 *T* 特征的特征线位在特定曲线所在的平面内；

（4）机构末端点作空间三维运动时，可映射于刚体的三维运动特征。若仅考虑基本特征为 *R* 和 *T* 特征且不考虑其方位性时，可有 $C_2^1C_2^1C_2^1=8$ 种映射，即：*RRT*、*RTR*、*RTT*、*RRR*、*TRT*、*TTR*、*TRR*、*TTT*；这是仅列出部分对应的特征：{R(N, **u**)}{R(N, **v**)}{T(**w**)}、{R(N, **u**)}{T(**w**)}{R(B, **v**)}、{R(N, **u**)}{T(**u**)}{T(**v**)}、{T(**w**)}{R(N, **u**)}{R(N, **v**)}、{T(**w**)}{R(N, **u**)}{T(**w**)}、{T(**u**)}{T(**v**)}{R(N, **u**)}、{R(N, **u**)}{T(**u**)}{R(B, **v**)}、{T(**u**)}{T(**v**)}{R(N, **w**)}、{T(**u**)}{T(**v**)}{T(**w**)}等，其对应的拓扑结构，如图 3-8 所示。

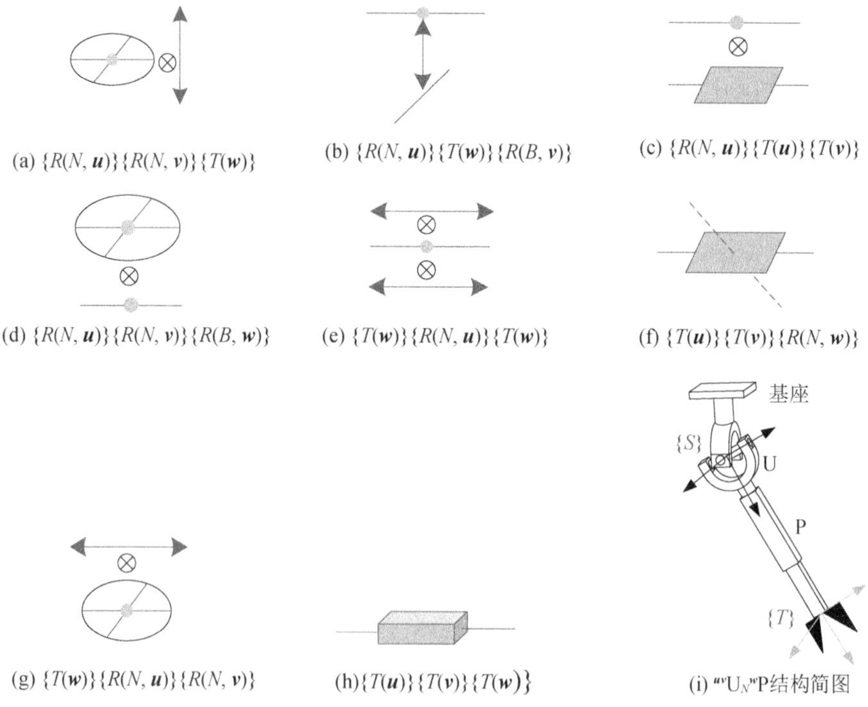

(a) {R(N, **u**)}{R(N, **v**)}{T(**w**)}
(b) {R(N, **u**)}{T(**w**)}{R(B, **v**)}
(c) {R(N, **u**)}{T(**u**)}{T(**v**)}
(d) {R(N, **u**)}{R(N, **v**)}{R(B, **w**)}
(e) {T(**w**)}{R(N, **u**)}{T(**w**)}
(f) {T(**u**)}{T(**v**)}{R(N, **w**)}
(g) {T(**w**)}{R(N, **u**)}{R(N, **v**)}
(h){T(**u**)}{T(**v**)}{T(**w**)}
(i) "U_N"P结构简图

图 3-8　点作三维运动映射的刚体三维运动

证明：因为这些点与刚体的运动特征的映射关系的验证方法是一样的，故这里仅以$\{R(N,\boldsymbol{u})\}\{R(N,\boldsymbol{v})\}\{T(\boldsymbol{w})\}$为例进行说明。其对应的拓扑结构之一为$^{uv}U_N{}^{w}P$，结构简图如图3－8(i)所示，其末端的运动位形为

$$\boldsymbol{g}_{st}=\begin{bmatrix} c\theta_1 & s\theta_1 s\theta_2 & s\theta_1 c\theta_2 & \theta_3 s\theta_1 c\theta_2 \\ 0 & c\theta_2 & -s\theta_2 & -\theta_3 s\theta_2 \\ -s\theta_1 & c\theta_1 s\theta_2 & c\theta_1 c\theta_2 & \theta_3 c\theta_1 c\theta_2 \\ 0 & 0 & 0 & 1 \end{bmatrix}\quad(\theta_1,\theta_2\in(-\pi,\pi);\theta_3\in[l_0,l_1]) \tag{3-2}$$

由上式可知：

$$\begin{cases} T_x=\theta_3 s\theta_1 c\theta_2 \\ T_y=-\theta_3 s\theta_2 \\ T_z=\theta_3 c\theta_1 c\theta_2 \end{cases} \tag{3-3}$$

其工具坐标系原点具有确定的空间位置，即三个方程三个未知数，具有唯一解。

表3－6　点与刚体特征的映射关系

特征维数	点　特　征	刚　体　特　征	
		特 征 组 合	几 何 条 件
1	一维移动特征	$\{T(\boldsymbol{u})\}$	—
	圆弧特征	$\{R(N,\boldsymbol{u})\}$或T_r	圆心重合
2	二维移动特征	$\{T(\boldsymbol{u})T(\boldsymbol{v})\}$	$\boldsymbol{u}\nparallel\boldsymbol{v}$
		$\{R(N,\boldsymbol{u})T(\boldsymbol{v})\}$	$\boldsymbol{u}\perp\boldsymbol{v}$
3	三维移动特征	$\{R(N,\boldsymbol{u})\}\{R(N,\boldsymbol{v})\}\{T(\boldsymbol{w})\}$	$\boldsymbol{u}\nparallel\boldsymbol{v}\nparallel\boldsymbol{w}$
		$\{R(N,\boldsymbol{u})\}\{T(\boldsymbol{w})\}\{R(B,\boldsymbol{v})\}$	
		$\{R(N,\boldsymbol{u})\}\{T(\boldsymbol{u})\}\{T(\boldsymbol{v})\}$	
		$\{T(\boldsymbol{w})\}\{R(N,\boldsymbol{u})\}\{R(N,\boldsymbol{v})\}$	
		$\{T(\boldsymbol{w})\}\{R(N,\boldsymbol{u})\}\{T(\boldsymbol{w})\}$	
		$\{T(\boldsymbol{u})\}\{T(\boldsymbol{v})\}\{R(N,\boldsymbol{u})\}$	
		$\{R(N,\boldsymbol{u})\}\{T(\boldsymbol{u})\}\{R(B,\boldsymbol{v})\}$	
		$\{T(\boldsymbol{u})\}\{T(\boldsymbol{v})\}\{R(N,\boldsymbol{w})\}$	
		$\{T(\boldsymbol{u})\}\{T(\boldsymbol{v})\}\{T(\boldsymbol{w})\}$	

3.5 运动特征分类

现有末端运动特征分类中，大多将其描述为 $mRnT$，而较少考虑伴随运动，在工程实际中，伴随运动是很常见的，为给出运动特征的完整分类，可从总体上给出包括纯运动特征和伴随运动特征的运动隐式表达。若运动特征 $\{M_2\}$ 属于运动特征 $\{M_1\}$ $\{M_2\} \in \{M_1\}$，则有

$$\{M_1\} \ominus \{M_2\} = \begin{cases} \{M_3\}, & \{M_3\}\text{ 为独立纯运动特征} \\ \{M_3\} \oplus \{M_2\}, & \{M_3\}\text{ 为非独立运动特征} \end{cases} \tag{3-4}$$

式中，$\ominus$ 表示运动特征余集运算（第四章也会提及），即去除运动特征。例如：

$$1R1T \ominus R = \begin{cases} 1T, & R\text{ 为独立运动特征} \\ 1T \oplus 1R, & R\text{ 为非独立运动特征} \end{cases} \tag{3-5}$$

式中表明：$1R1T \ominus R$ 可包括纯一维独立纯移动特征 $1T$，也可以是一维移动特征 $1T$ 伴随一维转动特征 $1R$。

据式(3-4)可知，可将其隐式表达进一步拓展细分为两大类：① 具有独立的纯运动特征；② 具有伴随运动的运动特征。其中具有独立的纯运动特征，其对应的李群表达，满足李群代数结构，其所对应的螺旋系满足运动过程不变性；而具有伴随运动的运动特征，其满足流形的代数结构，所对应的螺旋系，在运动过程中满足相对不变性，而相对于全局坐标系则在变化。其中伴随运动可按运动幅值的相对大小分为：① 无限大运动伴随无限小运动，如 $3-\mathrm{PPP(RRR)}_O$ 机构；② 有限运动伴随有限运动，如 H 运动；③ 有限运动伴随微小运动，如 3-RPS 并联机构。

为便于工程应用，单从拓扑定性角度去描述末端特征是不足以完备描述的，需进一步加入运动特征元素间的属性、相互间的几何关系（包括两 R 特征轴线是否交于一点）、运动特征的维数、特征线方向和位置（包括与静平台间的方位关系）、特征线的迁移性以及特征的伴随性等信息，进而给出相应的最简支链表达、图形化表达和符号化表达。

为减小篇幅，以主运动为 $2R1T$ 为例进行说明，其余末端特征情况可用相同方法得到。由图 3-9 可知，主运动为 $2R1T$ 的末端特征可包括：$3R3T \ominus 1R2T$、$3R2T \ominus 1R1T$、$2R3T \ominus 2T$、$3R1T \ominus R$ 和 $2R2T \ominus T$，其中 $3R3T \ominus 1R2T$ 可包括具有独立运动的 $2R1T$ 以及具有伴随运动的 $2R1T \oplus 1T2R$，具体如表 3-7 所示。

6	$3R3T$								
5	$3R3T\ominus R$	$3R3T\ominus T$							
4	$3R3T\ominus 2R$	$3R3T\ominus 2T$	$3R3T\ominus 1R1T$	$3R2T\ominus R$	$3R2T\ominus T$	$2R3T\ominus R$	$2R3T\ominus T$		
3	$3R3T\ominus 3R$	$3R3T\ominus 3T$	$3R3T\ominus 2R1T$	$3R3T\ominus 1R2T$					
	$3R2T\ominus 2R$	$3R2T\ominus 2T$	$3R2T\ominus 1R1T$	$2R3T\ominus 2R$	$2R3T\ominus 2T$	$2R3T\ominus 1R1T$			
	$3R1T\ominus R$	$3R1T\ominus T$	$1R3T\ominus R$	$1R3T\ominus T$	$2R2T\ominus R$	$2R2T\ominus T$			
2	$3R3T\ominus 3R1T$	$3R3T\ominus 1R3T$	$3R3T\ominus 2R2T$						
	$3R2T\ominus 3R$	$3R2T\ominus 3T$	$3R2T\ominus 1R2T$	$3R2T\ominus 2R1T$	$2R3T\ominus 3R$	$2R3T\ominus 3T$	$2R3T\ominus 1R2T$	$2R3T\ominus 2R1T$	
	$3R1T\ominus 2R$	$3R1T\ominus 2T$	$3R1T\ominus 1R1T$	$1R3T\ominus 2R$	$1R3T\ominus 2T$	$1R3T\ominus 1R1T$	$2R2T\ominus 2R$	$2R2T\ominus 2T$	$2R2T\ominus 1R1T$
1	$3R3T\ominus 3R2T$	$3R3T\ominus 2R3T$							
	$3R2T\ominus 3R1T$	$3R2T\ominus 1R3T$	$3R2T\ominus 2R2T$	$2R3T\ominus 3R1T$		$2R3T\ominus 1R3T$	$2R3T\ominus 2R2T$		
	$3R1T\ominus 3R$	$3R1T\ominus 3T$	$3R1T\ominus 1R2T$	$3R1T\ominus 2R1T$	$1R3T\ominus 3R$	$1R3T\ominus 3T$	$1R3T\ominus 1R2T$	$1R3T\ominus 2R1T$	
					$2R2T\ominus 3R$	$2R2T\ominus 3T$	$2R2T\ominus 1R2T$	$2R2T\ominus 2R1T$	
	$3R\ominus 2R$	$3R\ominus 2T$	$3R\ominus 1R1T$	$3T\ominus 2R$	$3T\ominus 2T$	$3T\ominus 1R1T$	$2R1T\ominus 2R$	$2R1T\ominus 2T$	$2R1T\ominus 1R1T$
				$1R2T\ominus 2R$	$1R2T\ominus 2T$	$1R2T\ominus 1R1T$			
	$1R1T\ominus R$	$1R1T\ominus T$	$2R\ominus R$	$2R\ominus T$	$2T\ominus R$	$2T\ominus T$			

图 3-9　运动特征的层级图（其中虚线框为不可能存在的运动特征）

表 3-7　主运动为 $2R1T$ 的末端运动特征分类

序号	与静平台的方位	最 简 支 链	图形化	符　号　化
1	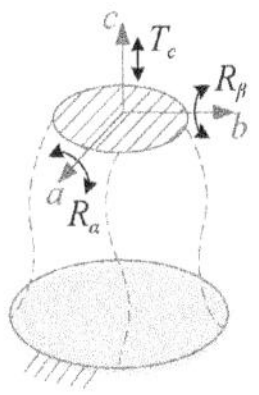	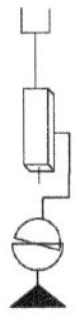	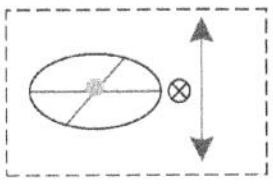	$\{U(O, \boldsymbol{u}, \boldsymbol{v})\}\{T(\boldsymbol{w})\}$
2		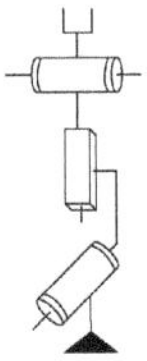	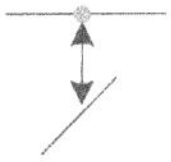	$\{R(A, \boldsymbol{u})T(\boldsymbol{u})\}R(B, \boldsymbol{v})$
3	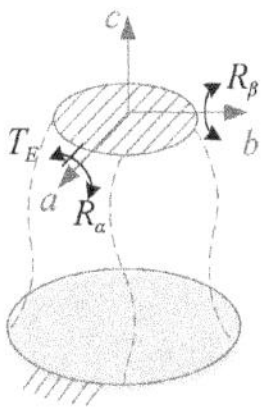	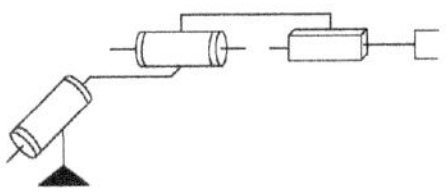	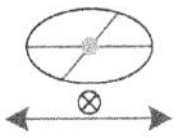	$\{R(A, \boldsymbol{u})R(B, \boldsymbol{v})T(\boldsymbol{u})\}$

续 表

序号	与静平台的方位	最 简 支 链	图形化	符 号 化
4	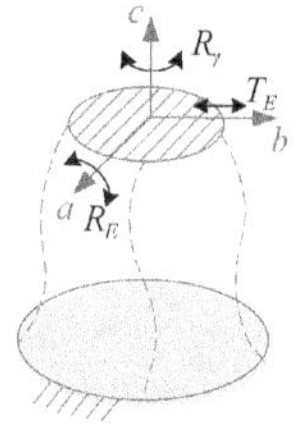	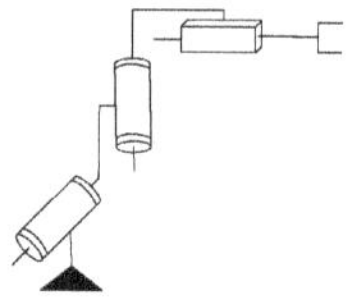	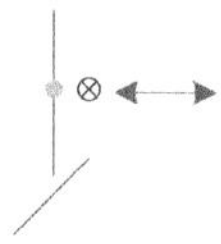	$\{R(A,\ \boldsymbol{u})R(B,\ \boldsymbol{w})T(\boldsymbol{v})\}$
5	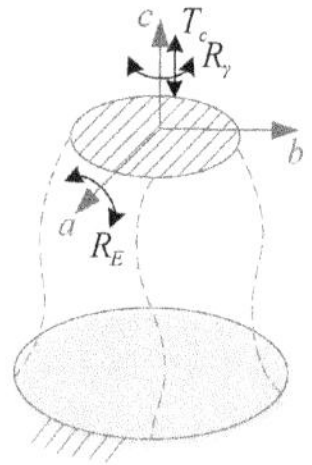	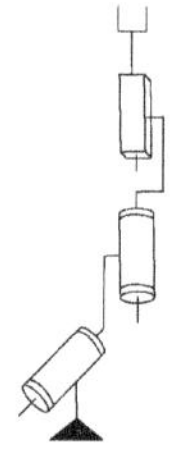	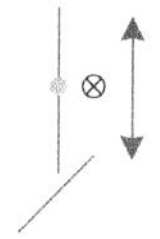	$\{R(A,\ \boldsymbol{u})R(B,\ \boldsymbol{w})T(\boldsymbol{w})\}$
6	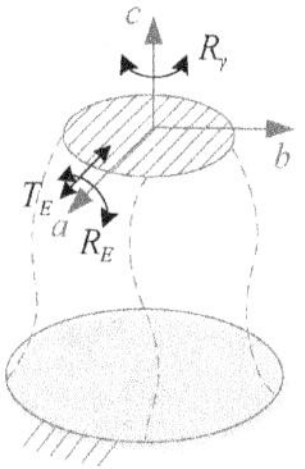	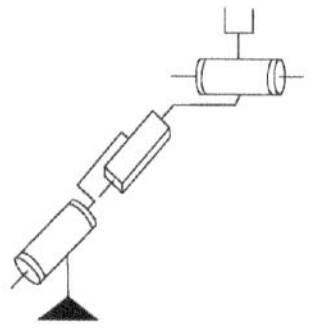	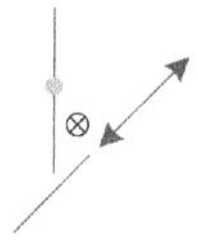	$\{R(A,\ \boldsymbol{u})R(B,\ \boldsymbol{v})T(\boldsymbol{u})\}$
7		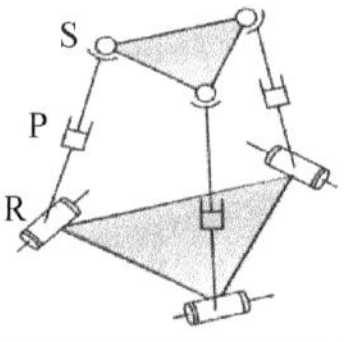	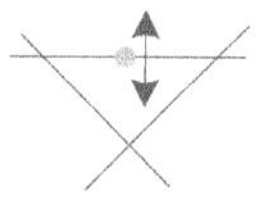	$\{U(O,\ \boldsymbol{u},\ \boldsymbol{v})\}\{T(\boldsymbol{w})\}$ $\oplus\{T(\boldsymbol{u},\ \boldsymbol{v})\}\{R(N,\ \boldsymbol{w})\}$

3.6 运动特征的简易表达

为便于工程师使用以及特征溯源型综合方法的推广，本节将本章所涉及的运动特征表达方式，用简洁、形象的符号与图形表示或总结。

运动特征可用最简支链、图形化和符号化来表示，如表 3-8 所示。

（1）一维转动特征可用 $R(N,\ \boldsymbol{u})$ 表示，其特征线经过点 N 且方向沿单位矢量 $\boldsymbol{u}$，对应最简支链和图化表示如表 3-8 所示；

（2）一维移动特征可用 $T(\boldsymbol{u})$ 表示，其特征线方向沿单位矢量 $\boldsymbol{u}$，对应最简支链和图化表示如表 3-8 所示；

（3）一维平行四边形平动特征可用 $T_r(\boldsymbol{u})$ 表示，其特征线方向垂直于单位矢量 $\boldsymbol{u}$，对应最简支链和图化表示如表 3－8 所示；

（4）一维螺旋运动可用 $H(N, \boldsymbol{u}, p)$ 表示，其特征线方向经过点 N 且方向沿单位矢量 $\boldsymbol{u}$，节距为 p，对应最简支链和图化表示如表 3－8 所示；

（5）若两运动特征 $\{A\}$ 与 $\{B\}$ 呈串联关系，则表示为 $\{A\} \otimes \{B\}$ 或写成 $\{A\}\{B\}$；若两运动特征 $\{A\}$ 与 $\{B\}$ 呈并联关系，则表示为 $\{A\} \& \{B\}$；若两运动特征 $\{A\}$ 与 $\{B\}$ 呈伴随关系，则表示为 $\{A\} \oplus \{B\}$；二维或二维以上运动特征可由其一维运动特征相互作用而成，其相应运动特征的表示方法表 3－8 所示。

表 3－8　刚体运动特征的表示

维数	运　动	最 简 支 链	图 形 化	符 号 化
0	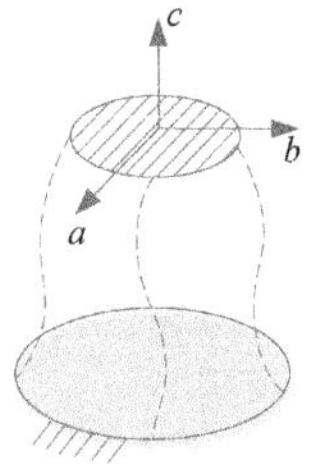	—	—	$\{E\}$
1	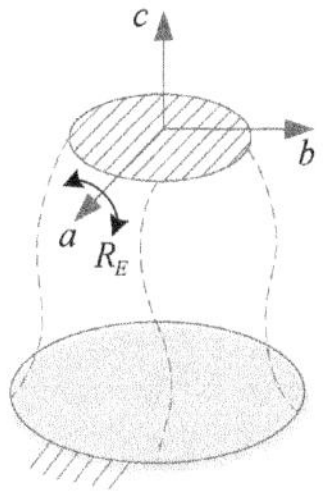	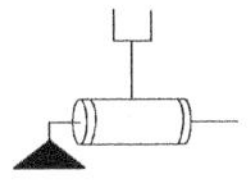		$\{R(N, \boldsymbol{u})\}$
	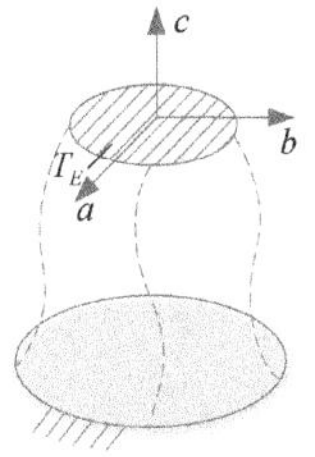	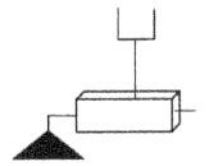		$\{T(\boldsymbol{u})\}$
	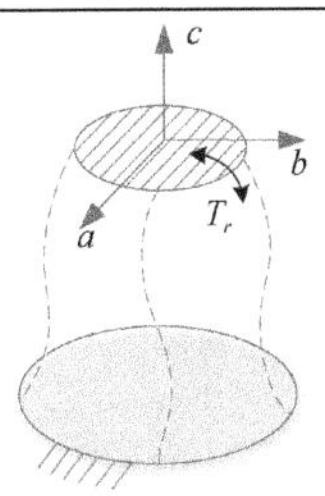	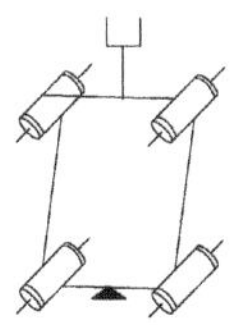		$\{T(\perp \boldsymbol{wv})\}$ 或 $\{T_r\}$

续 表

维数	运　动	最简支链	图形化	符号化
2	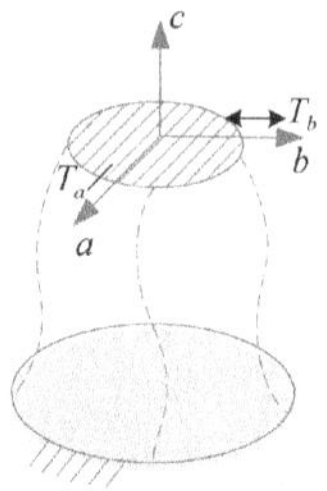	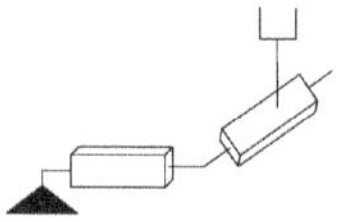		$\{T(P_{uv})\}$
	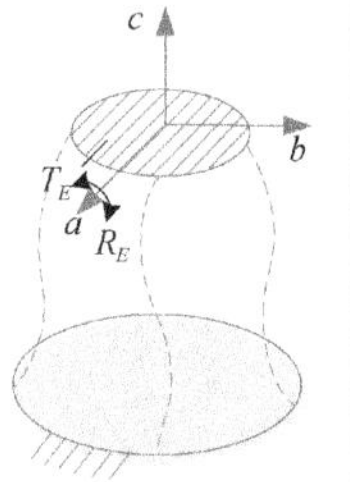	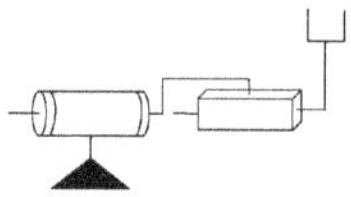		$\{C(N,\ \boldsymbol{u})\}$
	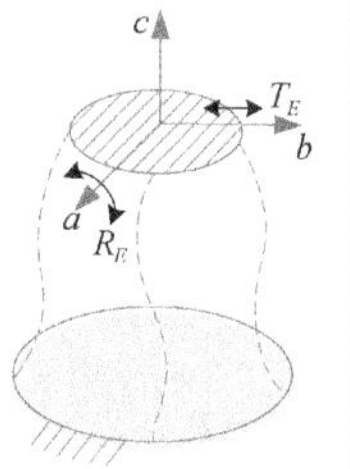	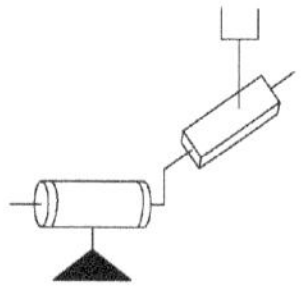		$\{R(N,\ \boldsymbol{u})\}\{T(\boldsymbol{v})\}$
3	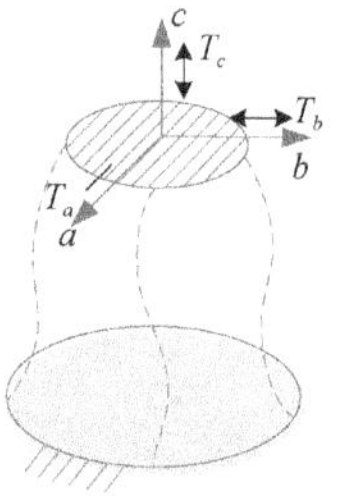	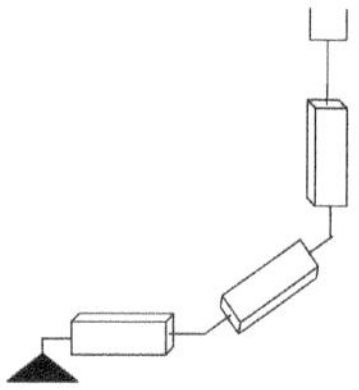		$\{T\}$
	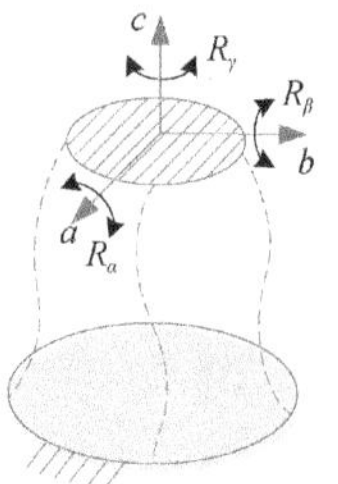		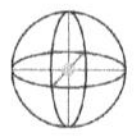	$\{S(N)\}$

续　表

维数	运　　动	最 简 支 链	图 形 化	符 号 化
3	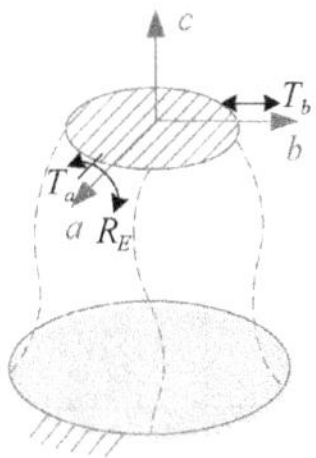	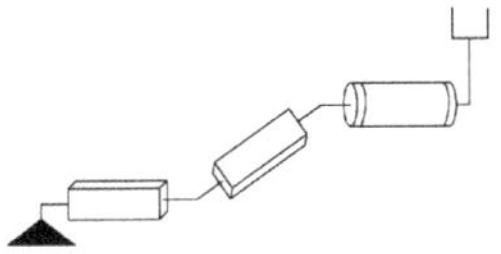	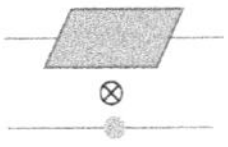	$\{T(P_{uv})\}\{R(N, \boldsymbol{u})\}$
		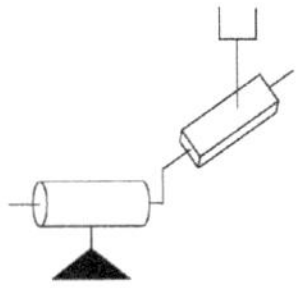	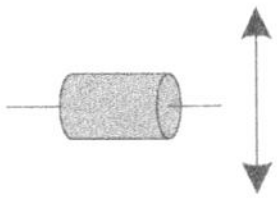	$\{C(N, \boldsymbol{u})\}\{T(\boldsymbol{v})\}$
	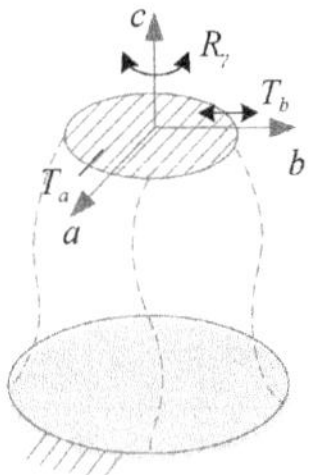	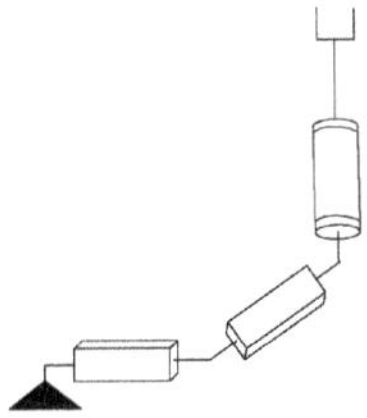	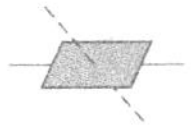	$\{G(\boldsymbol{u})\}$
	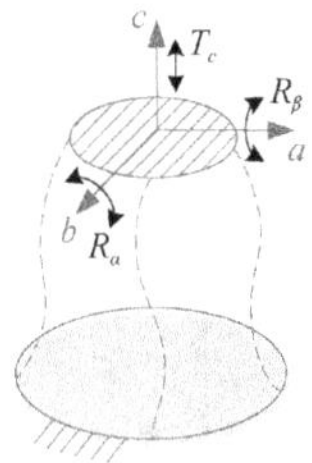	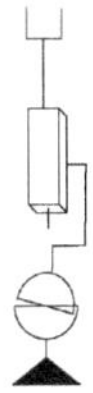	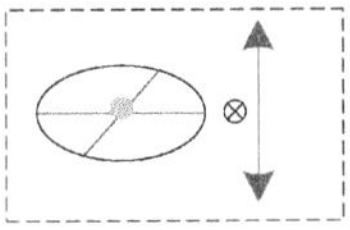	$\{U(O, \boldsymbol{u}, \boldsymbol{v})\}\{T(\boldsymbol{w})\}$
		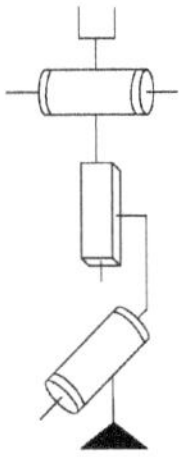	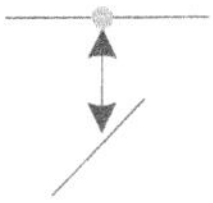	$\{R(A, \boldsymbol{u})\ T(\boldsymbol{u})\}\{R(B, \boldsymbol{v})\}$
	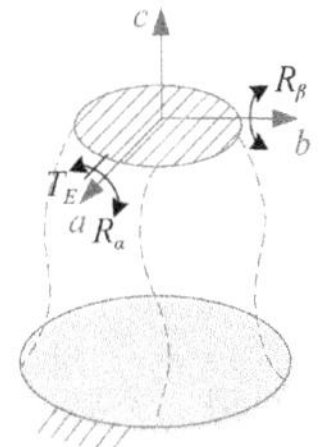	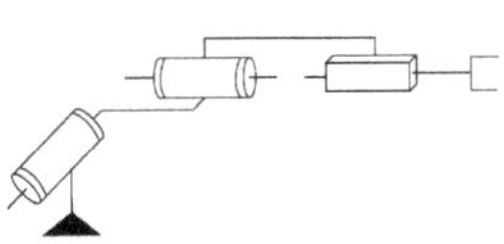	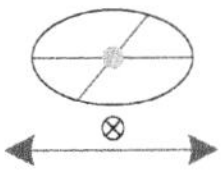	$\{R(A, \boldsymbol{u})R(B, \boldsymbol{v})T(\boldsymbol{u})\}$

续 表

维数	运　动	最简支链	图形化	符号化
3	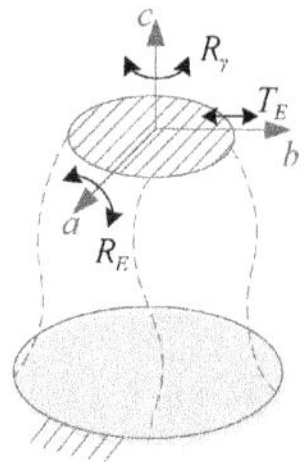	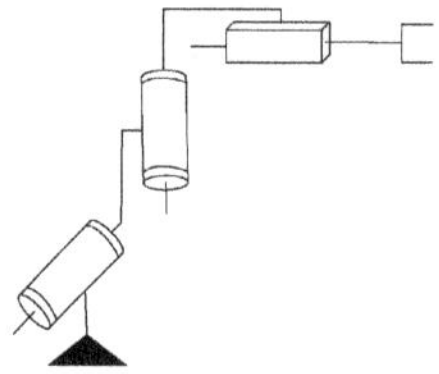	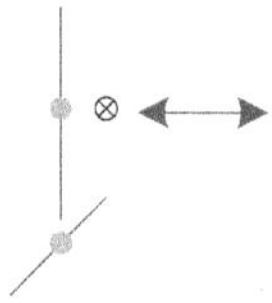	$\{R(A,\boldsymbol{u})R(B,\boldsymbol{w})T(\boldsymbol{v})\}$
	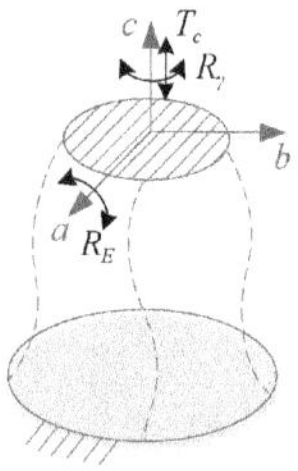	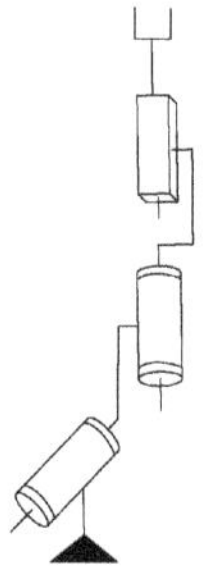	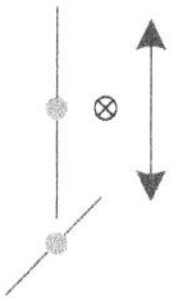	$\{R(A,\boldsymbol{u})R(B,\boldsymbol{w})T(\boldsymbol{w})\}$
	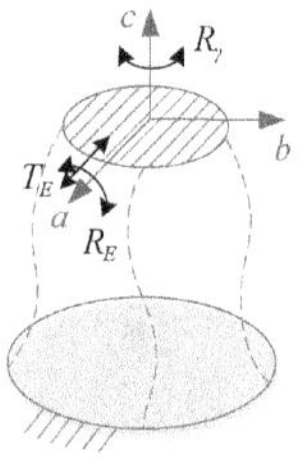	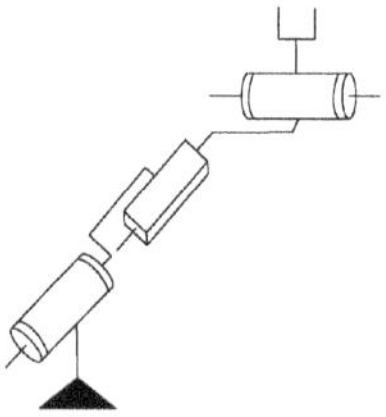	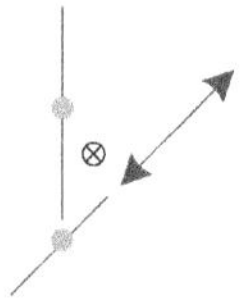	$\{R(A,\boldsymbol{u})R(B,\boldsymbol{v})T(\boldsymbol{u})\}$
	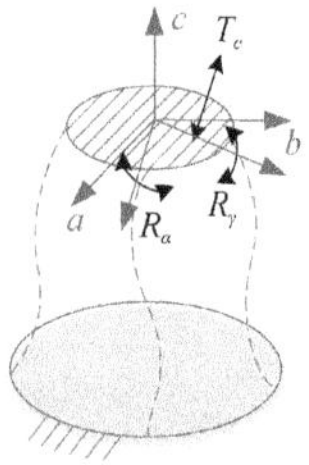	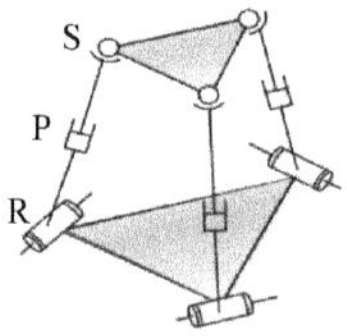	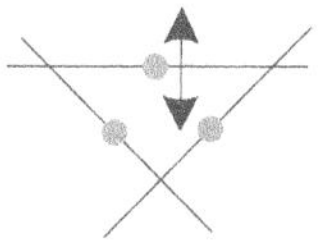	$\{U(O,\boldsymbol{u},\boldsymbol{v})\}\{T(\boldsymbol{w})\}\oplus\{T(\boldsymbol{u},\boldsymbol{v})\}\{R(N,\boldsymbol{w})\}$
4	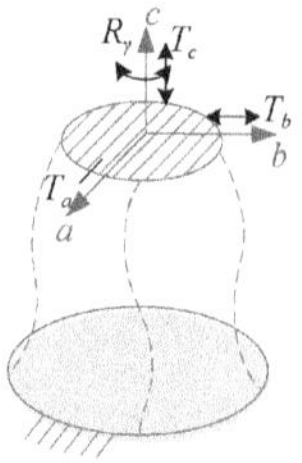	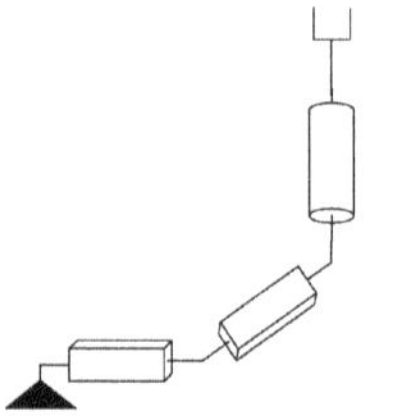	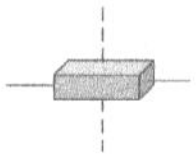	$\{X(\boldsymbol{u})\}$

续　表

维数	运　　动	最 简 支 链	图 形 化	符 号 化
4	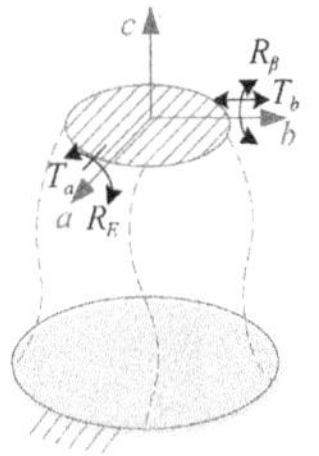	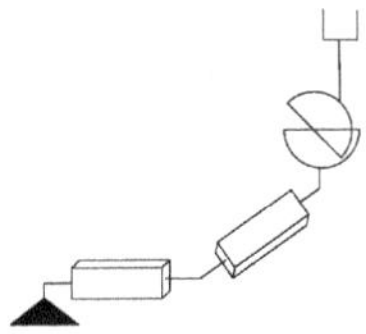	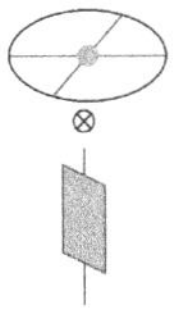	$\{U(O, \boldsymbol{u}, \boldsymbol{v})\}\{T(P_{uv})\}$
	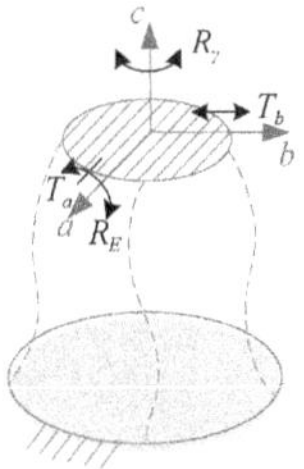	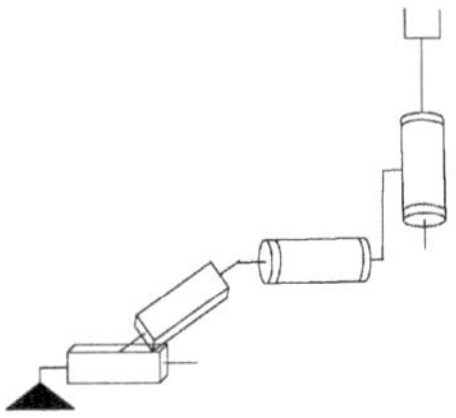	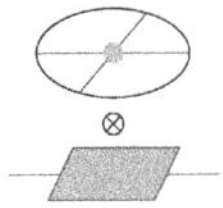	$\{U(O, \boldsymbol{u}, \boldsymbol{v})\}\{T(P_{uw})\}$
	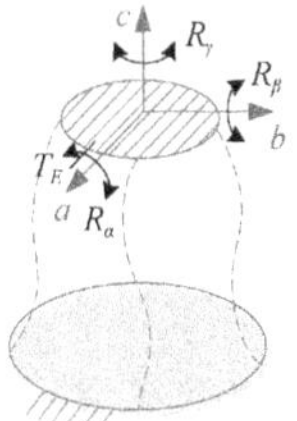	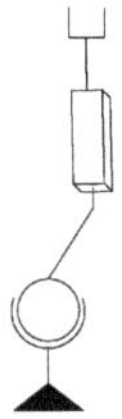	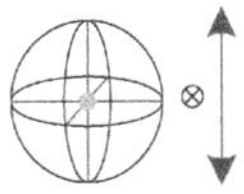	$\{S(O)\}\{T(\boldsymbol{u})\}$
		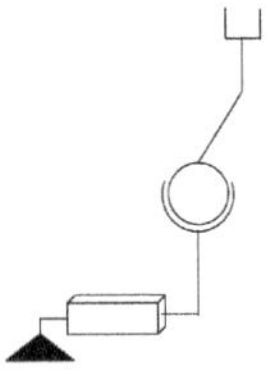	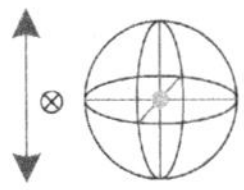	$\{T(\boldsymbol{u})\}\{S(O)\}$
5	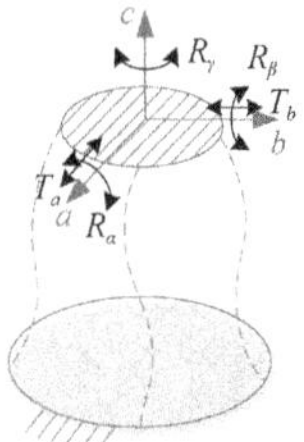	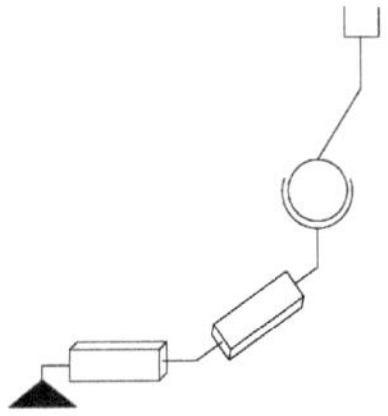	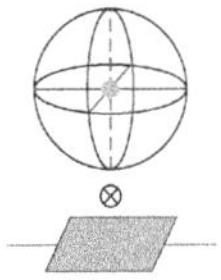	$\{S(O)\}\{T(P_{uw})\}$
		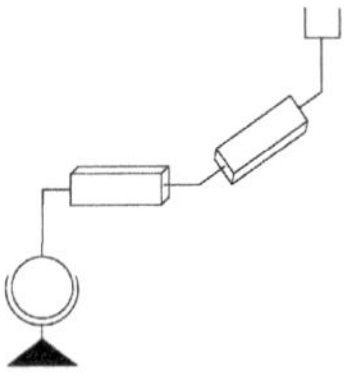	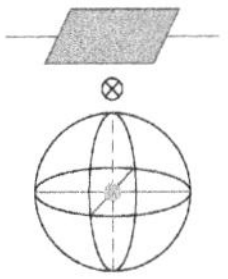	$\{T(P_{uw})\}\{S(O)\}$

续 表

维数	运　动	最简支链	图形化	符号化
5	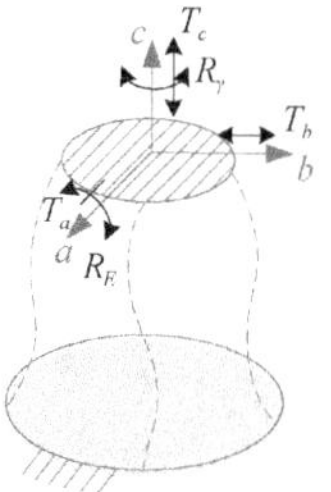	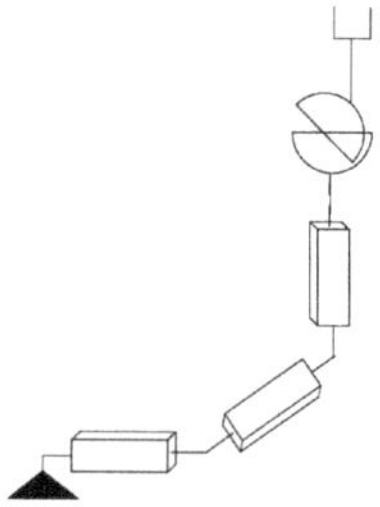	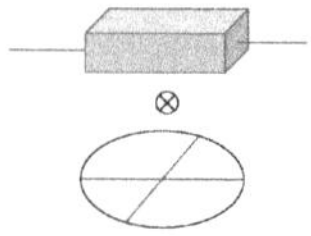	$\{T\}\{U(O,\boldsymbol{u},\boldsymbol{w})\}$
		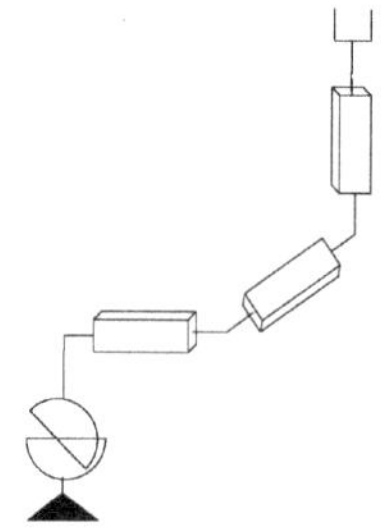	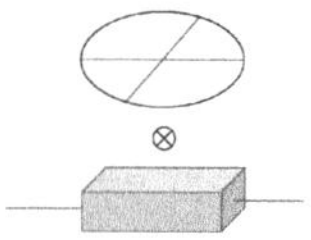	$\{U(O,\boldsymbol{u},\boldsymbol{w})\}\{T\}$
6	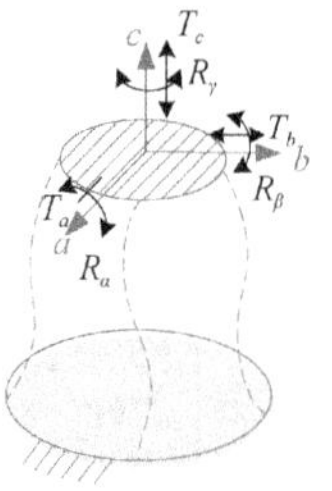	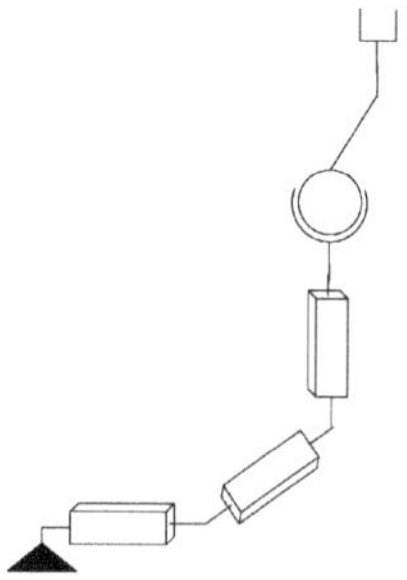	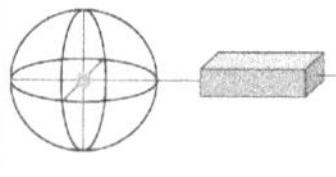	$\{D\}$

3.7 本章小结

任务功能需求分析与设计是需求分析/产品规划阶段的重要步骤，是连接任务需求与产品开发理论体系的开端与纽带，具有独特性、创新性。本章论述了末端运动特征、自由度等相关基本概念，并给出了末端特征的分类与层级关系，给出了机构的运动特征和拓扑结构的符号表达与图形表达，直观形象，易于操作。末端运动特征仍是开放问题，具有独特性，不同任务对应不同运动特征，本章所列举的末端运动特征可包含目前大多数的工程所需的运动特征。所建立的运动特征层级关系，一方面便于后续构型综合的选用；另一方面利于之后拓展，可根据实际任务需求，将所需末端特征按层级关系加入其内，也为相应可视化软件的开发提供数据库源。

参考文献

[1] Lin R F, Guo W Z, Gao F. On Parasitic Motion of Parallel Mechanisms[C]. Charlotte: ASME International Design Engineering Technical Conferences and Computers and Information in Engineering Conference, 2016.

[2] 黄真，刘婧芳，李艳文. 论机构自由度：寻找了150年的自由度通用公式[M]. 北京：科学出版社，2011.

[3] Yang T L, Shen H P, Liu A X, et al. Basic ideas and mathematical methods of mechanism topology theory: Review of several original mechanism topology theories in a methodological perspective[J]. Journal of Mechanical Engineering, 2020, 56 (3): 1-15.

第四章 运动特征的运算法则与完备性证明

4.1 引　　言

现代设计与传统设计的不同之处在于功能分解和求解始终是在广义机构范围内进行考虑,不再局限于传统机构的约束。在现代机器与装备的创新研发中,需以任务功能需求为向导,提出一套便于逻辑推演的特征溯源规则,并加以严格数学证明,构建成一套适合现代机器与装备复杂机构创新构思和设计的特征溯源型综合理论方法。本章引出运动特征的运算法则,为特征集聚与溯源提出计算依据,并加以严格的数学证明,保证了运算法则的可靠性和可行性。首先,给出了运动特征的等效性条件:刚体的位姿空间相同,即刚体可实现相同的位姿。其次,基于等效性条件,给出了运动特征相应的运算法则,具体包括:衍生、迁移、分组、交换、基代换、增广以及融合法则;同时应用了李群、有限位移旋量、运动特征虚设法等给出了相应的数学证明。这些规则不仅简单明了,且经过严格准确的数学证明,从而为机器人运动特征溯源提供了依据。

4.2 运动特征的等效条件

运动特征的等效性是揭示机构间的内在关联关系、机构拓扑构造首要解决的关键问题。运动特征等效性条件是指:运动特征的类型、维数、特征线方位相同的两组运动特征等效,即需满足下式:

$$\begin{cases}\dim(\mathrm{RMC}_1)=\dim(\mathrm{RMC}_2)\\ \dim(\mathrm{RMC}_{1R})=\dim(\mathrm{RMC}_{2R})\\ \dim(\mathrm{RMC}_{1T})=\dim(\mathrm{RMC}_{2T})\\ h(\mathrm{RMC}_1)=h(\mathrm{RMC}_2)\\ \boldsymbol{l}(\mathrm{RMC}_1)=\boldsymbol{l}(\mathrm{RMC}_2)\\ \boldsymbol{v}(\mathrm{RMC}_1)=\boldsymbol{v}(\mathrm{RMC}_2)\end{cases}\tag{4-1}$$

式中，$h(\mathrm{RMC}_1)$、$\boldsymbol{l}(\mathrm{RMC}_1)$ 和 $\boldsymbol{v}(\mathrm{RMC}_1)$ 分别表示运动特征的旋量运动的节距、运动特征的轴线方向和移动特征的移动方向。

4.3　运动特征的衍生法则

根据运动特征的产生方式以及支链末端特征与关节特征的对应关系，支链末端基本特征可分为原生特征和衍生特征两种情况，其定义如下。

原生特征(original motion characteristics，OMC)：若支链末端的某一特征直接来自关节特征，即该特征与其关节特征的属性相同，则该基本特征称为原生特征。

原生特征有两种属性：① 支链末端的 R 特征必然属于原生特征；② 若关节特征蕴含独立 T 特征，则支链末端对应的 T 特征属于原生特征。

衍生特征(Derivative motion characteristics，DMC)：若支链末端的某特征并没有某一关节特征与之对应，该基本特征是由 2 个或以上关节特征复合而来，则该基本特征称为衍生特征。

衍生规律：① 支链末端的某一特征在其关节特征中不存在，则此特征是由关节特征衍生而成，此末端特征属于衍生特征；② 支链末端的移动特征可由转动特征串联作用衍生而成，而转动特征不能由移动特征衍生而来，如图 4－1 所示。

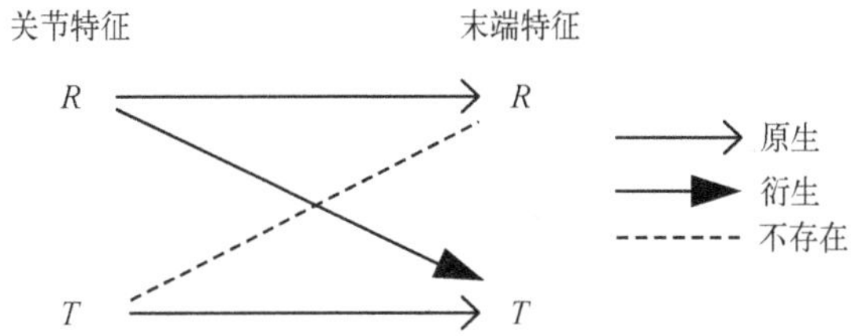

图 4－1　原生特征与衍生特征间的关系

说明：衍生特征是造成机构末端特征复杂性(可引起伴随运动)和多样性的主要原因，也是给并联机构支链间约束匹配分析、机构过约束和求交运算带来难度的原因。因衍生特征主要由多个转动特征可能会衍生移动特征，故转动特征是导致刚体运动复杂性和多样性的根本原因。

衍生规律的证明可描述如下。

转动特征对应的转动子群的共轭子群为

$$R(N,\ \boldsymbol{\omega})=\left\{\begin{bmatrix} e^{\theta\hat{\boldsymbol{\omega}}} & (\boldsymbol{I}_3-e^{\theta\hat{\boldsymbol{\omega}}})(\hat{\boldsymbol{\omega}}\times\boldsymbol{v})+\theta\boldsymbol{\omega}\boldsymbol{\omega}^{\mathrm{T}}\boldsymbol{v} \\ \boldsymbol{0} & 1 \end{bmatrix},\ \theta\in[0,\ 2\pi)\right\} \tag{4-2}$$

式中，$\boldsymbol{\omega}$ 为旋转轴线方向的单位矢量；$\boldsymbol{v}=\boldsymbol{r}\times\boldsymbol{\omega}$；$\boldsymbol{r}$ 为轴线 $\boldsymbol{\omega}$ 上的任意点；点 N 在轴线 $\boldsymbol{\omega}$ 上；θ 为旋转角度；$\boldsymbol{I}_3$ 为单位矩阵；$e^{\theta\hat{\boldsymbol{\omega}}}$ 为矩阵指数，$e^{\theta\hat{\boldsymbol{\omega}}}=\boldsymbol{I}+\hat{\boldsymbol{\omega}}s\theta+\hat{\boldsymbol{\omega}}^2(1-c\theta)$；$\hat{\boldsymbol{\omega}}$ 为反对称矩阵，满足 $\hat{\boldsymbol{\omega}}=-\hat{\boldsymbol{\omega}}^{\mathrm{T}}=-\hat{\boldsymbol{\omega}}^{-1}$。由上式可知其末端可能具有移动分量，即可能存在伴随 T 特征。

移动特征对应的移动子群的共轭子群为

$$T(\boldsymbol{v})=\left\{\begin{bmatrix}\boldsymbol{I}_3 & \alpha\boldsymbol{v}\\ \boldsymbol{0} & 1\end{bmatrix},\ \alpha\in\mathbb{R}\right\} \tag{4-3}$$

可知其末端一定不具有伴随 R 特征。

故当两个或两个以上转动特征串联作用时（即子群的乘积运算），其末端可能出现独立的移动分量，即存在独立的移动特征，但两个或两个以上的移动特征串联作用时（即子群的乘积运算），其末端则不可能出现独立的转动分量，即不存在转动特征。

基于衍生规律，下面给出常用衍生法则及其证明。

4.3.1 特征线平行二维串联 *R* 特征

衍生法则 1：两个特征线平行的串联 R 特征 $R(B_1,\boldsymbol{\omega})R(B_2,\boldsymbol{\omega})$，其末端特征为

$$(\mathrm{R}_{B_1}^{\boldsymbol{\omega}}\parallel\mathrm{R}):R(B_1,\boldsymbol{\omega})R(B_2,\boldsymbol{\omega})\mapsto R(B_2,\boldsymbol{\omega})\{T(\boldsymbol{u})\oplus T(\boldsymbol{v})\}\begin{cases}\boldsymbol{u}\perp\boldsymbol{\omega},\ \boldsymbol{v}\perp\boldsymbol{\omega}\\ \boldsymbol{u}\neq\boldsymbol{v}\end{cases} \tag{4-4}$$

式中，$\perp$ 和 $\parallel$ 分别表示垂直和平行符号；$\mapsto$ 为运动特征产生符号，$(\mathrm{R}_{B_1}^{\boldsymbol{\omega}}\parallel\mathrm{R})$ 是实现运动特征 $R(B_1,\boldsymbol{\omega})R(B_2,\boldsymbol{\omega})$ 的直接形式。

末端特征为 $R(B_2,\boldsymbol{\omega})\{T(\boldsymbol{u})\oplus T(\boldsymbol{v})\}$，可知此末端具有二维独立的运动特征，分别是：① 特征线过 B_2 点且方向为 $\boldsymbol{\omega}$ 的一维 R 特征；② 特征线分别为 $\boldsymbol{u}$、$\boldsymbol{v}$ 且相互伴随的一维 T 特征。其中一维 T 特征由 R 特征伴生得到，如图 4－2 所示。

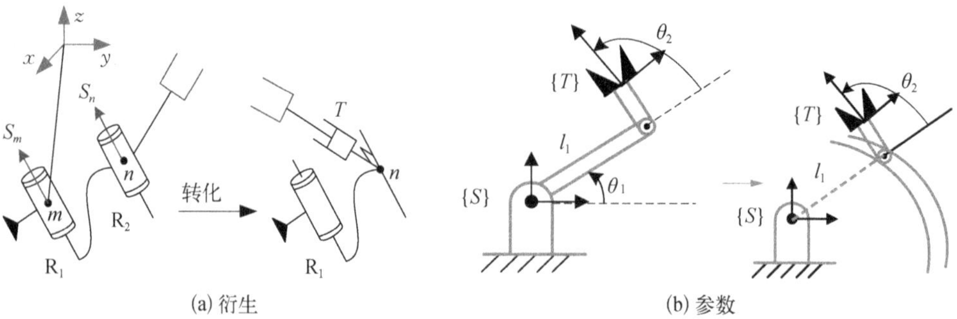

图 4－2 $(\mathrm{R}_{B_1}^{\boldsymbol{\omega}}\parallel\mathrm{R})$ 的衍生法则

证明如下。

法一：李群-指数积（product of exponentials，POE）公式法。

图 4-2 为$(R_1R_2)_{\|}$对应的拓扑结构之一，其结构参数以及惯性坐标系{S}和工具坐标系{T}如图所示。取此机构完全展开时的位形为初始位形，可求得其末端位形 $\boldsymbol{g}_{st}$ 为

$$\boldsymbol{g}_{st} = e^{\theta_1 \hat{\xi}_1} e^{\theta_2 \hat{\xi}_2} \boldsymbol{g}_{st}(\boldsymbol{0}) = \begin{bmatrix} c\theta_{12} & -s\theta_{12} & 0 & l_1 c\theta_1 + l_2 c\theta_{12} \\ s\theta_{12} & c\theta_{12} & 0 & l_1 s\theta_1 + l_2 s\theta_{12} \\ 0 & 0 & 1 & 0 \\ 0 & 0 & 0 & 1 \end{bmatrix} \quad \theta_1, \theta_2 \in [0, 2\pi) \tag{4-5}$$

式中，$\boldsymbol{g}_{st}(\boldsymbol{0})$为初始位形时惯性坐标系与工具坐标系的变换，$c\theta_{12} = \cos(\theta_1 + \theta_2)$，$s\theta_{12} = \sin(\theta_1 + \theta_2)$，$l_1 = | \boldsymbol{r}_{B_2} - \boldsymbol{r}_{B_1} |$，$l_2 = | \boldsymbol{r}_{B_3} - \boldsymbol{r}_{B_2} |$ 由此集合可知：

$$\begin{aligned} e^{\theta_1 \hat{\xi}_1} e^{\theta_2 \hat{\xi}_2} \boldsymbol{g}_{st}(\boldsymbol{0}) &= \begin{bmatrix} c\theta_{12} & -s\theta_{12} & 0 & l_1 c\theta_1 + l_2 c\theta_{12} \\ s\theta_{12} & c\theta_{12} & 0 & l_1 s\theta_1 + l_2 s\theta_{12} \\ 0 & 0 & 1 & 0 \\ 0 & 0 & 0 & 1 \end{bmatrix} \\ &= \begin{bmatrix} c\theta_{12} & -s\theta_{12} & 0 & l_2 c\theta_{12} \\ s\theta_{12} & c\theta_{12} & 0 & l_2 s\theta_{12} \\ 0 & 0 & 1 & 0 \\ 0 & 0 & 0 & 1 \end{bmatrix} \begin{bmatrix} & & l_1 c\theta_2 \\ \boldsymbol{I} & & -l_1 s\theta_2 \\ & & 0 \\ \boldsymbol{0} & & 1 \end{bmatrix} \\ &= \begin{bmatrix} e^{\theta_{12}\hat{\boldsymbol{\omega}}_2} & (\boldsymbol{I}_3 - e^{\theta_{12}\hat{\boldsymbol{\omega}}_2}) \boldsymbol{r}_{B_2} \\ \boldsymbol{0} & 1 \end{bmatrix} \begin{bmatrix} \boldsymbol{I} & (\boldsymbol{I}_3 - e^{\theta_2 \hat{\boldsymbol{\omega}}_2})(\boldsymbol{r}_{B_2} - \boldsymbol{r}_{B_1}) \\ \boldsymbol{0} & 1 \end{bmatrix} \\ &= e^{\theta_{12}\hat{\xi}_2} e^{\theta_2 \hat{\xi}_1} \boldsymbol{g}_{st}(\boldsymbol{0}) \mapsto R(B_2, \boldsymbol{\omega}) \{ T(\boldsymbol{u}) \oplus T(\boldsymbol{v}) \} \end{aligned} \tag{4-6}$$

上式表明：其末端特征为过 B_2 点且方向为 $\boldsymbol{\omega}$ 的一维 R 特征以及以 B_1 点为转动中心且垂直于 $\boldsymbol{\omega}$ 的圆弧 T 特征（即：特征线分别为 $\boldsymbol{u}$、$\boldsymbol{v}$ 且相互伴随的一维 T 特征）。故两个特征线平行的 R 特征可衍生出一维 T 特征。

法二：解析法-指数积公式法。

图 4-2 为$(R_1R_2)_{\|}$对应的拓扑结构之一，其结构参数以及惯性坐标系{S}和工具坐标系{T}如图所示。取此机构完全展开时的位形为初始位形。可求得其末端位形 $\boldsymbol{g}_{st}$ 为

$$
\boldsymbol{g}_{st} = e^{\theta_1 \hat{\xi}_1} e^{\theta_2 \hat{\xi}_2} \boldsymbol{g}_{st}(\mathbf{0}) = \begin{bmatrix} c\theta_{12} & -s\theta_{12} & 0 & l_1 c\theta_1 + l_2 c\theta_{12} \\ s\theta_{12} & c\theta_{12} & 0 & l_1 s\theta_1 + l_2 s\theta_{12} \\ 0 & 0 & 1 & 0 \\ 0 & 0 & 0 & 1 \end{bmatrix} \quad \theta_1,\ \theta_2 \in [0,\ 2\pi) \tag{4-7}
$$

式中，$\boldsymbol{g}_{st}(\mathbf{0})$为初始位形时惯性坐标系与工具坐标系的变换，$c\theta_{12} = \cos(\theta_1 + \theta_2)$，$s\theta_{12} = \sin(\theta_1 + \theta_2)$，由此集合可知：

（1）当 $\theta_1 + \theta_2 = 0$ 时，

$$
\boldsymbol{g}_{st} = \begin{bmatrix} & \boldsymbol{I} & t_x \\ & & t_y \\ & & 0 \\ & 0 & 1 \end{bmatrix} = \begin{bmatrix} 1 & 0 & 0 & l_1 c\theta_1 + l_2 \\ 0 & 1 & 0 & l_1 s\theta_1 \\ 0 & 0 & 1 & 0 \\ 0 & 0 & 0 & 1 \end{bmatrix} \quad \theta_1 \in [0,\ 2\pi) \tag{4-8}
$$

由上式可得

$$
\begin{cases} t_x = f(\theta_1) = l_1 c\theta_1 + l_2 \\ t_y = f(\theta_1) = l_1 s\theta_1 \end{cases} \Rightarrow \begin{cases} t_x = f(\theta_1) \\ t_y = f(t_x) \end{cases} \tag{4-9}
$$

其末端具有一维 T 特征，又因为：

$$
(t_x - l_2)^2 + t_y{}^2 = l_1{}^2 \tag{4-10}
$$

可以得知：其 T 特征的方向垂直于 R 特征线，位于刚体上点的轨迹为圆弧，记为 $T_r(\perp R)$；

（2）当 $\theta_2 = 0$ 时，

$$
\boldsymbol{g}_{st} = \begin{bmatrix} & \boldsymbol{R} & t_x \\ & & t_y \\ & & 0 \\ & 0 & 1 \end{bmatrix} = \begin{bmatrix} c\theta_1 & -s\theta_1 & 0 & (l_1 + l_2)c\theta_1 \\ s\theta_1 & c\theta_1 & 0 & (l_1 + l_2)s\theta_1 \\ 0 & 0 & 1 & 0 \\ 0 & 0 & 0 & 1 \end{bmatrix} \quad \theta_1 \in [0,\ 2\pi) \tag{4-11}
$$

由上式可得

$$
t_x^2 + t_y^2 = (l_1 + l_2)^2 \tag{4-12}
$$

$$
\boldsymbol{\omega} = \begin{bmatrix} 0 \\ 0 \\ 1 \end{bmatrix} \tag{4-13}
$$

即末端具有一维 R 特征，轴线与第 1 个 R 副轴线重合；

当 $\theta_1=0$ 时，

$$g_{st}=\begin{bmatrix} & & & t_x \\ & R & & t_y \\ & & & 0 \\ & 0 & & 1 \end{bmatrix}=\begin{bmatrix} c\theta_2 & -s\theta_2 & 0 & l_1+l_2c\theta_2 \\ s\theta_2 & c\theta_2 & 0 & l_2s\theta_2 \\ 0 & 0 & 1 & 0 \\ 0 & 0 & 0 & 1 \end{bmatrix}\quad \theta_2\in[0,\ 2\pi) \tag{4-14}$$

由上式可得

$$(t_x-l_1)^2+t_y{}^2=(l_2)^2 \tag{4-15}$$

$$\boldsymbol{\omega}=\begin{bmatrix}0\\0\\1\end{bmatrix} \tag{4-16}$$

即末端具有一维 R 特征，轴线与第 2 个 R 特征的特征线重合；

（3）当 $\theta_1+\theta_2\neq 0$，$\theta_1\neq\theta_2\neq 0$ 时，

$$g_{st}=\begin{bmatrix} c\theta_{12} & -s\theta_{12} & 0 & l_1c\theta_1+l_2c\theta_{12} \\ s\theta_{12} & c\theta_{12} & 0 & l_1s\theta_1+l_2s\theta_{12} \\ 0 & 0 & 1 & 0 \\ 0 & 0 & 0 & 1 \end{bmatrix}\quad \theta_1,\ \theta_2\in[0,\ 2\pi) \tag{4-17}$$

其末端作一般平面复合运动。

4.3.2　特征线平行三维串联 R 特征

衍生法则 2：三个特征线平行的串联 R 特征 $R(B_1,\ \boldsymbol{\omega})R(B_2,\ \boldsymbol{\omega})R(B_3,\ \boldsymbol{\omega})$，其末端特征为

$$(\mathrm{R}_{B_1}^{\omega}\parallel \mathrm{R}\parallel \mathrm{R}):R(B_1,\ \boldsymbol{\omega})R(B_2,\ \boldsymbol{\omega})R(B_3,\ \boldsymbol{\omega})\mapsto R(N,\ \boldsymbol{\omega})T(\boldsymbol{u})T(\boldsymbol{v})$$
$$=\{G(\boldsymbol{\omega})\}\ (N\in\mathbb{R}) \tag{4-18}$$

末端特征可分为 $T(\boldsymbol{u})T(\boldsymbol{v})R(N,\ \boldsymbol{\omega})=\{G(\boldsymbol{\omega})\}\ (N\in\mathbb{R})$，可知此末端具有三维独立的运动特征，分别为① 特征线垂直于 $\boldsymbol{\omega}$ 的二维独立 T 特征，此二维 T 特征属于衍生特征；② 一维独立 R 特征，其特征线方向平行于 R 特征的特征线，位置任意，如图 4-3 所示。

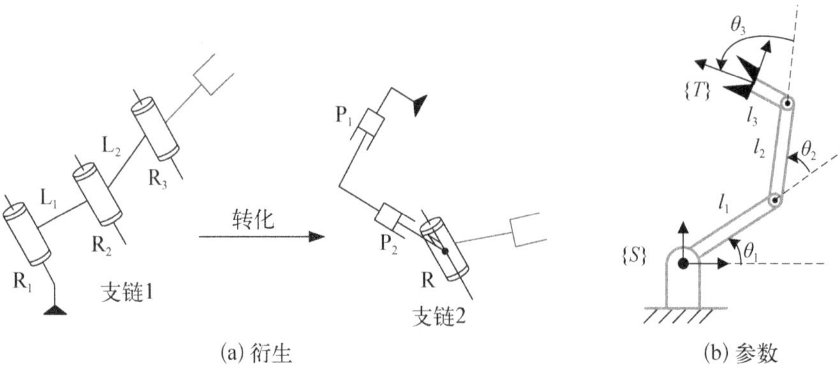

图 4-3 $(\mathbf{R}_1\mathbf{R}_2\mathbf{R}_3)_{\parallel}$ 的衍生法则

证明如下。

法一：虚设特征法 + 自由度验证。

如图 4-4 所示，选取 3 个轴线平行串联机构 $(R_1R_2R_3)_{\parallel}$ 作为 $R(B_1,\ \boldsymbol{\omega})R(B_2,\ \boldsymbol{\omega})R(B_3,\ \boldsymbol{\omega})$ 的典型支链结构。将此支链末端与机架在任意位置用 P 副连接，形成闭链，得到平面四杆机构自由度为 1。易分析，对实现 $R(B_1,\ \boldsymbol{\omega})R(B_2,\ \boldsymbol{\omega})R(B_3,\ \boldsymbol{\omega})$ 的其他支链结构，虚设 P 副所构成的闭链结构，自由度不小于 1，即动平台具有沿 P 副移动的能力。同时，虚设 P 副的位置变化不改变机构的自由度数，因此，该支链可衍生出移动特征。

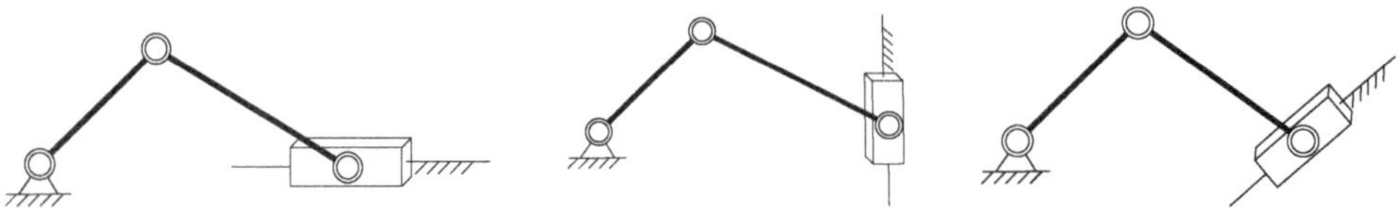

图 4-4 $(\mathbf{R}_1\mathbf{R}_2\mathbf{R}_3)_{\parallel}$ 的衍生法则证明-虚设特征法

法二：李群。

图 4-3 为 $T(\boldsymbol{u})T(\boldsymbol{v})R(N,\ \boldsymbol{\omega}) = \{G(\boldsymbol{\omega})\}$，$(N \in \mathbb{R})$ 对应的拓扑结构 $(R_{B_1}^{\boldsymbol{\omega}} \parallel R \parallel R)$，其末端位形为

$$\boldsymbol{g}_{st} = \begin{bmatrix} c\theta_{123} & -s\theta_{123} & 0 & l_1c\theta_1 + l_2c\theta_{12} + l_3c\theta_{123} \\ s\theta_{123} & c\theta_{123} & 0 & l_1s\theta_1 + l_2s\theta_{12} + l_3s\theta_{123} \\ 0 & 0 & 1 & 0 \\ 0 & 0 & 0 & 1 \end{bmatrix} \quad \theta_1,\ \theta_2,\ \theta_3 \in [0,\ 2\pi)$$

$$
=\begin{bmatrix} c\theta_{123} & -s\theta_{123} & 0 & l_3c\theta_{123} \\ s\theta_{123} & c\theta_{123} & 0 & l_3s\theta_{123} \\ 0 & 0 & 1 & 0 \\ 0 & 0 & 0 & 1 \end{bmatrix}\begin{bmatrix} \boldsymbol{I} & \begin{matrix} l_2c\theta_3 \\ -l_2s\theta_3 \\ 0 \end{matrix} \\ \boldsymbol{0} & 1 \end{bmatrix}\begin{bmatrix} \boldsymbol{I} & \begin{matrix} l_1c\theta_{23} \\ -l_1s\theta_{23} \\ 0 \end{matrix} \\ \boldsymbol{0} & 1 \end{bmatrix}
$$

$$
=\begin{bmatrix} e^{\theta_{123}\hat{\boldsymbol{\omega}}_3} & (\boldsymbol{I}_3-e^{\theta_{123}\hat{\boldsymbol{\omega}}_3})\boldsymbol{r}_{B_3} \\ \boldsymbol{0} & 1 \end{bmatrix}\begin{bmatrix} \boldsymbol{0} & (e^{\theta_3\hat{\boldsymbol{\omega}}_2}-\boldsymbol{I}_3)(\boldsymbol{r}_{B_2}-\boldsymbol{r}_{B_1}) \\ \boldsymbol{0} & 1 \end{bmatrix}\begin{bmatrix} \boldsymbol{0} & (e^{\theta_{23}\hat{\boldsymbol{\omega}}_3}-\boldsymbol{I}_3)(\boldsymbol{r}_{B_3}-\boldsymbol{r}_{B_2}) \\ \boldsymbol{0} & 1 \end{bmatrix}
$$

$$
=e^{\theta_{123}\hat{\xi}_3}e^{\theta_3\hat{\xi}_2}e^{\theta_{23}\hat{\xi}_3}\boldsymbol{g}_{\mathrm{st}}(\boldsymbol{0})\mapsto R(N,\ \boldsymbol{\omega})T(\boldsymbol{u})T(\boldsymbol{v}) \tag{4-19}
$$

上式表明：其末端三维独立的运动特征，分别为① 特征线垂直于 $\boldsymbol{\omega}$ 的二维独立 T 特征；② 特征线平行于 $\boldsymbol{\omega}$ 的一维 R 特征。其中二维 T 特征由 R 特征伴生得到，即 3 个特征线平行的串联 R 特征可衍生出二维 T 特征。

法三：李子群方法。

因为 R 特征的轴线垂直于二维 T 特征张成的平面，运动特征属于 $G(\boldsymbol{w})$，又因 $R(N,\ \boldsymbol{w})\subset G(\boldsymbol{w})$，根据群乘法运算的封闭性可得 $R(N_1,\ \boldsymbol{w})R(N_2,\ \boldsymbol{w})R(N_3,\ \boldsymbol{w})\subset G(\boldsymbol{w})$，即 $R(N_1,\ \boldsymbol{w})R(N_2,\ \boldsymbol{w})R(N_3,\ \boldsymbol{w})$ 是包含在 $G(\boldsymbol{w})$ 的一个三维子流形。又因为 $\dim[R(N_1,\ \boldsymbol{w})R(N_2,\ \boldsymbol{w})R(N_3,\ \boldsymbol{w})]=\dim[G(\boldsymbol{w})]=3$ 可得 $G(\boldsymbol{w})=R(N_1,\ \boldsymbol{w})R(N_2,\ \boldsymbol{w})R(N_3,\ \boldsymbol{w})=\mathrm{T}(\boldsymbol{u})\mathrm{T}(\boldsymbol{v})R(N,\ \boldsymbol{w})$。因此，$(\mathrm{R}_1\mathrm{R}_2\mathrm{R}_3)_{\parallel}$ 可产生出二维 T 特征和一维 R 特征，其中二维 T 特征由 R 特征衍生而来。

法四：解析法-指数积公式法[1]。

图 4-3 为 $(R_1R_2R_3)_{\parallel}$ 对应的拓扑结构，其末端位形为

$$
\boldsymbol{g}_{\mathrm{st}}=\begin{bmatrix} c\theta_{123} & -s\theta_{123} & 0 & l_1c\theta_1+l_2c\theta_{12}+l_3c\theta_{123} \\ s\theta_{123} & c\theta_{123} & 0 & l_1s\theta_1+l_2s\theta_{12}+l_3s\theta_{123} \\ 0 & 0 & 1 & 0 \\ 0 & 0 & 0 & 1 \end{bmatrix}\quad \theta_1,\ \theta_2,\ \theta_3\in[0,\ 2\pi) \tag{4-20}
$$

（1）当 $\theta_1+\theta_2+\theta_3=0$ 时，

$$
\boldsymbol{g}_{\mathrm{st}}=\begin{bmatrix} 1 & 0 & 0 & l_1c\theta_1+l_2c\theta_{12}+l_3 \\ 0 & 1 & 0 & l_1s\theta_1+l_2s\theta_{12} \\ 0 & 0 & 1 & 0 \\ 0 & 0 & 0 & 1 \end{bmatrix}\quad \theta_1,\ \theta_2\in[0,\ 2\pi) \tag{4-21}
$$

假设其工作空间内的任意一点 $[c_1,\ c_2,\ 0]^{\perp}$，可求出其各关节的变量，为

$$\begin{cases} l_1 c\theta_1 + l_2 c\theta_{12} + l_3 = c_1 \\ l_1 s\theta_1 + l_2 s\theta_{12} = c_2 \end{cases} \tag{4-22}$$

可以得知：方程组具有 2 个方程和 2 个变量 θ_1、θ_2，有唯一解，即末端刚体存在平面内的二维 T 特征，末端可作平面内任意方向的平动，且此二维 T 特征为衍生特征。

（2）令其末端可绕平面内任意位置，轴线平行于 R 特征的特征线转动，则其位形为

$$\begin{bmatrix} c\theta & -s\theta & 0 & lc\theta + t_x \\ s\theta & c\theta & 0 & ls\theta + t_y \\ 0 & 0 & 1 & 0 \\ 0 & 0 & 0 & 1 \end{bmatrix} \tag{4-23}$$

令上式与所求的运动学正解相等，得

$$\begin{cases} \theta = \theta_{123} \\ lc\theta + t_x = l_1 c\theta_1 + l_2 c\theta_{12} + l_3 c\theta_{123} \\ ls\theta + t_y = l_1 s\theta_1 + l_2 s\theta_{12} + l_3 s\theta_{123} \end{cases} \tag{4-24}$$

可以得知：方程组具有 3 个方程和 3 个变量 θ_1、θ_2、θ_3，有唯一解，即末端存在一维 R 特征，特征线方向平行于 R 特征的特征线且位置任意。

4.3.3　平行四边形 $\mathbf{P_a}$ 副：$\{\boldsymbol{R(B_1, \omega)R(M_1, \omega)}\} \cap \{\boldsymbol{R(B_2, \omega)R(M_2, \omega)}\}$，$(\boldsymbol{B_1M_1 \perp\!\!\perp B_2M_2})$

衍生法则 3：两条相同支链 $(\mathrm{R}_{B_1}^{\boldsymbol{\omega}} \parallel \mathrm{R}_{M_1})\&(\mathrm{R}_{B_2}^{\boldsymbol{\omega}} \parallel \mathrm{R}_{M_2})$，$(B_1M_1 \perp\!\!\perp B_2M_2)$ 组成的平行四边形运动副（$\mathrm{P_a}$ 副），如图 4－5 所示，特征 $\{R(B_1, \boldsymbol{\omega})R(M_1, \boldsymbol{\omega})\} \cap \{R(B_2, \boldsymbol{\omega})R(M_2, \boldsymbol{\omega})\}$，$(B_1M_1 \perp\!\!\perp B_2M_2)$，其末端特征为

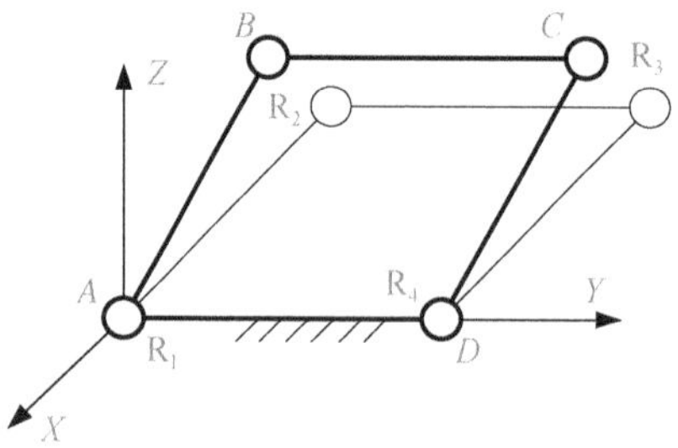

图 4－5　$\mathrm{P_a}$ 副的衍生法则

$$(\mathrm{R}_{B_1}^{\boldsymbol{\omega}} \parallel \mathrm{R}_{M_1})\&(\mathrm{R}_{B_2}^{\boldsymbol{\omega}} \parallel \mathrm{R}_{M_2}):$$

$$\{R(B_1, \boldsymbol{\omega})R(M_1, \boldsymbol{\omega})\} \cap \{R(B_2, \boldsymbol{\omega})R(M_2, \boldsymbol{\omega})\} \mapsto \{T(\boldsymbol{u}) \oplus T(\boldsymbol{v})\} \tag{4-25}$$

式中，$B_1M_1 \perp\!\!\perp B_2M_2$。末端特征为 $\{T(\boldsymbol{u}) \oplus T(\boldsymbol{v})\}$，可知此末端具有特征线分别为 $\boldsymbol{u}$、$\boldsymbol{v}$ 且相互伴随的一维 T 特征，此一维 T 特征由 R 特征伴生得到。

证明如下。

据衍生法则 1 可得

$$
\begin{cases}\text{LMC}_1: R(B_1, \boldsymbol{\omega})R(M_1, \boldsymbol{\omega}) \mapsto R(M_1, \boldsymbol{\omega})\{T(\boldsymbol{u}) \oplus T(\boldsymbol{v})\} \\ \text{LMC}_2: R(B_2, \boldsymbol{\omega})R(M_2, \boldsymbol{\omega}) \mapsto R(M_2, \boldsymbol{\omega})\{T(\boldsymbol{u}) \oplus T(\boldsymbol{v})\}\end{cases} \tag{4-26}
$$

式中，$B_1M_1 \perp\!\!\!\perp B_2M_2$。

$$
\begin{cases}\text{LMC}_1 = \left\{\begin{bmatrix}\boldsymbol{\omega} \\ M_1 \times \boldsymbol{\omega}\end{bmatrix}, \begin{bmatrix}\boldsymbol{0} \\ (\boldsymbol{I}_3 - e^{\theta_2\hat{\boldsymbol{\omega}}})(\boldsymbol{r}_{M_1} - \boldsymbol{r}_{B_1})\end{bmatrix}\right\} \\ \text{LMC}_1 = \left\{\begin{bmatrix}\boldsymbol{\omega} \\ M_2 \times \boldsymbol{\omega}\end{bmatrix}, \begin{bmatrix}\boldsymbol{0} \\ (\boldsymbol{I}_3 - e^{\theta_2\hat{\boldsymbol{\omega}}})(\boldsymbol{r}_{M_2} - \boldsymbol{r}_{B_2})\end{bmatrix}\right\}\end{cases} \tag{4-27}
$$

因为 $(B_1M_1 \perp\!\!\!\perp B_2M_2)$，其交集可为

$$
\text{LMC}_1 \cap \text{LMC}_2 = \{T(\boldsymbol{u}) \oplus T(\boldsymbol{v})\} = \begin{bmatrix}\boldsymbol{0} \\ (\boldsymbol{I}_3 - e^{\theta_2\hat{\boldsymbol{\omega}}})(\boldsymbol{r}_{M_1} - \boldsymbol{r}_{B_1})\end{bmatrix} \tag{4-28}
$$

另，亦可求得其末端的运动学为

$$
\boldsymbol{g}_{\text{st}} = \begin{bmatrix}\boldsymbol{I} & (\boldsymbol{I}_3 - e^{\theta_2\hat{\boldsymbol{\omega}}})(\boldsymbol{r}_{M_1} - \boldsymbol{r}_{B_1}) \\ \boldsymbol{0} & 1\end{bmatrix} \tag{4-29}
$$

上两式均表明末端特征是：以 B_1 点为转动中心的圆弧平动（即特征线分别为 $\boldsymbol{u}$、$\boldsymbol{v}$ 且相互伴随的一维 T 特征）。故两个特征线平行的 R 特征可衍生出一维 T 特征。

4.3.4 特征线平行的串联 *U* 特征

衍生法则 4：两个特征线平行的串联 U 特征 $U(B_1, \boldsymbol{\omega}, \boldsymbol{v})U(B_2, \boldsymbol{\omega}, \boldsymbol{v})$，有

$$
\begin{aligned}(\text{U}_{B_1}^{uv} \parallel \text{U}_{B_2}^{uv}): U(B_1, \boldsymbol{u}, \boldsymbol{v})U(B_2, \boldsymbol{u}, \boldsymbol{v}) &\mapsto U(B_2, \boldsymbol{u}, \boldsymbol{v}) \\ &\{T(\boldsymbol{\omega}) \oplus T(\boldsymbol{u})\}\{T(\boldsymbol{\omega}) \oplus T(\boldsymbol{v})\}\end{aligned} \tag{4-30}
$$

末端特征为 $U(B_2, \boldsymbol{u}, \boldsymbol{v})\{T(\boldsymbol{\omega}) \oplus T(\boldsymbol{u})\}\{T(\boldsymbol{\omega}) \oplus T(\boldsymbol{v})\}$，即此末端具有四维独立运动特征，分别为① 特征线过 B_2 点且方向为 $\boldsymbol{u}$、$\boldsymbol{v}$ 的二维 R 特征；② 特征线分别为 $\boldsymbol{\omega}$、$\boldsymbol{u}$ 且相互伴随的一维 T 特征以及特征线分别为 $\boldsymbol{\omega}$、$\boldsymbol{v}$ 且相互伴随的一维 T 特征。其中二维 T 特征由 R 特征伴生得到。

证明如下。

据衍生法则 1 可得

$$U(B_1, \boldsymbol{u}, \boldsymbol{v})U(B_2, \boldsymbol{u}, \boldsymbol{v}) = R(B_1, \boldsymbol{u})R(B_1, \boldsymbol{v})R(B_2, \boldsymbol{u})R(B_2, \boldsymbol{v})$$
$$\mapsto R(B_2, \boldsymbol{u})R(B_2, \boldsymbol{v})\{T(\boldsymbol{\omega}) \oplus T(\boldsymbol{u})\}\{T(\boldsymbol{\omega}) \oplus T(\boldsymbol{v})\} \tag{4-31}$$

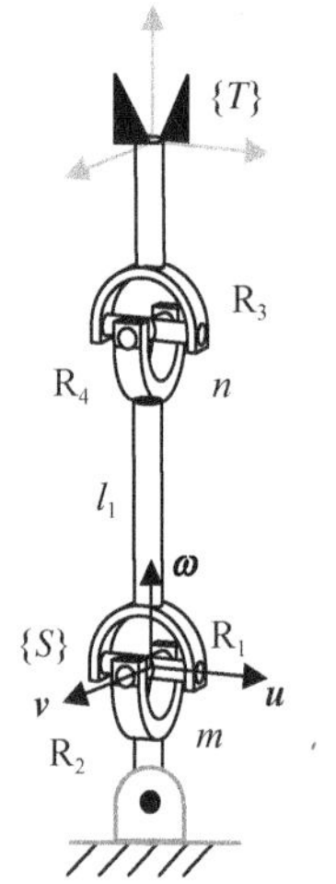

图 4-6 $(\mathrm{U}_{B_1}^{uv} \parallel \mathrm{U}_{B_2}^{uv})$ 的衍生法则

另，亦可求得其末端的运动学为

$$\boldsymbol{g}_{\mathrm{st}} = \begin{bmatrix} e^{\theta_{13}\hat{\boldsymbol{\omega}}_3} e^{\theta_{24}\hat{\boldsymbol{\omega}}_4} & (e^{\theta_3\hat{\boldsymbol{\omega}}_3} e^{\theta_4\hat{\boldsymbol{\omega}}_4} - \boldsymbol{I}_3)(\boldsymbol{r}_{B_2} - \boldsymbol{r}_{B_1}) \\ \boldsymbol{0} & 1 \end{bmatrix} \tag{4-32}$$

上式表明：其末端四维独立的运动特征，分别为① 特征线过 B_2 点且方向为 $\boldsymbol{u}$、$\boldsymbol{v}$ 的二维 R 特征；② 以 B_1 点为转动中心的二维圆弧 T 特征，(即特征线分别为 $\boldsymbol{\omega}$、$\boldsymbol{u}$ 且相互伴随的一维 T 特征以及特征线分别为 $\boldsymbol{\omega}$、$\boldsymbol{v}$ 且相互伴随的一维 T 特征)，如图 4-6 所示。其中二维 T 特征由 R 特征伴生得到。

4.3.5 串联 S 特征

衍生法则 5：2 个串联 S 特征 $S(B_1)S(B_2)$，有

$$(\mathrm{S}_{B_1} \parallel \mathrm{S}_{B_2}): S(B_1)S(B_2) \mapsto S(B_2)\{T(\boldsymbol{\omega}) \oplus T(\boldsymbol{u})\}\{T(\boldsymbol{\omega}) \oplus T(\boldsymbol{v})\} \tag{4-33}$$

末端特征为 $S(B_2)\{T(\boldsymbol{\omega}) \oplus T(\boldsymbol{u})\}\{T(\boldsymbol{\omega}) \oplus T(\boldsymbol{v})\}$，即此末端具有五维独立运动特征，分别为① 特征线过 B_2 点三维 R 特征；② 特征线分别为 $\boldsymbol{\omega}$、$\boldsymbol{u}$ 且相互伴随的一维 T 特征以及特征线分别为 $\boldsymbol{\omega}$、$\boldsymbol{v}$ 且相互伴随的一维 T 特征。其中二维 T 特征由 R 特征伴生得到。

证明如下。

据衍生法则 1 可得

$$S(B_1)S(B_2) = R(B_1, \boldsymbol{u})R(B_1, \boldsymbol{v})R(B_1, \boldsymbol{\omega})R(B_2, \boldsymbol{u})R(B_2, \boldsymbol{v})R(B_2, \boldsymbol{\omega})$$
$$\because \boldsymbol{\omega} = \boldsymbol{r}_{B_2} - \boldsymbol{r}_{B_1}$$
$$\mapsto R(B_2, \boldsymbol{u})R(B_2, \boldsymbol{v})R(B_2, \boldsymbol{\omega})\{T(\boldsymbol{\omega}) \oplus T(\boldsymbol{u})\}\{T(\boldsymbol{\omega}) \oplus T(\boldsymbol{v})\}$$
$$\mapsto S(B_2)\{T(\boldsymbol{\omega}) \oplus T(\boldsymbol{u})\}\{T(\boldsymbol{\omega}) \oplus T(\boldsymbol{v})\} \tag{4-34}$$

另，亦可求得其末端的运动学为

$$\boldsymbol{g}_{st}=\begin{bmatrix} e^{\theta_{14}\hat{\boldsymbol{\omega}}_4}e^{\theta_{25}\hat{\boldsymbol{\omega}}_5}e^{\theta_6\hat{\boldsymbol{\omega}}_6} & (e^{\theta_4\hat{\boldsymbol{\omega}}_4}e^{\theta_5\hat{\boldsymbol{\omega}}_5}e^{\theta_6\hat{\boldsymbol{\omega}}_6}-\boldsymbol{I}_3)(\boldsymbol{r}_{B_2}-\boldsymbol{r}_{B_1}) \\ \boldsymbol{0} & 1 \end{bmatrix} \tag{4-35}$$

式(4－35)表明：其末端五维独立的运动特征，分别为① 特征线过 B_2 点三维 R 特征；② 特征线分别为 $\boldsymbol{\omega}$、$\boldsymbol{u}$ 且相互伴随的一维 T 特征以及特征线分别为 $\boldsymbol{\omega}$、$\boldsymbol{v}$ 且相互伴随的一维 T 特征。其中二维 T 特征由 R 特征伴生得到。

4.3.6　平行四边形 U^ 副：$\{U(B_1, \boldsymbol{u}, \boldsymbol{v})U(M_1, \boldsymbol{u}, \boldsymbol{v})\} \cap \{U(B_2, \boldsymbol{u}, \boldsymbol{v})U(M_2, \boldsymbol{u}, \boldsymbol{v})\}$，$(B_1M_1 \perp\!\!\!\perp B_2M_2)$

衍生法则 6：2 条相同支链 $(\mathrm{U}_{B_1}^{uv} \parallel \mathrm{U}_{M_1}^{uv})$ & $(\mathrm{U}_{B_2}^{uv} \parallel \mathrm{U}_{M_2}^{uv})$，$(B_1M_1 \perp\!\!\!\perp B_2M_2)$ 组成的并联机构(图 4－7)，特征 $\{U(B_1, \boldsymbol{u}, \boldsymbol{v})U(M_1, \boldsymbol{u}, \boldsymbol{v})\} \cap \{U(B_2, \boldsymbol{u}, \boldsymbol{v})U(M_2, \boldsymbol{u}, \boldsymbol{v})\}$，$(B_1M_1 \perp\!\!\!\perp B_2M_2)$，其末端特征为

$$\begin{aligned} &(\mathrm{U}_{B_1}^{uv} \parallel \mathrm{U}_{M_1}^{uv})\&(\mathrm{U}_{B_2}^{uv} \parallel \mathrm{U}_{M_2}^{uv}),(B_1M_1 \perp\!\!\!\perp B_2M_2): \\ &\{U(B_1, \boldsymbol{u}, \boldsymbol{v})U(M_1, \boldsymbol{u}, \boldsymbol{v})\} \cap \\ &\{U(B_2, \boldsymbol{u}, \boldsymbol{v})U(M_2, \boldsymbol{u}, \boldsymbol{v})\} \\ &\mapsto R(M_2, \boldsymbol{u})\{T(\boldsymbol{\omega}) \oplus T(\boldsymbol{u})\}\{T(\boldsymbol{\omega}) \oplus T(\boldsymbol{v})\} \end{aligned} \tag{4-36}$$

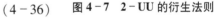

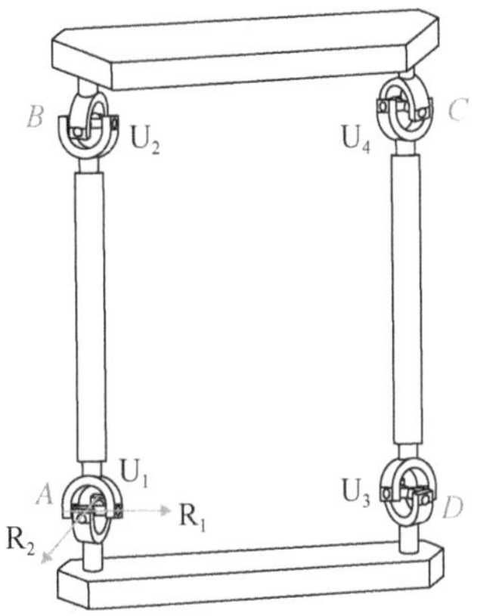

图 4－7　2－UU 的衍生法则

式中，$(B_1M_1 \perp\!\!\!\perp B_2M_2)$，$\boldsymbol{u}=M_1M_2$。

末端特征为 $R(M_2, \boldsymbol{u})\{T(\boldsymbol{\omega}) \oplus T(\boldsymbol{u})\}\{T(\boldsymbol{\omega}) \oplus T(\boldsymbol{v})\}$，即此末端具有三维独立运动特征，分别为① 特征线过 M_2 点且方向为 $\boldsymbol{u}$ 的一维 R 特征；② 特征线分别为 $\boldsymbol{\omega}$、$\boldsymbol{u}$ 且相互伴随的一维 T 特征以及特征线分别为 $\boldsymbol{\omega}$、$\boldsymbol{v}$ 且相互伴随的一维 T 特征。其中二维 T 特征由 R 特征衍生得到。

证明如下。

据衍生法则 4 可得

$$\begin{cases} \mathrm{LMC}_1: \{U(B_1, \boldsymbol{u}, \boldsymbol{v})U(M_1, \boldsymbol{u}, \boldsymbol{v})\} \mapsto U(M_1, \boldsymbol{u}, \boldsymbol{v})\{T(\boldsymbol{\omega}) \oplus T(\boldsymbol{u})\}\{T(\boldsymbol{\omega}) \oplus T(\boldsymbol{v})\} \\ \mathrm{LMC}_2: \{U(B_2, \boldsymbol{u}, \boldsymbol{v})U(M_2, \boldsymbol{u}, \boldsymbol{v})\} \mapsto U(M_2, \boldsymbol{u}, \boldsymbol{v})\{T(\boldsymbol{\omega}) \oplus T(\boldsymbol{u})\}\{T(\boldsymbol{\omega}) \oplus T(\boldsymbol{v})\} \end{cases} \tag{4-37}$$

式中，$B_1M_1 \perp\!\!\!\perp B_2M_2$，$\boldsymbol{u}=M_1M_2$。

$$
\begin{cases}
\mathrm{LMC}_1 = \left\{\begin{bmatrix} \boldsymbol{u} \\ M_1 \times \boldsymbol{u} \end{bmatrix}, \begin{bmatrix} \boldsymbol{v} \\ M_1 \times \boldsymbol{v} \end{bmatrix}, \begin{bmatrix} \boldsymbol{0} \\ (e^{\theta_3 \hat{\boldsymbol{\omega}}} - \boldsymbol{I}_3)(\boldsymbol{r}_{M_1} - \boldsymbol{r}_{B_1}) \end{bmatrix}, \begin{bmatrix} \boldsymbol{0} \\ (e^{\theta_4 \hat{\boldsymbol{\omega}}} - \boldsymbol{I}_3)(\boldsymbol{r}_{M_1} - \boldsymbol{r}_{B_1}) \end{bmatrix}\right\} \\
\mathrm{LMC}_2 = \left\{\begin{bmatrix} \boldsymbol{u} \\ M_2 \times \boldsymbol{u} \end{bmatrix}, \begin{bmatrix} \boldsymbol{v} \\ M_2 \times \boldsymbol{v} \end{bmatrix}, \begin{bmatrix} \boldsymbol{0} \\ (e^{\theta_3 \hat{\boldsymbol{\omega}}} - \boldsymbol{I}_3)(\boldsymbol{r}_{M_2} - \boldsymbol{r}_{B_2}) \end{bmatrix}, \begin{bmatrix} \boldsymbol{0} \\ (e^{\theta_4 \hat{\boldsymbol{\omega}}} - \boldsymbol{I}_3)(\boldsymbol{r}_{M_2} - \boldsymbol{r}_{B_2}) \end{bmatrix}\right\}
\end{cases}
\tag{4-38}
$$

因为 $B_1M_1 \mathbin{\bot\!\!\!\bot} B_2M_2$, $\boldsymbol{u} = M_1M_2$, 其交集可为

$$
\begin{aligned}
\mathrm{LMC}_1 \cap \mathrm{LMC}_2 &= R(M_2, \boldsymbol{u})\{T(\boldsymbol{\omega}) \oplus T(\boldsymbol{u})\}\{T(\boldsymbol{\omega}) \oplus T(\boldsymbol{v})\} \\
&= \left\{\begin{bmatrix} \boldsymbol{u} \\ M_2 \times \boldsymbol{u} \end{bmatrix}, \begin{bmatrix} \boldsymbol{0} \\ (e^{\theta_3 \hat{\boldsymbol{\omega}}} - \boldsymbol{I}_3)(\boldsymbol{r}_{M_2} - \boldsymbol{r}_{B_2}) \end{bmatrix}, \begin{bmatrix} \boldsymbol{0} \\ (e^{\theta_4 \hat{\boldsymbol{\omega}}} - \boldsymbol{I}_3)(\boldsymbol{r}_{M_2} - \boldsymbol{r}_{B_2}) \end{bmatrix}\right\}
\end{aligned}
\tag{4-39}
$$

另,亦可求得其末端的运动学为

$$
\boldsymbol{g}_{\mathrm{st}} = \begin{bmatrix} e^{\theta_{13}\hat{\boldsymbol{\omega}}_3} & (e^{\theta_3\hat{\boldsymbol{\omega}}_3} e^{\theta_4\hat{\boldsymbol{\omega}}_4} - \boldsymbol{I}_3)(\boldsymbol{r}_{M_2} - \boldsymbol{r}_{B_2}) \\ \boldsymbol{0} & 1 \end{bmatrix}
\tag{4-40}
$$

式(4-39)和式(4-40)均表明:末端具有三维独立运动特征,分别为① 特征线过 M_2 点且方向为 $\boldsymbol{u}$ 的一维 R 特征;② 特征线分别为 $\boldsymbol{\omega}$、$\boldsymbol{u}$ 且相互伴随的一维 T 特征以及特征线分别为 $\boldsymbol{\omega}$、$\boldsymbol{v}$ 且相互伴随的一维 T 特征。其中二维 T 特征由 R 特征伴生得到。

4.3.7 U* 副: $\{U(B_1, u, v)U(M_1, u, v)\} \cap \{U(B_2, u, v)U(M_2, u, v)\} \cap \{U(B_3, u, v)U(M_3, u, v)\}$, $(B_1M_1 \mathbin{\bot\!\!\!\bot} B_2M_2 \mathbin{\bot\!\!\!\bot} B_3M_3)$

衍生法则 7: 3 条相同支链 $(\mathrm{U}_{B_1}^{uv} \parallel \mathrm{U}_{M_1}^{uv})\&(\mathrm{U}_{B_2}^{uv} \parallel \mathrm{U}_{M_2}^{uv})\&(\mathrm{U}_{B_3}^{uv} \parallel \mathrm{U}_{M_3}^{uv})$, $(B_1M_1 \mathbin{\bot\!\!\!\bot} B_2M_2 \mathbin{\bot\!\!\!\bot} B_3M_3)$ 组成的并联机构(图 4-8),特征 $\{U(B_1, \boldsymbol{u}, \boldsymbol{v})U(M_1, \boldsymbol{u}, \boldsymbol{v})\} \cap \{U(B_2, \boldsymbol{u}, \boldsymbol{v})U(M_2, \boldsymbol{u}, \boldsymbol{v})\} \cap \{U(B_3, \boldsymbol{u}, \boldsymbol{v})U(M_3, \boldsymbol{u}, \boldsymbol{v})\}$, $(B_1M_1 \mathbin{\bot\!\!\!\bot} B_2M_2 \mathbin{\bot\!\!\!\bot} B_3M_3)$, 其末端特征为

$$
\begin{aligned}
&(\mathrm{U}_{B_1}^{uv} \parallel \mathrm{U}_{M_1}^{uv})\&(\mathrm{U}_{B_2}^{uv} \parallel \mathrm{U}_{M_2}^{uv})\&(\mathrm{U}_{B_3}^{uv} \parallel \mathrm{U}_{M_3}^{uv}), \\
&(B_1M_1 \mathbin{\bot\!\!\!\bot} B_2M_2 \mathbin{\bot\!\!\!\bot} B_3M_3): \\
&\{U(B_1, \boldsymbol{u}, \boldsymbol{v})U(M_1, \boldsymbol{u}, \boldsymbol{v})\} \cap \\
&\{U(B_2, \boldsymbol{u}, \boldsymbol{v})U(M_2, \boldsymbol{u}, \boldsymbol{v})\} \cap \\
&\{U(B_3, \boldsymbol{u}, \boldsymbol{v})U(M_3, \boldsymbol{u}, \boldsymbol{v})\} \mapsto \\
&\{T(\boldsymbol{\omega}) \oplus T(\boldsymbol{u})\}\{T(\boldsymbol{\omega}) \oplus T(\boldsymbol{v})\}
\end{aligned}
\tag{4-41}
$$

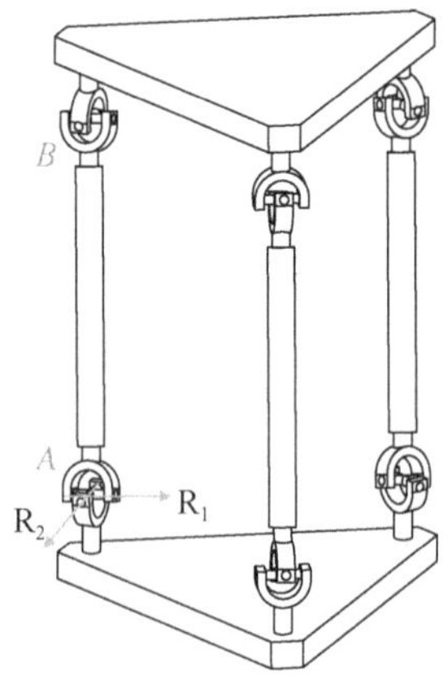

图 4-8 3-UU 的衍生法则

上式表明其末端具有二维独立运动特征：特征线分别为 $\boldsymbol{\omega}$、$\boldsymbol{u}$ 且相互伴随的一维 T 特征以及特征线分别为 $\boldsymbol{\omega}$、$\boldsymbol{v}$ 且相互伴随的一维 T 特征。其中二维 T 特征由 R 特征衍生得到。

证明如下。

据衍生法则 4 可得

$$\begin{cases}\mathrm{LMC}_1: \{U(B_1, \boldsymbol{u}, \boldsymbol{v})U(M_1, \boldsymbol{u}, \boldsymbol{v})\} \mapsto U(M_1, \boldsymbol{u}, \boldsymbol{v})\{T(\boldsymbol{\omega}) \oplus T(\boldsymbol{u})\}\{T(\boldsymbol{\omega}) \oplus T(\boldsymbol{v})\} \\ \mathrm{LMC}_2: \{U(B_2, \boldsymbol{u}, \boldsymbol{v})U(M_2, \boldsymbol{u}, \boldsymbol{v})\} \mapsto U(M_2, \boldsymbol{u}, \boldsymbol{v})\{T(\boldsymbol{\omega}) \oplus T(\boldsymbol{u})\}\{T(\boldsymbol{\omega}) \oplus T(\boldsymbol{v})\} \\ \mathrm{LMC}_3: \{U(B_3, \boldsymbol{u}, \boldsymbol{v})U(M_3, \boldsymbol{u}, \boldsymbol{v})\} \mapsto U(M_3, \boldsymbol{u}, \boldsymbol{v})\{T(\boldsymbol{\omega}) \oplus T(\boldsymbol{u})\}\{T(\boldsymbol{\omega}) \oplus T(\boldsymbol{v})\}\end{cases} \tag{4-42}$$

式中，$B_1M_1 \perp\!\!\!\perp B_2M_2 \perp\!\!\!\perp B_3M_3$。

$$\begin{cases}\mathrm{LMC}_1 = \left\{\begin{bmatrix}\boldsymbol{u} \\ M_1 \times \boldsymbol{u}\end{bmatrix}, \begin{bmatrix}\boldsymbol{v} \\ M_1 \times \boldsymbol{v}\end{bmatrix}, \begin{bmatrix}\boldsymbol{0} \\ (e^{\theta_3\hat{\boldsymbol{\omega}}} - \boldsymbol{I}_3)(\boldsymbol{r}_{M_1} - \boldsymbol{r}_{B_1})\end{bmatrix}, \begin{bmatrix}\boldsymbol{0} \\ (e^{\theta_4\hat{\boldsymbol{\omega}}} - \boldsymbol{I}_3)(\boldsymbol{r}_{M_1} - \boldsymbol{r}_{B_1})\end{bmatrix}\right\} \\ \mathrm{LMC}_2 = \left\{\begin{bmatrix}\boldsymbol{u} \\ M_2 \times \boldsymbol{u}\end{bmatrix}, \begin{bmatrix}\boldsymbol{v} \\ M_2 \times \boldsymbol{v}\end{bmatrix}, \begin{bmatrix}\boldsymbol{0} \\ (e^{\theta_3\hat{\boldsymbol{\omega}}} - \boldsymbol{I}_3)(\boldsymbol{r}_{M_2} - \boldsymbol{r}_{B_2})\end{bmatrix}, \begin{bmatrix}\boldsymbol{0} \\ (e^{\theta_4\hat{\boldsymbol{\omega}}} - \boldsymbol{I}_3)(\boldsymbol{r}_{M_2} - \boldsymbol{r}_{B_2})\end{bmatrix}\right\} \\ \mathrm{LMC}_3 = \left\{\begin{bmatrix}\boldsymbol{u} \\ M_3 \times \boldsymbol{u}\end{bmatrix}, \begin{bmatrix}\boldsymbol{v} \\ M_3 \times \boldsymbol{v}\end{bmatrix}, \begin{bmatrix}\boldsymbol{0} \\ (e^{\theta_3\hat{\boldsymbol{\omega}}} - \boldsymbol{I}_3)(\boldsymbol{r}_{M_2} - \boldsymbol{r}_{B_2})\end{bmatrix}, \begin{bmatrix}\boldsymbol{0} \\ (e^{\theta_4\hat{\boldsymbol{\omega}}} - \boldsymbol{I}_3)(\boldsymbol{r}_{M_2} - \boldsymbol{r}_{B_2})\end{bmatrix}\right\}\end{cases} \tag{4-43}$$

其交集可为

$$\begin{aligned}\mathrm{LMC}_1 \cap \mathrm{LMC}_2 &= \{T(\boldsymbol{\omega}) \oplus T(\boldsymbol{u})\}\{T(\boldsymbol{\omega}) \oplus T(\boldsymbol{v})\} \\ &= \left\{\begin{bmatrix}\boldsymbol{0} \\ (e^{\theta_3\hat{\boldsymbol{\omega}}} - \boldsymbol{I}_3)(\boldsymbol{r}_{M_3} - \boldsymbol{r}_{B_3})\end{bmatrix}, \begin{bmatrix}\boldsymbol{0} \\ (e^{\theta_4\hat{\boldsymbol{\omega}}} - \boldsymbol{I}_3)(\boldsymbol{r}_{M_3} - \boldsymbol{r}_{B_3})\end{bmatrix}\right\}\end{aligned} \tag{4-44}$$

另，亦可求得其末端的运动学为

$$\boldsymbol{g}_{\mathrm{st}} = \begin{bmatrix}\boldsymbol{I}_3 & (e^{\theta_3\hat{\boldsymbol{\omega}}_3} e^{\theta_4\hat{\boldsymbol{\omega}}_4} - \boldsymbol{I}_3)(\boldsymbol{r}_{M_3} - \boldsymbol{r}_{B_3}) \\ \boldsymbol{0} & 1\end{bmatrix} \tag{4-45}$$

上两式均表明：末端具有二维独立运动特征是：特征线分别为 $\boldsymbol{\omega}$、$\boldsymbol{u}$ 且相互伴随的一维 T 特征以及特征线分别为 $\boldsymbol{\omega}$、$\boldsymbol{v}$ 且相互伴随的一维 T 特征。此二维 T 特征由 R 特征伴生得到。

4.4　运动特征的迁移法则

特征迁移[2]是指支链的末端运动特征的特征线可迁移至其他位置，而不是固定不变的。可发生特征迁移的运动特征，则称此特征具有迁移性或该特征可迁移。特征迁移是关节特征向机器末端特征的映射过程，或者说机器的运动特征从关节向末端的映射过程。以机架为起始，支链或串联机构中任一关节的运动特征仅影响后续构件的运动特征，即运动特征具有单向迁移性（或单向传递性），例如：3 个轴线平行的 R 特征串联的末端具有二维 T 特征和一维 R 特征（$2T1R$），其中 R 特征的特征线位置可任意，此 R 特征具有迁移性。

特征迁移可分为实轴迁移和虚轴迁移，移动特征迁移和转动特征迁移。

实迁移定理：当运动特征的特征线可发生迁移，但在迁移过程中特征线与某运动副的运动副特征线重合，称其特征具有实迁性或称该特征可实迁。

虚迁移定理：当运动特征的特征线可发生迁移，且在迁移过程中特征线与某关节特征的特征线可以不重合，即可以脱离其关节特征线而自由迁移，称其特征具有虚迁性或称该特征可虚迁。据迁移定理可知，具有虚迁性的末端特征并不受与其对应关节特征位置顺序变化的影响。

4.4.1　*T* 特征

对于移动特征而言，没有实迁性只有虚迁性。其可分为一维、二维和三维移动特征（其中虚框内为虚设添加的支链），如图 4－9 所示，这与移动特征仅具有方向信息而没有位置信息的属性相吻合。

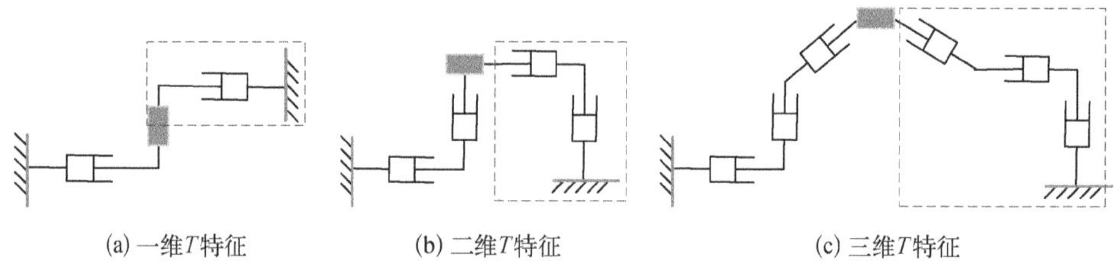

图 4－9　*T* 特征属性

一维移动特征：当支链末端存在 1 个移动特征时，则其末端具有沿与此移动方向平行的任意特征线移动的能力，称为一维移动特征。

说明：根据末端的位形的共轭表示为

$$T(\boldsymbol{u}) = \left\{ \begin{bmatrix} \boldsymbol{I}_3 & \alpha\boldsymbol{u} \\ 0 & 1 \end{bmatrix},\ \alpha \in \mathbb{R} \right\} \qquad (4-46)$$

可知：其末端具有沿方向矢量为 $\boldsymbol{u}$ 的一维移动。

二维移动特征： 当支链末端存在 2 个特征线不平行的移动特征时，则其末端具有沿与此两个移动方向张成的平面平行的任意平面内移动的能力，称为二维移动特征。

说明：其末端位形的正则表示为

$$T_2(z) = \left\{ \begin{bmatrix} I_3 & \alpha \boldsymbol{x} + \beta \boldsymbol{y} \\ 0 & 1 \end{bmatrix};\ \alpha, \beta \in \mathbb{R} \right\} \tag{4-47}$$

共轭表示为

$$T_2(\boldsymbol{\omega}) = \left\{ \begin{bmatrix} \boldsymbol{I}_3 & \alpha \boldsymbol{u} + \beta \boldsymbol{v} \\ 0 & 1 \end{bmatrix};\ \alpha, \beta \in \mathbb{R} \right\} \quad (\boldsymbol{\omega} = \boldsymbol{R}\boldsymbol{z};\ \boldsymbol{u}, \boldsymbol{v} \perp \boldsymbol{\omega}) \tag{4-48}$$

可知：其末端具有沿垂直于方向 $\boldsymbol{\omega}$ 的二维移动特征。

三维移动特征： 当支链末端存在 3 个特征线不共面的移动特征时，则其末端具有沿空间任意特征线的移动能力，称为三维移动特征。

说明：其末端位形表示为

$$T(3) = \left\{ \begin{bmatrix} \boldsymbol{I}_3 & \boldsymbol{t} \\ 0 & 1 \end{bmatrix},\ \boldsymbol{t} \in \mathbb{R}^3 \right\} \tag{4-49}$$

可知：其末端具有沿空间任意 3 个方向的三维移动。

4.4.2 *R* 特征

对于转动特征而言，可分为实迁转动特征和虚迁转动特征。考虑到并联机器人支链的具体构造，支链末端的移动特征对转动特征轴线位置的影响可用轴线迁移定理来分析，具体分为 2 种情况，即分别用实轴迁移定理和虚轴迁移定理加以处理，如图 4-10 所示。

实迁转动特征： 当支链末端沿某移动特征方向移动时，末端转动特征对应的转动副轴线的位置将发生变化，即该末端转动特征具有平行迁移能力，称为实轴迁移。

虚迁转动特征： 当支链末端某转动特征的转动轴线垂直于 2 个独立的末端 *T* 特征所构成的移动平面时，则支链末端具有绕与该轴线平行的任意轴线转动的能力，即该末端转动特征具有平行迁移能力，称为虚轴迁移。

如图 4-10(b)所示，支链的移动特征可引起转动轴线的虚迁移，因 *R* 特征的特征线垂直于 T_1、T_2 特征构成的平面，*R* 特征的特征线位置可位于任意位置。

综上所述，从支链末端移动特征对转动特征位置属性的影响来看，可将转动特

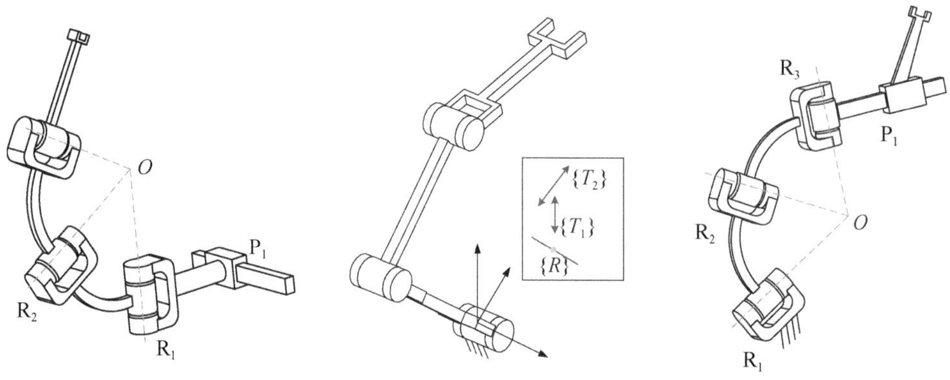

(a) 实迁　(b) 虚迁　(c) 无迁移

图 4-10　迁移性质的分类

征分为可实迁的、可虚迁的和无迁移的 3 类情况，其属性如图 4-10 和表 4-1 所示。可知：① 实迁移受支链运动副布置顺序的影响；② 虚轴迁移不受支链运动副布置顺序的影响。

表 4-1　转动特征分类及性质

特征类型	迁移类型	运动副是否满足交换律	末端 *R* 特征与 R 副轴线是否相同	末端特征位置
实轴迁移	运动副轴线的迁移	不满足	相同	单一可动轴
虚轴迁移	*R* 特征轴线的迁移	满足	可不相同	任意平行轴
无迁移	—	不满足	相同	单一固定轴

衍生与迁移概念的区别如下：① 衍生是从 0 到 1 的过程，即从无到有，指机构的支链末端特征中包含关节特征所没有的运动特征；② 迁移是运动特征的运动性质（主要指特征线的位置变化），对于虚迁而言，其特征线可由 1 条变为无限条相平行的特征线，对于实迁而言，其特征线就是运动副的关节特征线；③ 具有实迁性的运动特征线的位置，无须额外调节，而具有虚迁性的运动特征则需由驱动来控制，以实现绕某一具体特征线转动。

下面对虚迁移转动特征加以说明，具体如下。

（1）**一维虚迁转动特征**：当支链末端一维转动特征的转动轴线垂直于 2 个独立的末端 *T* 特征所构成的移动平面时，则支链末端具有绕与该轴线平行的任意轴线转动的能力（即该末端转动特征具有迁移能力），称为一维虚轴迁移。

证明：如图 4-3 为 $(R_1R_2R_3)_{\parallel}$ 是实现此 1*R*2*T* 运动特征的拓扑结构之一。

法一：虚设转动特征法。

在机构末端与机架之间，引入一个虚设转动特征 $R(D, \boldsymbol{u})$，D 为任意位置，即在任意一个位置用平行于 R 特征线的转动副 R_4 进行封闭，如图 4 - 11(a) 所示。可将杆 CD 看作是并联机构的动平台，与两条支链连接。$(R_1R_2R_3)_{\parallel}$ 产生的运动为 $\{T(\boldsymbol{v})\}\{T(\boldsymbol{w})\}\{R(C, \boldsymbol{u})\} = \{G(\boldsymbol{u})\}$，因 $\{G(\boldsymbol{u})\} \cap \{R(D, \boldsymbol{u})\} = \{R(D, \boldsymbol{u})\}$，即杆 CD 具有绕过 D 点方向为 $\boldsymbol{u}$ 的转动特征，从而证明，此末端具有绕平行于 $\boldsymbol{u}$ 方向的任意轴线的 R 特征。

法二：解析法。

由其末端运动特征方程如式(4 - 20)可知，当末端的位置固定时，即在 x、y 上的分量为某常数(C_1, C_2)时，有

$$\begin{cases} l_1 c\theta_1 + l_2 c\theta_{12} + l_3 c\theta_{123} = C_1 \\ l_1 s\theta_1 + l_2 s\theta_{12} + l_3 s\theta_{123} = C_2 \end{cases} \quad (C_1, C_2 \in \mathbb{R}) \tag{4-50}$$

3 个参数 2 个方程，此方程组具有无数多组解。因此：其末端特征线过此点的 R 特征，又因其特征线的方向已知(为 z 轴)，故其末端具有以过该点且方向平行于 z 轴为特征线的 R 特征；当取 C_1、C_2 为任意实数时，其末端具有绕平行于 z 轴的任意特征线的 R 特征，即此一维 R 特征具有虚迁性。

推论：当支链末端存在一维转动特征和三维独立的末端 T 特征时，其支链末端具有绕与该轴线平行的任意轴线转动的能力。

证明：如图 4 - 11(b) 中 $P_1P_2P_3R_1$ 为实现 $\{X(\boldsymbol{u})\}$ 的拓扑结构之一，应用虚设特征法，可在其末端与机架之间加入一个虚设转动特征 $\{R(E, \boldsymbol{u})\}$，即在任意一个位置用平行于 R 特征线的转动副 R_2 进行封闭。可将杆 DE 看作是动平台，因 $P_1P_2P_3R_1$ 的末端运动特征为 $\{X(\boldsymbol{u})\}$，且 $\{X(\boldsymbol{u})\} \cap \{R(E, \boldsymbol{u})\} = \{R(E, \boldsymbol{u})\}$，故杆 DE 具有绕过 E 点方向为 $\boldsymbol{u}$ 的转动特征，从而证明：此末端具有绕平行于 $\boldsymbol{u}$ 方向的一维虚轴转动特征。

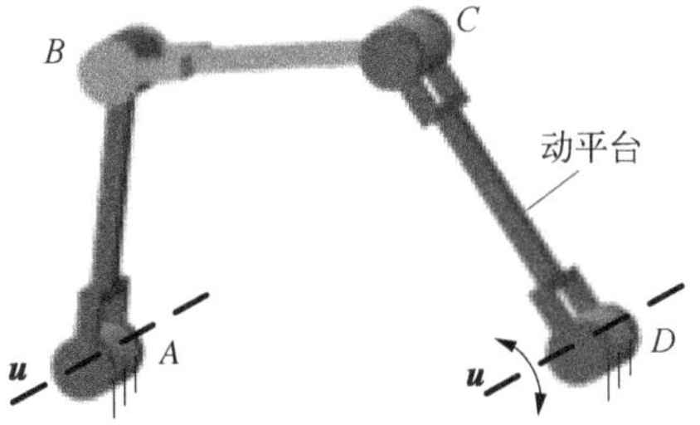

(a) 1*R*2*T*(RRR-R)

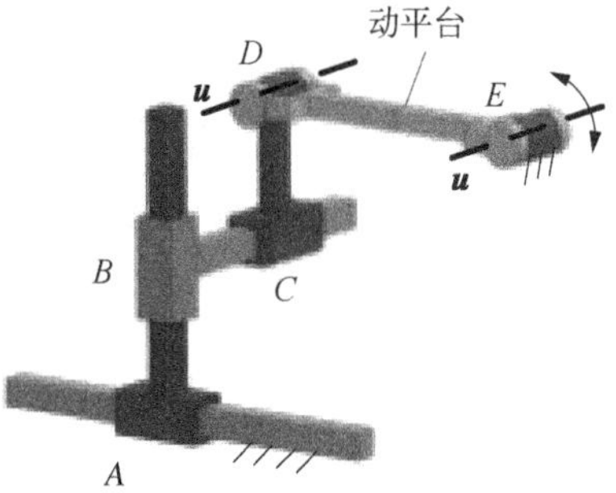

(b) 1*R*3*T* (PPPR-R)

图 4 - 11　一维虚迁移 *R* 特征

（2）**二维虚迁转动特征：**当支链末端存在二维转动特征和三维独立的末端 T 特征时，则支链末端具有绕与该 2 条轴线平行的任意轴线转动的能力（即该末端转动特征具有二维平行迁移能力），称为二维虚轴迁移。

证明：如图 4-11(b) 中 $P_1P_2P_3R_1R_2$ 所示，应用虚设特征法，可在其末端与机架之间加入一个虚设转动特征 $R(E, \boldsymbol{u})$，即在任意一个位置用平行于两 R 特征线的转动副 R_3 进行封闭，可将杆 DE 看作是动平台，因 $P_1P_2P_3R_1R_2$ 的运动特征为 $\{X(\boldsymbol{u})\}\{R(D, \boldsymbol{w})\}$，且 $\{X(\boldsymbol{u})\}\{R(D, \boldsymbol{w})\} \cap \{R(E, \boldsymbol{u})\} = \{R(E, \boldsymbol{u})\}$，故杆 DE 具有绕过 E 点方向为 $\boldsymbol{u}$ 的转动特征，从而证明：其末端具有绕平行于 $\boldsymbol{u}$ 方向的一维虚轴转动特征。同理，若加入 $R(E, \boldsymbol{w})$ 特征时，可证明：其末端具有绕平行于 $\boldsymbol{w}$ 方向的一维虚轴转动特征。综上，命题得证。

（3）**三维虚迁转动特征：**当支链末端存在三维转动特征和三维移动特征时，其支链末端具有绕与该转动轴线平行的任意轴线转动的能力（即该末端转动特征具有平行迁移能力），称为三维虚轴迁移。

如图 4-12(b) 中 $P_1P_2P_3R_1R_2R_3$ 所示，应用虚设特征法，可引入任意位置点 E 和任意方向 $\boldsymbol{u}$ 的一维转动特征 $\{R(E, \boldsymbol{u})\}$，因 $\{D\} \cap \{R(E, \boldsymbol{u})\} = \{R(E, \boldsymbol{u})\}$ 可知，杆 DE 具有绕任意点 E 且方向任意的一维转动特征，故命题得证。

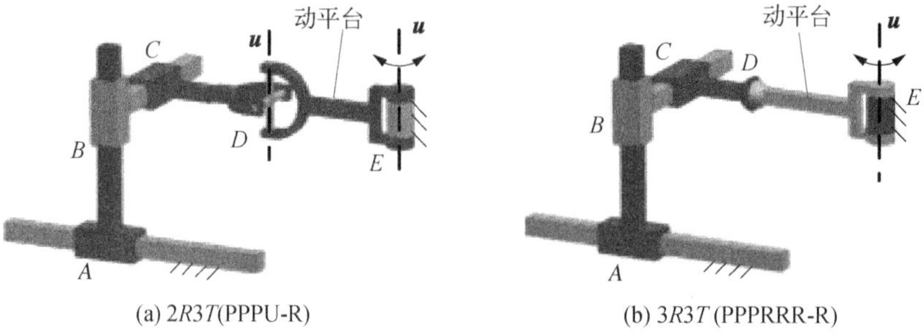

图 4-12 二维/三维虚迁移 R 特征

4.5 运动特征的交换法则

运动特征的交换法则：若多个特征所对应位移子群的乘积 $\{MC_1\}\{MC_2\}\{MC_3\}$ 是位移子群 G，表示为 $\{MC_1\}\{MC_2\}\{MC_3\} = G$（$G$ 为位移子群），则其特征间满足交换律，即

$$\begin{aligned} G &= \{MC_1\}\{MC_2\}\{MC_3\} = \{MC_1\}\{MC_3\}\{MC_2\} = \{MC_2\}\{MC_1\}\{MC_3\} \\ &= \{MC_2\}\{MC_3\}\{MC_1\} = \{MC_3\}\{MC_1\}\{MC_2\} = \{MC_3\}\{MC_2\}\{MC_1\} \end{aligned} \tag{4-51}$$

说明：由第二章李群基础知识得到，因其位移子群满足交换群的代数结构，其乘积的运算满足交换律，所以结论成立。

例：$R(A, \boldsymbol{w})T(\boldsymbol{u})T(\boldsymbol{v})$满足交换法则（如图 4－13 所示）：

$$\begin{aligned} R(N, \boldsymbol{w})T(\boldsymbol{u})T(\boldsymbol{v}) &= G(\boldsymbol{w}) = R(N, \boldsymbol{w})T(\boldsymbol{v})T(\boldsymbol{u}) \\ &= T(\boldsymbol{u})R(N, \boldsymbol{w})T(\boldsymbol{v}) = T(\boldsymbol{v})R(N, \boldsymbol{w})T(\boldsymbol{u}) \\ &= T(\boldsymbol{u})T(\boldsymbol{v})R(N, \boldsymbol{w}) = T(\boldsymbol{v})T(\boldsymbol{u})R(N, \boldsymbol{w}) \end{aligned} \quad (4-52)$$

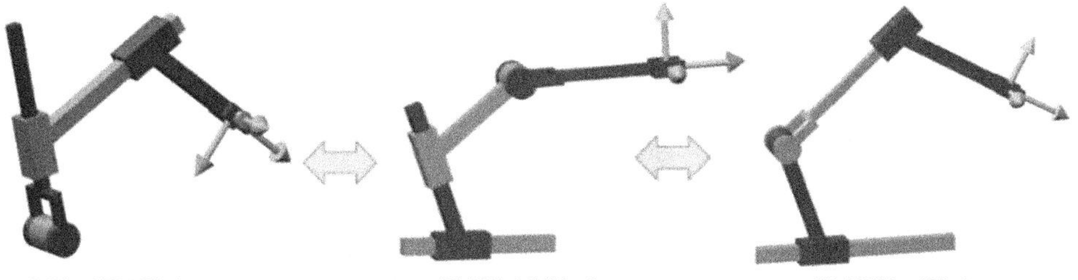

图 4－13　运动特征交换法则

说明：$R(A, \boldsymbol{w})$、$T(\boldsymbol{u})$和$T(\boldsymbol{v})$三个特征乘积是位移子群$G(\boldsymbol{w})$，即$R(A, \boldsymbol{w})T(\boldsymbol{u})T(\boldsymbol{v}) = G(\boldsymbol{w})$，位移子群满足交换群的代数结构，其乘积的运算满足交换律，则其特征满足交换律，如图 4－13 所示。

同理：$\{C(N, \boldsymbol{u})\} = \{R(N, \boldsymbol{u})\}\{T(\boldsymbol{u})\}$、$\{S(N)\} = \{R(N, \boldsymbol{u})\}\{R(N, \boldsymbol{v})\}\{R(N, \boldsymbol{w})\}$、$\{T(P_{vw})\} = \{T(\boldsymbol{u})\}\{T(\boldsymbol{v})\}$、$\{T\} = \{T(\boldsymbol{u})\}\{T(\boldsymbol{v})\}\{T(\boldsymbol{w})\}$、$\{X(\boldsymbol{u})\} = \{T(\boldsymbol{u})\}\{T(\boldsymbol{v})\}\{T(\boldsymbol{w})\}\{R(N, \boldsymbol{u})\}$等均其各特征均满足交换法则。

4.6　运动特征的分组法则

运动特征是由多个子运动特征来实现的，运动特征分组法则是建立运动特征分类以及层级关系确定的逆过程，且分组方式并不唯一，同时还需要满足定特征的要求。总特征集可按串联形式和并联式进行分组，具体如下：

（1）**串联形式分组法则：**对于相邻串联的二维或二维以上关节特征{MC}可进行分组，即满足下式：

$$\begin{aligned} \{MC_1\}\{MC_2\}\{MC_3\} &= (\{MC_1\}\{MC_2\})\{MC_3\} \\ &= \{MC_1\}(\{MC_2\}\{MC_3\}) \\ &= (\{MC_1\}\{MC_2\}\{MC_3\}) \end{aligned} \quad (4-53)$$

说明：因为每个关节特征均具有群的代数结构，而群的乘积满足结合律，显然上式成立。

例：$R(N,\boldsymbol{u})R(N,\boldsymbol{v})R(N,\boldsymbol{w})=U(N,\boldsymbol{u},\boldsymbol{v})R(N,\boldsymbol{w})=R(N,\boldsymbol{w})U(N,\boldsymbol{u},\boldsymbol{v})=S(N)$，即3个轴线交于一点的 R 特征进行分组时，可将前两个 R 特征分为一组，最后一个 R 特征为一组，进而可用交于一点的 $U(N,\boldsymbol{u},\boldsymbol{v})R(N,\boldsymbol{w})$ 特征实现。同理也可将后两个 R 特征分为一组，第一个 R 特征单为一组，进而可用交于一点的 $R(N,\boldsymbol{w})U(N,\boldsymbol{u},\boldsymbol{v})$ 特征实现。另外，也可将其三个 R 特征分为一组，进而用 $S(N)$ 实现，如图4-14所示。

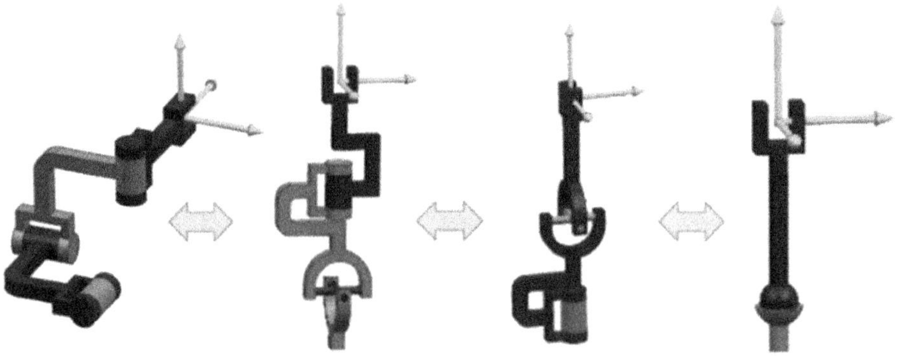

图4-14　特征分组法则

当特征集分解为由多个子特征串联实现时即 $\{\mathrm{MC}_{\mathrm{total}}\}=\{\mathrm{MC}_{\mathrm{sub}_1}\}\{\mathrm{MC}_{\mathrm{sub}_2}\}\cdots\{\mathrm{MC}_{\mathrm{sub}_n}\}$，则运动特征集 $\{\mathrm{MC}_{\mathrm{total}}\}$ 与子运动特征 $\{\mathrm{MC}_{\mathrm{sub}_i}\}$ 间应满足如下关系：

$$\sum\{\mathrm{MC}_{\mathrm{sub}_i}\}\ominus\sum(\{\mathrm{MC}_{\mathrm{sub}_i}\}\cap\{\mathrm{MC}_{\mathrm{sub}_j}\})=\{\mathrm{MC}_{\mathrm{total}}\}\tag{4-54}$$

式中，$\{A\}\ominus\{B\}$ 表示运动特征 $\{A\}$ 与运动特征 $\{B\}$ 的余集运算，满足如下公式：

$$\{A\}\ominus\{B\}=\{A\}\ominus(\{A\}\cap\{B\})\tag{4-55}$$

可知：需满足 $\{\mathrm{MC}_{\mathrm{sub}_i}\}\subseteq\{\mathrm{MC}_{\mathrm{total}}\}$，即运动特征处于子运动特征的同一层或拓展层，其具体可分为如下几种情况：

（a）分解为多个完全不同的子运动特征，即 $\{\mathrm{MC}_{\mathrm{sub}_i}\}\cap\cdots\cap\{\mathrm{MC}_{\mathrm{sub}_j}\}=\varnothing$；

（b）分解为多个含有相同特征的子运动特征，即 $\{\mathrm{MC}_{\mathrm{sub}_i}\}\cap\{\mathrm{MC}_{\mathrm{sub}_j}\}=\{\mathrm{MC}_k\}$；

（c）分解为多个不重合的含有伴随运动的子运动特征。例如：$T_2(\boldsymbol{v})$ 的运动特征可分解为两个含伴随运动的 $T_r(A,\perp\boldsymbol{v})$ 和 $T_r(B,\perp\boldsymbol{v})$。

（2）**并联形式分组法则**：当特征分解为由多个子特征通过并联作用实现时，即 $\{\mathrm{MC}_{\mathrm{total}}\}=\{\mathrm{MC}_{\mathrm{sub}_1}\}\&\{\mathrm{MC}_{\mathrm{sub}_2}\}\&\cdots\&\{\mathrm{MC}_{\mathrm{sub}_n}\}$，则运动特征 $\{\mathrm{MC}_{\mathrm{total}}\}$ 与子运动特征 $\{\mathrm{MC}_{\mathrm{sub}_i}\}$ 间应满足如下关系：

$$\{\mathrm{MC}_{\mathrm{total}}\}=\bigcap_{i=1}^{n}\{\mathrm{MC}_{\mathrm{sub}_i}\}\tag{4-56}$$

可知：在这种情况下，需满足 $\{MC_{total}\} \subseteq \{MC_{sub_i}\}$，即子运动特征处于总运动特征的同一层或拓展层。

在实际工程设计中，可根据串联或并联形式分组法则，再结合任务需求的特殊性指标进行进一步的分解，例如：按工作空间的大小分组，将实现大和小工作空间的运动特征各分为一组。按运动解耦性分组，将其分组为多个相互解耦的运动特征等。

4.7　运动特征的基代换法则

特征基代换法则：当末端特征为位移子群 $\{G\}$，若存在两种特征基 $\{A\}$、$\{B\}$ 和 $\{C\}$、$\{D\}$，在满足一定条件下，可作为位移子群 $\{G\}$ 特征基，且它们之间可相互代换，其条件为

$$\begin{aligned}&\{A\} \subseteq \{G\},\ \{B\} \subseteq \{G\},\ \{C\} \subseteq \{G\},\ \{D\} \subseteq \{G\}\\&\text{且}\dim(\{AB\}) = \dim(\{G\})\\&\quad\dim(\{CD\}) = \dim(\{G\})\end{aligned} \tag{4-57}$$

说明：根据位移子群的代数结构可得 $\{G\} = \{A\}\{B\} = \{C\}\{D\}$，故其基代换成立。

例 1：$\{T\} \to \{T_1\}\{T_2\}\{T_3\} \to \{T_1\}\{T_2\}\{T_r\} \to \{T_1\}\{T_r\}\{T_2\} \to \{T_1\}\{T_r\}\{T_r\}$。

三维 T 特征可由任意 3 个不平行的 T 特征实现（例如：3 个垂直的 T 特征或 3 个不垂直的 T 特征），亦可由二维 T 特征与一维 T_r 特征组合实现，也可由一维 T 特征和二维 T_r 特征组合实现，如图 4－15 所示。

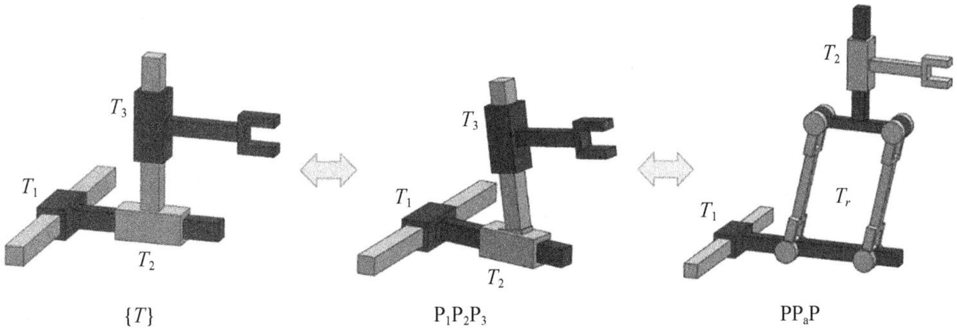

图 4－15　运动特征基代换法则：$\{T\} \to P_1P_2P_3 \to PP_aP$

证明：

图 4－15 中 2 条支链分别对应的运动特征为 $\{T_1\}\{T_2\}\{T_3\}$ 和 $\{T_1\}\{T_r\}\{T_2\}$，

因其满足下式:

$$\begin{aligned}&\{T_1\}\subseteq\{T\},\ \{T_2\}\subseteq\{T\},\ \{T_3\}\subseteq\{T\},\ \{T_r\}\subseteq\{T\}\\&\text{且}\dim(\{T_1\}\{T_2\}\{T_3\})=\dim(\{T\})\\&\quad\dim(\{T_1\}\{T_r\}\{T_3\})=\dim(\{T\})\end{aligned}\qquad(4-58)$$

故

$$\{T_1\}\{T_2\}\{T_3\}=\{T_1\}\{T_r\}\{T_3\}=\{T\}\qquad(4-59)$$

同理可证明移动方向不同的三维 T 或 T_r 特征的组成均相等且等于 $\{T\}$,故三维 T 特征可由任意 3 个不平行的 T 特征基或 T_r 特征基组合实现,其满足特征基代换法则。

例 2: $\{S(N)\}\rightarrow\{R(N,\ \boldsymbol{u}_1)\}\{R(N,\ \boldsymbol{v}_1)\}\{R(N,\ \boldsymbol{w}_1)\}\rightarrow\{R(N,\ \boldsymbol{u}_2)\}\{R(N,\ \boldsymbol{v}_2)\}\{R(N,\ \boldsymbol{w}_2)\}$。

三维 R 特征 $\{S(N)\}$ 可由 3 个线性不相关且特征线交于一点的 R 特征基实现,其特征线方向的布置方式可不同,如图 4-16 所示。其可由 3 个特征线相互垂直的 R 特征基实现,亦可由特征线之间成一定角度的 R 特征基实现。

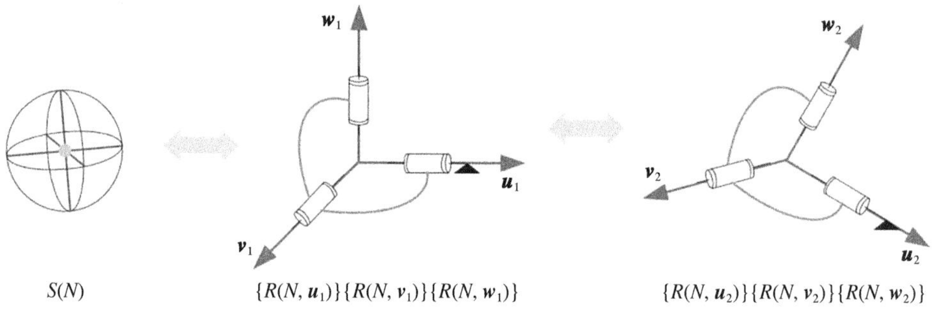

图 4-16 运动特征基代换法则: $\{S(N)\}\rightarrow\{R(N,\ u_1)\}\{R(N,\ v_1)\}\{R(N,\ w_1)\}\rightarrow\{R(N,\ u_2)\}\{R(N,\ v_2)\}\{R(N,\ w_2)\}$

法一: 李群。

由位移子群知识,可知 $\{R(N,\ \boldsymbol{u}_1)\}$、$\{R(N,\ \boldsymbol{v}_1)\}$、$\{R(N,\ \boldsymbol{w}_1)\}$、$\{R(N,\ \boldsymbol{u}_2)\}$、$\{R(N,\ \boldsymbol{v}_2)\}$ 和 $\{R(N,\ \boldsymbol{w}_2)\}$ 均属于 $\{S(N)\}$,且满足:

$$\begin{aligned}\dim(\{R(N,\ \boldsymbol{u}_1)\}\{R(N,\ \boldsymbol{v}_1)\}\{R(N,\ \boldsymbol{w}_1)\})=\dim[S(N)]\\ \dim(\{R(N,\ \boldsymbol{u}_2)\}\{R(N,\ \boldsymbol{v}_2)\}\{R(N,\ \boldsymbol{w}_2)\})=\dim[S(N)]\end{aligned}\qquad(4-60)$$

可知: 三维 R 特征 $\{S(N)\}$ 可由 3 个特征线相互垂直的 R 特征基实现,亦可由特征线之间成一定角度的 R 特征基实现。其特征基满足基代换法则,如图 4-17 所示。

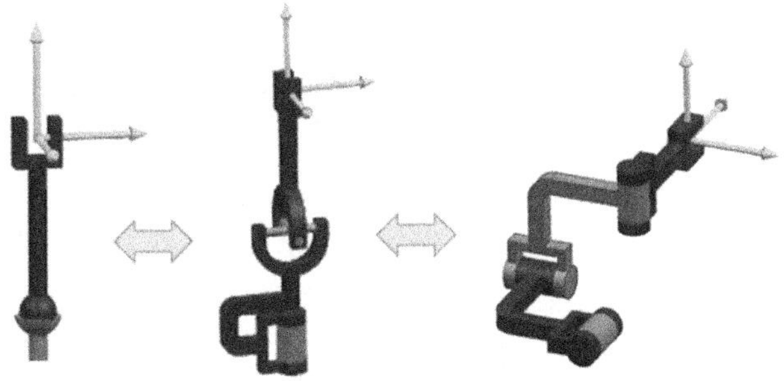

图 4-17　运动特征基代换法则：$\{S(N)\}$

4.8　运动特征的复制与增广法则

复制法则：运动特征复制法则末端特征对应的是位移子群 $G=\{\mathrm{MC_A}\}\{\mathrm{MC_B}\}\{\mathrm{MC_C}\}$，则若存在$\{\mathrm{MC_D}\}$满足下式：

$$\begin{cases}\{\mathrm{MC_D}\}\subset\{G\}\\ \dim(\{\mathrm{MC_A}\}\{\mathrm{MC_B}\}\{\mathrm{MC_C}\}\{\mathrm{MC_D}\})=\dim(\{G\})\end{cases}\tag{4-61}$$

即$\{\mathrm{MC_D}\}$的运动属性与已有特征相同，称其为运动特征的复制。可分为局部运动特征的复制和冗余运动特征的复制。

增广法则：末端特征对应的是位移子群 $G=\{\mathrm{MC_A}\}\{\mathrm{MC_B}\}\{\mathrm{MC_C}\}$，则若存在$\{\mathrm{MC_D}\}$满足下式：

$$\begin{cases}\{\mathrm{MC_D}\}\notin\{G\}\\ \{\mathrm{MC_A}\}\{\mathrm{MC_B}\}\{\mathrm{MC_C}\}\{\mathrm{MC_D}\}=\{G\}\end{cases}\tag{4-62}$$

即$\{\mathrm{MC_D}\}$的运动属性并没有与已存在运动特征相同，此运动特征为消极或无效特征（对末端特征并不产生新的运动特征），称其为冗余运动特征的增广。

注：增广法则可分为广义和狭义增广；广义增广是对于机构层面而言，指对机构进行增广，得到更多新型机构；而狭义增广对于支链和关节而言，指支链的增广或关节的增广。

例 1：局部运动特征增广：在原有 T 运动特征中加入与其特征线平行的 T 特征，以及在原有 R 特征中加入与其特征线重合的 R 特征，其末端的运动特征不发生改变，即$\{T(\boldsymbol{u})\}=\{T(\boldsymbol{u})\}\{T(\boldsymbol{u})\}$或$\{R(N,\boldsymbol{u})\}=\{R(N,\boldsymbol{u})\}\{R(N,\boldsymbol{u})\}$。

说明：由位移子群的代数结构可知，当两个或多个方向重合的位移子群，它们的乘积结果还是它本身，如$\{T(\boldsymbol{u})\}=\{T(\boldsymbol{u})\}\{T(\boldsymbol{u})\}$、$\{R(N,\boldsymbol{u})\}=\{R(N,\boldsymbol{u})\}$

$\{R(N, \boldsymbol{u})\}$，故命题得证。

此例中引入了局部运动特征。局部运动特征是指其产生的局部运动不影响其他构件运动的运动特征。局部运动特征的优点：① 增大工作空间，实现运动特征的具体运动副，因受结构干涉的影响，均只能在一定的转动角度或行程内运动，故通过局部运动特征的引入可增大运动范围，从而增大工作空间，例如：$\{T(\boldsymbol{u})\}\{T(\boldsymbol{u})\}\rightarrow\{T(\boldsymbol{u})\}$；② 可减缓杆件间的磨损，提高承载能力，例如：滚子从动件的凸轮，其滚子处即为局部运动特征，通过合理的设计，可有效地减少凸轮副中的滑动，从而减缓磨损，提高承载能力；③ 在一些场合，存在局部运动特征的机械结构对制造误差相对不是很敏感，即能自动消除系统内部由于误差所造成的过约束障碍，自动适应外部工作条件和环境的随机变化，且具有高效，节能、低噪声、易于装拆及成本低（精度要求低）等优点。如图 4-18 所示的机构，连杆为输出件可绕自身轴线运动，其两端存在两个特征线重合的转动特征，当连杆发生弯曲时，则连杆将不能实现自转，其 R 特征将不复存在。若此时进行局部自由度的增广，将其至少一端的 R 特征增广为共点的三维 R 特征（由 S 副实现），在这种情形下，即便其连杆发生弯曲，也仍存在绕两 S 副中心点为特征线的 R 特征，这样便可保证其实用性。

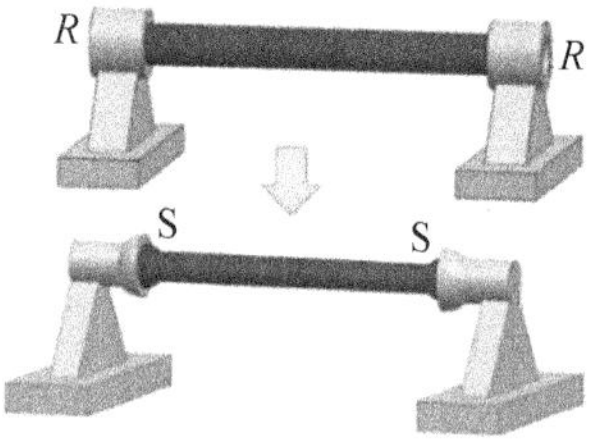

图 4-18　局部运动特征

据局部特征的增广法则，易得其他局部运动特征的实现方式，如图 4-19 所示。若需具有局部 R 运动特征时，构件两端可分别有 2 个球副，1 个转动副和球副（转动副轴线经过球副中心），1 个圆柱副和 1 个球副（圆柱副轴线经过球副中心），以及 2 个转动副；若需具有 T 特征时，构件两端分别有轴线平行的 2 个移动副，2 个

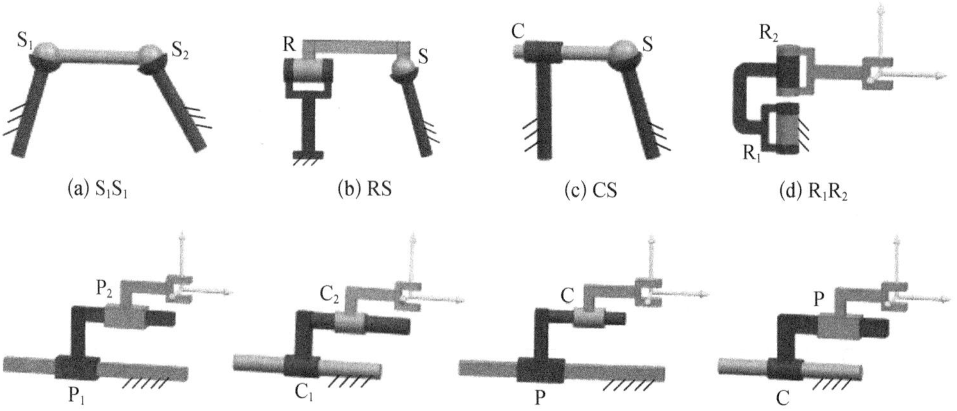

(a) S_1S_1　(b) RS　(c) CS　(d) R_1R_2

(e) P_1P_2　(f) C_1C_2　(g) PC　(h) CP

图 4-19　局部运动特征增广

圆柱副，1 个移动副和 1 个圆柱副，此构件不仅可以是一个连杆，也可以将其引申为包含有运动副的运动链，只要保持两端运动副的几何条件，那么它们之间的运动链就具有相应的局部运动特征。

例 2：运动特征增广：在某些情形，运动特征的增广即可在原有运动特征基础上加入相同的运动特征，并不多添加约束，加入元素并不影响末端特征，但会影响输入自由度。

例如：$\{R(N_1, \boldsymbol{u})R(N_2, \boldsymbol{u})R(N_3, \boldsymbol{u})\} \to \{R(N_1, \boldsymbol{u})R(N_2, \boldsymbol{u})R(N_3, \boldsymbol{u})R(N_4, \boldsymbol{u})\}$ 的增广。如图 4－20 所示，含有轴线平行的 3 个 R 特征的串联机构，通过冗余运动特征的增广后，可得到轴线平行的 4 个 R 特征的串联机构，它们的末端特征均为 $\{G(\boldsymbol{w})\}$（维数为 3），但其输入自由度不同，前者为 3，后者为 4，后者的避障能力优于前者。

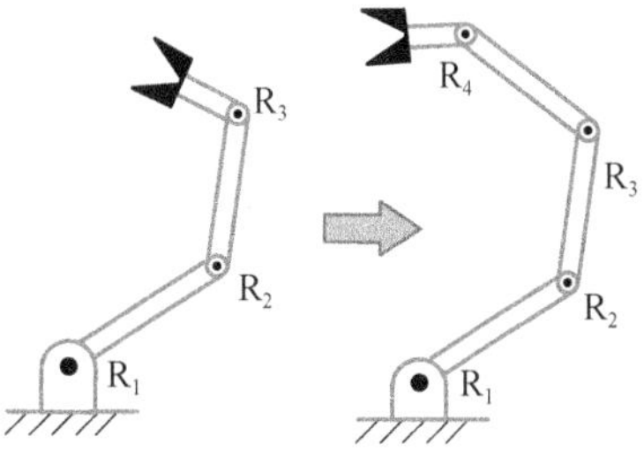

图 4－20　运动特征增广法则

冗余自由度的优点：① 关节工作空间大，可实现避障；② 在一些场合中，可增强受力能力，如蛇形机器人；③ 在设计变胞机构或多模式机构时起着重要的作用。

例 3：消极运动特征增广：消极运动特征的增广即可加入与原有运动特征不同的运动特征，而所加入的运动特征并不会实际发生，也不会添加约束，故加入元素并不影响末端特征，也不会影响输入自由度。消极运动特征的引入，一定程度上更便于机构的安装；例如：在平行四边形机构 $\{R(N_1, \boldsymbol{u})R(N_2, \boldsymbol{u})R(N_3, \boldsymbol{u})R(N_4, \boldsymbol{u})\}$，加入与此 $\{R(N_5, \boldsymbol{j})\}$ 运动特征，因特殊的几何条件，并不影响其末端的运动旋量系，如图 4－21 所示，故所加入的运动特征并不会产生运动，即加入的 $\{R(N_5, \boldsymbol{j})\}$ 特征并不影响末端特征和输入自由度。

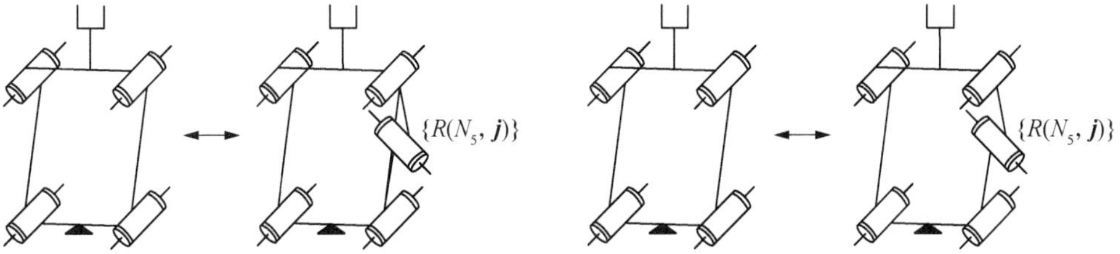

图 4－21　消极运动特征增广

关节特征重构法则（运动副等效替换）：关节 A 可实现关节特征 $\{\mathrm{JMC}_1\}$，关节 B 也可实现特征 $\{\mathrm{JMC}_2\}$，如果满足下式：

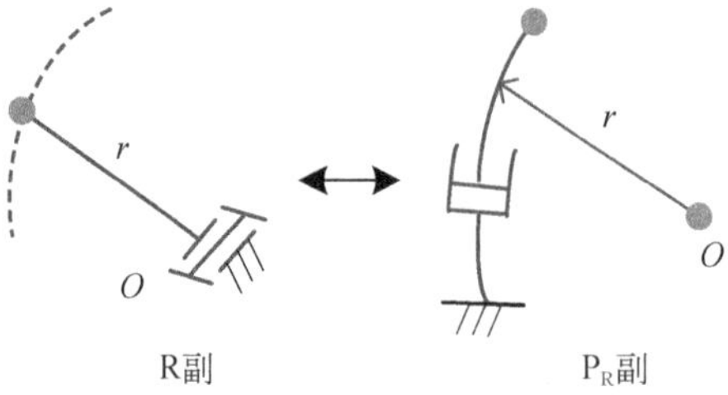

图 4-22 R-P_R 的重构

$$\begin{cases}\{JMC_1\}\subseteq\{JMC_2\},\ \{JMC_2\}\subseteq\{JMC_1\}\\ \dim(\{JMC_1\})=\dim(\{JMC_2\})\end{cases}$$

即$\{JMC_1\}=\{JMC_2\}$,则认为关节 B 是关节 A 的重构形式。如:$\{R\}$特征可由转动副 R 或圆弧副 P_R 实现,如图 4-22 所示。

4.9 运动特征的融合法则

运动特征的融合法则[3, 4]:当两个或多个相同运动特征串联且其特征线重合时,其末端特征可合并为该运动特征,表示为 $M_{C_1}M_{C_2}\cdots M_{C_n}\rightarrow M_{C_i}$。

说明:两运动特征 M_{C_1}、M_{C_2} 可分别对应位移子群 A、B,因为 A、B 都是同一位移子群,根据群乘积的封闭性可得,相同位移子群的乘积仍然等于该子群,例如:$R(N,\boldsymbol{u})R(N,\boldsymbol{u})=R(N,\boldsymbol{u})$ 和 $T(\boldsymbol{u})T(\boldsymbol{u})=T(\boldsymbol{u})$。

扩展:两运动特征串联时,若运动特征 M_{C_1} 包含于运动特征 M_{C_2} 时,则其末端运动特征为 M_{C_2},而运动特征 M_{C_1} 被合并,即若存在 $M_{C_1}\subset M_{C_2}$ 则 $M_{C_1}M_{C_2}\rightarrow M_{C_2}$。

例如:二维移动特征与三维移动特征通过串联形式作用时,其末端特征就为三维移动特征。又如:一维转动特征与 $2T1R$ 的平面运动特征串联形式作用时,若 2 个 R 特征的特征线平行,则其末端特征为 $2T1R$ 的平面运动,因为后者特征中的转动特征满足虚迁性,所以前者包含于后者。

4.10 运算法则的简易表达

为便于工程师对基本运算规则的理解,将其归纳并用图谱形式表达,总结如下。

1. 运动特征的分组法则

(1) **串联形式分组法则**:对于相邻串联的二维或二维以上关节特征$\{A\}$可进行分组,即满足下式:

$$\begin{aligned}\{A_1\}\{A_2\}\{A_3\}&=(\{A_1\}\{A_2\})\{A_3\}\\&=\{A_1\}(\{A_2\}\{A_3\})\\&=(\{A_1\}\{A_2\}\{A_3\})\end{aligned}\qquad(4-63)$$

例如:$3T2R$ 的运动特征$\{T(\boldsymbol{u})T(\boldsymbol{v})T(\boldsymbol{w})\}\{R(N,\boldsymbol{u})\}\{R(N,\boldsymbol{v})\}$,可分组为$\{T\}$

$\{U(N,\ \boldsymbol{u},\ \boldsymbol{v})\}$,也可分组为$\{T(\boldsymbol{v},\ \boldsymbol{w})\}\{C(N,\ \boldsymbol{u})\}\{R(N,\ \boldsymbol{v})\}$,如图 4-23 所示。

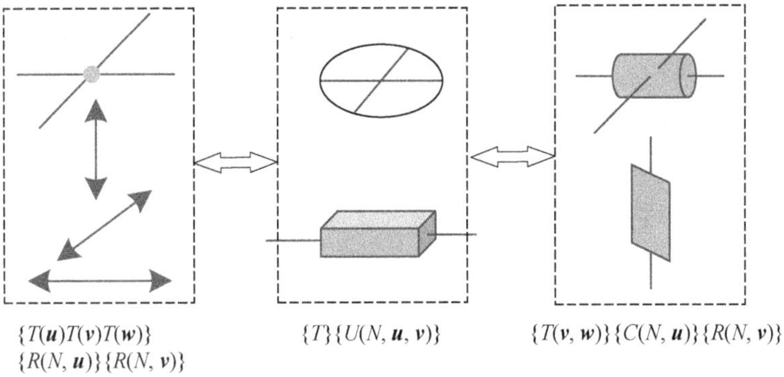

图 4-23 特征分组法则

(2) **并联形式分组法则**。当特征分解为由多个子特征通过并联作用实现时,即$\{M_{\text{total}}\}=\{M_{\text{sub}_1}\}\&\{M_{\text{sub}_2}\}\&\cdots\&\{M_{\text{sub}_n}\}$,则运动特征$\{M_{\text{total}}\}$与子运动特征$\{M_{\text{sub}_i}\}$间应满足如下关系:

$$\{M_{\text{total}}\}=\bigcap_{i=1}^{n}\{M_{\text{sub}_i}\} \tag{4-64}$$

可知:在这种情况下,需满足$\{M_{\text{total}}\}\subseteq\{M_{\text{sub}_i}\}$,即子运动特征处于总运动特征的同一层或拓展层。

例如:3T 运动特征$\{T(\boldsymbol{u})T(\boldsymbol{v})T(\boldsymbol{w})\}$,可将其运动特征分解于 2 条分支中,两分支末端特征可为$\{T\}\{U(N,\ \boldsymbol{u},\ \boldsymbol{v})\}$与$\{T\}\{R(\boldsymbol{w})\}$,或$\{T\}$与$\{T\}\{S(N)\}$,如图 4-24 所示。

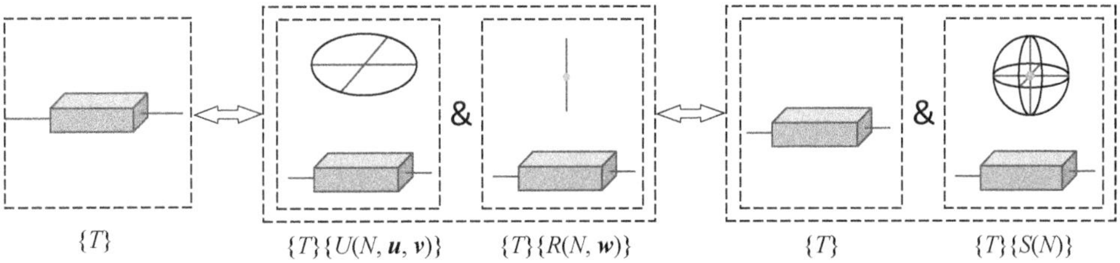

图 4-24 特征分组法则

2. 运动特征的融合法则

运动特征的融合法则:当 2 个或多个同一运动特征串联且其特征线重合时,其末端特征可合并为该运动特征,表示为 $M_{C_1}M_{C_2}\cdots M_{C_n}\rightarrow M_{C_i}$。例如:当 2 个或多个方向相同的移动特征串联时,其末端移动特征可融合为 1 个移动特征;当 2 个或多个特征线重合的转动特征串联时，其末端转动特征可融合为 1 个转动特征。

扩展： 2 个运动特征串联时，若运动特征 M_{C_1} 包含于运动特征 M_{C_2} 时，则其末端运动特征为 M_{C_2}，而运动特征 M_{C_1} 被合并，即若存在 $M_{C_1}\subset M_{C_2}$ 则 $M_{C_1}M_{C_2}\rightarrow M_{C_2}$。

3. 衍生法则

当多个转动特征满足一定连接关系，末端可衍生出移动特征，具体如下：

(1) **衍生法则 1：** 两个特征线平行的串联 R 特征 $\{R(B_1, \boldsymbol{u})\}\{R(B_2, \boldsymbol{u})\}$，可衍生出一维 T 特征，其末端特征为 $\{R(B_1, \boldsymbol{u})\}\{T_r\}$，如图 4-25(a)；

(2) **衍生法则 2**，三个特征线平行的串联 R 特征 $\{R(B_1, \boldsymbol{u})\}\{R(B_2, \boldsymbol{u})\}\{R(B_3, \boldsymbol{u})\}$，可衍生出二维 T 特征，其末端特征为 $\{R(B_1, \boldsymbol{u})\}\{T(\boldsymbol{v}, \boldsymbol{w})\}$，如图 4-25(b)；

(3) **衍生法则 3**，两条相同支链 $(\mathrm{R}_{B_1}^{\boldsymbol{\omega}}\parallel \mathrm{R}_{M_1})\&(\mathrm{R}_{B_2}^{\boldsymbol{\omega}}\parallel \mathrm{R}_{M_2})$，$(B_1M_1 \perp\!\!\!\perp B_2M_2)$ 并联组成的平行四边形运动副（$\mathrm{P_a}$ 副），其两支链运动特征为 $\{R(B_1, \boldsymbol{u})\}\{R(B_2, \boldsymbol{u})\}$，可衍生出二维移动特征，其末端特征为 $\{T_r\}$，如图 4-25(c)；

(4) **衍生法则 4**，两个特征线平行的串联 U 特征 $\{U(B_1, \boldsymbol{u}, \boldsymbol{v})\}\{U(B_2, \boldsymbol{u}, \boldsymbol{v})\}$，可衍生出二维 T 特征，其末端特征为 $\{U(B_1, \boldsymbol{u}, \boldsymbol{v})\}\{T_r(\boldsymbol{u})\}\{T_r(\boldsymbol{v})\}$，如图 4-25(d)；

(5) **衍生法则 5**，两个串联 S 特征 $\{S(B_1)\}\{S(B_2)\}$，可衍生出二维 T 特征，其末端特征为 $\{S(B_1)\}\{T_r(\boldsymbol{u})\}\{T_r(\boldsymbol{v})\}$，如图 4-25(e)；

(6) **衍生法则 6**，2 条相同支链 $\{U(B_1, \boldsymbol{u}, \boldsymbol{v})U(M_1, \boldsymbol{u}, \boldsymbol{v})\}\&\{U(B_2, \boldsymbol{u}, \boldsymbol{v})U(M_2, \boldsymbol{u}, \boldsymbol{v})\}$，$(B_1M_1 \perp\!\!\!\perp B_2M_2)$ 并联组成的运动链，可衍生出二维移动特征，其末端特征为 $\{R(N_i, \boldsymbol{u})\}\{T_r(\boldsymbol{u})\}\{T_r(\boldsymbol{v})\}(N_i = B_1, M_1)$，如图 4-25(f)。

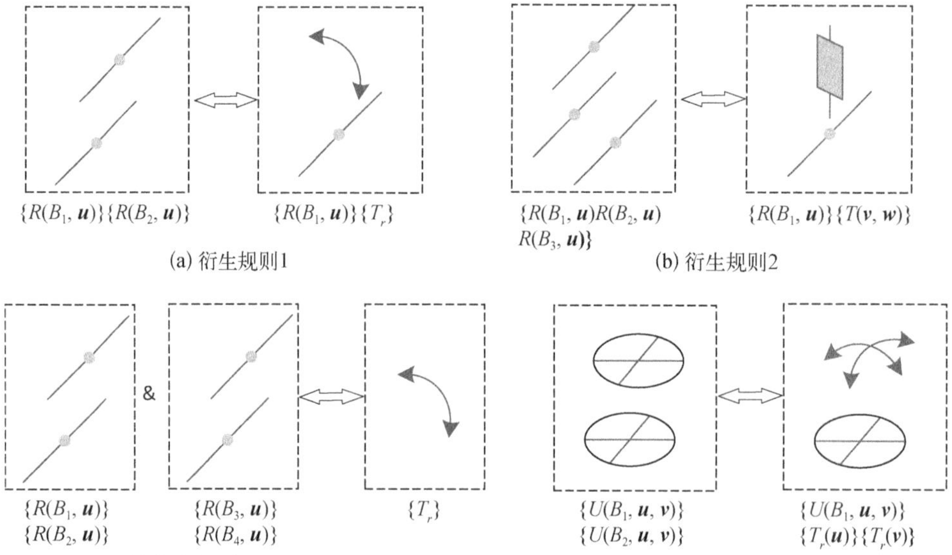

(a) 衍生规则1　(b) 衍生规则2

(c) 衍生规则3　(d) 衍生规则4

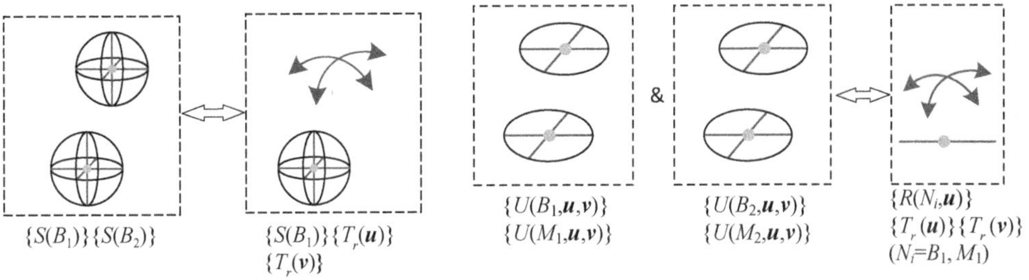

(e)衍生规则5　　(f) 衍生规则6

图 4－25　运动特征衍生法则

4. 特征迁移法则

存在一类末端运动特征，其特征线可迁移至其他位置，而不是固定不变的，则称其具有迁移性或该特征可迁移。迁移规则可包括一维、二维、三维移动和转动特征迁移规则，具体如下。

(1) **一维移动特征：**当支链末端存在 1 个移动特征时，则其末端具有沿与此移动方向平行的任意特征线移动的能力。

(2) **二维移动特征：**当支链末端存在 2 个特征线不平行的移动特征时，则其末端具有沿与此 2 个移动方向张成的平面平行的任意平面内二维移动的能力。

(3) **三维移动特征：**当支链末端存在 3 个特征线不共面的移动特征时，则其末端具有沿空间任意特征线的移动能力。

(4) **一维虚迁转动特征：**当支链末端一维转动特征的转动轴线垂直于 2 个独立的末端 T 特征所构成的移动平面时，则支链末端具有绕与该轴线平行的任意轴线转动的能力（即该末端转动特征具有迁移能力），如图 4－26(a)所示。

(5) **二维虚迁转动特征：**当支链末端存在二维转动特征和三维独立的末端 T 特征时，则支链末端具有绕与该 2 条轴线平行的任意轴线转动的能力（即该末端转动特征具有二维平行迁移能力），如图 4－26(a)所示。

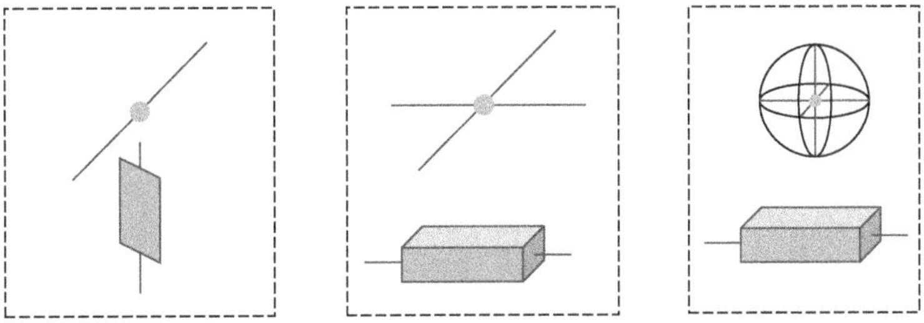

(a) $\{R(B_1, \boldsymbol{u})\}\{T(\boldsymbol{v}, \boldsymbol{w})\}$　(b) $\{U(B_1, \boldsymbol{u}, \boldsymbol{v})\}\{T\}$　(c) $\{S(B)\}\{T\}$

图 4－26　运动特征迁移法则

(6) **三维虚迁转动特征：** 当支链末端存在三维转动特征和三维移动特征时，其支链末端具有绕与该转动轴线平行的任意轴线转动的能力(即该末端转动特征具有平行迁移能力)，如图 4-26(c)所示。

5. 运动特征的交换法则

运动特征的交换法则： 若末端特征 $\{M\}$ 满足群位移子群的代数结构，则其内子特征 $\{A\}$、$\{B\}$ 与 $\{C\}$ 满足交换律，即 $\{M\}=\{A\}\{B\}\{C\}=\{A\}\{C\}\{B\}=\{B\}\{A\}\{C\}=\{B\}\{C\}\{A\}$。例如：$R(A,\ \boldsymbol{w})T(\boldsymbol{u})T(\boldsymbol{v})$ 满足交换法则(如图 4-27 所示)：

$$\begin{aligned}R(N,\ \boldsymbol{w})T(\boldsymbol{u})T(\boldsymbol{v}) = G(\boldsymbol{w}) &= R(N,\ \boldsymbol{w})T(\boldsymbol{v})T(\boldsymbol{u})\\ &= T(\boldsymbol{u})R(N,\ \boldsymbol{w})T(\boldsymbol{v})\\ &= T(\boldsymbol{v})R(N,\ \boldsymbol{w})T(\boldsymbol{u})\\ &= T(\boldsymbol{u})T(\boldsymbol{v})R(N,\ \boldsymbol{w})\\ &= T(\boldsymbol{v})T(\boldsymbol{u})R(N,\ \boldsymbol{w})\end{aligned} \tag{4-65}$$

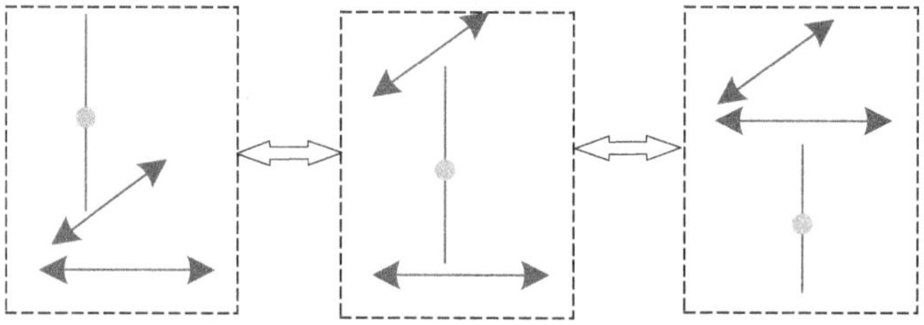

图 4-27 运动特征交换法则

6. 特征基代换法则

特征基代换法则： 当末端特征为 $\{G\}$，若存在两种特征基 $\{A\}$、$\{B\}$ 和 $\{C\}$、$\{D\}$，在满足一定条件下，可作为 $\{G\}$ 的特征基，且它们之间可相互代换，其条件为

$$\begin{cases}\{A\}\subseteq\{G\},\ \{B\}\subseteq\{G\},\ \{C\}\subseteq\{G\},\ \{D\}\subseteq\{G\}\\ \dim(\{A\}\{B\})=\dim(\{G\})\\ \dim(\{C\}\{D\})=\dim(\{G\})\end{cases} \tag{4-66}$$

例如：三维交于一点的转动特征，其特征基可为任何三维交于一点的三个转动特征基 $\{R(N,\ \boldsymbol{u})\}\{R(N,\ \boldsymbol{v})\}\{R(N,\ \boldsymbol{v})\}$ 或 $\{R(N,\ \boldsymbol{i})\}\{R(N,\ \boldsymbol{j})\}\{R(N,\ \boldsymbol{k})\}$ 来实现，如图 4-28 所示。

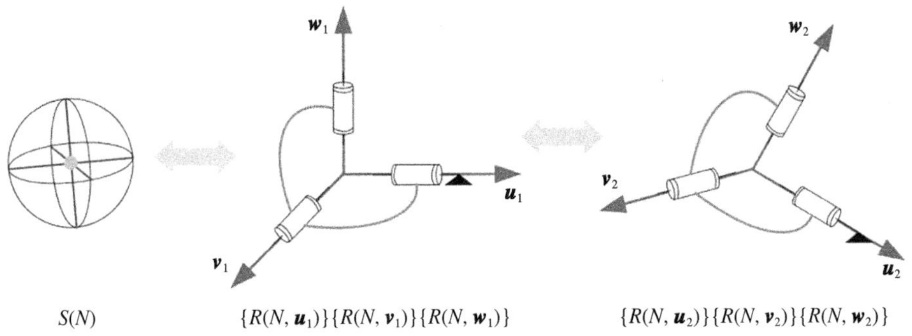

图 4－28　运动特征基代换法则

7. 运动特征的复制法则

复制法则：末端特征对应的是位移子群$\{G\}=\{A\}\{B\}\{C\}$，则若存在$\{D\}$满足下式：

$$\begin{cases}\{D\}\subset\{G\}\\ \dim(\{A\}\{B\}\{C\}\{D\})=\dim(\{G\})\end{cases}\tag{4-67}$$

即$\{D\}$的运动属性与已有特征相同，称其为运动特征的复制。可分为局部运动特征的复制和冗余运动特征的复制。

局部运动特征的复制：由$\{S(B_1)\}$与$\{U(B_2,\boldsymbol{u},\boldsymbol{v})\}$串联时，其末端特征为$3R2T(\{U(B_1,\boldsymbol{u},\boldsymbol{v})\}\{T_r(\boldsymbol{u})\}\{T_r(\boldsymbol{v})\})$，当加轴线穿过两运动特征中心的 R 特征时，其末端运动特征不变，如图 4－29(a)所示。

冗余运动特征的复制：在原有运动特征基础上加入相同的运动特征，并不多添加约束，故加入元素并不影响末端特征，但会影响输入自由度。例如：$2T1R$ 的$\{R(A,\boldsymbol{w})\}\{T(\boldsymbol{u})\}\{T(\boldsymbol{v})\}$，当加入$\{R(B,\boldsymbol{w})\}$时，其末端运动特征仍为 $2T1R$，如图 4－29(b)。

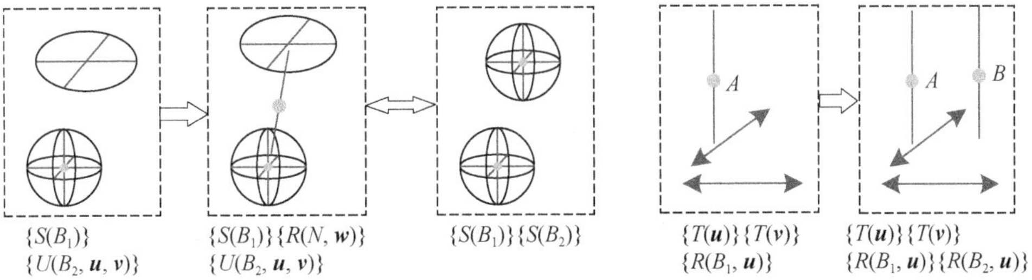

(a) 局部运动特征复制　　(b) 冗余运动特征复制

图 4－29　运动特征基代换法则

8. 运动特征的增广法则

下面将说明消极运动特征增广和在层级关系中进行特征增广。

(1) **消极运动特征增广**：消极运动特征的增广即可加入与原有运动特征不同的运动特征，而所加入的运动特征并不会发生运动，也不会添加约束，故加入元素并不影响末端特征，也不会影响输入自由度。如在平行四边形机构{$R(N_1, \boldsymbol{u}) R(N_2, \boldsymbol{u}) R(N_3, \boldsymbol{u}) R(N_4, \boldsymbol{u})$}，加入{$R(N_5, \boldsymbol{j})$}运动特征，因特殊的几何条件，并不影响其末端的运动旋量系，故所加入的运动特征并不会产生运动，即加入的{$R(N_5, \boldsymbol{j})$}特征并不影响末端特征和输入自由度，如图 4-30(a)所示。

(2) **层级关系中增广法则**：将末端特征增广至层级（运动维数更高的层级）中，其末端运动维数发生变化。如：一维移动特征线，可将其增广至二维移动特征中，如图 4-30(b)所示。

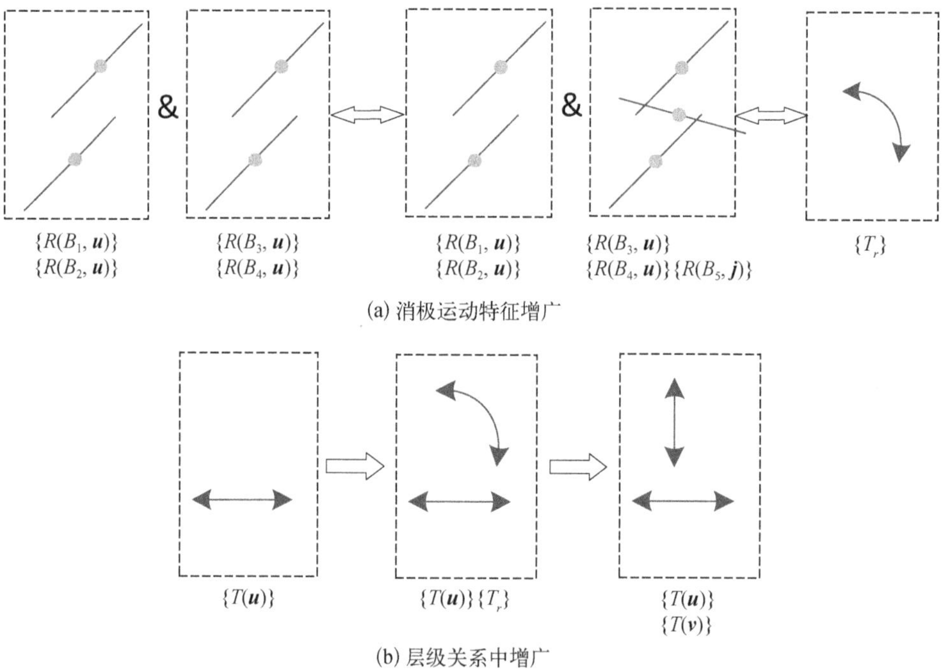

(a) 消极运动特征增广

(b) 层级关系中增广

图 4-30 运动特征基代换法则

9. 运动特征的重构法则

关节特征重构法则(运动副等效替换)：关节 A 可实现关节特征{JMC_1}，关节 B 可实现特征{JMC_2}，如果满足下式：

$$\begin{cases} \{JMC_1\} \subseteq \{JMC_2\}, \ \{JMC_2\} \subseteq \{JMC_1\} \\ \dim(\{JMC_1\}) = \dim(\{JMC_2\}) \end{cases} \tag{4-68}$$

即{JMC_1} = {JMC_2},则认为关节 B 是关节 A 的重构形式。

例如:{$T(\boldsymbol{u})$}{$T(\boldsymbol{v})$}特征可用 P_1P_2 或 P_1P_a 或 P_aP_a 实现,如图 4-31 所示。

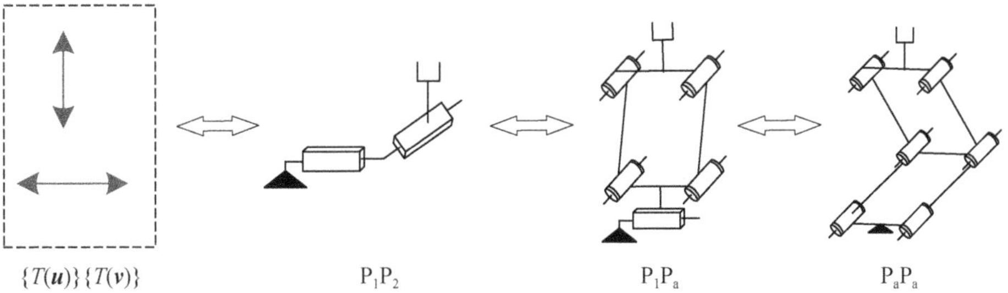

图 4-31 运动特征重构法则

4.11 本 章 小 结

现代机器与装备的创新研发中,设计对象不限于单任务、简单特征、单一机构的设计任务,构型方法需要从单一机构的型综合拓展到现代机器与装备的型综合,其挑战在于建立形象、易于操作且具有数学严格证明的演绎规则,以适合于以形象思维、定性推理和逻辑演绎为特点的概念设计阶段使用。本章引出运动特征的运算法则,为特征集聚与溯源提出计算依据,并加以严格的数学证明,保证了运算法则的可靠性和可行性。给出了运动特征的等效性条件:刚体的位姿空间相同,即刚体可实现相同的位姿。基于等效性条件,给出了运动特征相应的运算法则,包括:衍生、迁移、分组、交换、基代换、增广以及融合法则;同时应用李群、有限位移旋量、运动特征虚设法等给出了相应的数学证明。这些规则不仅简单明了,且经过严格准确的数学证明,为机器人运动特征溯源提供了依据。

参考文献

[1] Murray R M, Li Z X, Sastry S S, et al. A mathematical introduction to robotic manipulation [M]. Boca Raton: CRC press, 1994.

[2] 高峰, 杨加伦, 葛巧德. 并联机器人型综合的 G_F 集理论[M]. 北京: 科学出版社, 2011.

[3] Lin R F, Guo W Z, Li M. Novel design of legged mobile landers with decoupled landing and walking functions containing a rhombus joint[J]. ASME Journal of Mechanisms and Robotics, 2018, 10(6): 061017.

[4] Lin R F, Guo W Z, Zhao C J, et al. Topological design of a new family of legged mobile landers based on truss-mechanism transformation method[J]. Mechanism and Machine Theory, 2020, 149: 103787.

第五章
机构末端至支链末端的特征溯源设计

5.1 引　　言

现代机械产品与机构设计在完成功能分解得到子模块或单一机构的末端特征后,需对每一模块/机构进行设计,其中重要一环是机构末端特征至支链末端特征设计。故本章提出运动特征从机构末端溯源至支链末端的设计方法和流程。给出了运动特征的求交规则,包括:转动特征之间、移动特征之间以及具有伴随运动特征之间的求交规则。给出了运动特征从机构末端溯源至支链末端的数综合以及溯源方法和流程。

5.2 运动特征求交法则

运动特征求交法则的前提是作用于同一构件的运动特征之间的相互作用。运动特征的**总体求交法则**,描述如下:

求交法则一,对于转动特征而言:若存在特征线可重合的转动特征,由特征的合并法则可得,其求交结果为具有该特征线的 R 特征;

求交法则二,对于移动特征而言:若存在同方向的特征线的移动特征,由特征的合并法则可得,其求交结果为具有该特征线的 T 特征。

基于以上两条总体求交法则,可得到更多情形的求交法则,具体如下。

1) 转动特征之间的求交法则

(1) 一维 R 特征与一维 R 特征:

$$\begin{cases} \{R(A,\ \boldsymbol{u})\} \cap \{R(A,\ \boldsymbol{u})\} = \{R(A,\ \boldsymbol{u})\} \\ \{R(A,\ \boldsymbol{u})\} \cap \{R(N,\ \boldsymbol{u})\} = \{R(A,\ \boldsymbol{u})\},\ \forall N \\ \{R(A,\ \boldsymbol{u})\} \cap \{R(B,\ \boldsymbol{u})\} = \{\boldsymbol{E}\},\ AB \nparallel \boldsymbol{u} \end{cases} \tag{5-1}$$

式中, $\forall N$ 表示 N 点可为空间内的任意点, $\{\boldsymbol{E}\}$ 表示空集。

（2）一维 R 特征与二维 R 特征：

$$\begin{cases}\{R(A,\boldsymbol{u})\}\cap\{U(B,\boldsymbol{u},\boldsymbol{v})\}=\{R(A,\boldsymbol{u})\},\ \boldsymbol{u}\parallel AB\\ \{R(A,\boldsymbol{w})\}\cap\{U(B,\boldsymbol{u},\boldsymbol{v})\}=\{R(A,\boldsymbol{w})\},\ \forall A,\ \boldsymbol{w}\parallel AB,\ \boldsymbol{w}\subset\varpi(\boldsymbol{u},\boldsymbol{v})\end{cases}\tag{5-2}$$

式中，$\boldsymbol{w}\subset\varpi(\boldsymbol{u},\boldsymbol{v})$ 表示 $\boldsymbol{w}$ 在$(\boldsymbol{u},\boldsymbol{v})$张成的平面 $\varpi(\boldsymbol{u},\boldsymbol{v})$ 内。

（3）一维 R 特征与三维 R 特征：

$$\{R(A,\boldsymbol{u})\}\cap\{S(O)\}=\{R(A,\boldsymbol{u})\},\ \boldsymbol{u}\parallel AO \text{ 或 } A=O\tag{5-3}$$

式中，$\boldsymbol{u}=AO$、$A=O$ 分别表示 $\boldsymbol{u}$ 的方向与 AO 重合，点 A 与点 O 重合。

（4）二维 R 特征与二维 R 特征：

$$\begin{cases}\{U(A,\boldsymbol{u},\boldsymbol{v})\}\cap\{U(A,\boldsymbol{i},\boldsymbol{j})\}=\{U(A,\boldsymbol{u},\boldsymbol{v})\}, & \varpi(\boldsymbol{u},\boldsymbol{v})=\varpi(\boldsymbol{i},\boldsymbol{j})\\ \{U(A,\boldsymbol{u},\boldsymbol{v})\}\cap\{U(A,\boldsymbol{i},\boldsymbol{j})\}=\{R(A,\boldsymbol{w})\}, & \varpi(\boldsymbol{u},\boldsymbol{v})\cap\varpi(\boldsymbol{i},\boldsymbol{j})=\boldsymbol{w}\\ \{U(A,\boldsymbol{u},\boldsymbol{v})\}\cap\{U(B,\boldsymbol{i},\boldsymbol{j})\}=\{R(C,\boldsymbol{w})\}, & C\in AB,\ \boldsymbol{w}\parallel AB,\ \boldsymbol{w}\subset\varpi(A,\boldsymbol{u},\boldsymbol{v}),\ \boldsymbol{w}\subset\varpi(B,\boldsymbol{i},\boldsymbol{j})\end{cases}\tag{5-4}$$

（5）二维 R 特征与三维 R 特征：

$$\begin{cases}\{U(A,\boldsymbol{u},\boldsymbol{v})\}\cap\{S(O)\}=\{U(A,\boldsymbol{u},\boldsymbol{v})\}, & A=O\\ \{U(A,\boldsymbol{u},\boldsymbol{v})\}\cap\{S(B)\}=\{R(A,\boldsymbol{w})\}, & \boldsymbol{w}\in\varpi(A,\boldsymbol{u},\boldsymbol{v}),\ \boldsymbol{w}\parallel AB\end{cases}\tag{5-5}$$

（6）三维 R 特征与三维 R 特征：

$$\begin{cases}\{S(A)\}\cap\{S(B)\}=\{S(A)\}, & A=B\\ \{S(A)\}\cap\{S(B)\}=\{R(N,\boldsymbol{u})\}, & N\in AB,\ \boldsymbol{u}\parallel AB\end{cases}\tag{5-6}$$

2）移动特征之间的求交法则

$$\{T_i\}\cap\{T_j\}=\begin{cases}\{\boldsymbol{E}\}, & \dim(\{T_i\})\cap\dim(\{T_j\})=0\\ \{T(\boldsymbol{u})\}, & \dim(\{T_i\})\cap\dim(\{T_j\})=1\\ \{T_2(\boldsymbol{v})\}, & \dim(\{T_i\})\cap\dim(\{T_j\})=2\\ \{T\}, & \dim(\{T_i\})\cap\dim(\{T_j\})=3\end{cases}\tag{5-7}$$

3）具有伴随运动的运动特征之间的求交法则

（1）具有伴随运动的运动特征与不具有伴随运动的运动特征的求交法则：

$$\{M_{1-1}\oplus M_{1-2}\}\cap\{M_2\}=\{M_{1-1}\oplus M_{1-2}\},\text{当}\{M_{1-1}\oplus M_{1-2}\}\in\{M_2\}\tag{5-8}$$

（2）具有伴随运动的运动特征之间的求交法则：

$$\{M_{1-1}\oplus M_{1-2}\}\cap\{M_{2-1}\oplus M_{2-2}\}=\{M_{3-1}\oplus M_{3-2}\},$$

$$\frac{1}{2}\{M_{3-1} \oplus M_{3-2}\} = \{M_{1-1} \oplus M_{1-2}\} = \{M_{2-1} \oplus M_{2-2}\} \tag{5-9}$$

注：具有伴随运动的运动特征之间求交，需结合具体的尺度信息在内的约束进行求解。尺度型信息又可进一步分为各杆长关系、关节轴线关系以及杆长的具体数值，而在构型阶段，并不考虑杆长的具体数值，但杆长关系、轴线关系是可考虑进去的，例如：平行四边形机构，求解末端运动特征时，已包含了杆长间的关系，即：需构成平行四边形，对边杆长平行且相等；再如 U^* 副，也已考虑了其各支链杆长 UU 间杆平行且相等的关系。

据上述总体和详细的求交规则，可得到机构末端至支链末端的运算法则。例如：

对于两支链机构具有一维 R 特征：

$$\{R(A, \boldsymbol{u})\} = \begin{cases} \{R(A, \boldsymbol{u})\} \cap \{R(A, \boldsymbol{u})\} \\ \{R(A, \boldsymbol{u})\} \cap \{R(N, \boldsymbol{u})\}, \ \forall N \in \boldsymbol{u} \end{cases} \tag{5-10}$$

对于两支链机构具有一维 T 特征：

$$\{T(\boldsymbol{u})\} = \{T_i\} \cap \{T_j\}, \ \boldsymbol{i} = \boldsymbol{j} = \boldsymbol{u} \tag{5-11}$$

5.3 机构末端至支链末端的特征溯源流程

1. 生成原理

并联机构由动平台、静平台以及连接两者的两条或两条以上的支链组合而成，一般以动平台为输出执行件，其运动特征由各支链的作用产生，机构末端特征的形成原理是各支链末端运动特征的交集，表示为

$$\{\mathrm{RMC}\} = \bigcap_{i=1}^{i=n_{\mathrm{TL}}} \{\mathrm{LMC}_i\} \tag{5-12}$$

式中，$\{\mathrm{RMC}\}$ 表示并联机构的末端特征，$\{\mathrm{LMC}_i\}$ 表示并联机器人第 i 条支链的末端特征，n_{TL} 为总支链数。由上式可知，为设计出指定末端特征的并联机器人则需构造出特定的支链以及特定的连接动、静平台之间的方式，而针对不同的任务要求，对末端特征维数、支链数、驱动副数、局部自由度数等要求不同，故有必要建立其各参数间的关系模型，即并联机构的数综合方程，如下：

$$\begin{cases} n_{\mathrm{TL}} = n_{\mathrm{AL}} + n_{\mathrm{PL}} \\ n_{\mathrm{AL}} = A_{\mathrm{C}} - \sum_{i=1}^{n_{\mathrm{AL}}} (A_{\mathrm{C}_i} - 1) \\ A_{\mathrm{C}} = R_{\mathrm{A}} + M_{\mathrm{P}} \\ C_0 = \sum_{i=1}^{n_{\mathrm{TL}}} (6 - C^i) - M_{\mathrm{P}} \end{cases} \tag{5-13}$$

式中，n_{TL} 为总支链数、n_{AL} 为主动支链数、n_{PL} 为被动支链数、A_{C} 为总驱动数、A_{C_i} 为第 i 条支链上的驱动数、R_{A} 为冗余驱动数、M_{P} 为末端运动特征的维数、C_0 为过约束数、C^i 为第 i 条支链上的约束数。

注：数综合仅是从拓扑层面进行分析，仅是给出了运动特征存在的可能，具体还需考虑各支链间的装配关系等条件，即数综合公式是得到其末端特征条件的必要非充分条件。

另外，有些机构因需满足机构的装配、操作和降低制造精度要求，需要加入局部自由度，并联机构的局部自由度的总和 F_{r} 就是各支链局部自由度的和，即

$$F_{\mathrm{r}} = \sum F_{\mathrm{r}_i} \tag{5-14}$$

式中，F_{r_i} 为第 i 条支链的局部自由度。

2. 支链末端特征 LMC 的确定

对于单条支链末端特征而言，可将其应满足的条件[式(5-12)]分为两种情况。

(1) 等价法则，支链的末端特征与机构末端特征等效，应满足如下等价条件：

$$\{\mathrm{LMC}_i\} = \{\mathrm{RMC}\} \tag{5-15}$$

在此情况下，支链的末端特征与机构特征完全等价，此处等价是指运动特征类型、维数及其对应的特征空间完全相同，具体如下：

$$\mathrm{LMC}_{T_j} \parallel \mathrm{RMC}_T \text{ 或} \{\mathrm{LMC}_T\} = \{\mathrm{RMC}_T\} \tag{5-16}$$

$$\mathrm{LMC}_{R_j} \mid \mathrm{RMC}_R \text{ 或} \{\mathrm{LMC}_R\} = \{\mathrm{RMC}_R\} \tag{5-17}$$

式中，RMC_T、RMC_R 分别为机构末端移动和转动特征；LMC_{T_j} 为第 j 个支链末端特征的移动特征；LMC_{R_j} 为第 j 个支链末端特征的转动特征；$\{\mathrm{RMC}_T\}$、$\{\mathrm{LMC}_T\}$ 表示机构或支链末端特征张成的移动特征空间；$\{\mathrm{RMC}_R\}$、$\{\mathrm{LMC}_R\}$ 表示机构或支链末端特征张成的转动特征空间；$A \parallel B$ 和 $A \mid B$ 分别表示 A 与 B 特征的特征线平行和重合。

式(5-16)表示：若支链末端特征为移动特征，则其特征线与机器人末端相应的 T 特征线相同，或支链末端特征与机器人末端特征所张成的移动特征空间重合。

式(5-17)表示：若支链末端特征为转动特征，则其特征线与机器人末端相应的 R 特征线重合，或支链末端特征与机器人末端特征所张成的转动特征空间重合。由迁移定理可知，其一维转动特征间的特征线重合，可有两种方式：① 两转动特征均不具有虚迁性，则两转动特征的特征线须重合；② 当两个转动特征间至少有一个特征具有虚迁性时，则两转动特征线仅需平行便可实现支链末端的两条特征线

重合。

（2）支链特征的增广法则，即支链末端特征多于机器人末端特征，应满足包容条件：

$$\{\mathrm{LMC}_i\} \supseteq \{\mathrm{RMC}\} \tag{5-18}$$

即机器人末端特征 RMC 包含于支链末端特征 LMC_i。具体可分为支链末端移动与转动特征两种情形进行分析，如下。

a）对于 LMC_T 而言，由式(5－18)可知，特征数应满足下式：

$$N_{\mathrm{LMC}_T} \geqslant N_{\mathrm{RMC}_T} \tag{5-19}$$

式中，N_{LMC_T} 为支链末端移动特征维数，N_{RMC_T} 为机器人末端移动特征维数。

因为 T 特征均具有虚迁移性，仅含有方向属性，没有位置属性，故要求在支链末端的 T 特征中具有与机器人末端的所有 T 特征的特征线方向相同的 T 特征，或机器人末端所张成的 T 特征空间包含于支链末端所张成的 T 特征空间内，即满足下式：

$$\forall \mathrm{LMC}_{T_k} \parallel \mathrm{RMC}_{T_j} \text{ 或} \{\mathrm{LMC}_T\} \supseteq \{\mathrm{RMC}_T\} \tag{5-20}$$

其中支链末端的 T 特征可由关节中的 R 特征衍生而来，具体可见衍生法则。

b）对于 LMC_R 而言，由式(5－18)可知，特征数应满足下式：

$$N_{\mathrm{LMC}_R} \geqslant N_{\mathrm{RMC}_R} \tag{5-21}$$

式中，N_{LMC_R} 为支链末端转动特征维数；N_{RMC_R} 为机器人末端转动特征维数。

因为转动特征不一定都具有迁移性，同时具有方向属性和位置属性，故要求满足以下条件之一：① 在支链末端的转动特征中具有与机器人末端的所有转动特征的特征线可重合的转动特征（a. 若支链末端的转动特征具有迁移性，则其特征线仅需与相应的转动特征的特征线方向平行即可；b. 若支链末端的转动特征不具有迁移性，则其特征线需与相应的转动特征的特征线重合）；② 机器人末端所张成的转动特征空间包含于支链末端所张成的转动特征空间内，即满足下式：

$$\forall \mathrm{LMC}_{R_k} \mid \mathrm{RMC}_{R_j} \text{ 或} \{\mathrm{LMC}_R\} \supseteq \{\mathrm{RMC}_R\} \tag{5-22}$$

不同支链间，其支链特征还应满足余集条件，即每条支链的末端特征与机器人末端特征的余集进行求交，其结果为空集，即

$$\bigcap_{i=1}^{n_{\mathrm{TL}}} \{\overline{\mathrm{LMC}_i}\} = \varnothing \tag{5-23}$$

其中，$\{\overline{\mathrm{LMC}_i}\}$ 为支链末端特征与机器人末端特征所张成空间的余集，即

$$\{\overline{\mathrm{LMC}_i}\} = \{\mathrm{LMC}_i\} \ominus \{\mathrm{RMC}\} \tag{5-24}$$

式中，$A \ominus B$ 表示运动特征 A 与运动特征 B 的余集运算，满足如下公式：

$$A \ominus B = A \ominus (A \cap B) \tag{5-25}$$

运动特征需满足等价条件或包容条件，即 $\{\mathrm{RMC}\} = \{\mathrm{RMC}\} \cap \{\mathrm{LMC}_i\}$。式(5-23)中的求交运算，具体可见相应的求交法则。

由式(5-18)可得：支链末端特征至少应包含机构末端特征。为方便起见，令支链1提供特征的维数大于支链2提供特征的维数，以此类推，可得

$$n_{(\mathrm{LMC}_1)} \geqslant n_{(\mathrm{LMC}_2)} \geqslant \cdots \geqslant n_{(\mathrm{LMC}_j)} \tag{5-26}$$

同时，对具有相同维数的特征，因为具有虚迁性的 R 特征的特征线为无限条，而不具有虚迁性的 R 特征只有一条，所以认为前者包含后者，则将不具有迁移性 R 特征的支链排在具有迁移性 R 特征支链之前，例如：

$$\mathrm{LMC}_1 \supseteq \mathrm{LMC}_2,\ \mathrm{LMC}_1 = TT^{u}R,\ \mathrm{LMC}_2 = TT^{u}R_N \tag{5-27}$$

式中，^{u}R 表示具有虚迁性的 R 特征；$^{u}R_N$ 表示特征线过点 N 且方向为 $\boldsymbol{u}$ 的 R 特征。

3. 设计流程

据上述机构末端特征与支链末端特征的关系和条件，可以得到运动特征从 RMC 至 LMC 的特征溯源过程，其过程如图 5-1 所示，具体如下：

步骤1，明确机构的末端特征{RMC}，通过上一章运动特征分析方法，可从任务要求中得到明确详细的机构末端特征，并可确认其运动特征的层级关系，其详细的特征包括运动特征属性、维数和具体的方位等；

步骤2，并联机构的数综合，根据数综合公式(5-13)，确定支链数、主动支链数、被动支链数、驱动数和冗余驱动数等；

步骤3，第1条支链中加入运动特征，取得满足包容条件的运动特征；

步骤4，第2条支链中加入运动特征，取满足包容条件和余集条件的运动特征集，引入六维运动特征{D}仍不能满足条件则返回前一条支链进行特征引入；

步骤5，第 $i(3 \leqslant i \leqslant n_{\mathrm{TL}})$ 条支链中加入运动特征，取满足包容条件和余集条件的运动特征集，若引入特征{D}仍不能满足条件则返回前一条支链进行特征引入；

步骤6，第 n_{TL} 条支链中加入运动特征，当得到满足包容条件和余集条件的运动特征时，则得到一种支链布置方式，据上述步骤可得到更多的运动链布置方式，若此支链的特征为{D}时仍不能满足包容条件和余集条件，则可停止加入特征。

支链运动特征的引入流程如图 5-2 所示。

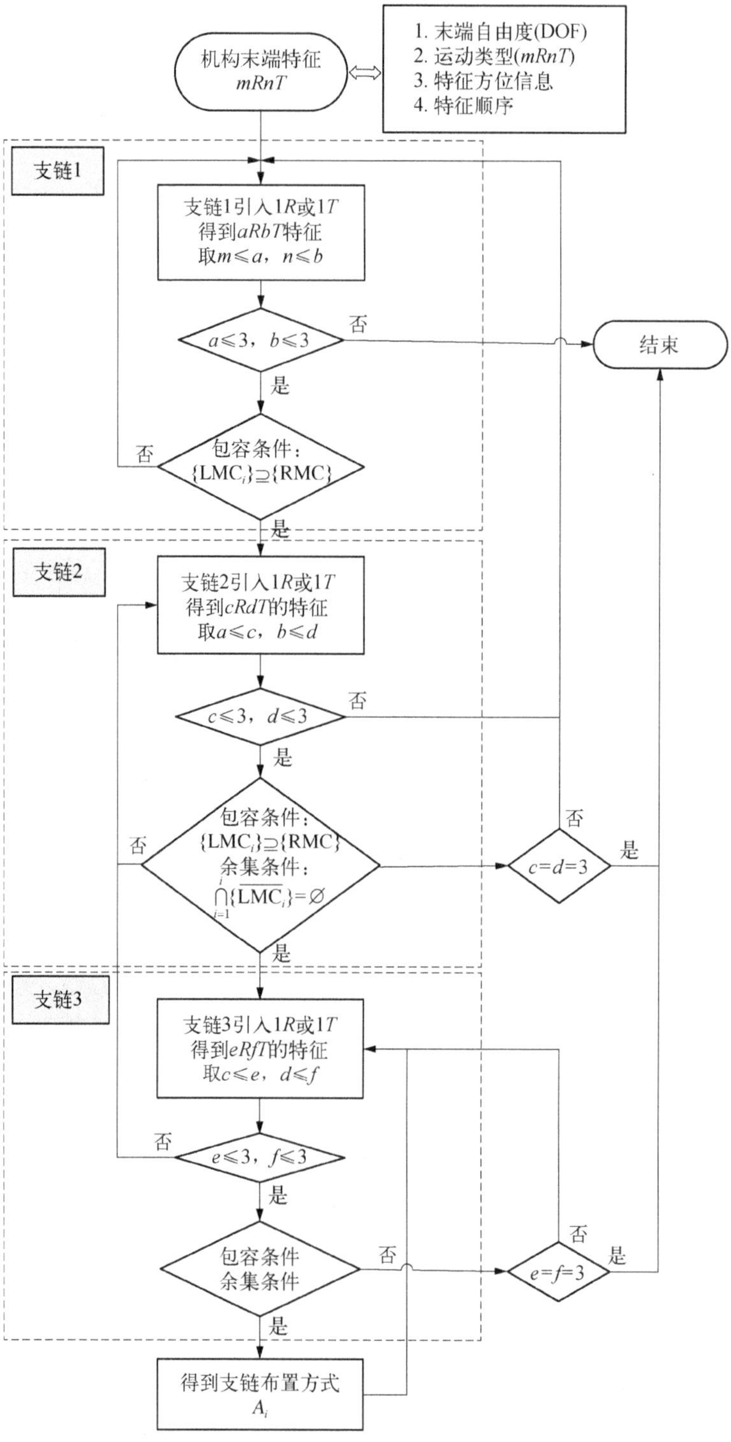

图 5－1　RMC－LMC 的运动特征的溯源流程

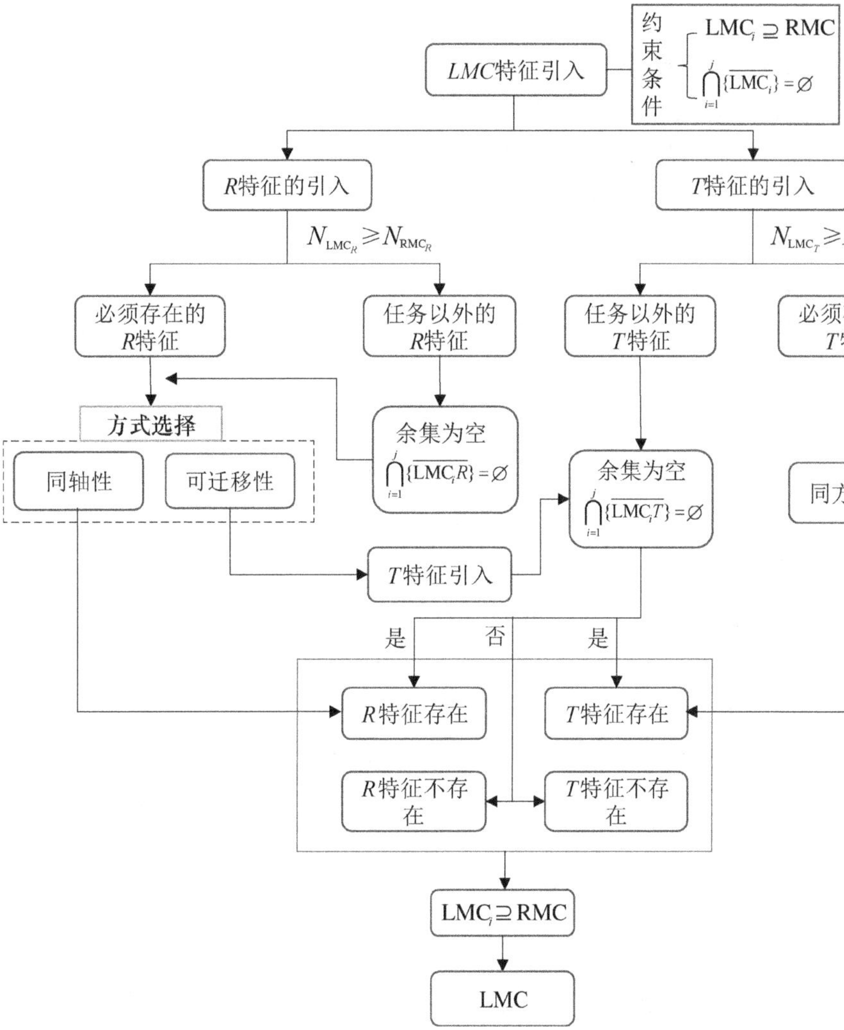

图 5-2　RMC-LMC 的运动特征的引入流程

(1) 当引入{RMC}中的移动特征时,其应满足等效性条件式(5-16)。

(2) 当引入{RMC}中的转动特征时,可分为两种情形:① 支链末端的转动特征不具有虚迁性,其特征线需与{RMC}中的转动特征的特征线重合;② 支链末端的转动特征具有虚迁性,其特征线仅需与{RMC}中的转动特征的特征线平行。在第二种情形中,由虚迁移定理可知,{LMC_i}中存在与此转动特征线相垂直的二维移动特征,故还需判断此二维移动特征的引入是否合理。若{RMC}中存在此二维移动特征,则此具有虚迁性的转动特征引入合理,若{RMC}中不存在此二维移动特征,则需判断其是否满足余集条件式(5-23),若满足则引入合理,否则应舍弃。

支链末端特征中加入机器人末端特征所不包含的运动特征,即对特征进行扩

增。此种情况应满足包容条件式(5-18),具体引入方法如下:

(1) 当加入一维增广且不具有虚迁性的 R 特征时,其需判断此 R 特征是否满足余集条件式(5-23),若满足则可加入,否则舍去;

(2) 当加入一维增广且具有虚迁性的 R 特征时,会同时存在与此 R 特征的特征线相垂直的二维的 T 特征(此 T 特征可能存在或不存在于目标运动中),需同时验证引入的一维 R 特征和二维的 T 特征是否满足余集条件式(5-23),若满足则保留,否则舍去;

(3) 若加入一维增广的 T 特征时,需判断此 T 特征是否满足余集条件式(5-23),若满足则可加入,否则舍去。

若需加入或增广更多的运动特征,可按前面三步进行扩增。

5.4 求交法则的图形化简易表达

为便于特征溯源方法在工程实际应用与推广,将本节所涉及的求交法则运用图形化表达。

1. 运动特征的求交法则

1) 总体求交法则

求交法则一,对于转动特征而言:若存在特征线可重合的转动特征,由特征的合并法则可得,其求交结果为具有该特征线的 R 特征[图 5-3(a)],即

$$\{R(A,\ \boldsymbol{u})\} = \begin{cases} \{R(A,\ \boldsymbol{u})\} \cap \{R(A,\ \boldsymbol{u})\} \\ \{R(A,\ \boldsymbol{u})\} \cap \{R(N,\ \boldsymbol{u})\},\ \forall N \end{cases} \tag{5-28}$$

求交法则二,对于移动特征而言:若存在同方向的特征线的移动特征,由特征的合并法则可得,其求交结果为具有该特征线的 T 特征[图 5-3(b)],即

$$\{T(\boldsymbol{u})\} = \{T_i\} \cap \{T_j\},\ \boldsymbol{i} = \boldsymbol{j} = \boldsymbol{u} \tag{5-29}$$

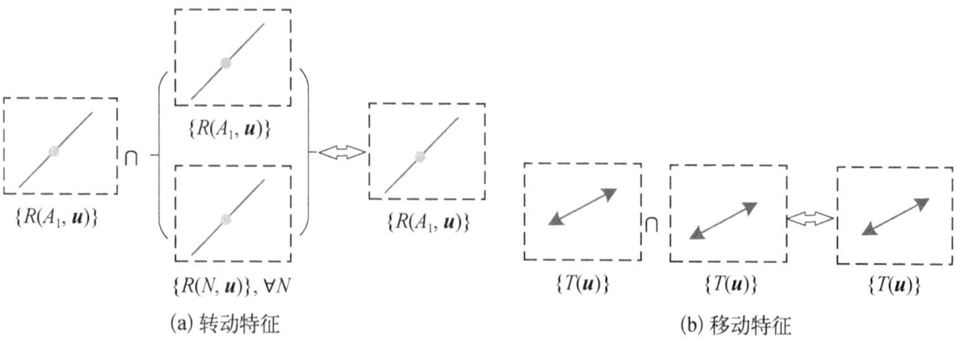

图 5-3 总体求交法则

基于以上两条总体求交法则,可得到更多情形的求交法则,具体如下。

2) 转动特征之间的求交法则

(1) 一维 R 特征与一维 R 特征:

$$\begin{cases} \{R(A, \boldsymbol{u})\} \cap \{R(A, \boldsymbol{u})\} = \{R(A, \boldsymbol{u})\} \\ \{R(A, \boldsymbol{u})\} \cap \{R(N, \boldsymbol{u})\} = \{R(A, \boldsymbol{u})\}, \ \forall N \\ \{R(A, \boldsymbol{u})\} \cap \{R(B, \boldsymbol{u})\} = \{E\}, \ \boldsymbol{u} \nparallel AB \end{cases} \quad (5-30)$$

式中, $\forall N$ 表示 N 点可为空间内的任意点。图形表示如图 5-4(a)所示。

(2) 一维 R 特征与二维 R 特征:

$$\begin{cases} \{R(A, \boldsymbol{u})\} \cap \{U(B, \boldsymbol{u}, \boldsymbol{v})\} = \{R(A, \boldsymbol{u})\}, \ \boldsymbol{u} \parallel AB \\ \{R(A, \boldsymbol{w})\} \cap \{U(B, \boldsymbol{u}, \boldsymbol{v})\} = \{R(A, \boldsymbol{w})\}, \ \forall A, \ \boldsymbol{w} \parallel AB, \ \boldsymbol{w} \subset \square(\boldsymbol{u}, \boldsymbol{v}) \end{cases}$$
$$(5-31)$$

式中, $\boldsymbol{w} \subset \square(\boldsymbol{u}, \boldsymbol{v})$ 表示 $\boldsymbol{w}$ 在 $(\boldsymbol{u}, \boldsymbol{v})$ 张成的平面 $\square(\boldsymbol{u}, \boldsymbol{v})$ 内。图形表示如图 5-4(b)所示。

(3) 一维 R 特征与三维 R 特征:

$$\{R(A, \boldsymbol{u})\} \cap \{S(O)\} = \{R(A, \boldsymbol{u})\}, \ \boldsymbol{u} \parallel AO \text{ 或 } A = O \quad (5-32)$$

式中, $\boldsymbol{u} = AO$、$A = O$ 分别表示 $\boldsymbol{u}$ 的方向与 AO 重合,点 A 与点 O 重合。图形表示如图 5-4(c)所示。

(4) 二维 R 特征与二维 R 特征:

$$\begin{cases} \{U(A, \boldsymbol{u}, \boldsymbol{v})\} \cap \{U(A, \boldsymbol{i}, \boldsymbol{j})\} = \{U(A, \boldsymbol{u}, \boldsymbol{v})\}, \ \square(\boldsymbol{u}, \boldsymbol{v}) = \square(\boldsymbol{i}, \boldsymbol{j}) \\ \{U(A, \boldsymbol{u}, \boldsymbol{v})\} \cap \{U(A, \boldsymbol{i}, \boldsymbol{j})\} = \{R(A, \boldsymbol{w})\}, \ \square(\boldsymbol{u}, \boldsymbol{v}) \cap \square(\boldsymbol{i}, \boldsymbol{j}) = \boldsymbol{w} \\ \{U(A, \boldsymbol{u}, \boldsymbol{v})\} \cap \{U(B, \boldsymbol{i}, \boldsymbol{j})\} = \{R(C, \boldsymbol{w})\}, \ C \in AB, \boldsymbol{w} \parallel AB, \boldsymbol{w} \subset \square(A, \boldsymbol{u}, \boldsymbol{v}), \boldsymbol{w} \subset \square(B, \boldsymbol{i}, \boldsymbol{j}) \end{cases}$$
$$(5-33)$$

图形表示如图 5-4(d)所示。

(5) 二维 R 特征与三维 R 特征:

$$\begin{cases} \{U(A, \boldsymbol{u}, \boldsymbol{v})\} \cap \{S(O)\} = \{U(A, \boldsymbol{u}, \boldsymbol{v})\}, \ A = O \\ \{U(A, \boldsymbol{u}, \boldsymbol{v})\} \cap \{S(B)\} = \{R(A, \boldsymbol{w})\}, \ \boldsymbol{w} \parallel AB, \ \boldsymbol{w} \subset \square(A, \boldsymbol{u}, \boldsymbol{v}) \end{cases}$$
$$(5-34)$$

图形表示如图 5-4(e)所示。

(6) 三维 R 特征与三维 R 特征:

$$\begin{cases} \{S(A)\} \cap \{S(B)\} = \{S(A)\}, \ A = B \\ \{S(A)\} \cap \{S(B)\} = \{R(N, \boldsymbol{u})\}, \ N \in AB, \ \boldsymbol{u} \parallel AB \end{cases} \quad (5-35)$$

图形表示如图 5-4(f)所示。

3）移动特征之间的求交法则

$$\{T_i\} \cap \{T_j\} = \begin{cases} \{\boldsymbol{E}\}, & \dim(\{T_i\}) \cap \dim(\{T_j\}) = 0 \\ \{T(\boldsymbol{u})\}, & \dim(\{T_i\}) \cap \dim(\{T_j\}) = 1 \\ \{T_2(\boldsymbol{v})\}, & \dim(\{T_i\}) \cap \dim(\{T_j\}) = 2 \\ \{T\}, & \dim(\{T_i\}) \cap \dim(\{T_j\}) = 3 \end{cases} \tag{5-36}$$

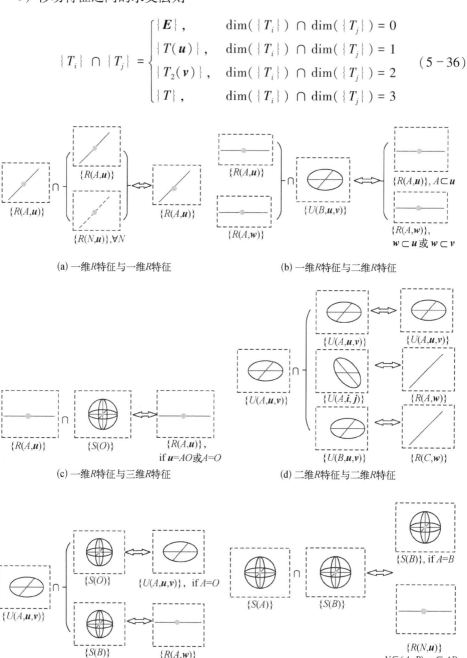

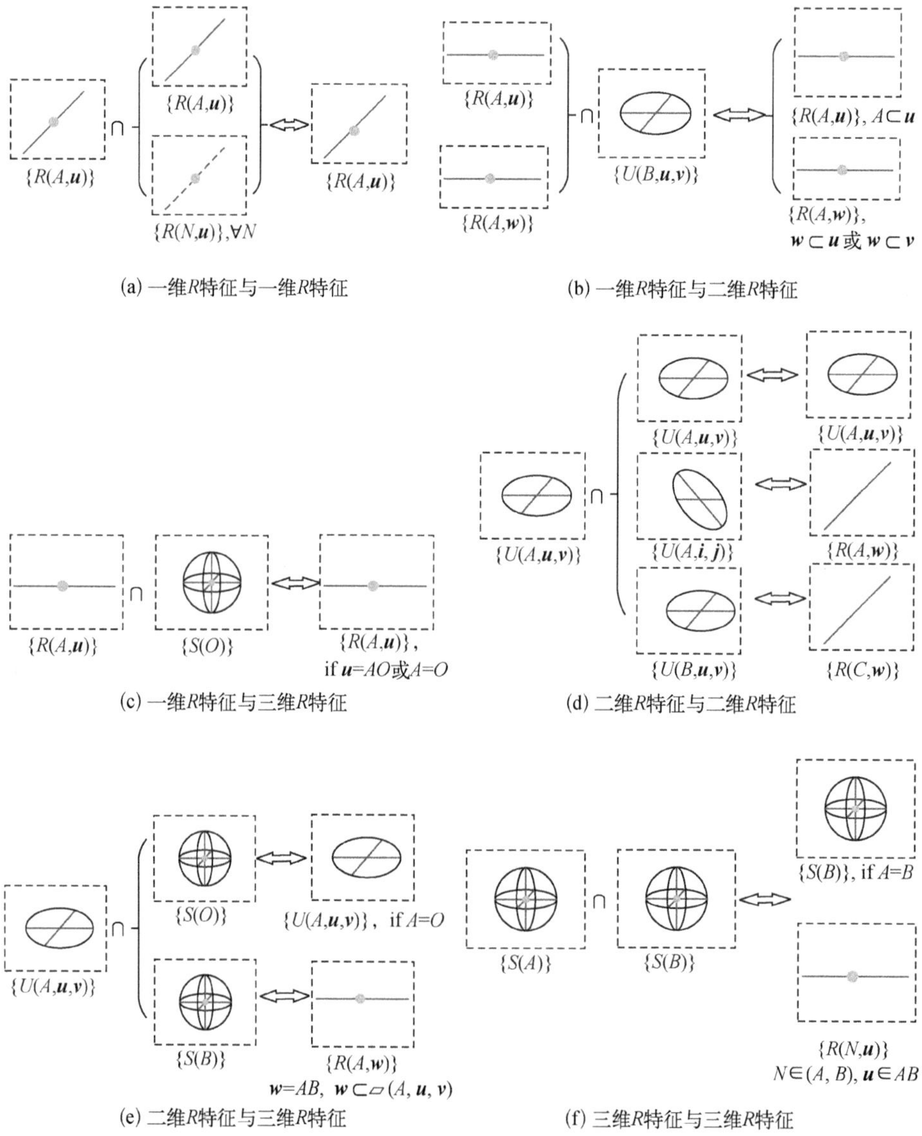

图 5-4　转动特征求交法则

4）伴随运动特征之间的求交法则

（1）具有伴随运动的运动特征与不具有伴随运动的运动特征的求交法则：

$$\{M_{1-1}\oplus M_{1-2}\}\cap\{M_2\}=\{M_{1-1}\oplus M_{1-2}\},\ \{M_{1-1}\oplus M_{1-2}\}\in\{M_2\} \tag{5-37}$$

例如：$\{T_r\}$运动特征写为伴随形式是$\{T(\boldsymbol{u})\}\oplus\{T(\boldsymbol{v})\}$，其与$\{T(\boldsymbol{u},\boldsymbol{v})\}$的求交可为其本身，如图5-5(a)所示。又如：$\{T_r(\boldsymbol{u})\}\{T_r(\boldsymbol{v})\}$运动特征写为伴随形式是$\{T(\boldsymbol{u})\}\{T(\boldsymbol{v})\}\oplus\{T(\boldsymbol{w})\}$，其与$\{T\}$的求交可为其本身，如图5-5(b)所示。

（2）具有伴随运动的运动特征之间的求交法则：

$$\{M_{1-1}\oplus M_{1-2}\}\cap\{M_{2-1}\oplus M_{2-2}\}$$
$$=\begin{cases}\{M_{3-1}\oplus M_{3-2}\}, & \{M_{3-1}\oplus M_{3-2}\}=\{M_{1-1}\oplus M_{1-2}\}=\{M_{2-1}\oplus M_{2-2}\}\\ \{M_{1-1}\oplus M_{1-2}\}, & \{M_{1-1}\oplus M_{1-2}\}\in\{M_{2-1}\oplus M_{2-2}\}\end{cases} \tag{5-38}$$

例如：①$\{T_r\}$运动特征写为伴随形式是$\{T(\boldsymbol{u})\}\oplus\{T(\boldsymbol{v})\}$，其与$\{T_r\}$的求交可为其本身，如图5-5(c)所示；②$\{T_r\}$与$\{T_r(\boldsymbol{u})\}\{T_r(\boldsymbol{v})\}$求交，结果为$\{T_r\}$，条件$\{T_r\}$包含于$\{T_r(\boldsymbol{u})\}\{T_r(\boldsymbol{v})\}$，如图5-5(d)所示。

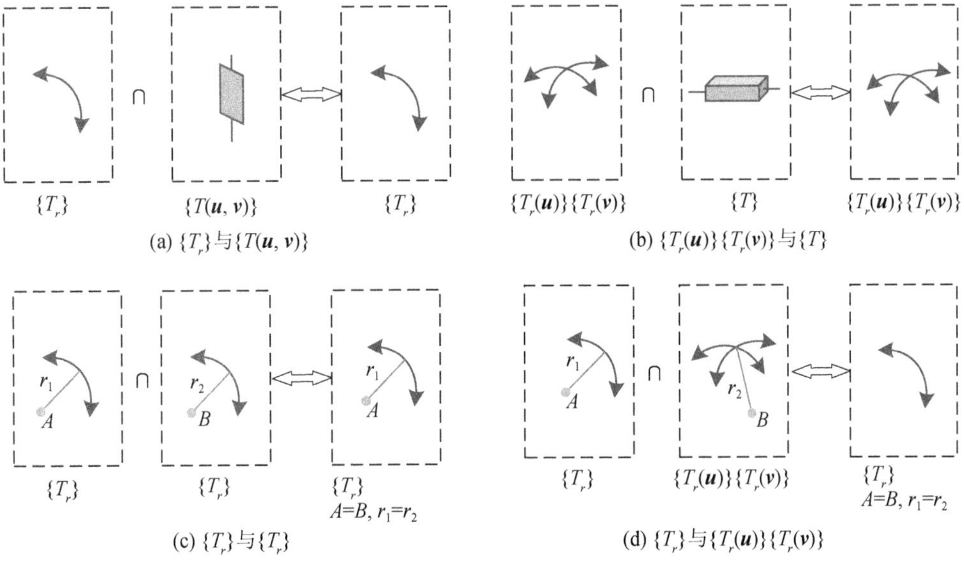

图5-5　具有伴随运动特征的求交法则

5.5 本章小结

本章提出运动特征从机构末端到支链末端的特征溯源方法与流程。给出了转动特征和移动特征的总体求交法则,具体给出了转动特征之间、移动特征之间及具有伴随运动特征的运动特征求交法则,给出了相应的图形化表达方式。提出了机构的生成原理,数综合及运动特征从机构末端到支链末端的特征溯源流程。

参考文献

[1] 高峰, 杨加伦, 葛巧德. 并联机器人型综合的 G_F 集理论[M]. 北京: 科学出版社,2011.

[2] Lin R F, Guo W Z, Li M. Novel design of legged mobile landers with decoupled landing and walking functions containing a rhombus joint[J]. ASME Journal of Mechanisms and Robotics, 2018, 10(6): 061017.

[3] Lin R F, Guo W Z, Zhao C J, et al. Topological design of a new family of legged mobile landers based on truss-mechanism transformation method[J]. Mechanism and Machine Theory, 2020, 149: 103787.

[4] Lin R F, Guo W Z, Cheng S S. Type synthesis of 2*R*1*T* remote center of motion parallel mechanisms with a passive limb for minimally invasive surgical robot[J]. Mechanism and Machine Theory, 2022, 151: 172104766.

第六章 支链末端至关节的特征溯源设计

6.1 引　　言

支链末端至关节的特征溯源是运动特征溯源设计流程中的重要一环。本章提出运动特征从支链末端溯源至关节的设计方法和流程。首先给出了运动特征的求并规则,包括:转动特征之间和移动特征之间的求并法则;其次给出了支链的生成原理,给出了运动特征从支链末端溯源至关节的数综合;最后给出了运动特征从支链末端至关节的溯源流程。

6.2 运动特征求并法则

运动特征之间的求并法则具体如下。

1. 转动特征之间的求并法则

(1) 一维 R 特征与一维 R 特征:

$$\{R(A,\ \boldsymbol{u})\}\cup\{R(B,\ \boldsymbol{v})\}=\begin{cases}(R_1R_2)_{\parallel}\ \text{规则}, & \boldsymbol{u}\parallel\boldsymbol{v}\\ \{R(A,\ \boldsymbol{u})\}, & \boldsymbol{u}=\boldsymbol{v}\\ \{U(A,\ \boldsymbol{u},\ \boldsymbol{v})\}, & A=B\ \text{且}\ \boldsymbol{u}\nparallel\boldsymbol{v}\end{cases}\tag{6-1}$$

$(R_1,\ R_2)_{\parallel}$ 规则,$\boldsymbol{u}\parallel\boldsymbol{v}$ 表示当两 R 特征的特征线平行时,按衍生法则式(4-4)来计算,如果其特征线重合,则由复制法则可知其特征求并为其本身,若两特征线相交但不重合,则其求并结果为两 R 特征线所张成的二维 R 特征空间。

(2) 一维 R 特征与二维 R 特征:

$$\{R(A,\ \boldsymbol{u})\}\cup\{U(B,\ \boldsymbol{i},\ \boldsymbol{j})\}=\begin{cases}(R_1R_2)_{\parallel}\ \text{规则}+\{R(A,\ \perp\boldsymbol{u})\}, & \boldsymbol{u}\parallel\boldsymbol{i}\\ \{U(B,\ \boldsymbol{i},\ \boldsymbol{j})\}, & \boldsymbol{u}=\boldsymbol{i},\ B\in(A,\ \boldsymbol{u})\\ \{U(A,\ \boldsymbol{i},\ \boldsymbol{j})\}, & A=B\ \text{且}\ \boldsymbol{u}\subset\square(\boldsymbol{i},\ \boldsymbol{j})\end{cases}\tag{6-2}$$

式中，$B \in (A, \boldsymbol{u})$ 表示点 B 在直线上，此直线是通过点 A 且方向矢量为 $\boldsymbol{u}$。

（3）一维 R 特征与三维 R 特征：

$$\{R(A, \boldsymbol{u})\} \cup \{S(B)\} = \begin{cases} (R_1R_2)_{\parallel} \text{ 规则} + \{U(A, \boldsymbol{v}, \boldsymbol{w})\}, & B \notin (A, \boldsymbol{u}) \\ \{S(B)\}, & B \in (A, \boldsymbol{u}) \end{cases} \tag{6-3}$$

（4）二维 R 特征与二维 R 特征：

$$\{U(A, \boldsymbol{u}, \boldsymbol{v})\} \cup \{U(B, \boldsymbol{i}, \boldsymbol{j})\} = \begin{cases} \{-U_1 \parallel U_2-\} \text{ 规则}, & \square(A, \boldsymbol{u}, \boldsymbol{v}) \parallel \square(B, \boldsymbol{i}, \boldsymbol{j}) \\ \{U(A, \boldsymbol{u}, \boldsymbol{v})\}, \text{或} S(A), & A = B \end{cases} \tag{6-4}$$

（5）二维 R 特征与三维 R 特征：

$$\begin{aligned} &\{U(A, \boldsymbol{u}, \boldsymbol{v})\} \cup \{S(B)\} \\ &= \begin{cases} \{-U_1 \parallel U_2-\} \text{ 规则} + \{R(A, AB)\}, & B \notin (A, \boldsymbol{u}) \text{ 且 } B \notin (A, \boldsymbol{v}) \\ \{S(B)\}, & B \in (A, \boldsymbol{u}) \text{ 或 } B \in (A, \boldsymbol{v}) \end{cases} \end{aligned} \tag{6-5}$$

（6）三维 R 特征与三维 R 特征：

$$\{S(A)\} \cup \{S(B)\} = \begin{cases} \{-S_1 \parallel S_2-\} \text{ 规则}, & A \neq B \\ \{S(B)\}, & A = B \end{cases} \tag{6-6}$$

2. 移动特征之间的求并法则

（1）一维 T 特征与一维 T 特征：

$$\{T(\boldsymbol{u})\} \cup \{T(\boldsymbol{v})\} = \begin{cases} \{T(\boldsymbol{u})\}, & \boldsymbol{u} \parallel \boldsymbol{v} \\ \{T_2(\boldsymbol{w})\}, \ \boldsymbol{w} \perp \square(\boldsymbol{u}, \boldsymbol{v}), & \boldsymbol{u} \nparallel \boldsymbol{v} \end{cases} \tag{6-7}$$

（2）一维 T_r 特征与一维 T_r 特征：

$$\{T_r(A, \perp \boldsymbol{u})\} \cup \{T_r(B, \perp \boldsymbol{v})\} = \begin{cases} \{T_2(\boldsymbol{u})\}, & A \neq B, \boldsymbol{u} \parallel \boldsymbol{v} \\ \{T_r(A, \perp \boldsymbol{u})\}\{T_r(B, \perp \boldsymbol{v})\}, & A \neq B, \boldsymbol{u} \nparallel \boldsymbol{v} \\ \{T_r(A, \perp \boldsymbol{u})\}, & A = B \text{ 且 } \boldsymbol{u} \mid \boldsymbol{v} \end{cases} \tag{6-8}$$

（3）一维 T 特征与一维 T_r 特征：

$$\{T(\boldsymbol{u})\} \cup \{T_r(B, \perp \boldsymbol{v})\} = \begin{cases} \{T_2(\boldsymbol{u})\}, & \boldsymbol{u} \perp \boldsymbol{v} \\ \{T(\boldsymbol{u})\}\{T_r(B, \perp \boldsymbol{v})\}, & \boldsymbol{u} \not\perp v \end{cases} \tag{6-9}$$

（4）一维 T 特征与二维 T 特征：

$$\{T(\boldsymbol{u})\} \cup \{T_2(\boldsymbol{v})\} = \begin{cases} \{T_2(\boldsymbol{v})\}, & \boldsymbol{u} \subset \square(\perp \boldsymbol{v}) \\ \{T\}, & \boldsymbol{u} \not\subset \square(\perp \boldsymbol{v}) \end{cases} \tag{6-10}$$

（5）一维 T 特征与二维 T_r 特征：

$$\{T(\boldsymbol{u})\} \cup \{T_{r2}(\perp \boldsymbol{v})\} = \begin{cases} \{T_2(\boldsymbol{w})\}\{T_r(\perp \boldsymbol{v})\}, \ \boldsymbol{w} \perp \square(\boldsymbol{u}, \boldsymbol{v}), & \boldsymbol{u} \perp \boldsymbol{v} \\ \{T\}, & \boldsymbol{u} \parallel \boldsymbol{v} \end{cases} \tag{6-11}$$

（6）一维 T_r 特征与二维 T 特征：

$$\{T_r(A, \boldsymbol{u})\} \cup \{T_2(\boldsymbol{v})\} = \begin{cases} \{T_2(\boldsymbol{v})\}, & \boldsymbol{u} \in \square(\perp \boldsymbol{v}) \\ \{T\}, & \boldsymbol{u} \notin \square(\perp \boldsymbol{v}) \end{cases} \tag{6-12}$$

（7）一维 T_r 特征与二维 T_r 特征：

$$\{T_r(A, \perp \boldsymbol{u})\} \cup \{T_{r2}(B, \perp \boldsymbol{v})\} = \begin{cases} \{T\}, & A \neq B \\ \{T_{r2}(B, \perp \boldsymbol{v})\}, & A = B \text{ 且 } \boldsymbol{u} \mid \boldsymbol{v} \end{cases} \tag{6-13}$$

（8）二维 T 特征与二维 T 特征：

$$\{T_2(\boldsymbol{u})\} \cup \{T_2(\boldsymbol{v})\} = \begin{cases} \{T\}, & \boldsymbol{u} \nparallel \boldsymbol{v} \\ \{T_2(\boldsymbol{u})\}, & \boldsymbol{u} \parallel \boldsymbol{v} \end{cases} \tag{6-14}$$

（9）二维 T_r 特征与二维 T_r 特征：

$$\{T_{r2}(A, \perp \boldsymbol{u})\} \cup \{T_{r2}(B, \perp \boldsymbol{v})\} = \begin{cases} \{T\}, & A \neq B \\ \{T_{r2}(B, \perp \boldsymbol{v})\}, & A = B \text{ 且 } \boldsymbol{u} \mid \boldsymbol{v} \end{cases} \tag{6-15}$$

（10）三维 T 特征与三维 T 特征：

$$\{T\} \cup \{T\} = \{T\} \tag{6-16}$$

应用上述求并规则，可对支链末端特征进行分解得到相应的关节特征。

3. 具有伴随运动的总体运算法则

（1）伴随运动与主次运动选择有关，运动大小程度可能不同；当主次运动大小范围相近时，可认为具有互换性，即其主运动和伴随运动可切换选择，表示为

$$M_m \oplus \{P_m\} = P_m \oplus \{M_m\} \tag{6-17}$$

（2）当具有伴随运动的 $\{M_m \oplus \{P_m\}\}$ 运动特征与具有其内伴随运动的 $\{P_m\}$

运动特征串联时,可得到 $\{M_m\}\cdot\{P_m\}$ 运动。因主运动和伴随运动存在互换性[式(6-17)],故:当具有伴随运动的 $\{M_m\oplus\{P_m\}\}$ 运动特征与具有其内伴随运动的 $\{M_m\}$ 运动特征串联时,可得到 $\{M_m\}\cdot\{P_m\}$ 运动。

$$\{M_m\oplus\{P_m\}\}\cdot\{P_m\}=\{M_m\}\cdot\{P_m\} \tag{6-18}$$

$$\{M_m\oplus\{P_m\}\}\cdot\{M_m\}=\{M_m\}\cdot\{P_m\} \tag{6-19}$$

(3) 当具有伴随运动的 $\{M_m\oplus\{P_m\}\}$ 运动特征与具有相同运动的运动特征串联时,其末端运动特征为 $\{M_m\}\cdot\{P_m\}$。

$$\begin{aligned}\{M_m\oplus\{P_m\}\}\cdot\{M_m\oplus\{P_m\}\}&=\{M_m\}\cdot\{P_m\}\\\{M_m\oplus\{P_m\}\}\cdot\{P_m\oplus\{M_m\}\}&=\{M_m\}\cdot\{P_m\}\end{aligned} \tag{6-20}$$

例如:

$$\begin{cases}T_x\cdot(T_x\oplus T_y)=\{T_{xy}\}\\T_y\cdot(T_x\oplus T_y)=\{T_{xy}\}\\(T_x\oplus T_y)\cdot(T_x\oplus T_y)=\{T_{xy}\}\end{cases} \tag{6-21}$$

(4) 当具有伴随运动的 $\{M_m\oplus\{P_m\}\}$ 运动特征与具有相同运动的运动特征并联时,其末端运动特征为 $\{M_m\oplus\{P_m\}\}$,表示如下:

$$\{M_m\oplus\{P_m\}\}\cap\{M_m\oplus\{P_m\}\}=\{M_m\oplus\{P_m\}\} \tag{6-22}$$

当具有伴随运动的 $\{M_m\oplus\{P_m\}\}$ 运动特征与 $\{M_m\}\cdot\{P_m\}$ 运动特征并联时,其末端运动特征为 $\{M_m\oplus\{P_m\}\}$, $\{M_m\oplus\{P_m\}\}\subseteq\{M_m\}\cdot\{P_m\}$,表示如下:

$$\{M_m\oplus\{P_m\}\}\cap\{\{M_m\}\cdot\{P_m\}\}=\{M_m\oplus\{P_m\}\} \tag{6-23}$$

(5) 将运动分解为具有伴随运动特征,则是式(6-18)、式(6-19)和式(6-20)的逆过程。

$$\begin{aligned}\{M_m\}\cdot\{P_m\}&=\{M_m\oplus\{P_m\}\}\cdot\{M_m\oplus\{P_m\}\}\\&=\{M_m\oplus\{P_m\}\}\cdot\{P_m\oplus\{M_m\}\}\\&=\{M_m\oplus\{P_m\}\}\cdot\{M_m\}\\&=\{M_m\oplus\{P_m\}\}\cdot\{P_m\}\end{aligned} \tag{6-24}$$

6.3 支链末端至关节的特征溯源流程

1. 生成原理

并联机器人的支链末端特征 LMC 由支链中各关节特征 JMC 串联而成,其关节

特征可由开环运动链或闭环运动链实现，支链末端特征的形成原理为

$$\{\mathrm{LMC}_j\} = \{\mathrm{JMC}_1\}\{\mathrm{JMC}_2\}\cdots\{\mathrm{JMC}_j\} \tag{6-25}$$

式中，$\{\mathrm{JMC}_j\}$ 指的是并联机器人第 j 条支链的末端特征；$\{A\}\{B\}$ 表示群的乘积运算。

2. 关节特征 JMC 的确定

关节特征的确定即是已知支链的末端特征，求得满足支链末端特征要求的各关节特征，具体包括关节特征的类型、维数以及特征线的具体方位。首先给出数综合，如下。

1）运动特征的类型和数目

支链末端特征的维数 N_{LMC_i} 为

$$N_{\mathrm{LMC}_i} = N_{\mathrm{JMC}_R} + N_{\mathrm{JMC}_T} \tag{6-26}$$

式中，N_{LMC_i} 为支链末端特征的维数；N_{LMC_R} 为支链中关节转动特征的维数；N_{LMC_T} 为支链中关节移动特征的维数。

由运动特征的迁移法则和衍生法则可知，N_{LMC_R} 的取值条件应满足下式：

$$\begin{cases} N_{\mathrm{JMC}_R} = 0 \Leftrightarrow N_{\mathrm{LMC}_R} = 0 \\ N_{\mathrm{JMC}_R} \geqslant N_{\mathrm{LMC}_R} \\ \forall\, \mathrm{LMC}_R \Rightarrow \exists\, \mathrm{JMC}_R \end{cases} \tag{6-27}$$

即如果不存在支链末端转动特征，则一定不存在关节转动特征，关节转动特征的维数不少于支链末端转动特征的维数；若存在支链末端转动特征，则一定存在关节转动特征。

同理，N_{LMC_T} 的取值条件应满足下式：

$$\begin{cases} N_{\mathrm{JMC}_T} = 0 \Leftrightarrow N_{\mathrm{LMC}_T} = 0 \\ N_{\mathrm{JMC}_T} \leqslant N_{\mathrm{LMC}_T} \\ \exists\, \mathrm{LMC}_T \nRightarrow \exists\, \mathrm{JMC}_T \end{cases} \tag{6-28}$$

即若不存在支链末端移动特征，则一定不存在关节移动特征，关节移动特征的维数不多于支链末端转动特征的维数；若存在支链末端移动特征，则不一定存在关节移动特征。例如：三个平行的关节转动特征可产生二维的支链末端的移动特征和一维的转动特征。

2）LMC－JMC 的特征溯源

已知 LMC 后，可先得到最简单支链特征再进行扩增。这里最简支链特征形式是指：支链末端特征由一维的关节特征（包括转动、移动、T_r 关节运动特征）的乘积实现。

R 特征的实现方式：

(1) 当 $N_{\mathrm{LMC}_R}=1$ 时，存在两种情形：

(a) 若此 LMC_R 特征不具有虚迁性时，需满足等价法则式(5-17)，即可由与 LMC_R 特征线重合的 JMC_R 特征来实现；

(b) 可由与此 LMC_R 特征轴线平行且具有虚迁性的 JMC_R 特征来实现(由虚迁移定理可知，此时还存在与此特征线垂直的二维移动特征)。

(2) 当 $N_{\mathrm{LMC}_R}=2$ 时，由 2 个 $N_{\mathrm{LMC}_R}=1$ 的情形的乘积来实现。

(3) 当 $N_{\mathrm{LMC}_R}=3$ 时，由 3 个 $N_{\mathrm{LMC}_R}=1$ 的情形的乘积来实现。

T 特征的实现方式：

(1) 当 $N_{\mathrm{LMC}_T}=1$ 时，存在两种情形：

(a) 满足等价法则式(5-16)，可由与此 LMC_T 特征方向相同的 JMC_T 特征来实现；

(b) 由衍生法则可知，可由与 LMC_T 垂直的两平行 LMC_R 特征实现 LMC_T 特征由 LMC_R 特征衍生而来，且 LMC_T 特征的运动轨迹为圆弧。

(2) 当 $N_{\mathrm{LMC}_T}=2$ 时：由 2 个 $N_{\mathrm{LMC}_T}=1$ 的情形的乘积来实现。

(3) 当 $N_{\mathrm{LMC}_T}=3$ 时：由 3 个 $N_{\mathrm{LMC}_T}=1$ 的情形的乘积来实现。

根据上述方法可容易由支链末端特征得到最简关节特征，例如：$\{\mathrm{LMC}\}=\{T_2(\boldsymbol{w})\}\{R(A,\boldsymbol{u})\}$ 时，其关节特征可为 $\{\mathrm{JMC}\}=\{T(\boldsymbol{u})\}\{T(\boldsymbol{v})\}\{R(A,\boldsymbol{u})\}$。

3) {JMC} 的实现方式

根据特征分组法则、交换法则、基代换、局部运动特征的增广法则和运动特征复制法则可得到更多简单或复杂的关节特征。

3. LMC－JMC 的流程

从支链的末端特征至关节特征以及关节特征的具体实现的设计过程，如图 6－1 所示，此过程同样适用于一般串联机构的构型设计，具体设计流程如下：

步骤 1，明确支链的末端特征{LMC}。

通过上一节机构末端特征至支链末端特征的运动特征溯源流程，可确认其支链末端运动特征，包括：运动特征类型、属性、维数和具体方位等。

步骤 2，支链的数综合。

根据数综合式(6－26)、式(6－27)和式(6－28)，确定关节运动特征属性，如维数和类型等。

步骤 3，确定最简支链特征。

由基本运动特征(包括 T、R、T_r 特征)构成的支链特征称为最简支链特征，最简支链特征中的关节特征简单，运动性能明确，可以作为复杂支链特征的基础。

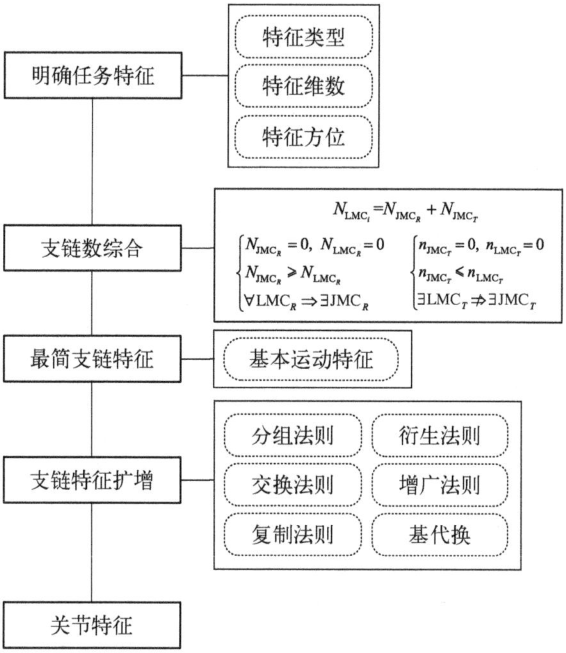

图 6-1　LMC-JMC 运动特征的溯源流程

步骤 4,支链特征的扩增,得到更多支链特征形式。

根据特征分组法则、交换法则、基代换、局部运动特征的增广法则和运动特征复制法则可得到更多的含有简单或复杂关节特征的支链。具体分为两步: ① 通过特征分组法则、交换法则、基代换法则,得到更多的最简支链特征的等效形式; ② 基于局部运动特征的增广法则、运动特征复制法则,得到具有局部运动特征或冗余运动特征的关节特征。

6.4　求并法则的图形化简易表达

为便于特征溯源方法在工程实际应用与推广,将本章所涉及的求并法则进行总结并运用图形化表达。

1. 转动特征之间的求并法则

(1) 一维 R 特征与一维 R 特征:

$$\{R(A,\boldsymbol{u})\}\cup\{R(B,\boldsymbol{v})\}=\begin{cases}(R_1R_2)_{\parallel}\ \text{规则}, & \boldsymbol{u}\parallel\boldsymbol{v}\\ \{R(A,\boldsymbol{u})\}, & \boldsymbol{u}=\boldsymbol{v}\\ \{U(A,\boldsymbol{u},\boldsymbol{v})\}, & A=B\ \text{且}\ \boldsymbol{u}\nparallel\boldsymbol{v}\end{cases}\tag{6-29}$$

其图形表示如图 6-2 所示。

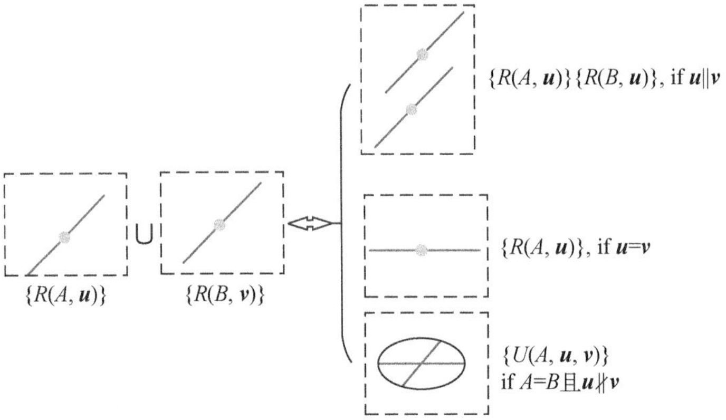

图 6-2　一维 *R* 特征与一维 *R* 特征的求并规则

（2）一维 R 特征与二维 R 特征：

$$\{R(A,\boldsymbol{u})\}\cup\{U(B,\boldsymbol{i},\boldsymbol{j})\}=\begin{cases}(R_1R_2)_{\parallel}\text{规则}+\{R(A,\perp\boldsymbol{u})\}, & \boldsymbol{u}\parallel\boldsymbol{i}\\ \{U(B,\boldsymbol{i},\boldsymbol{j})\}, & \boldsymbol{u}=\boldsymbol{i},\ B\in(A,\boldsymbol{u})\\ \{U(A,\boldsymbol{i},\boldsymbol{j})\}, & A=B\text{且}\boldsymbol{u}\nparallel\boldsymbol{i}\nparallel\boldsymbol{j}\end{cases} \tag{6-30}$$

其图形表示如图 6-3 所示。

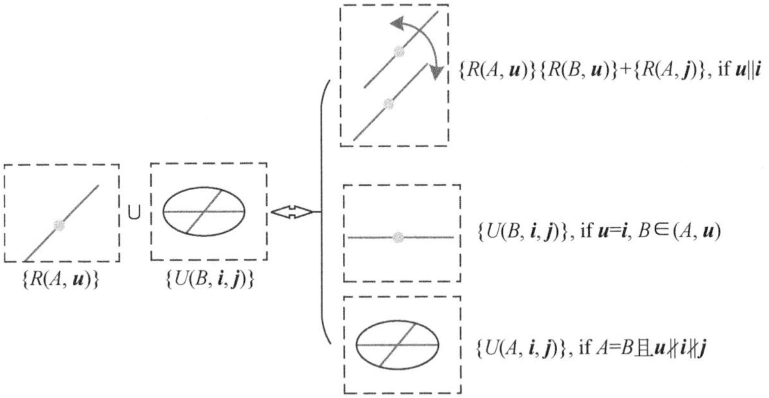

图 6-3　二维 *R* 特征与二维 *R* 特征的求并规则

（3）一维 R 特征与三维 R 特征：

$$\{R(A,\boldsymbol{u})\}\cup\{S(B)\}=\begin{cases}(R_1R_2)_{\parallel}\text{规则}+\{U(A,\boldsymbol{v},\boldsymbol{w})\}, & B\notin(A,\boldsymbol{u})\\ \{S(B)\}, & B\in(A,\boldsymbol{u})\end{cases} \tag{6-31}$$

其图形表示如图 6－4 所示。

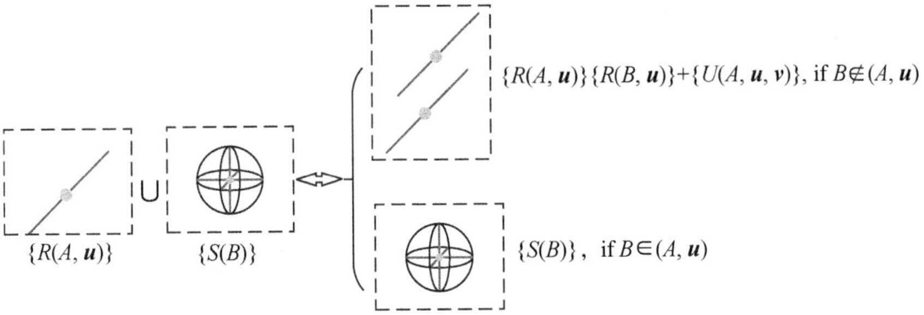

图 6－4　一维 R 特征与三维 R 特征的求并规则

（4）二维 R 特征与二维 R 特征：

$$\{U(A, \boldsymbol{u}, \boldsymbol{v})\} \cup \{U(B, \boldsymbol{i}, \boldsymbol{j})\} = \begin{cases} \{-U_1 \parallel U_2-\} \text{ 规则}, & \varnothing(A, \boldsymbol{u}, \boldsymbol{v}) \parallel \varnothing(B, \boldsymbol{i}, \boldsymbol{j}) \\ \{U(A, \boldsymbol{u}, \boldsymbol{v})\}, \text{或 } S(A) & A = B \end{cases} \tag{6-32}$$

其图形表示如图 6－5 所示。

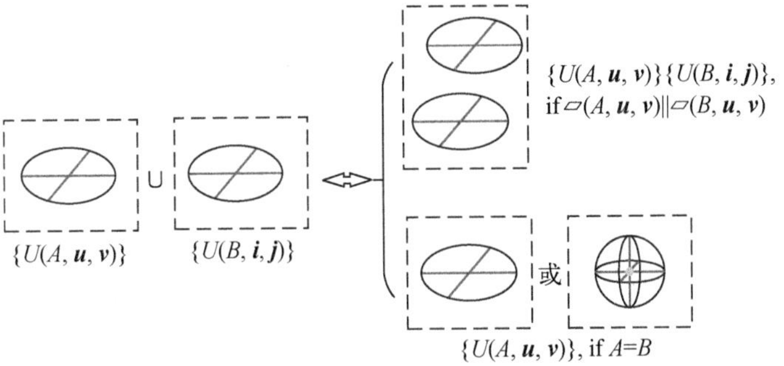

图 6－5　二维 R 特征与二维 R 特征的求并规则

（5）二维 R 特征与三维 R 特征：

$$\begin{aligned} &\{U(A, \boldsymbol{u}, \boldsymbol{v})\} \cup \{S(B)\} \\ &= \begin{cases} \{-U_1 \parallel U_2-\} \text{ 规则} + \{R(A, AB)\}, & B \notin (A, \boldsymbol{u}) \text{ 且 } B \notin (A, \boldsymbol{v}) \\ \{S(B)\}, & B \in (A, \boldsymbol{u}) \text{ 或 } B \in (A, \boldsymbol{v}) \end{cases} \end{aligned} \tag{6-33}$$

其图形表示如图 6－6 所示。

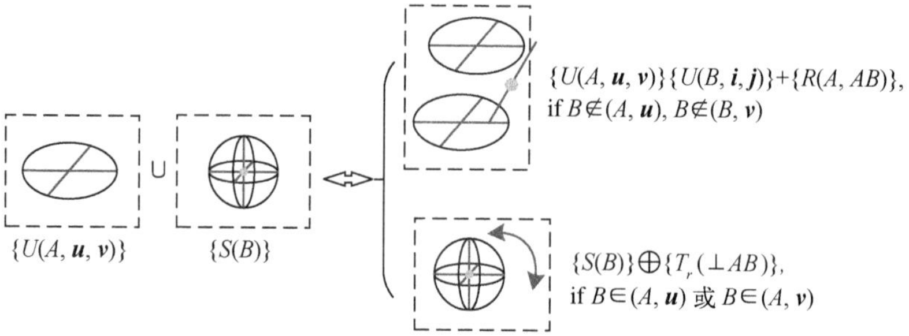

图 6-6 二维 *R* 特征与三维 *R* 特征的求并规则

（6）三维 *R* 特征与三维 *R* 特征：

$$\{S(A)\}\cup\{S(B)\}=\begin{cases}\{-S_1\parallel S_2-\}\text{ 规则}, & A\neq B\\ \{S(B)\}, & A=B\end{cases}\tag{6-34}$$

其图形表示如图 6-7 所示。

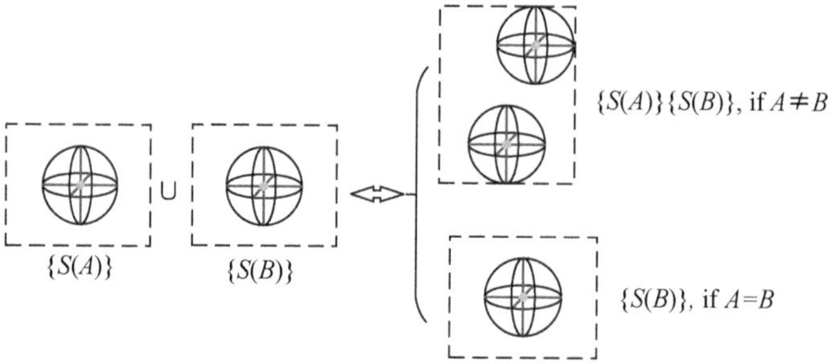

图 6-7 三维 *R* 特征与三维 *R* 特征的求并规则

2. 移动特征之间的求并法则

（1）一维 *T* 特征与一维 *T* 特征：

$$\{T(\boldsymbol{u})\}\cup\{T(\boldsymbol{v})\}=\begin{cases}\{T(\boldsymbol{u})\}, & \boldsymbol{u}\parallel\boldsymbol{v}\\ \{T_2(\boldsymbol{w})\},\ \boldsymbol{w}\perp\square(\boldsymbol{u},\ \boldsymbol{v}), & \boldsymbol{u}\nparallel\boldsymbol{v}\end{cases}\tag{6-35}$$

其图形表示如图 6-8 所示。

（2）一维 T_r 特征与一维 T_r 特征：

$$\{T_r(A,\ \perp\boldsymbol{u})\}\cup\{T_r(B,\ \perp\boldsymbol{v})\}=\begin{cases}\{T_2(\boldsymbol{u})\}, & A\neq B,\ \boldsymbol{u}\parallel\boldsymbol{v}\\ \{T_r(A,\ \perp\boldsymbol{u})\}\{T_r(B,\ \perp\boldsymbol{v})\}, & A\neq B,\ \boldsymbol{u}\nparallel\boldsymbol{v}\\ \{T_r(A,\ \perp\boldsymbol{u})\}, & A=B\text{ 且 }\boldsymbol{u}\mid\boldsymbol{v}\end{cases}\tag{6-36}$$

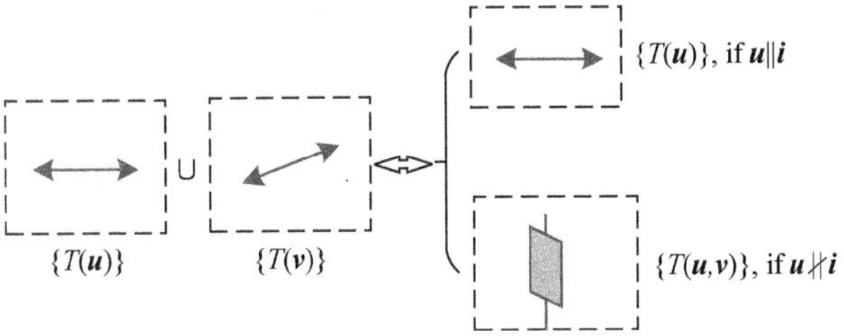

图 6-8　一维 *T* 特征与一维 *T* 特征的求并规则

其图形表示如图 6-9 所示。

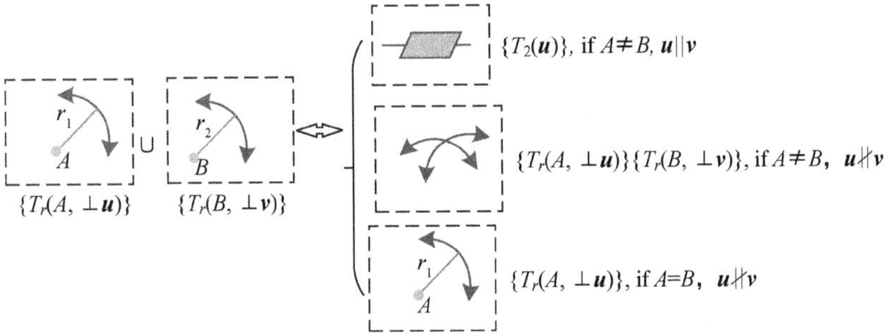

图 6-9　一维 T_r 特征与一维 T_r 特征的求并规则

（3）一维 T 特征与一维 T_r 特征：

$$\{T(\boldsymbol{u})\}\cup\{T_r(B,\perp\boldsymbol{v})\}=\begin{cases}\{T_2(\boldsymbol{u})\}, & \boldsymbol{u}\perp\boldsymbol{v}\\ \{T(\boldsymbol{u})\}\{T_r(B,\perp\boldsymbol{v})\}, & \boldsymbol{u}\not\perp\boldsymbol{v}\end{cases}\tag{6-37}$$

其图形表示如图 6-10 所示。

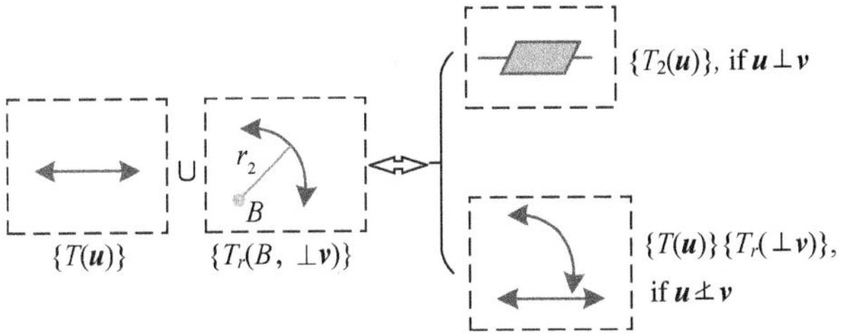

图 6-10　一维 *T* 特征与一维 T_r 特征的求并规则

（4）一维 T 特征与二维 T 特征：

$$\{T(\boldsymbol{u})\}\cup\{T_2(\boldsymbol{v})\}=\begin{cases}\{T_2(\boldsymbol{v})\}, & \boldsymbol{u}\subset\varGamma(\perp\boldsymbol{v})\\ \{T\}, & \boldsymbol{u}\not\subset\varGamma(\perp\boldsymbol{v})\end{cases}\tag{6-38}$$

其图形表示如图 6－11 所示。

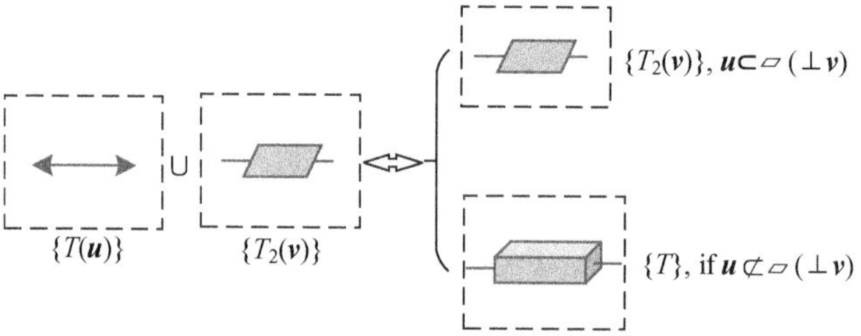

图 6－11　一维 *T* 特征与二维 *T* 特征的求并规则

（5）一维 T 特征与二维 T_r 特征：

$$\{T(\boldsymbol{u})\} \cup \{T_{r2}(\perp \boldsymbol{v})\} = \{T\} \tag{6-39}$$

其图形表示如图 6－12 所示。

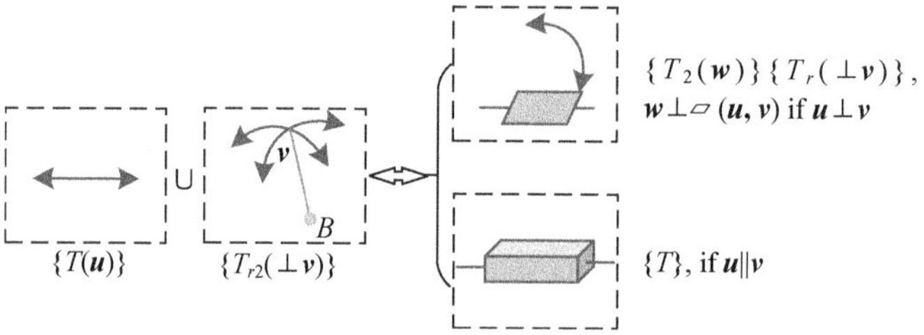

图 6－12　一维 *T* 特征与二维 T_r 特征的求并规则

（6）一维 T_r 特征与二维 T 特征：

$$\{T_r(A, \boldsymbol{u})\} \cup \{T_2(\boldsymbol{v})\} = \begin{cases} \{T_2(\boldsymbol{v})\}, & \boldsymbol{u} \in \square(\perp \boldsymbol{v}) \\ \{T\}, & \boldsymbol{u} \notin \square(\perp \boldsymbol{v}) \end{cases} \tag{6-40}$$

其图形表示如图 6－13 所示。

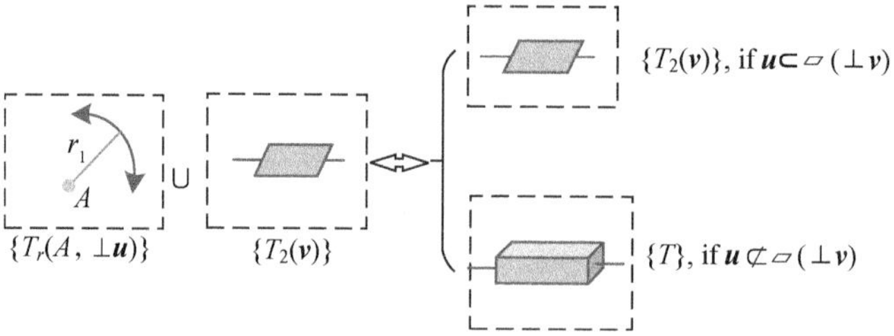

图 6－13　一维 T_r 特征与二维 *T* 特征的求并规则

（7）一维 T_r 特征与二维 T_r 特征：

$$\{T_r(A,\ \perp \boldsymbol{u})\} \cup \{T_{r2}(B,\ \perp \boldsymbol{v})\} = \begin{cases} \{T\}, & A \neq B \\ \{T_{r2}(B,\ \perp \boldsymbol{v})\}, & A = B \text{ 且 } \boldsymbol{u} \mid \boldsymbol{v} \end{cases} \tag{6-41}$$

其图形表示如图 6－14 所示。

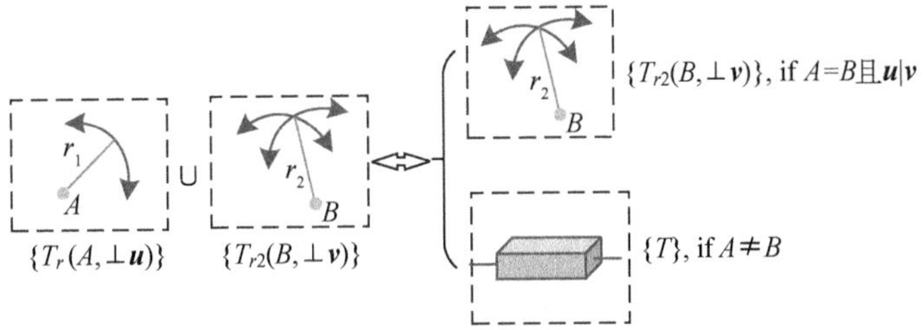

图 6－14　一维 T_r 特征与二维 T_r 特征的求并规则

（8）二维 T 特征与二维 T 特征：

$$\{T_2(\boldsymbol{u})\} \cup \{T_2(\boldsymbol{v})\} = \begin{cases} \{T\}, & \boldsymbol{u} \nparallel \boldsymbol{v} \\ \{T_2(\boldsymbol{u})\}, & \boldsymbol{u} \parallel \boldsymbol{v} \end{cases} \tag{6-42}$$

其图形表示如图 6－15 所示。

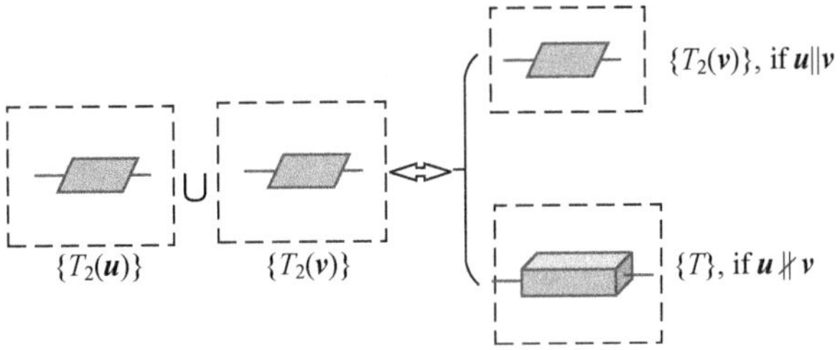

图 6－15　二维 T 特征与二维 T 特征的求并规则

（9）二维 T_r 特征与二维 T_r 特征：

$$\{T_{r2}(A,\ \perp \boldsymbol{u})\} \cup \{T_{r2}(B,\ \perp \boldsymbol{v})\} = \begin{cases} \{T\}, & A \neq B \\ \{T_{r2}(B,\ \perp \boldsymbol{v})\}, & A = B \text{ 且 } \boldsymbol{u} \mid \boldsymbol{v} \end{cases} \tag{6-43}$$

其图形表示如图 6－16 所示。

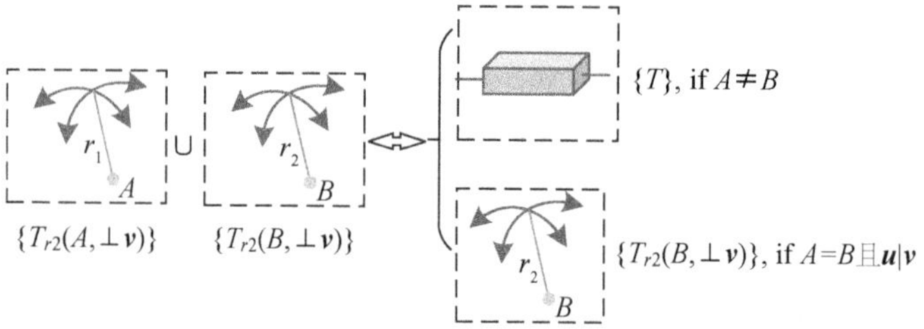

图 6-16　二维 T_r 特征与二维 T_r 特征的求交规则

（10）三维 T 特征与三维 T 特征：

$$\{T\} \cup \{T\} = \{T\} \tag{6-44}$$

其图形表示如图 6-17 所示。

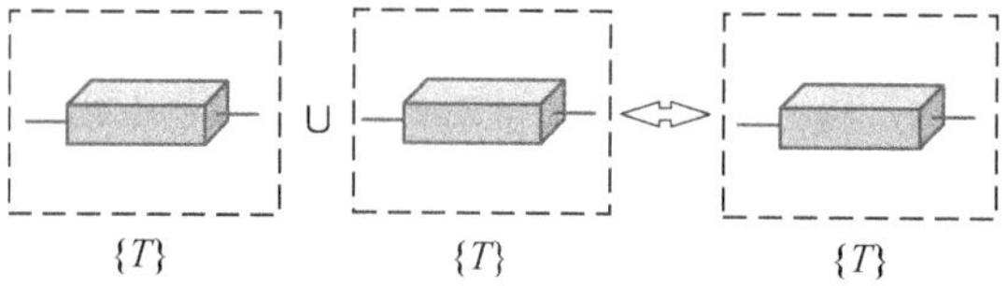

图 6-17　三维 T 特征与三维 T 特征的求交规则

6.5　本章小结

本章提出运动特征从支链末端到关节的特征溯源方法与流程。给出支链末端特征的生成原理及数综合公式；给出一至三维的转动特征和移动特征之间的特征求并法则、具有伴随运动的运动特征求并法则，并采用图形化简易方式进行表达；给出运动特征从支链末端到关节的特征溯源过程。

第七章 关节特征的拓扑构造

7.1 引　　言

关节(或运动副)是指使两个构件直接接触并产生一定相对运动的可动连接。据其结构复杂度可分为简单关节、复合关节和变构态关节三类。机构由构件通过关节连接而成,关节在很大程度上决定了机构的性能,关节的创新为机构创新提供重要来源。本章引出了关节的拓扑构造,具体包括:简单关节、复合关节和变构态的关节拓扑构造,为丰富机构类型提供了有效途径。值得说明的是,关节的构造不限于传统的 R、P 副和复杂的低副关节,还可以加入高副关节元素,如凸轮副、齿轮副等。

7.2 简单关节拓扑构造

关节重构法则(运动副等效替换):关节 A 可实现关节特征 $\{JMC_1\}$,关节 B 也可实现特征 $\{JMC_2\}$,如果满足下式:

$$\begin{cases}\{JMC_1\} \subseteq \{JMC_2\},\ \{JMC_2\} \subseteq \{JMC_1\} \\ \dim(\{JMC_1\}) = \dim(\{JMC_2\})\end{cases} \tag{7-1}$$

即 $\{JMC_1\} = \{JMC_2\}$,则认为关节 B 是关节 A 的重构形式。

注:重构法则可分为广义重构和狭义重构法则,广义是对于机构层面而言,指机构的重构,其重构法则可由特征增广、特征基代换等法则得到;而狭义重构法则是对于关节而言,本章讨论的是指狭义重构法则。

关节运动特征可由不同的关节去实现,则这些关节在运动层面上即可认为是等效的,称为关节特征的重构。例如 R 副可实现关节运动特征 $R(N,\ \boldsymbol{u})$,P_R 副也可实现相同的关节运动特征 $R(N,\ \boldsymbol{u})$,则认为 P_R 副是 R 副的重构形式,如表 7-1 所示。

简单关节运动特征可用对应运动副实现(表 7-1),例如:对于 T 特征可用 P 副实现，R 特征可用 R 副或 P_R 副实现，$\{T\}\{T_r\}$ 特征可用 P_1P_2 或 PP_a 副实现等，若需构造出更多的运动副（包括简单关节和复杂关节），则其需满足运动副的重构法则。

表 7-1 简单运动副及其对应运动特征

维数	关节名称	关节图形	关节符号	运动特征	运动特征符号
1	转动副	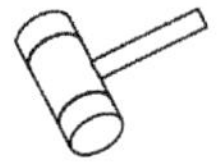	R	$\{R(N, \boldsymbol{u})\}$	
	圆弧副	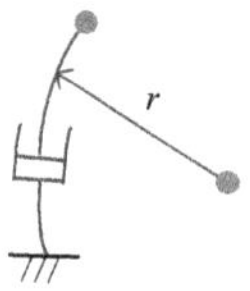	P_R		
	移动副	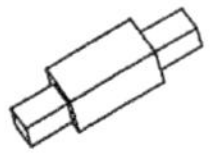	P	$\{T(\boldsymbol{u})\}$	
2	圆柱副		C	$\{C(N, \boldsymbol{u})\}$	
	虎克铰副	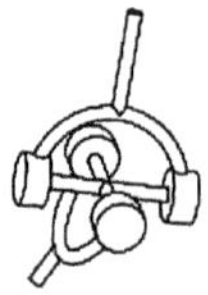	U	$\{U(N, \boldsymbol{u}, \boldsymbol{v})\}$	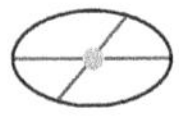
	球销副		S′	$\{U(N, \boldsymbol{u}, \boldsymbol{v})\}$	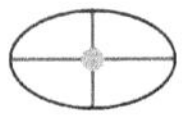
3	球副		S	$\{S(N)\}$	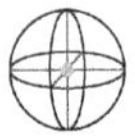
2	槽销副		P_S	$\{T(\boldsymbol{c})\}$	
1	凸轮组副	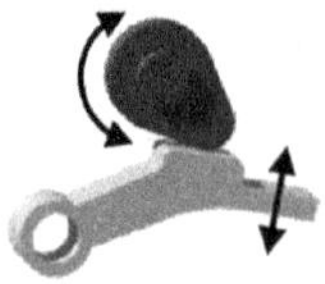	R_C	$\{R(N, \boldsymbol{u})\}$	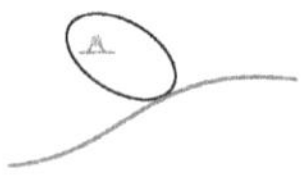

续　表

维数	关节名称	关节图形	关节符号	运动特征	运动特征符号
1	齿轮组副		R_G	$\{R(N,\ \boldsymbol{u})\}$	
1	棘轮组副		R_R	$\{R(N,\ \boldsymbol{u})\}$	

7.3　复合关节拓扑构造

引入特定的复合关节可提高机构的特定性能,具体体现如下:① 实现运动特征多元化(包括:伴随运动和远程运动中心);② 实现可重构性质;③ 改变参数敏感度,增加转角范围、提升转动能力;④ 提升刚度;⑤ 提高末端执行器速度和加速度性能。故提出新型实用的复合关节拓扑构造具有必要性。表 7-2 给出了一维至三维运动特征对应的三种复合关节形式,具体如下:

(1) $\{R(A,\ \boldsymbol{u})T(\boldsymbol{v})\}$ 的特殊复合运动副。图 7-1 为双菱形副 R_h,对应的运动特征为 $\{R(A,\ \boldsymbol{u})T(\boldsymbol{v})\}$。$R_h$ 副由两个平行四边形叠加而成,并可得到六种演变形式。

据平面机构的自由度公式,可得其末端自由度为

$$\begin{aligned} F &= 3(n-1) - 2P_l - P_h \\ &= 3\times(9-1) - 2\times 11 \\ &= 2 \end{aligned} \tag{7-2}$$

式中,n 表示杆件数量;P_l 和 P_h 分别表示低副和高副的数量,具体参数如图 7-1(a)所示。

对于 R_h-1 和 R_h-3 而言,有

$$\begin{cases} \theta = (\pi - \theta_1 + \theta_2)/2 \\ L_{AD} = 2AF\cos[(\pi - \theta_1 - \theta_2)/2] + GD \end{cases} \tag{7-3}$$

式中,θ 为 AG 与 $\boldsymbol{v}$ 轴的夹角;L_{AD} 为 AD 的长度。

对于 R_h-2 和 R_h-4 而言,有

$$\begin{cases}\theta = (\pi - \theta_1 + \theta_2)/2 \\ L_{AD} = 2(AC - GF)\cos[(\pi - \theta_1 - \theta_2)/2] + GD\end{cases} \tag{7-4}$$

表 7-2 复合关节的拓扑构造

维数	关节名称	关节图形	关节符号	运动特征	运动特征符号
1	平行四边形副	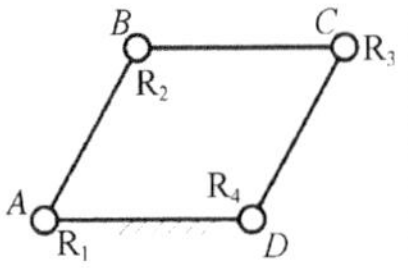	P_a	$\{T_r\}$	
		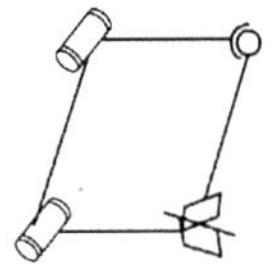	RR&US		
		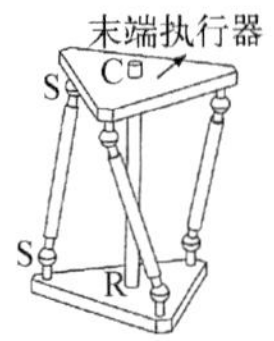	3-SS&C	$\{R(N, \boldsymbol{v})\} \oplus \{T(\boldsymbol{w})\}$	
2	纯平动万向铰	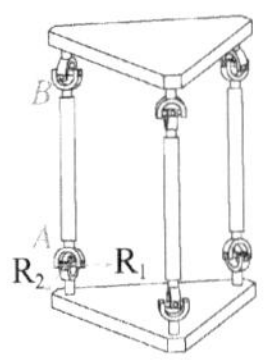	U^*	$\{T_{r2}\}$	
		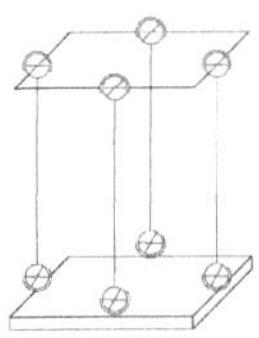	4-UU		
	菱形副	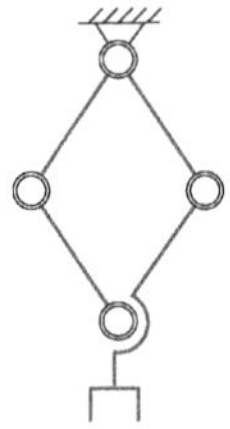	R_{P_a}	$\{R(N, \boldsymbol{u})T(\boldsymbol{v})\}$	

续　表

维数	关节名称	关节图形	关节符号	运动特征	运动特征符号
2	双菱形副	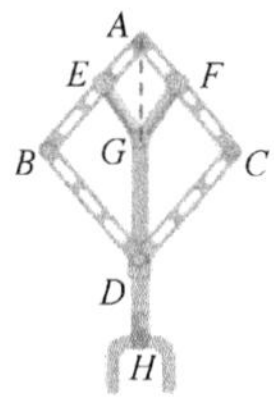	$P_{h_i}(i=1\sim6)$	$\{R(N,\boldsymbol{u})T(\boldsymbol{v})\}$	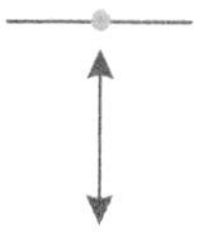
	含平行四行副	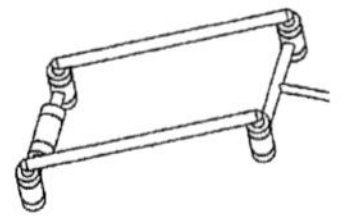	${}^{R}P_{a}$	$\{R(N,\boldsymbol{u})T_r\}$	
		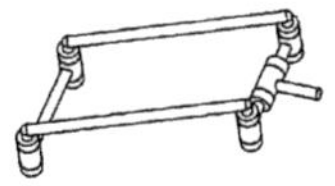	$P_{a}{}^{R}$	$\{T_rR(N,\boldsymbol{u})\}$	
		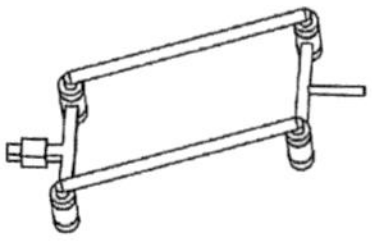	${}^{P}P_{a}$	$\{T(\boldsymbol{u})T_r\}$	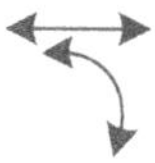
		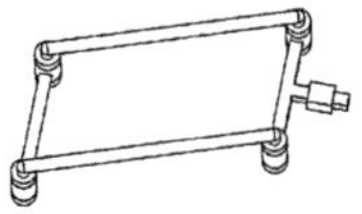	$P_{a}{}^{P}$	$\{T_rT(\boldsymbol{u})\}$	
3	菱形副	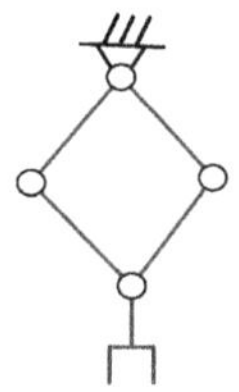	$P_{a}{}^{*}$	$\{G(\boldsymbol{u})\}$	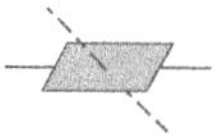
		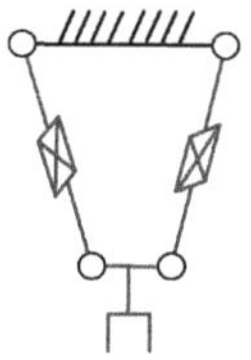	$P_n-i\ (i=1\sim6)$		

续　表

维数	关节名称	关节图形	关节符号	运动特征	运动特征符号
3	平行四边形 U^副		U^	$\{R(N,\boldsymbol{u})T_{r2}\}$	
	纯平动球铰		S*	$R(N,\boldsymbol{w})\oplus\{T(\boldsymbol{w})\}$ 或 $\{T_{r2}\}$	或

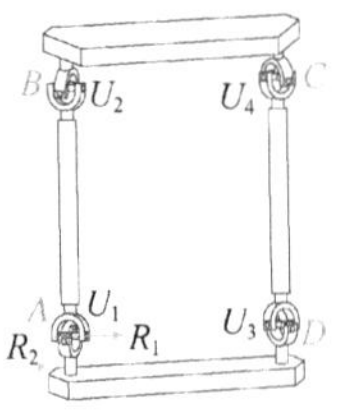

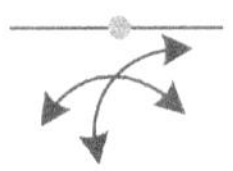

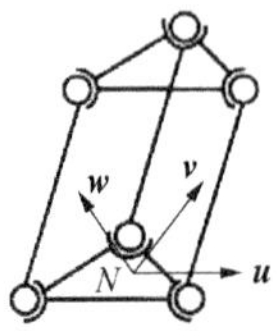

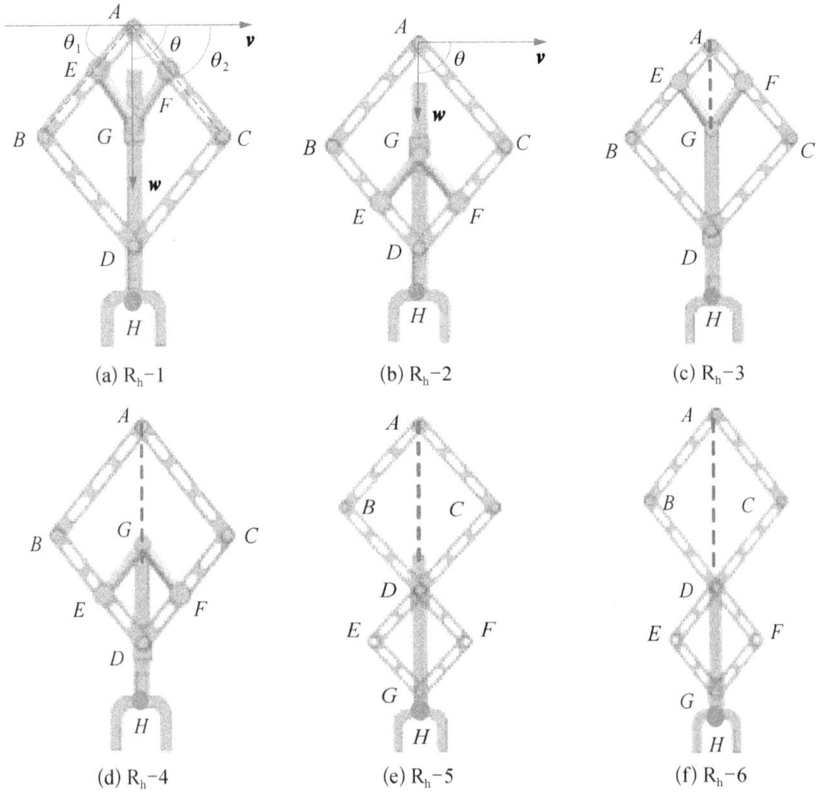

图 7-1　六种具有 $\{R(A,\boldsymbol{u})T(\boldsymbol{w})\}$ 运动特征的特殊 $\mathbf{R}_h$ 副

(a) R_h-1　(b) R_h-2　(c) R_h-3

(d) R_h-4　(e) R_h-5　(f) R_h-6

对于 R_h-5 和 R_h-6 而言,有

$$\begin{cases}\theta = (\pi - \theta_1 + \theta_2)/2 \\ L_{AH} = 2(AC + GF)\cos[(\pi - \theta_1 - \theta_2)/2] + GH\end{cases} \tag{7-5}$$

故其简单串联的等效形式是"R"P。

(2) $\{G(\boldsymbol{u})\}$的复合运动副。如图 7－2 所示，P_a^* 由一个平行四边形组成。

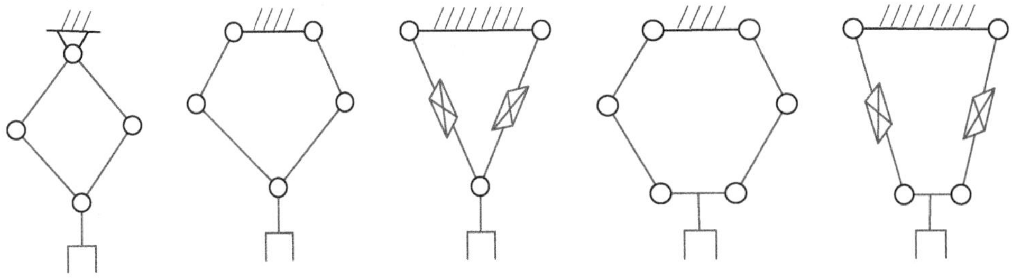

(a) P_a^*　(b) P_n-1(五边形)　(c) P_n-2　(d) P_n-3　(e) P_n-4

图 7－2　平面运动特征$\{G(\boldsymbol{u})\}$对应的复合运动副

(3) $\{R(N, \boldsymbol{u})R(N, \boldsymbol{v})\}$的复合运动副。如图 7－3 所示，$P_{hS}$ 由一个平行四边组成。

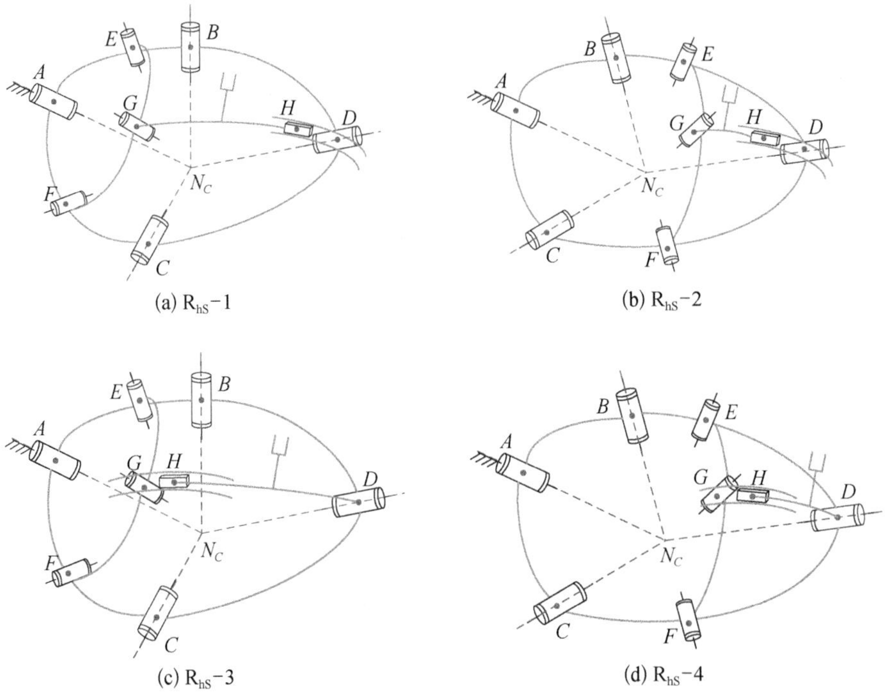

(a) R_{hS}-1　(b) R_{hS}-2

(c) R_{hS}-3　(d) R_{hS}-4

图 7－3　$\{R(N, \boldsymbol{u})R(N, \boldsymbol{v})\}$运动特征的特殊 R_{hS} 副

7.4　变构态的关节拓扑构造

变构态关节指在机构运动过程中发生构态改变的可动连接。因其存在奇异位形而具有变自由度或变拓扑的多构态性质(如关节运动特征、运动维数或拓扑形式等发生变化)。这类变构态关节可为多构态并联机构的构型综合提供丰富的关节元素和多构态单元。变构态机构的实现方式可通过关节层面、支链内部、支链之间等方面进行切换实现,故关节变构态是其实现的重要方式之一。故提出新型实用的变构态关节构造具有必要性。

变构态关节可表现在以下几方面或其中一方面变化: ① 运动特征类型变化(如转动特征变为移动特征);② 运动特征属性变化(如运动特征方向);③ 运动特征维数变化。变构态关节的构态切换方式可有: ① 通过奇异位形切换;② 改变关节的接触几何元素切换;③ 构件接触离合切换;④ 通过锁合某些连接;⑤ 通过摩擦自锁。表 7-3 给出了一些变拓扑关节的拓扑构造。

表 7-3　变构态关节的拓扑构造[1-6]

序号	关 节 图 形	构　　态	运动特征
1	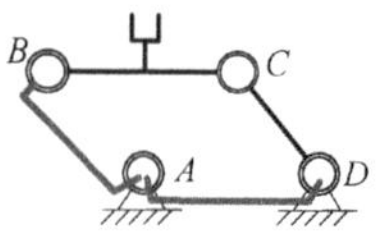	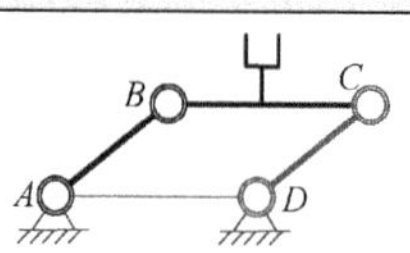	$\{T_r\}$
		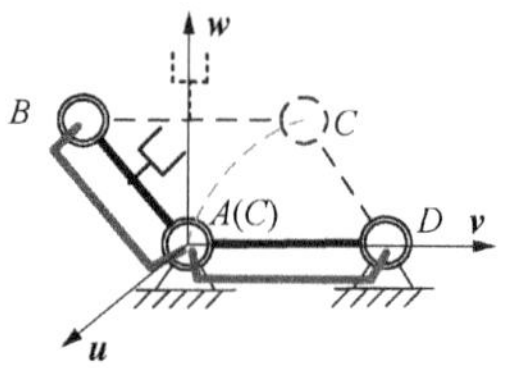	$\{R(A, \boldsymbol{u})\}$
2	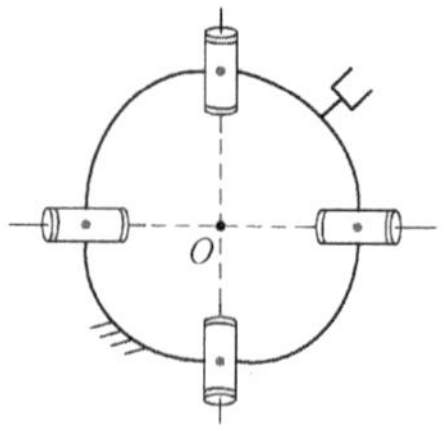	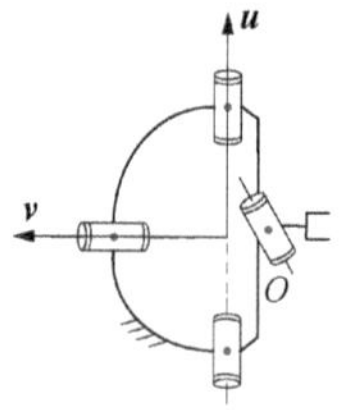	$\{R(O, \boldsymbol{u})\}$
		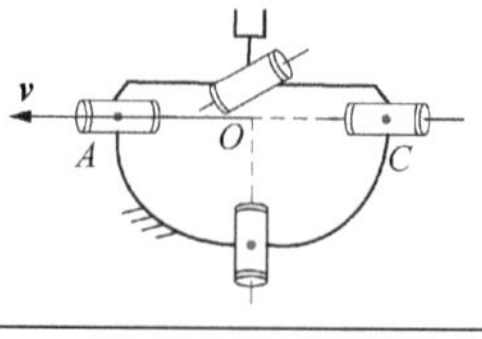	$\{R(O, \boldsymbol{v})\}$

续　表

<table>
<tr><th>序号</th><th>关　节　图　形</th><th>构　　态</th><th>运动特征</th></tr>
<tr><td rowspan="2">3</td><td rowspan="2">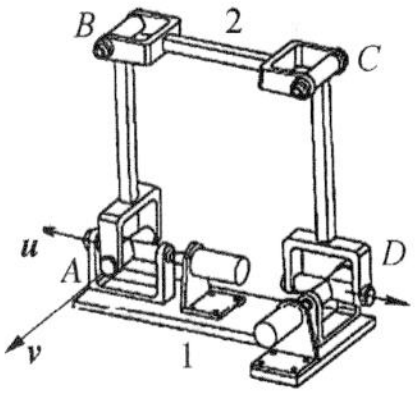
</td><td>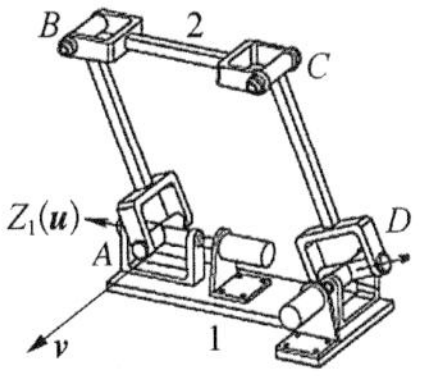
</td><td>$\{R(A, \boldsymbol{v})\}$</td></tr>
<tr><td>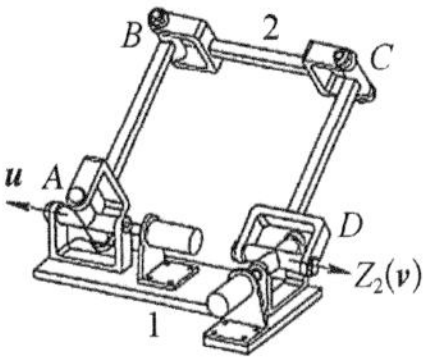
</td><td>$\{R(A, \boldsymbol{u})\}$</td></tr>
<tr><td rowspan="3">4</td><td rowspan="3">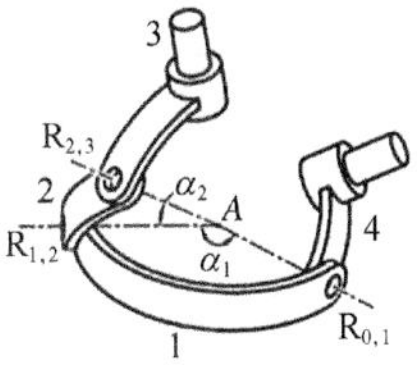
</td><td>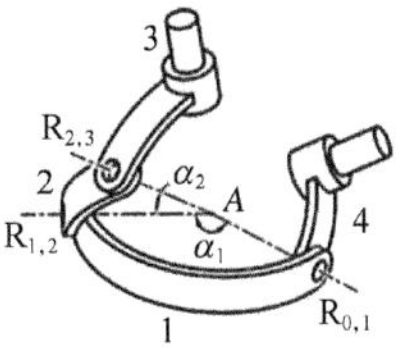
</td><td>$\{S(N)\}$</td></tr>
<tr><td>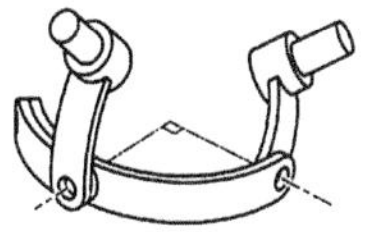</td><td>$\{U(N, \boldsymbol{u}, \boldsymbol{v})\}$</td></tr>
<tr><td>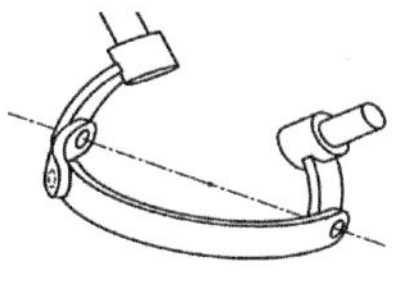</td><td>$\{R(N, \boldsymbol{u})\}$</td></tr>
<tr><td rowspan="2">5</td><td rowspan="2">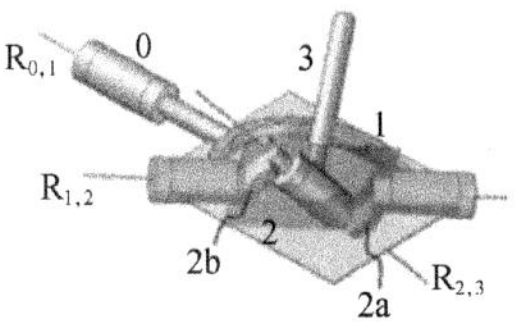
</td><td>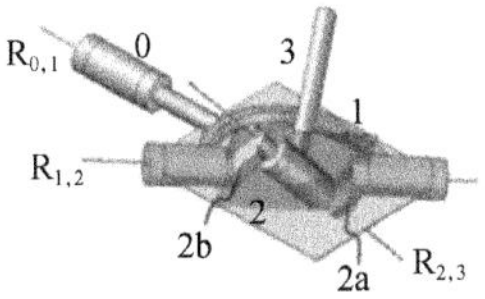
</td><td>$\{S(N)\}$</td></tr>
<tr><td>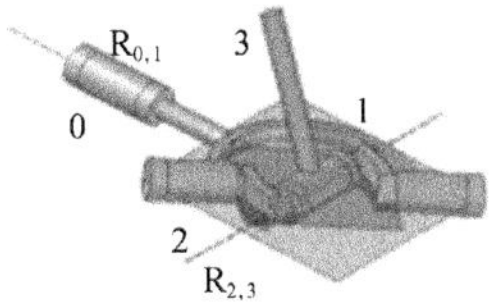
</td><td>$\{U(N, \boldsymbol{u}, \boldsymbol{v})\}$</td></tr>
</table>

续 表

序号	关 节 图 形	构 态	运动特征
5		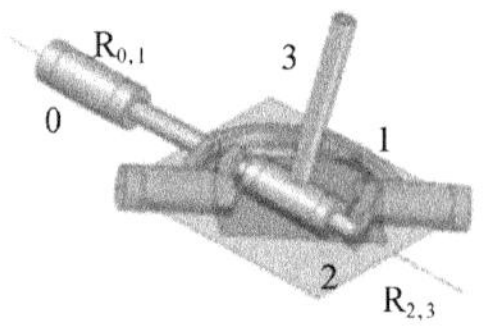	$\{R(N, \boldsymbol{u})\}$
6	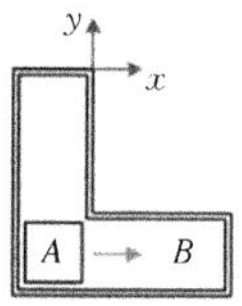	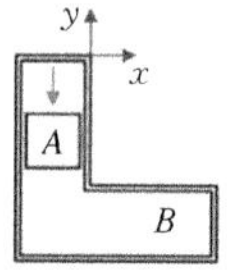	$\{T(\boldsymbol{y})\}$
		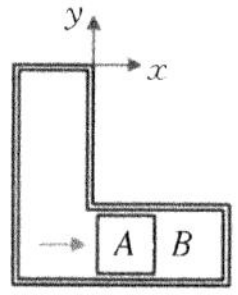	$\{T(\boldsymbol{x})\}$
7	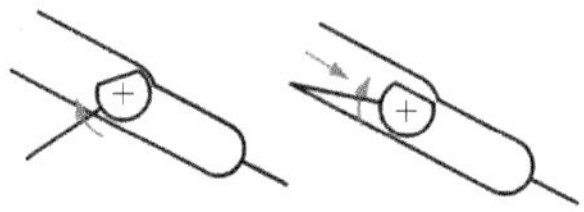	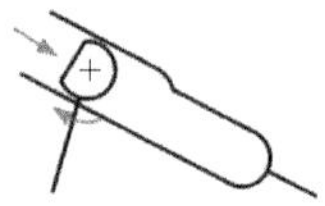	$\{R(N, \boldsymbol{z})\}$
		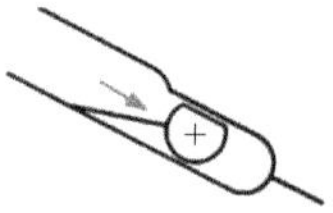	$\{T(\boldsymbol{x})\}$
8	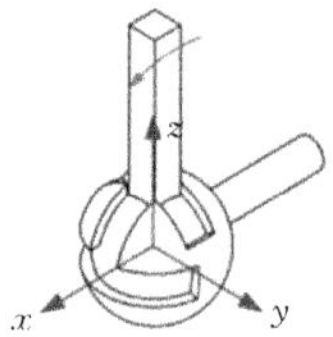	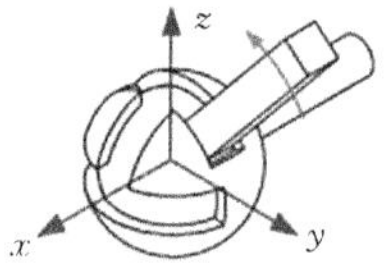	$\{R(N, \boldsymbol{x})\}$
		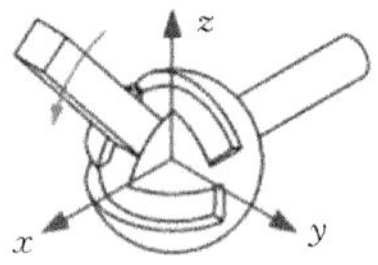	$\{R(N, \boldsymbol{y})\}$
		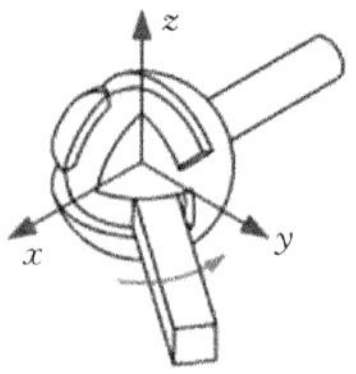	$\{R(N, \boldsymbol{z})\}$

续　表

序号	关 节 图 形	构　　态	运动特征
9	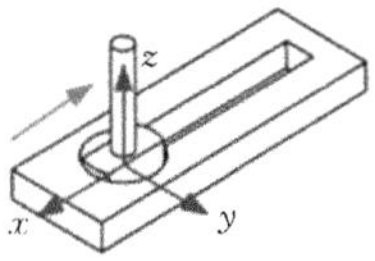	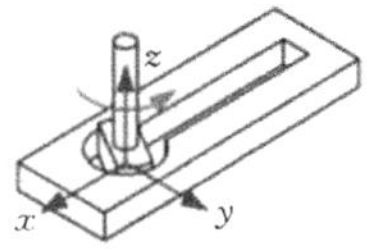	$\{R(N, z)\}$
		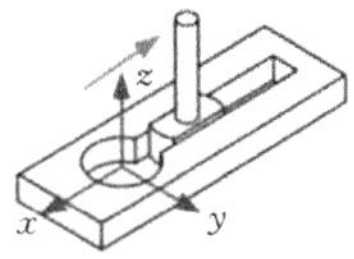	$\{T(\boldsymbol{x})\}$
10	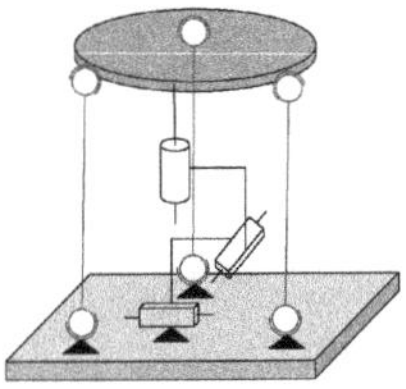	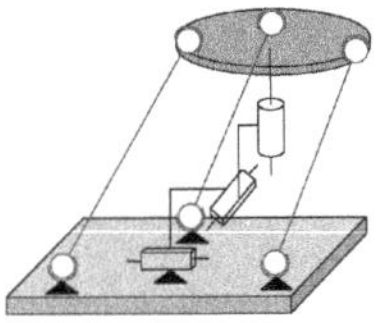	$\{T(\boldsymbol{u}, \boldsymbol{v})\}$
		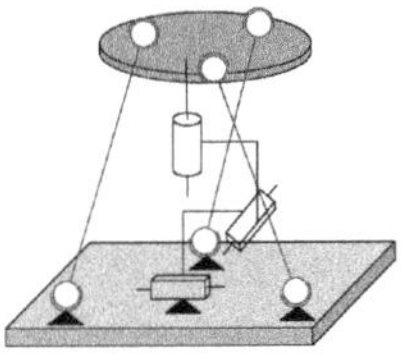	$\{R(N, \boldsymbol{w})\}$

7.5　特种关节

在工程实际应用中，常需一些具有特殊功能或性能的关节（简称为特种关节），例如：具有自锁、大转角、远程转动中心、高刚度等功能或性能的关节。

下面以具有虚拟远心关节为例进行分析。在实际应用尤其是医疗微创外科手术中[7]，为避免器械与身体的干涉或碰撞，需应用远心关节去实现其运动；另外，对于一些多杆连接于同一关节时，因考虑关节处的安装空间或者关节处需留出一定空间时，也需引入虚拟关节。图 7－4 所示给出了具有一维 R 特征 $\{R(N_C, \boldsymbol{u})\}$ 的远心虚拟关节。图 7－5 所示给出了具有 $2R1T$ 特征 $\{R(N_C, \boldsymbol{u})R(N_C, \boldsymbol{v})T(\boldsymbol{w})\}$ 的远心虚拟关节。

下面以具有自锁功能为例进行分析。在实际应用中，摩擦自锁现象较为广泛应用，如：自锁工具、自锁拖把和自锁式尼龙扎带等。应用摩擦自锁现象，易得到相应具有自锁功能的移动关节（joint with self-locking translational motion, J_{SLT}）、转动关节（joint with self-locking rotational motion, J_{SLR}），如图 7－6 所示。

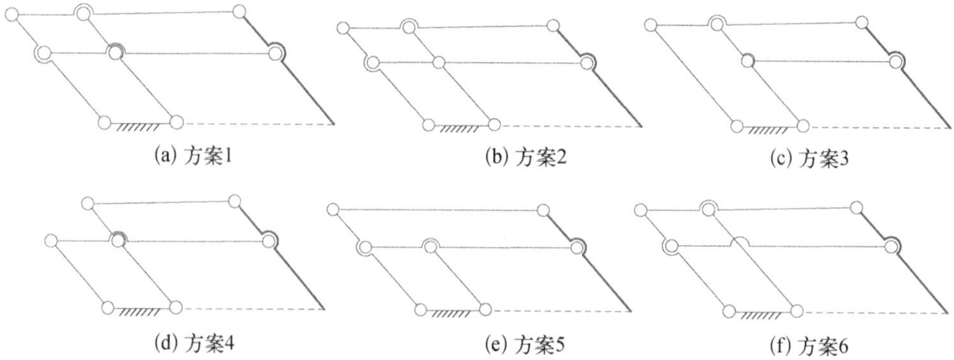

(a) 方案1　(b) 方案2　(c) 方案3

(d) 方案4　(e) 方案5　(f) 方案6

图 7-4　具有{$R(N_C, u)$}运动特征的虚拟关节

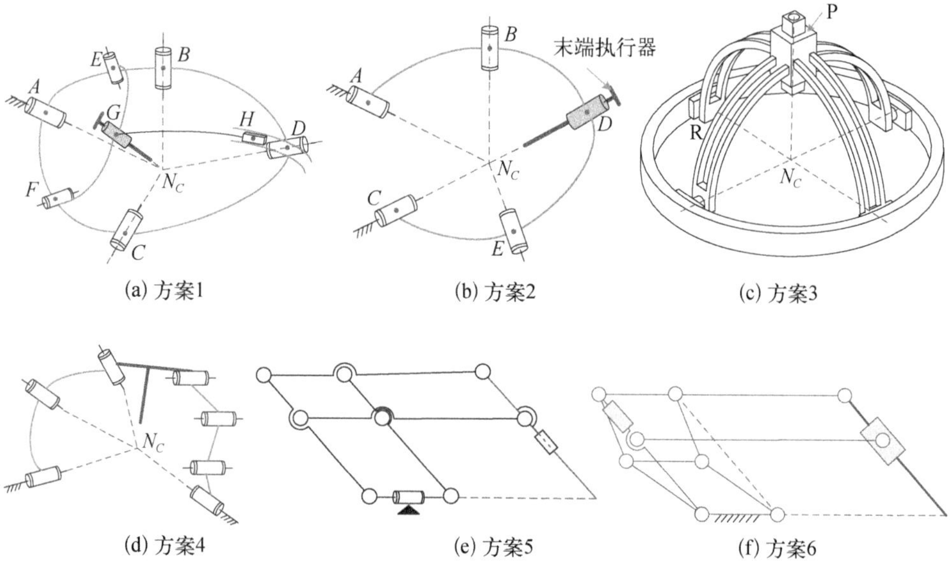

(a) 方案1　(b) 方案2　(c) 方案3

(d) 方案4　(e) 方案5　(f) 方案6

图 7-5　具有{$R(N_C, u)R(N_C, v)T(w)$}运动特征的虚拟关节

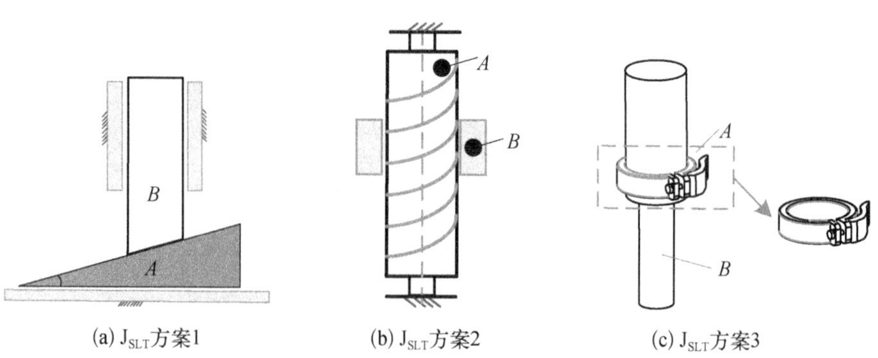

(a) J_{SLT}方案1　(b) J_{SLT}方案2　(c) J_{SLT}方案3

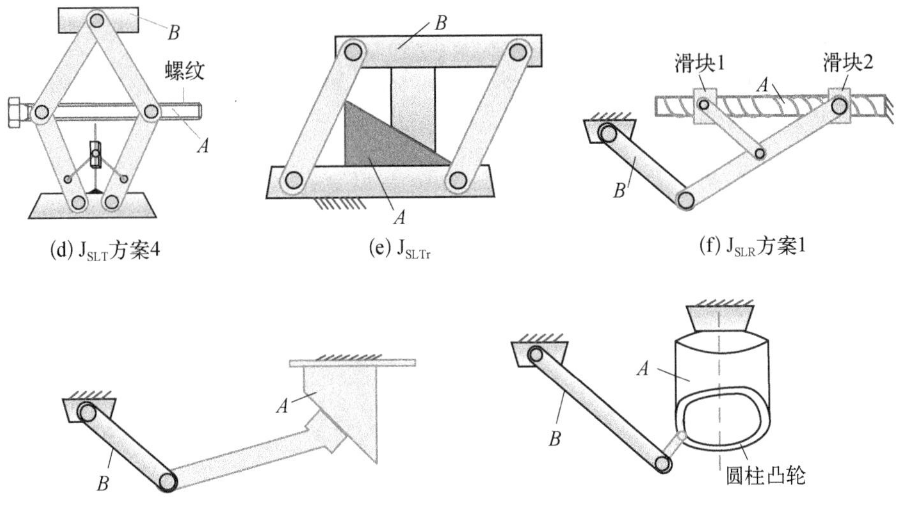

(d) J_{SLT}方案4　(e) J_{SLTr}　(f) J_{SLR}方案1

(g) J_{SLR}方案2　(h) J_{SLR}方案3

图 7-6　基于摩擦自锁现象的自锁关节

7.6　本章小结

关节(或运动副)是指两个构件直接接触并能产生相对运动的可动连接关系。本章根据关节结构复杂度特点,将关节划分为简单关节、复合关节、变构态关节和特种关节四种类型;总结和描述了四类关节的典型案例,进行了拓扑构造,为丰富关节和机构类型提供了有效途径。

参考文献

[1] Lee C C, Herve J M. A novel discontinuously movable six-revolute mechanism[J]. Reconfigurable Mechanisms and Robots, 2009, 89: 58-62.

[2] 叶伟, 方跃法, 郭盛, 等. 基于运动限定机构的可重构并联机构设计[J]. 机械工程学报, 2015 (13): 137-143.

[3] Zhang K T, Dai J S, Fang Y F. Topology and constraint analysis of phase change in the metamorphic chain and its evolved mechanism [J]. Journal of Mechanical Design, 2010, 132(12): 121001.

[4] Zhang K T, Dai J S, Fang Y F. Geometric constraint and mobility variation of two 3S v PS v metamorphic parallel mechanisms[J]. Journal of Mechanical Design, 2013, 135 (1): 011001.

[5] Yan H S, Kang C H. Configuration synthesis of mechanisms with variable topologies [J]. Mechanism and Machine Theory, 2009, 44 (5): 896-911.

[6] Yan H S, Kuo C H. Topological representations and characteristics of variable kinematic joints

[J]. Journal of Mechanical Design, 2006, 128 (2): 384-391.
[7] Kuo C H, Dai J S, Dasgupta P. Kinematic design considerations for minimally invasive surgical robots: An overview[J]. The International Journal of Medical Robotics and Computer Assisted Surgery, 2012, 8 (2): 127-145.

第八章
运动特征集聚方法与定性评价指标

8.1 引　　言

本章主要讨论运动特征的定性和定量分析方法、驱动副的选取原则以及定性评价指标。首先,给出特征集聚的流程和自由度计算公式,包括:从关节特征至支链特征,再到机构末端特征的集聚过程;给出了运动特征性质的分析方法,可用于分析运动特征的属性,包括:纯转动或纯移动的条件、伴随性的判断、运动过程是否变向变位、独立性、轴线是否可迁移。基于速度域分析时,可针对某一特殊位形(如奇异位形)。位形空间看作是位形集合,因机构在非奇异位形内(或有限连续运动)运动中,拓扑结构具有不变性,可通过有限位移旋量/罗德里格斯公式建立单一位形至位形集合的关联关系。通过运动特征的运算规则(如求交、求并规则),可得出机构的运动特征,还可计算得到其机构输入自由度、冗余度和过约束等。其次,给出了驱动副的选取方法。最后,给出了定性评价指标,包括:驱动副的布置形式、杆件数与运动副数、结构的对称性、过约束数、冗余度、伴随度、解耦度、刚度和关节敏感度等。

8.2 特征集聚定性分析

近十多年,学者们已证明机构自由度公式可化为统一形式[1]:

$$F = \sum_{i=1}^{m} f_i - \sum_{j=1}^{(v+1)} \dim(\mathrm{LMC}_j) + \dim(\mathrm{RMC}) \tag{8-1}$$

式中,F 为输入自由度数;f_i 为第 i 个运动副的自由度;m 为运动副数;v 为独立回路数;$\dim(\mathrm{LMC}_j)$ 为第 j 条支链末端特征的秩(支链末端构件运动螺旋系的秩);$\dim(\mathrm{RMC})$ 为动平台运动特征的秩(动平台运动螺旋系的秩)。

支链末端特征(LMC),可由下式确定:

$$\mathrm{LMC} = \bigcup_{i=1}^{m} \mathrm{JMC}_i = \bigcup_{j} G\mathrm{MC}_j \tag{8-2}$$

式中，LMC 为支链末端特征；JMC_i 为第 i 个运动副的运动特征；GMC_j 为支链中包含的第 j 个运动链组(GKC)对应的运动特征；所应用的求并规则见第六章。

并联机构动平台的运动特征(RMC)，由下式确定：

$$\mathrm{RMC} = \bigcap_{j=1}^{n_{\mathrm{TL}}} \mathrm{LMC}_j \tag{8-3}$$

式中，RMC 为动平台末端特征；LMC_j 为第 j 条支链末端特征；n_{TL} 为支链数；所应用的求交规则见第五章。

机构冗余度数为

$$R_{\mathrm{M}} = F - \dim(\mathrm{RMC}) \tag{8-4}$$

也可由下式得到：

$$\begin{aligned} R_{\mathrm{M}} &= \sum_{i=1}^{n_{\mathrm{TL}}} R_{\mathrm{M}_i} \\ R_{\mathrm{M}_i} &= F_i - \dim(\mathrm{LMC}_j) \end{aligned} \tag{8-5}$$

式中，R_{M} 为机构总冗余度；R_{M_i} 为第 i 条支链冗余度；F_i 为第 i 条支链的自由度。

过约束数可由下式确定：

$$\begin{aligned} C_0 &= \sum_{i=1}^{n_{\mathrm{TL}}} C_i - c = \sum_{i=1}^{n_{\mathrm{TL}}} [6 - D(L_i)] - (6 - F_D) \\ &= 6(n_{\mathrm{TL}} - 1) - \sum_{i=1}^{n_{\mathrm{TL}}} D(L_i) + F_D \end{aligned} \tag{8-6}$$

式中，C_0 为过约束数；$D(L_i)$ 和 F_D 分别表示支链和机构末端执行件的运动维数。

基于上述公式，可得到机构的输入自由度以及机构动平台运动特征，如图 8－1 所示，具体流程如下：

(1) 将机构进行分组/块处理，根据特征求交规则，得到其运动特征组 GMC；

(2) 根据特征求交规则，通过运动副特征和组运动特征求交，得到支链末端的运动特征 LMC，并判断其秩和属性；

(3) 根据特征求交规则，对各支链运动特征进行求交运动，得到机构末端的运动特征 RMC，并判断其秩和属性；

(4) 根据自由度公式，得到输入自由度、冗余约束数、过约束数等。

注：① 因拓扑结构在非奇异位形内(或有限连续运动)运动中具有不变性，故得到的末端特征具有连续性；② 特征集聚方法也适用于某一位形(或如奇异位形特征位形)的末端特征分析，仅是其求交时得到的末端特征会与非特殊位形时的运动特征不同，得到的自由度也可能发生变化。

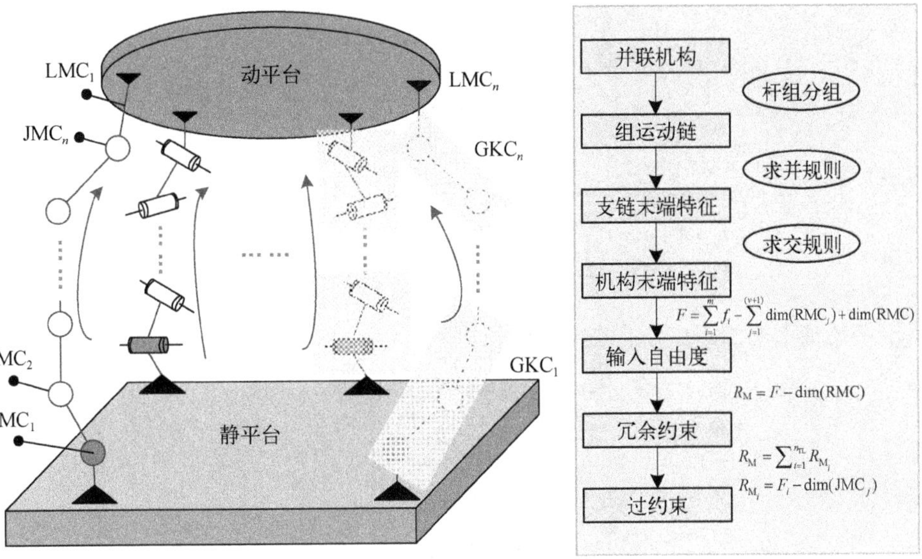

图 8-1　特征溯源示意图

8.3　运动特征集聚与纯度分析

方法一：由第二章刚体运动公式可得到刚体运动，如图 8-2 所示：

$$\boldsymbol{g}_{st}=\begin{bmatrix}\boldsymbol{R}(t) & \boldsymbol{P}(t)\\ 0 & 1\end{bmatrix}\Rightarrow(s,\ s^0)\quad(8-7)$$

可得其对应的 Chasles 轴的三要素。

等效转角为

$$\theta=a\cos\left(\frac{r_{11}+r_{22}+r_{33}-1}{2}\right)$$

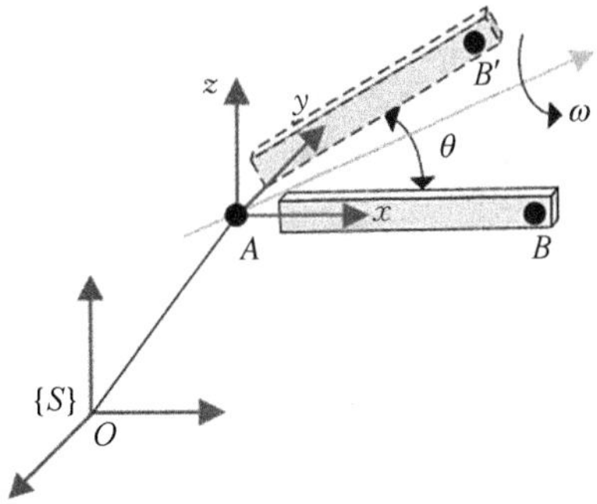

图 8-2　空间运动

$$\text{或 } \theta=a\tan 2\left(\sqrt{(r_{32}-r_{23})^2+(r_{13}-r_{31})^2+(r_{21}-r_{12})^2},\ r_{11}+r_{22}+r_{33}-1\right)\tag{8-8}$$

式中，r_{ij} 表示旋转矩阵中的第 i 行第 j 列的数。

等效轴的方向矢量为

$$\hat{\boldsymbol{k}}=\frac{1}{2s\theta}\begin{bmatrix}r_{32}-r_{23}\\ r_{13}-r_{31}\\ r_{21}-r_{12}\end{bmatrix}\tag{8-9}$$

其节矩为

$$h=\frac{2\pi}{\theta}(\boldsymbol{w}\cdot\boldsymbol{t}) \tag{8-10}$$

令 $\boldsymbol{P}_N$ 为其等效轴上的点，则可通过下式求得

$$(\boldsymbol{I}-e^{\theta\hat{\omega}})\boldsymbol{P}_N=\boldsymbol{t}-\frac{\theta}{2\pi}h\boldsymbol{\omega} \tag{8-11}$$

等效轴上至原点的方向矢量为

$$\boldsymbol{r}_Q=\frac{\boldsymbol{\omega}\times(\boldsymbol{P}_N\times\boldsymbol{\omega})}{\|\boldsymbol{\omega}\|} \tag{8-12}$$

其对应 Plucker 坐标的副部为

$$\boldsymbol{v}=\boldsymbol{P}_N\times\boldsymbol{\omega}+h\theta\boldsymbol{\omega} \tag{8-13}$$

或由 $\boldsymbol{P}_{ab}=(\boldsymbol{I}_3-e^{\theta\hat{\omega}})(\boldsymbol{\omega}\times\boldsymbol{v})+\theta\boldsymbol{\omega}\boldsymbol{\omega}^{\mathrm{T}}\boldsymbol{v}$ 可得

$$\boldsymbol{v}=\mathbf{inv}\{(\boldsymbol{I}_3-e^{\theta\hat{\omega}})\hat{\boldsymbol{\omega}}+\theta\boldsymbol{\omega}\boldsymbol{\omega}^{\mathrm{T}}\}\boldsymbol{t} \tag{8-14}$$

综合，可得到等效轴线的旋量表示：

$$\boldsymbol{\$}=[\boldsymbol{\omega},\ \boldsymbol{v}] \tag{8-15}$$

接下来，可对其相应的属性进行判断。

1. 纯度判断

(1) 纯转动：$h=0$ 且 $r\neq\infty$ 时，其末端特征具有纯转动，其轴线方向为 $\boldsymbol{\omega}$，位置为 $\boldsymbol{r}$；

(2) 纯移动：$h=\infty$ 或 $r=\infty$ 时，其末端特征具有纯移动，其移动方向为 $\boldsymbol{v}$；

(3) 螺旋运动：$h\in(-\infty,0)\cup(0,+\infty)$ 时，为螺旋运动，或是转动与移动复合而成的运动。

2. 伴随性判断

伴随性的概念：刚体在非独立自由度上发生的运动，指不具备独立自由度、随其他方向刚体运动而变化的运动。可分为 $R\oplus R$、$T\oplus T$ 和 $R\oplus T$ 三种情形，其中 $\oplus$ 为伴随符号。

(1) $R\oplus R$：当令 $\boldsymbol{R}=\boldsymbol{I}$，此方程无解时，可对 $\boldsymbol{g}_{st}$ 通过乘积逆运算进行分解，若得到独立变量维数小于其分量维数，则存在伴随转动特征；

(2) $T\oplus T$：当 $\boldsymbol{R}=\boldsymbol{I}$，$\boldsymbol{P}(t)$ 存在值，当 $\boldsymbol{P}(t)$ 中变量维数小于其分量维数时，则存在伴随移动特征；

(3) $R\oplus T$：$h\in(-\infty,0)\cup(0,+\infty)$，则转动特征运动时存在伴随移动

特征。

3. 具体轴线方位判断

可通过对其变量的分解对其矩阵群进行分解，得到其生成特征基的矩阵群表示形式；进而求出相应的 Chasles 轴的三要素，即可判断其轴线的具体方位。

4. 变位变向判断

得到运动过程中 h、r 的数值，判断出其运动特征在运动过程中是否变位变向。

5. 轴线是否可迁移判断

轴线是否可迁移可直接根据特征迁移定理进行判断。

方法二：刚体的位形空间可表示为

$$\begin{bmatrix} \boldsymbol{R}(\theta_1\cdots\theta_n) & \boldsymbol{t}(\theta_1\cdots\theta_n) \\ 0 & 1 \end{bmatrix} \tag{8-16}$$

1. 纯平动特征

令 $\boldsymbol{R}=\boldsymbol{I}$，得到 $\begin{bmatrix} & \boldsymbol{t}x \\ \boldsymbol{I}_{3\times 3} & \boldsymbol{t}y \\ & \boldsymbol{t}z \\ 0 & 1 \end{bmatrix}$。令其可平动至其工作空间内任一位置，为 $\begin{bmatrix} \boldsymbol{c}x \\ \boldsymbol{c}y \\ \boldsymbol{c}z \end{bmatrix}$，

得到方程：

$$\begin{cases} \boldsymbol{c}x=\boldsymbol{t}x=f(\theta_1,\ \cdots,\ \theta_{n1}) \\ \boldsymbol{c}y=\boldsymbol{t}y=f(\theta_1,\ \cdots,\ \theta_{n2}) \\ \boldsymbol{c}z=\boldsymbol{t}z=f(\theta_1,\ \cdots,\ \theta_{n3}) \end{cases} \tag{8-17}$$

其 T 特征在各坐标的分量总数为 $n_{(T)}(0\leqslant n\leqslant 3)$，未知变量为 $n_{(\theta)}$。易得其末端纯平动特征的情况：

(1) 当 $n_{(\theta)}=0$ 时，其末端不存在纯 T 特征；

(2) 当 $n_{(T)}>n_{(\theta)}\neq 0$ 时，其末端存在 $n_{(\theta)}$ 维纯 T 特征，具有 $n_{(\theta)}-n_{(T)}$ 维伴随 T 特征，记为 $T_s(\perp \mathrm{R})$；

(3) 当 $n_{(T)}=n_{(\theta)}=n$ 时，其末端存在 n 维纯 T 特征；

(4) 当 $n_{(T)}\leqslant n_{(\theta)}$ 时，其末端特征存在 $n_{(T)}(0\leqslant n\leqslant 3)$ 维纯 T 特征。

2. 纯转动特征

判断轴线和位置及可迁移性。

(1) 绕某一固定轴线转动，

$$\begin{bmatrix} \boldsymbol{R}(\theta_1\cdots\theta_n) & \boldsymbol{t} \\ 0 & 1 \end{bmatrix} \tag{8-18}$$

易得：仅当 $\theta_i=0\ (i=1,\ \cdots,\ n)$ 时，得 $\begin{bmatrix} \boldsymbol{R}(\theta_i) & T \\ 0 & 1 \end{bmatrix}$，即可绕定轴转动，其转动轴线矢量可通过等效轴法求得，记其特征为 $R(A,\ \boldsymbol{v})$。

(2) 可否迁移的判定，即可否绕平行其轴线的任何位置轴线转动。

由机器人学知识，可得刚体绕空间的任意轴线转动的位姿方程为

$$\begin{bmatrix} \boldsymbol{R}(\theta) & \boldsymbol{BR}(\theta)+\boldsymbol{A} \\ 0 & 1 \end{bmatrix} \tag{8-19}$$

式中，$\boldsymbol{B}$ 为点 B 在坐标系 $\{A\}$ 中的位置矢量；$\boldsymbol{A}$ 为点 A 在坐标系 $\{O\}$ 中的位置矢量。

若其可绕任何位置轴线转动，对于工作空间内任取的点 A 位置，令上式元素写为式(8-17)形式，若有解，则命题成立。其特征可记为 $R(\boldsymbol{v})$。

特征集聚流程如下(图 8-3)：

(1) 根据刚体运动计算公式，得到末端运动表达以及相关值；

(2) 判断纯度；

(3) 判断伴随性；

(4) 具体轴线方位判断；

(5) 判断是否变位变向；

(6) 判断轴线是否可迁移。

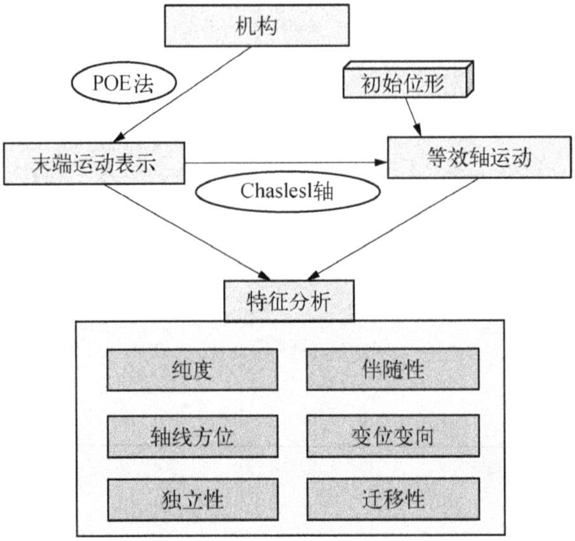

图 8-3　特征属性分析流程

8.4　驱动副的选取方法

对一个具有 F 自由度的串联机构,一般可选取 F 个驱动副,可保证末端执行件具有确定的运动,但对于并联机构,其驱动副的选取并不唯一,其驱动副不能任意选择。在数综合中,已经设计好了驱动副的个数,但并没有明确其具体的运动副,故本节在已有的驱动数中,具体安排和确定驱动副的类型和布置形式,这里给出两条驱动副的选用原则:① 为了减小转动惯量的影响,驱动副优先选择与机架相连或离机架较近的运动副;② 考虑机构的对称性,驱动副尽可能地均布在各个支链中。在驱动副初步选定后,可通过下面的判断方法进行验证。

驱动副有效性的判断方法:将机构中的所有驱动副锁死即刚化后,得到新机构的末端特征为空集($\mathrm{RMC}=\bigcap_{i=1}^{i=n_{\mathrm{TL}}}\{\mathrm{LMC}_i\}=\varnothing$)或其维数为 0,则该组驱动的选取有效,若其末端特征不为空集($\{\mathrm{RMC}\}\neq\varnothing$)或其维数大于 0,则该组驱动的选取无效。

下面给出驱动副有效性的判断流程,具体如下:

(1) 去除原始机构中局部自由度;

(2) 刚化机构中的驱动副,得到新的机构;

(3) 得到新机构的支链末端特征 $\{\mathrm{LMC}_i\}$, $i=1, \cdots, n$;

(4) 求得新机构的末端特征 $\mathrm{RMC}=\bigcap_{i=1}^{i=n_{\mathrm{TL}}}\{\mathrm{LMC}_i\}$;

(5) 依据判断准则,判断驱动副选取是否合理。

8.5　定性评价指标

为了节省开发成本,应当在构型阶段尽可能多地加入性能评价指标,评价指标可分为定性和定量评价指标,但由于构型综合是在概念阶段,不会太多考虑其尺度综合问题,故以定性指标作为筛选标准对综合出的机构进行初步优选,从而为后续尺度综合后的机构性能提供了基础保障。给出一些定性的评价指标,具体如下:

1. 驱动副数的布置形式

为使驱动元件的质量更均匀地分布于机构中,以及减小驱动元件对机器产生的转动惯量,利于驱动配置以及改善机构的动力学性能,应尽量使每条主支链中布置一个电机,且应使驱动尽量位于机架处。基于此,在具有相同的驱动副数的情况下,提出 2 个评价指标:① 驱动副数 A_{C} 与驱动支链数 n_{AL} 的比值 $A_{\mathrm{C}}/n_{\mathrm{AL}}$ 作为指标之一,其数值越小越好;② 位于机架处的驱动副数越多越好,这里采用不位于机架处

的驱动副数 A_{CP} 占总驱动副数 A_{C} 的比例 $A_{\mathrm{CP}}/A_{\mathrm{C}}$ 来表示，数值越小越好。其中，A_{CP} 等于总驱动副数 A_{C} 与位于机架处的驱动副数 A_{CB} 的差 $A_{\mathrm{CP}}=A_{\mathrm{C}}-A_{\mathrm{CB}}$。

$$\eta=\frac{A_{\mathrm{CP}}}{A_{\mathrm{C}}}=\frac{A_{\mathrm{C}}-A_{\mathrm{CB}}}{A_{\mathrm{C}}} \tag{8-20}$$

其中，η 指位于机架处的驱动副数占总驱动副的比例。

2. 杆件数与运动副数

在相同的机构末端特征与总支链数的情况下，所选机构的构件数 n_{Link} 与运动副总数 n_{Joint} 应尽可能少，以保持结构的紧凑性、传力路径更优，从而提高刚度，并可降低制造难度，减少误差和磨损。对于一般并联机构而言，其总构件数是各支链构件总数加上动、静平台 2 个杆件，故为

$$n_{\mathrm{Link}}=\sum_{i=1}^{n} n_{\mathrm{Link},\,i}+2(i=1,\,2,\,3,\,\cdots) \tag{8-21}$$

3. 结构的对称性

为减小构件的加工制造成本，应使支链的结构具有更好的对称性，同时，具有相同结构的支链数越多越好。这里用不同结构的支链数 n_{D} 与总支链数 n_{TL} 间的比例 $n_{\mathrm{D}}/n_{\mathrm{TL}}$ 表示，其值越小越好。

4. 过约束数

过约束广泛存在于机械系统中，且由于不可避免的制造、安装误差特别是运动副元素的形位误差的存在，载荷和工作环境温度等会引起的构件变形，导致机构的理想约束条件难以得到满足，从而造成对机械系统工作性能的一系列有害影响，如引起附加内力，机械效率降低，运动卡滞，严重时甚至不能装配，如平面 3-RRR 并联机构，具有 6 个过约束，要求 9 个转动副轴线均精确平行，显然这仅在理想状态下才能得到满足。通过提高制造精度减小平行度误差将增加制造成本，若通过加大运动副配合间隙来补偿平行度，误差则影响机构的精度，并且高速运动时冲击增大。故在很多场合，其过约束数越小越好。过约束数，可由下式计算得到：

$$\begin{aligned}\Delta&=\sum_{i=1}^{n_{\mathrm{TL}}} c^{i}-c=\sum_{i=1}^{n_{\mathrm{TL}}}\left[6-D(L_i)\right]-(6-F_D)\\&=6(n_{\mathrm{TL}}-1)-\sum_{i=1}^{n_{\mathrm{TL}}} D(L_i)+F_D\end{aligned} \tag{8-22}$$

式中，Δ 为过约束数；$D(L_i)$ 和 F_D 分别表示支链和机构末端执行件的运动维数。

5. 冗余度

据第二章可知，冗余的概念可分为驱动冗余、机构冗余和任务冗余，可将冗余

度的评价指标分为这3种进行表达。

驱动冗余描述驱动副数与机构自由度之间关系，可加大机构输出力，在重载装备中较常应用，缺点在于引入冗余驱动成本会增加，且需解决驱动之间的配合干涉问题。驱动冗余数可由下式得到：

$$R_A = A_C - M \tag{8-23}$$

式中，R_A、A_C、M 分别为冗余驱动数、驱动副数和机构自由度数。

机构冗余描述机构自由度与输出自由度之间关系可增加输入力且不存在驱动副之间的配合干涉问题。通常机构中驱动副数等机构自由度，故机构冗余度可由下式得到：

$$R_{AM} = M - M_P = A_C - M_P \tag{8-24}$$

式中，R_{AM}、M_P 分别表示机构冗余度和末端输出自由度。

任务冗余描述任务的维数与输出自由度之间关系。在特殊工程应用中，希望用少输出自由度完成高维任务，此方法优点在于可降低成本和控制难度，缺点在于此方法更适于专机专用等特殊场合，适应范围受到一定限制。任务冗余度可由下式得到：

$$R_T = T - M_P \tag{8-25}$$

6. 伴随度

伴随性是指刚体在非独立自由度上发生的运动，指不具备独立自由度、随其他方向刚体运动而变化的运动。可分为 $R \oplus R$、$T \oplus T$ 和 $R \oplus T$ 三种情形，其中 $\oplus$ 为伴随符号。

(1) $R \oplus R$：当令 $\boldsymbol{R} = \boldsymbol{I}$，此方程无解时，可对 $\boldsymbol{g}_{st}$ 进行分解，若得到变量维数小于其分量维数，则存在伴随转动特征；

(2) $T \oplus T$：当 $\boldsymbol{R} = \boldsymbol{I}$，$\boldsymbol{P}(t)$ 存在值，当 $\boldsymbol{P}(t)$ 中变量维数小于其分量维数时，则存在伴随移动特征；

(3) $R \oplus T$：$h \in (-\infty, 0) \cup (0, +\infty)$，则转动特征运动时存在伴随移动特征。

伴随运动描述机构末端特征分量之间的关系，其优点在于可应用其实现低维运动完成高维任务，缺点在于有些场合并不希望有伴随运动存在，以提高精度要求。为此，可根据不同的任务需求去设计或选择是否具有伴随运动的机构。伴随度可从分量维数和分量大小进行评价，因本章主要讨论定性评价，故可从分量有无或维数进行比较，其定性伴随度可由下式得到：

$$n_{\text{Parasitic}} = C_A - M_P \tag{8-26}$$

其中，M_P 表示独立自由度数；C_A 为特征集维数。

7. 解耦度

运动解耦性是指输出与输入运动特征之间的关系，即输出运动与输入运动特征完全映射关系（即某一输出运动仅由某一输入确定，而该输入也仅确定该输出而不影响其他输出）。运动解耦的优点在于易于运动学建模、便于标定与运动规划且可有效降低控制难度，一般情形而言，解耦度越高越有利。根据解耦程度可分为完全解耦、分块解耦和部分解耦。完全解耦是指每一个独立输出运动特征可仅由一个输入决定，以具有六维输出运动为例，完全解耦时，其输入与输出之间的关系可由下式表示：

$$\begin{cases} v_x = f_1(\theta_1) \\ v_y = f_2(\theta_2) \\ v_z = f_3(\theta_3) \\ \omega_x = f_4(\theta_4) \\ \omega_y = f_5(\theta_5) \\ \omega_z = f_6(\theta_6) \end{cases} \tag{8-27}$$

式中，v_x、v_y、v_z、ω_x、ω_y、ω_z 为输出运动特征分量；θ_1、θ_2、θ_3、θ_4、θ_5、θ_6 为输入量。

分块解耦是指末端运动特征可分为两个或多个组/块，且不同的运动特征组由不同的输入来控制，例如对于六维运动特征，若可分为 (v_x, v_y)、v_z、ω_x 和 (ω_y, ω_z) 四组，且每组由不同的输入来控制，可由下式表示：

$$\begin{cases} (v_x, v_y) = f_1(\theta_1, \theta_2) \\ v_z = f_2(\theta_3) \\ \omega_x = f_3(\theta_4) \\ (\omega_y, \omega_z) = f_4(\theta_5, \theta_6) \end{cases} \tag{8-28}$$

部分解耦是指末端运动特征可分为两个或多个组/块，且不同的运动特征组由不同的输入来控制但存在一个输入可能控制两个或多个组/块的情况，如下式所示：

$$\begin{cases} (v_x, v_y) = f_1(\theta_1, \theta_2) \\ v_z = f_2(\theta_1, \theta_2, \theta_3) \\ \omega_x = f_3(\theta_4) \\ (\omega_y, \omega_z) = f_4(\theta_1, \theta_2, \theta_3, \theta_5, \theta_6) \end{cases} \tag{8-29}$$

为描述其解耦性，可引入解耦度作为评价指标，解耦度指输出运动特征的解耦组数与独立输出运动特征维数之间的比例，可用下式表示：

$$\zeta_{de} = \frac{n_{de}}{M_p} \tag{8-30}$$

式中，ζ_{de}、n_{de} 和 M_p 分别表示解耦度、解耦组数和独立输出运动特征维数。

8. 刚度特性

刚度是指材料或结构在受力时抵抗弹性变形的能力，是材料或结构弹性变形难易程度的表征。刚度受构件材料、关节和驱动刚度影响。现有评价刚度的方法大致有三种：有限元法、矩阵结构分析法和虚拟关节法。但此三种方法的模型建立均需考虑运动学分析，适合于尺度设计阶段，而本章主要涉及概念设计阶段，故引入刚度的定性评价方法。由结构力学可知单一悬臂梁的变形量为

$$\sigma_{i,j} = \frac{Fl^3}{3EI_{i,j}} \tag{8-31}$$

式中，$\sigma_{i,j}$ 为第 i 条支链，第 j 个构件的变形量；F 为施加的外力；EI 为梁的弯曲刚度。

对于串联而言，其支链的等效刚度可用下式得到：

$$k_i = \frac{F}{\sum \sigma_{i,j}} \tag{8-32}$$

对于并联形式而言，其支链的等效刚度可用下式得到：

$$k_i = \sum \frac{F}{\sigma_{i,j}} \tag{8-33}$$

故并联机构的等效刚度 k_P 可由各支链的等效刚度 k_i 求得：

$$k_P = \sum k_i \tag{8-34}$$

由上式可知，可能支链越多机构的刚度会越大，但同时会带来更大的质量及其增加构件的转动惯量，从而影响机构末端的运动性能，故可以该机构的位形等效刚度指标(configuration stiffness efficiency index, E_{CS})作为评价[1]：

$$E_{CS} = \frac{k_P}{m_{mov}} \tag{8-35}$$

式中，m_{mov} 表示可动构件数目。

9. 关节敏感度

关节敏感度是指关节误差对机构精度产生的影响大小。机构的误差主要来源

于关节误差和构件误差,关节误差是机构误差的重要来源之一,故可引入关节敏感度作为机构对关节的敏感程度的评价指标。关节属性主要包括关节间的重合度、平行度与间隙等形位公差。关节是指构件之间的可动关系,根据关节等效性可知,可将具有属性不变的运动链看作为关节。而对于具有满足子群的多维(大于一维)关节,机构对其敏感度较低,故具有满足子群的代数结构的多维关节个数可作为关节敏感度的评价指标,如下:

$$\eta_{SJ} = \frac{S_J}{n_J} \tag{8-36}$$

式中,η_{SJ}、S_J、n_J 分别表示关节敏感度指标、具有子群的多维关节个数和等效关节总数。

10. 机构复杂度的定性综合评价(evaluation index of complexity, EIC)

综上所述,可得到机构的复杂度的综合评价指标值:

$$\text{EIC} = \sum k_i I_i \tag{8-37}$$

式中,k_i 为各指标的权重比系数;I_i 为各评价指标。综合评价指标值 EIC 越低,说明其性能可能越优。

8.6 本章小结

本章给出运动特征从关节到机构末端的特征集聚方法与流程,提出运动特征的定性和定量分析方法,讨论了机构驱动副的选取原则以及机构的定性评价指标。

参考文献

[1] Guo W T, Guo W Z. Structural design of a novel family of 2-DOF translational parallel robots to enhance the normal-direction stiffness using passive limbs[J]. Intelligent Service Robotics, 2017, 10: 333-346.

第九章
面向复杂任务需求的特征溯源流程

9.1 引　　言

本章给出了基于任务功能的复杂机器人机构的运动特征溯源综合的流程，具体包括：运动特征设计（任务需求至运动特征提取、融合与分组）、机构末端特征至支链特征的溯源以及支链特征至关节特征的溯源过程，为面向复杂任务需求的特征溯源提供基本思想。

9.2 特征溯源型综合方法的流程

创新设计是一个从预定目标（任务空间）出发，不断进行综合［得到多方案（解空间）］和决策［方案性能分析与优选（解优选）］的过程，即创新设计过程为三段模式：任务空间→解空间→解优选。构型综合（拓扑结构设计）是指给定动平台自由度数目与具体运动特征性质，确定各分支运动链中运动副的类型、数目、几何布置、关节连接顺序、支链间的几何关系以及驱动副的选取。因为机构的末端特征是由各个关节特征相互作用而成，如何从机构的末端特征往回溯源得到每个关节特征，这一过程称为特征溯源。

机构可分为串联机构、并联机构和串并混联机构，其中混联机构可将其拓扑结构进行拆分进而得到相应的串联或并联形式的运动链，故其本质上可看作是串、并联机构设计以及加入环约束方程的设计过程；对于串联机构，可看作是并联机构中的支链设计，故对并联机构的构型设计为其核心要点。接下来，流程以并联机构设计来说明，串联机构和混联机构也可类似得到。

特征溯源主要包括：机构末端特征至支链末端特征的溯源、支链末端特征至关节特征的溯源以及关节构造，进而根据综合结果进行性能评价与优选，最后定出方案，如图 9－1、图 9－2 所示，具体步骤如下。

（1）确定机构末端特征。

根据上一章运动特征设计（包括：特征提取、融合和分组），可得到机构的具体

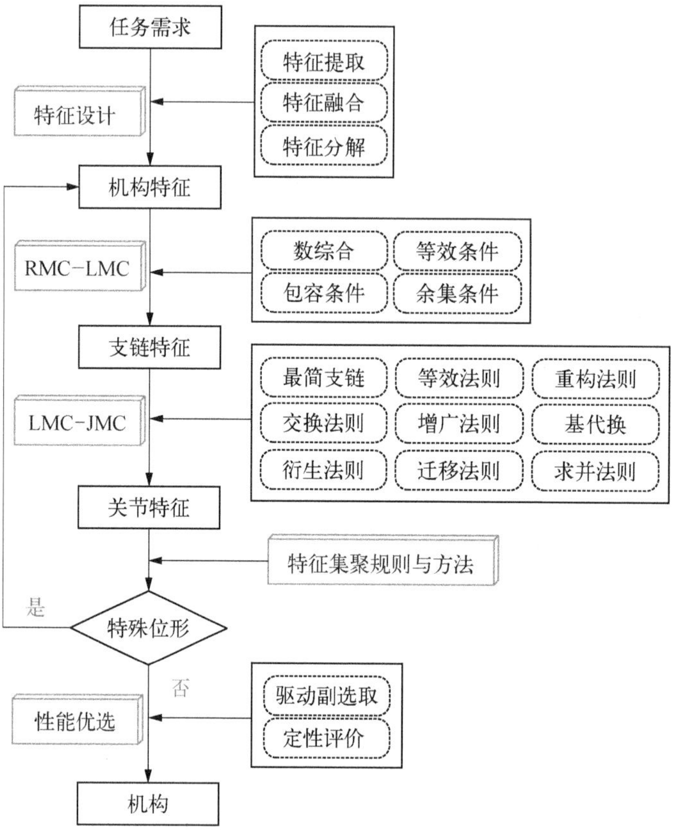

图 9－1　特征溯源的基本步骤

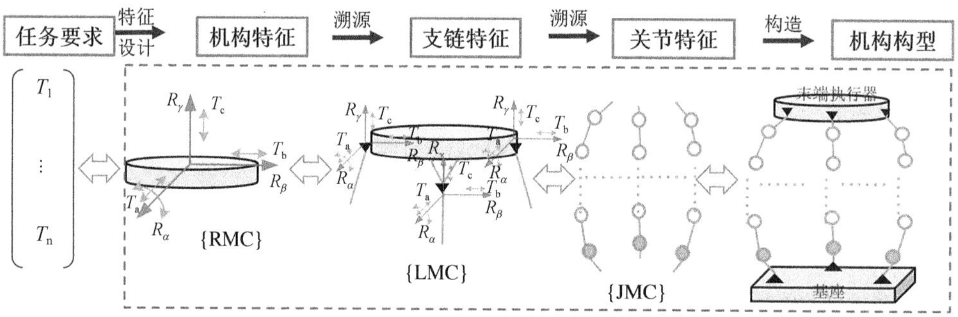

图 9－2　特征溯源的流程

末端特征，包括：运动特征属性、维数和具体的方位等。

（2）通过数综合得到支链数和驱动副数等。

通过数综合公式，确定支链数、主动支链数、被动支链数、驱动数和冗余驱动数等。

(3) 根据机构末端特征得到支链末端特征。

根据并联机构的形成原理,特征等效条件、包容条件和余集条件等运算法则,可由机构的末端特征得到支链末端特征。

(4) 根据支链末端特征得到各支链中的关节特征。

根据支链的末端特征,通过数综合可得到支链末端特征与关节特征中转动特征与移动特征的关系,并可得到支链末端特征的最简支链特征,再经过特征分组、交换和衍生等法则得到更多的支链特征。

(5) 关节拓扑构造,得到机构构型。

根据关节特征的实现方式以及运动副重构法则,可得到关节和支链的拓扑结构。因第 2 步中已考虑了各支链间的几何关系,故仅需将得到的支链拓扑结构代入第 2 步,即可得到机构构型。

(6) 特殊位形的判定。

根据特征集聚法则,对机构是否处于特殊位形进行验证。可通过分析该位形的邻域位形的运动特征来判断该位形是否处于特殊位形。

(7) 选定驱动副。

(8) 性能评价与优选。

根据机构的选用准则初步选取驱动副的布置,再根据驱动副的选取有效性判断方法,合理地选取驱动副。另外,可根据定性的评价指标对设计出的机构进行初步评价,初步筛选得到机构较优的备选方案。

9.3　运动特征分组方法

在实际工程设计中,可根据串联或并联形式分组法则,再结合任务需求的特殊性指标进行进一步的分解,例如:按工作空间的大小分组,将实现大和小工作空间的运动特征各分为一组。按运动解耦性分组,将其分组为多个相互解耦的运动特征等。故依据以上原则,可得到基于任务需求的运动特征设计流程,如图 9-3 所示,具体如下。

(1) 明确各动平台。

(2) 根据特征提取法则,得到与任务需求相对应的运动特征,分为两种情形:

① 对于刚体运动特征,直接用相应符号表示;② 对于点的运动特征,可通过点与刚体运动间的转换关系,将点运动特征用刚体运动特征表示。

(3) 根据特征融合法则,得到各动平台的特征集。

(4) 对不同平台间的特征进行处理,具体是:

① 若为并联形式,将动平台处的特征分解至支链处;② 若为串联形式,可对不同模块分别进行设计;③ 若为互逆形式,即两特征的平台刚好互为动、静平台,则可设定其一为动平台,再根据并联或串联形式进行处理。

(5) 得到各动平台的运动特征。

(6) 根据特征分组法则,对特征集进行分组,得到子模块的运动特征。

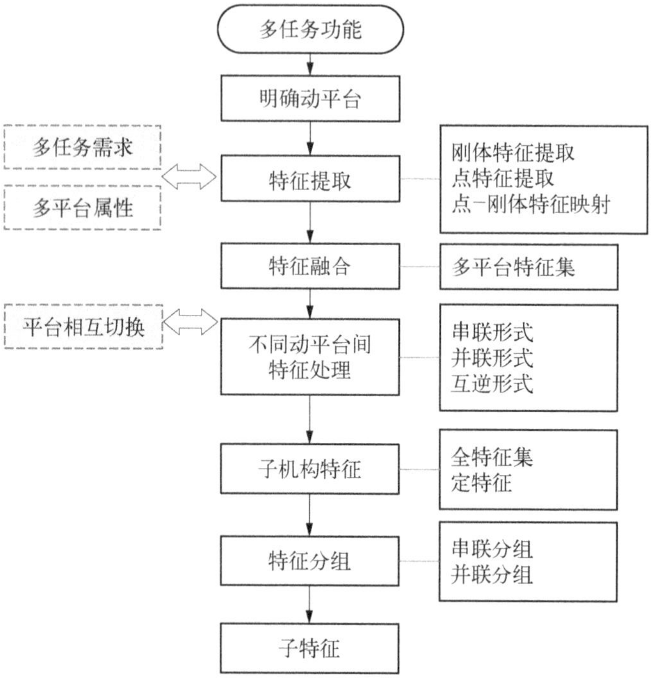

图 9-3 多功能的特征设计流程

注:此特征溯源方法和流程,可作为核心方法,通过结合具体的工程应用需求,加入特定的约束条件,进一步推广至具有多环多层机构、变构态机构以及多机协同的商联机构(多机系统)的构型综合中。

9.4 本 章 小 结

本章给出面向任务需求的复杂机构的运动特征溯源流程;将所提出的基于任务需求的特征提出与融合法则、运动特征运算法则(如衍生、增广、求交、求并等法则)、机构生成原理、数综合以及机构性能评价与优选融入特征溯源流程中,形成现代机器机构系统的构型综合体系,为面向复杂任务需求的机构创新设计提供实用方法。

参考文献

[1] 黄真, 刘婧芳, 李艳文. 论机构自由度: 寻找了 150 年的自由度通用公式[M]. 北京: 科学出版社, 2011.

第十章 运动特征集聚与设计的案例分析

10.1 引　言

本章根据运动特征集聚方法和流程，首先以具有多环空间并联 H4 机构为例进行分析，给出了其运动特征集聚的具体过程；其次，从任务需求出发，根据移动式着陆器的任务功能，基于前述提出的特征运算规则，对其进行运动特征设计，包括：运动特征提取、融合与分解；一方面，验证了特征集聚规则的有效性；另一方面，建立了任务需求与机构运动特征间的映射关系，将任务需求转化为机构学的数学语言表示，为着陆器的构型提供运动特征要求。

10.2 末端特征分析案例- H4 机构

H4 机构是一个复杂的多环空间机构，由 Pierrot 提出[1]。图 10－1 为 H4 机构的机构运动简图，其中移动平台 *EF* 通过 R 关节与两个活动连杆(*AB* 和 *CD*)连接，每个连杆通过两个相同的 R 链与底座连接。此外，每条支链都有一个 4S 闭环(带

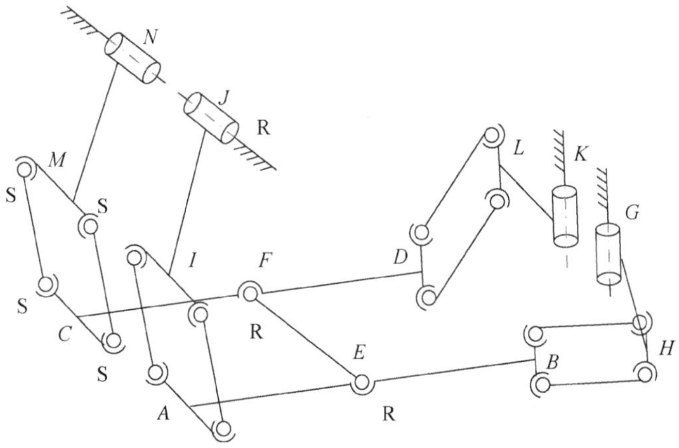

图 10－1　H4 机构

有四个 S 关节)。

为便于讨论,我们可以假设: *EF* 被视为移动的平台;将 *KLDCMN* - *F* 和 *GHBAIJ* - *E* 作为移动平台的第一级支链;以 *MC*、*JIA*、*GHB*、*KLD* 为第二级支链;进一步,将 *KLDCMN* 和 *GHBAIJ* 作为第一级闭环,4S 作为第二级闭环。

根据第八章特征集聚流程,H4 机构的末端特征具体分析如下。

(1) 将第二级闭环 4S 进行等效替换。

用三个非共面且交于球心点的 R 关节代替 S 关节,应用衍生规则 RR→RP 模型,可得简化后 S-S 模型为$\{S(O_1)\}\{S(O_2)\} = \{U(O_1, \boldsymbol{u}, \boldsymbol{v})\}G(\boldsymbol{w})$,如图 10-2。进而易得,实现 S-S 支链最简支链特征的交集:$\{U(O_1, \boldsymbol{u}, \boldsymbol{v})\}G(\boldsymbol{w}) \cap \{U(O_1, \boldsymbol{u}, \boldsymbol{v})\}G(\boldsymbol{w}) = \{R(O_1, \boldsymbol{i})\}G(\boldsymbol{w})$ $(\boldsymbol{i} = O_1O_3,\ \boldsymbol{w} = O_1O_2)$。最简单的分支为 $R_1R_2P_1P_2R_3^{M}$,如图 10-3 所示。注意: P_1 和 P_2 所在的平面总是垂

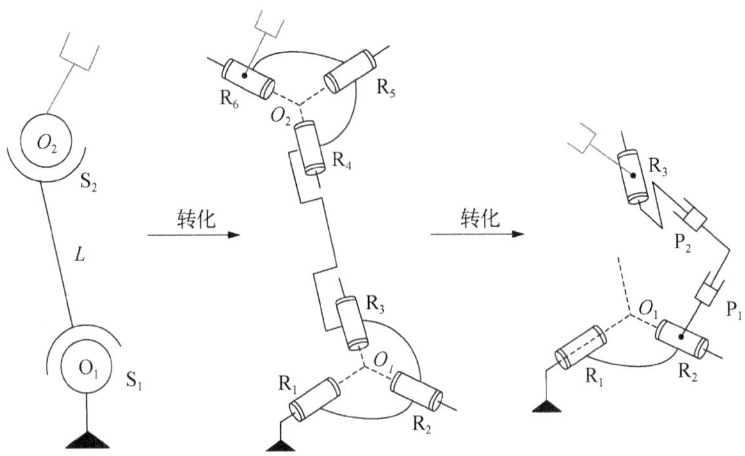

图 10-2 将 SS 转化为 RRPPR

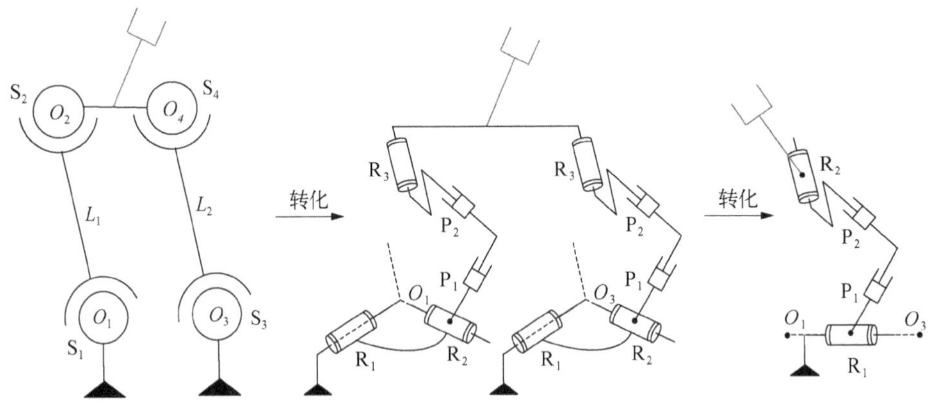

图 10-3 4S 转化为 RPPR

直于线 O_1O_2,故 R_2 特征线具有迁移性,其轴线平行于 O_1O_2;而 R_1 的特征线位于 O_1O_2 线上。

(2) 将 *NMC*、*JIA*、*GHB* 和 *KLD* 杆件进行等价替换。

由于 R_N 的轴线平行于 R_1 轴线,根据衍生规则 RR→RP 模型,可得到:$\{R(O_1, \boldsymbol{i})\}\{R(A, \boldsymbol{i})\}G(\boldsymbol{w}) = \{T\}\{U(O, \boldsymbol{w}, \boldsymbol{j})\}$,如图 10-4 所示。

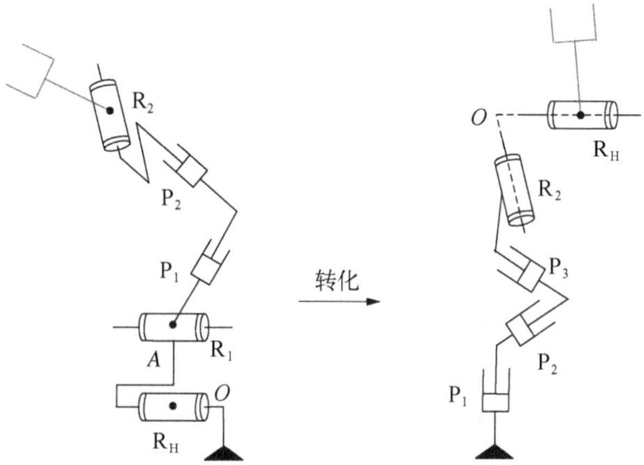

图 10-4　*NMC*、*JIA*、*GHB* 和 *KLD* 的等价替换

(3) 第一级环路 *KLDCMN* 和 *GHBAIJ* 的等效替换。

对于 *KLDCMN*,由于两支链中的 $\{U(O, \boldsymbol{w}, \boldsymbol{j})\}$ 轴线不经过同一点,由求交规则可得,该闭环末端执行器不具有 *R* 特性。进而,易得该闭环的特征:$\{T\}\{U(O_1, \boldsymbol{w}, \boldsymbol{j})\} \cap \{T\}\{U(O_2, \boldsymbol{w}, \boldsymbol{j})\} = \{T\}$,其对应的最简支链为 PPP,如图 10-5 所示。

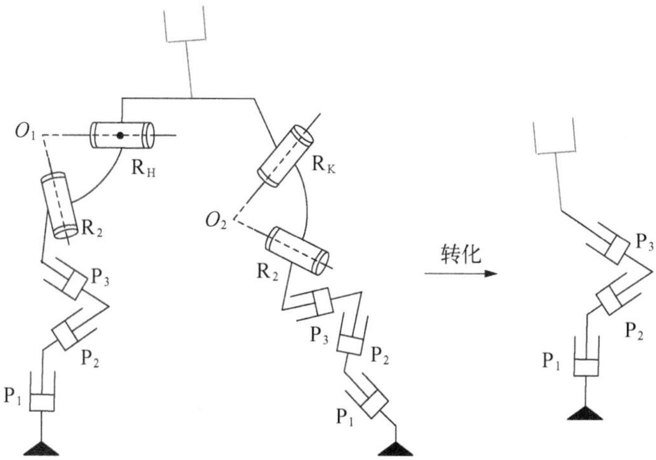

图 10-5　第一级环路 *KLDCMN* 的等价替换

同理，*GHBAIJ* 环路的等价替换与 *KLDCMN* 环路相同。

(4) *KLDCMN* − *F* 和 *GHBAIJ* − *E* 的运动特征求交。

由于 R_E 和 R_F 的轴线是平行的，易得 H4 的末端运动特征为 3*T*1*R*：$\{T\}\{R(E,\boldsymbol{i})\} \cap \{T\}\{R(E,\boldsymbol{i})\} = \{T\}\{R(E,\boldsymbol{i})\}\ \forall E$。对应的最简支链为 $P_1P_2P_3R^M$，如图 10－6 所示，其中 *R* 特征具有迁移性。

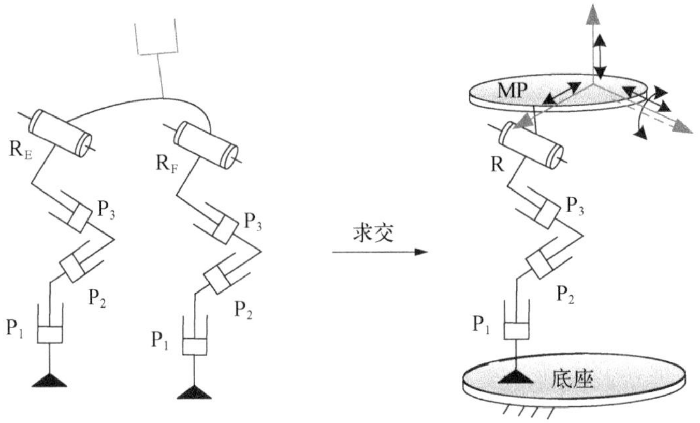

图 10－6 *KLDCMN* － *F* 和 *GHBAIJ* － *E* 的运动特征求交

10.3 可移动式着陆器的运动特征设计

10.3.1 可移动式着陆器的运动特征提取与融合

着陆巡视机器人具有如下的任务功能特点：① 具有多功能，即具有折叠展开、着陆缓冲、行走移位、地形适应和姿态调整五大功能；② 此机器人具有多种平台属性，平台包括点和刚体；③ 此机器人在执行不同功能时，动静平台相互切换。下面根据上节提出的特征设计方法与流程，提取与任务功能相对应的运动特征并进行特征设计[2, 3]。

(1) 明确执行各任务功能时的动平台。

在执行不同的功能时，此机器人的动静平台有所不同，如图 10－7 所示。对于折叠展开功能和地形适应功能而言，其动平台为摆动腿的足端，静平台为机身；对于姿态调整功能而言，此机器人可看作是并联机器人，以各支撑腿足端为支链，以机身为动平台；对于行走移位功能而言，对于支撑腿，动平台为机身，静平台为足端，对于摆动腿则恰好相反，以腿的足端为动平台，以机身为静平台；对于着陆缓冲功能而言，所有腿张开且锁定，此时机器人可看作是不可动自由度为零的结构。综上所述，其功能中的动平台包括：机身和腿足端。

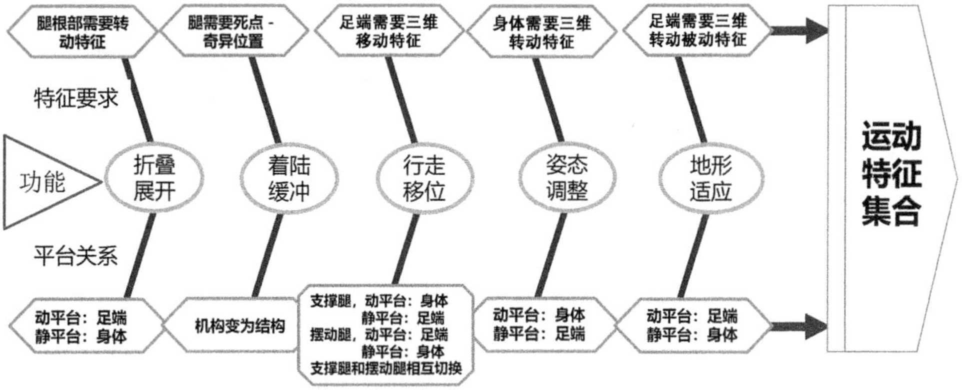

图 10－7　多功能要求与运动特征分析

（2）根据五大功能提取得到相应的运动特征。

1）折叠展开功能

在发射和上升阶段，由于受到整流罩外形尺寸的限制，腿式探测机器人的所有腿应该处于折叠且锁定状态，故此阶段需要有折叠展开功能，即所有腿应该具有绕某一固定于腿与机身连接的根部轴线的转动运动，通过运动特征提取可得：每条腿应含有一维的转动特征$\{R(N, \boldsymbol{u})\}$（特征线方向为$\boldsymbol{u}$），位于腿的根部即腿与机身的连接处，如图 10－8(a)所示。

2）着陆缓冲功能

由于在着陆瞬间，机器人会受到极大的冲击，因此机器人需具有着陆缓冲功能，即需吸收这巨大的能量，可将铝蜂窝等缓冲元件加入杆件中且合理布置。此阶段还需对关节的保护和电机的防护。对于关节保护的方法一般是对关节进行强度设计。在构型阶段，主要从以下几方面进行考虑：① 应用并联的拓扑连接方式，提高其结构的承载力和抗冲击能力；② 引入奇异位置（本书主要应用死点位置以及边界奇异位置），极大地减小关节处的力矩，从而保护关节以及防护电机；③ 采用着陆和行走功能分离的方法，即着陆功能与行走功能分别采用不同的机构或结构来实现，这样着陆时的缓冲便不会对其电机产生影响。在吸能方面，本书采用与嫦娥三号一致的缓冲方式，即在每条腿上加入铝蜂窝来吸能冲击力。此功能要求每条腿可看作是桁架或无/负自由度的结构，根据运动特征的表示方法，可将其表示为$\{E\}$，如图 10－8(b)所示。

3）行走移位功能

机器人与动物的行走机理相同，即足端与地面间存在向上支撑力和向前反推力。显而易见，要求腿足端可实现空间三维的轨迹，即足端应具有三维的移动特征$T_P(3)$，如图 10－8(c)所示。因末端执行件为点，可根据刚体运动特征与点运动特

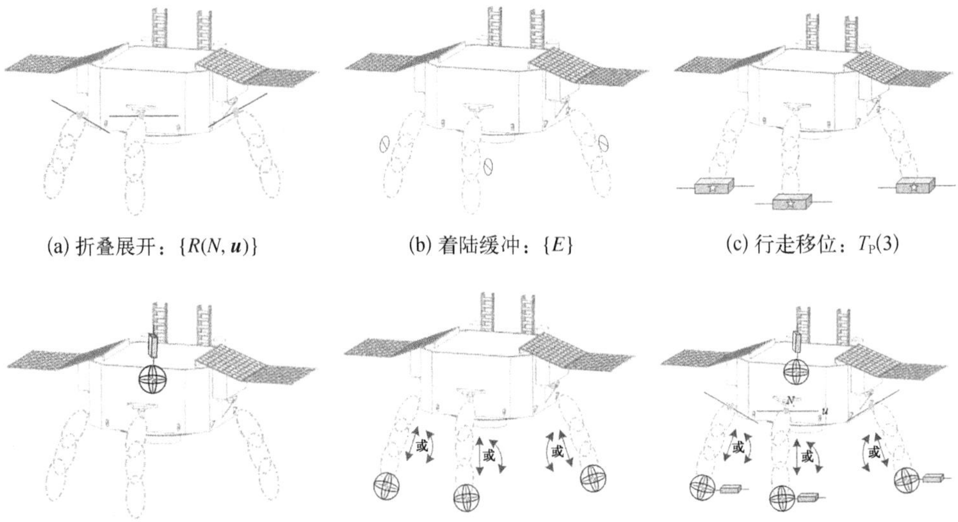

(a) 折叠展开：$\{R(N,\boldsymbol{u})\}$　(b) 着陆缓冲：$\{E\}$　(c) 行走移位：$T_P(3)$

(d) 姿态调整：$\{D\}$　(e) 地形适应：$\{S(N)\}$　(f) 特征融合

图 10-8　与机器人功能对应的运动特征

征的映射关系，用刚体的运动特征去实现点的三维运动特征（表 3-6），考虑腿部必存在根部的转动特征$\{R(N,\boldsymbol{u})\}$，故表 3-6 中仅有前 4 种符合条件，再考虑其特征间的方位关系，可得到另外 4 种情形，若考虑 T_r 特征的实现方式，可再得到 4 种情形，如图 10-9 所示。

4）姿态调整功能

机器人在执行姿态调整功能时，可看作是以机身为动平台，多条支撑腿为支链的并联机构。姿态调整功能要求机身具有横滚、俯仰和偏航的能力，故其机身应该具有三维的转动特征。因在一定场合时，还需适当调整机身高度和水平位置，故机身还需具有上下、左右和前后的移动能力，即机身还应具有三维移动特征，因此得到其机身具有六维运动特征$\{D\}$，如图 10-8(d) 所示。

5）地形适应功能

地形适应功能可分为全局适应和局部地形顺应。全局适应是指：因为着陆地形是未知的，其地形表面可能是平坦的也可能凹凸不平，若着陆于不平的表面时，机器人则要求其腿部具有在过腿轴线的平面内的一维移动特征。局部顺应是指：在行走过程中，落腿点处于微小障碍物时，其足垫姿态需进行调节，即需要足端位置有三个转动特征，进而得到其足端的运动特征为$\{T(\boldsymbol{w})S(F)\}$或$\{T_r\}\{S(F)\}$，如图 10-8(e) 所示。

（3）对各动平台进行特征融合。

根据特征融合法则（这里主要用到求并法则），可得到机身和足端运动特征的融合结果，如图 10-8(f) 所示。其中机身的运动特征集为$\{D\}$，如图 10-10(a) 所

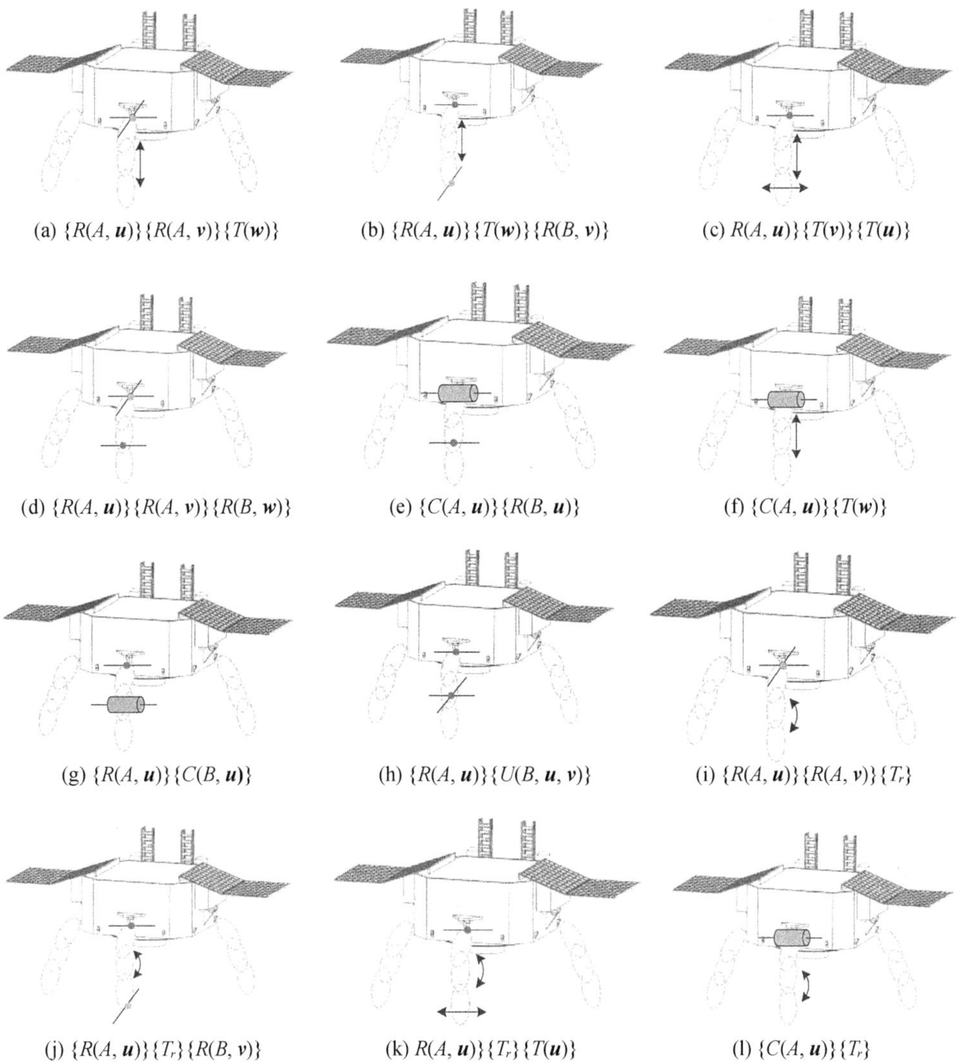

(a) $\{R(A,\boldsymbol{u})\}\{R(A,\boldsymbol{v})\}\{T(\boldsymbol{w})\}$ (b) $\{R(A,\boldsymbol{u})\}\{T(\boldsymbol{w})\}\{R(B,\boldsymbol{v})\}$ (c) $R(A,\boldsymbol{u})\}\{T(\boldsymbol{v})\}\{T(\boldsymbol{u})\}$

(d) $\{R(A,\boldsymbol{u})\}\{R(A,\boldsymbol{v})\}\{R(B,\boldsymbol{w})\}$ (e) $\{C(A,\boldsymbol{u})\}\{R(B,\boldsymbol{u})\}$ (f) $\{C(A,\boldsymbol{u})\}\{T(\boldsymbol{w})\}$

(g) $\{R(A,\boldsymbol{u})\}\{C(B,\boldsymbol{u})\}$ (h) $\{R(A,\boldsymbol{u})\}\{U(B,\boldsymbol{u},\boldsymbol{v})\}$ (i) $\{R(A,\boldsymbol{u})\}\{R(A,\boldsymbol{v})\}\{T_r\}$

(j) $\{R(A,\boldsymbol{u})\}\{T_r\}\{R(B,\boldsymbol{v})\}$ (k) $R(A,\boldsymbol{u})\}\{T_r\}\{T(\boldsymbol{u})\}$ (l) $\{C(A,\boldsymbol{u})\}\{T_r\}$

图 10-9 三维点特征对应的刚体特征

示。腿足端的总特征集也为$\{D\}$,如图 10-10(b)所示,而其定特征为$\{R(N,\boldsymbol{u})\}$和$\{S(F)\}$。

(4)对不同动平台间的特征进行处理。

机身处的特征可看作由各支撑腿特征求交而成,因机身的运动特征集为六维特征$\{D\}$,可将其特征分解至支撑腿处,也为$\{D\}$。因支撑腿的动平台为腿与机身的连接处,而对于摆动腿的执行件为腿的末端,所以这两个执行件刚好互为动、静平台,它们的特征即为互逆关系,即特征的顺序恰为相反排列。因它们均为六维运动特征,故腿部的特征为$\{D\}$。据上述分析可得,仅需设计出满足足端的局部特征

$\{D\}$要求的腿部结构,则可满足机身处的特征,故在设计时仅需设计出满足其腿部的运动特征即可。

(5) 得到子机构的运动特征。

得到腿部的总特征集为$\{D\}$,定特征为$\{R(N, \boldsymbol{u})\}$和$\{S(F)\}$,如图 10-10(b)所示。同理,若分别对着陆器和巡视器的功能分别进行处理,可得到其腿部的特征,即巡视器腿部(简称移位腿)的总特征为$\{D\}$,定特征为$\{R(N, \boldsymbol{u})\}$和$\{S(F)\}$,如图 10-10(b)所示。着陆器腿部(简称着陆腿)的总特征为$\{R(N, \boldsymbol{u})\}\{S(F)\}$,定特征为$\{R(N, \boldsymbol{u})\}$和$\{S(F)\}$,如图 10-10(c)。

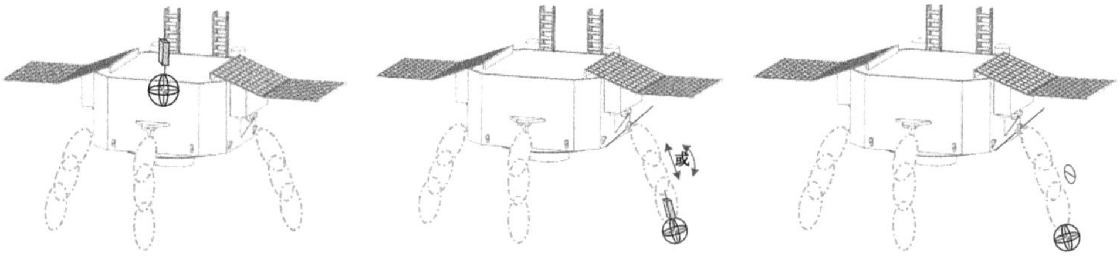

(a) 机身运动特征　　(b) 移位腿运动特征　　(c) 着陆腿的运动特征

图 10-10　着陆机器人运动特征

10.3.2　机器人的运动特征分组

此机器人的结构主要由机身、四条机械腿、足垫和缓冲材料等组成。机身处的运动特征由各支撑腿的运动特征求交得到,设计出满足腿部的运动特征后,机身处的运动特征便可满足,故此机器人的设计难点和重点是机械腿的设计。而对机械腿进行构型设计,首先需对其融合得到的特征进行分解,得到机械腿具体的运动特征分布。机械腿足端的运动特征为$\{D\}$,具体分组方式如下。

1. 按上部和下部解耦进行分组

根据串联形式分组法则,下式成立:

$$\begin{cases}\{S(N)\} \subseteq \{D\} \\ \{T\} \subseteq \{D\} \\ \{D\} = \{T\}\{S(N)\} \\ \dim(\{T\}\{S(N)\}) = \dim(\{D\})\end{cases} \tag{10-1}$$

可将其运动特征$\{D\}$分解为上下两个相互独立的子运动特征,即下部分为三维的转动特征$\{S(N)\}$,上部分为三维移动特征$\{T\}$,对应的具体符号如图 10-11 所示,也可进一步分为上部三维点的移动特征 $T_{\mathrm{P}}(3)$ 和下部三维的转动特征$\{S(N)\}$。

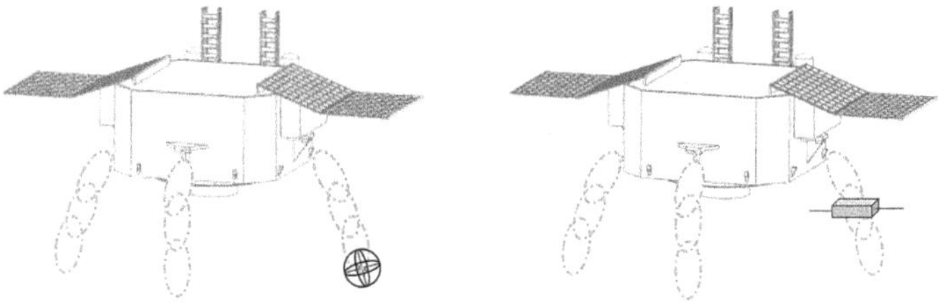

(a) 腿的下部特征　　(b) 腿的上部特征

图 10-11　腿的下部和上部特征

2. 按功能分离的分组方式一

五大功能中可将折叠展开、行走移位、地形适应和姿态调整为一组(即移位腿所对应的运动特征),其运动特征如图 10-10(b)所示;折叠展开功能、着陆缓冲功能和地形适应为另一组(即着陆腿所对应的运动特征),其运动特征如图 10-10(c)所示。根据串联形式分组法则,下式成立:

$$\begin{cases}\{R(N_1,\ \boldsymbol{u})\}\{S(N_2)\} \subseteq \{D\} \\ \{D\} \subseteq \{D\} \\ \dim[(\{R(N_1,\ \boldsymbol{u})\}\{S(N_2)\})\{D\}] = \dim(\{D\})\end{cases} \tag{10-2}$$

其运动特征$\{D\}$分解为两个含有相同特征的子运动特征$\{R(N_1,\ \boldsymbol{u})\}\{S(F)\}$和$\{D\}$。进而将这两组特征进一步进行分组,将$\{R(N_1,\ \boldsymbol{u})\}\{S(N_2)\}$分解为上部和下部,上部特征为$\{R(N_1,\ \boldsymbol{u})\}$,下部特征为$\{S(F)\}$。而$\{D\}$按式(10-1)分解为上部和下部,上部分为点的三维移动特征$\{T_P(3)\}$,下部分为三维的转动特征$\{S(F)\}$。

下部分的三维转动特征与定特征的三维转动特征重合,下部分特征取为$\{S(F)\}$可满足要求。为了提高机器人的整体刚度和受力以及参考现有着陆器的结构特点,可将上部分机构设计为并联机构,其末端的总特征为点的三维移动特征。由点与刚体运动特征的映射关系可知,其对应的刚体特征,如图 10-9 列出 12 种情形。上部分的运动特征中还需满足定特征要求(即在腿根部的转动特征$\{R(N,\ \boldsymbol{u})\}$),因为若腿根部(腿与机身的连接处)存在水平方向的移动特征,将会大大降低机械腿的刚度,这种情形将不作选择,故存在三种符合设计要求的上部运动特征$\{R(N,\ \boldsymbol{u})\}\{R(N,\ \boldsymbol{v})\}\{T(\boldsymbol{w})\}$、$\{R(N,\ \boldsymbol{u})\}\{R(N,\ \boldsymbol{v})\}\{T_r\}$和$\{R(N_1,\ \boldsymbol{u})\}\{T(\boldsymbol{w})\}\{R(N_2,\ \boldsymbol{v})\}$,因前两者设出的机构较后者将更紧凑,故本书将仅选用$\{R(N,\ \boldsymbol{u})\}\{R(N,\ \boldsymbol{v})\}\{T(\boldsymbol{w})\}$和$\{R(N,\ \boldsymbol{u})\}\{R(N,\ \boldsymbol{v})\}\{T_r\}$作为上部的运动特征,分别如图 10-9(a)和图 10-9(i)所示。

3. 按功能分离的分组方式二

在五大功能中,此机器人存在最大矛盾为:着陆前的负/零自由度桁架结构大冲击承载能力与着陆后的多自由度机构运动灵活性要求之间的矛盾，故可按这两类功能分离对运动特征进行分组，以着陆缓冲功能对应桁架的运动特征为一组，其余四种功能对应的运动特征为另一组。根据串联形式分组法则，下式成立：

$$\begin{cases}\{E\} \subseteq \{D\} \\ \{D\} \subseteq \{D\} \\ \dim(\{E\}\{D\}) = \dim(\{D\})\end{cases} \tag{10-3}$$

其运动特征$\{D\}$可分解为两组：运动特征$\{E\}$和$\{D\}$。$\{D\}$按式(10－1)可进一步分为上部和下部两组，下部分为三维的转动特征$\{S(N)\}$，上部分特征为$\{R(N, \boldsymbol{u})\}\{R(N, \boldsymbol{v})\}\{T(\boldsymbol{w})\}$和$\{R(N, \boldsymbol{u})\}\{R(N, \boldsymbol{v})\}\{T_r\}$，如图 10－9(a)和图 10－9(i)所示。

10.4 本章小结

本章根据运动特征集聚方法和运算法则，对 H4 空间并联机构的运动特征进行分析，得到 H4 机构的机构末端特征及图形化表达。根据移动式着陆器多功能任务需求，采用运动特征运算法则，得到与其功能相对应的运动特征，一方面验证了特征集聚方法和特征运算法则的有效性，另一方面建立了任务需求与机构运动特征的映射关系，为构型综合提供了实用工具。

参考文献

[1] Pierrot F, Marquet F, Company O, et al. H4 parallel robot: Modeling, design and preliminary experiments[C]. Seoul: Proceedings 2001 ICRA. IEEE International Conference on Robotics and Automation (Cat. No. 01CH37164), 2001.

[2] Lin R F, Guo W Z, Chen X B, et al. Type synthesis of legged mobile landers with one passive limb using the singularity property[J]. Robotica, 2018, 36 (12): 1836－1856.

[3] Lin R F, Guo W Z, Li M. Novel design of legged mobile landers with decoupled landing and walking functions containing a rhombus joint[J]. Journal of Mechanisms and Robotics, 2018, 10 (6): 1－14.

第十一章 固定式着陆器特征溯源设计

11.1 引 言

本章运用特征溯源方法，对固定式着陆器进行了构型设计，主要包括着陆腿的运动特征为$\{R(N,\ \boldsymbol{u})\}\{S(N)\}$的具有折叠展开和着陆功能的着陆器机构以及着陆腿运动特征为$\{R(N,\ \boldsymbol{u})\}\{R(N,\ \boldsymbol{v})\}$的具有折叠展开、着陆功能以及机身姿态调整功能的着陆器构型设计[1~3]。其流程包括：基于任务的末端特征设计、RMC－LMC 以及 LMC－JMC 的构型设计。

11.2 具有$\{R(A,\ \boldsymbol{u})\}\{S(N)\}$着陆腿的固定式着陆器特征溯源设计

11.2.1 RMC 确定以及数综合

根据特征溯源流程，首先需明确机器人的末端特征。由运动特征分组法则，可得到其着陆腿的运动特征为$\{R(N,\ \boldsymbol{u})\}\{S(N)\}$，根据特征分组法则，可将其按串联形式进行分组，具体分为上部特征$\{R(N,\ \boldsymbol{u})\}$和下部特征为$\{S(N)\}$，其中下部特征$\{S(N)\}$可用相应的拓扑结构去实现，如：$({}^{u}\mathrm{R}^{v}\mathrm{R}^{w}\mathrm{R})_{N}$、${}^{uv}\mathrm{U}^{w}\mathrm{R}$、${}^{u}\mathrm{R}^{vw}\mathrm{U}$ 和 S_N，从杆件数最小考虑，本章采用球副 S_N 实现此运动特征，而上部特征$\{R(N,\ \boldsymbol{u})\}$用并联机构去实现，问题转化为设计末端特征为$\{R(N,\ \boldsymbol{u})\}$的并联机构。上部机构主要由机身(静平台)、3 条支链(其中支链Ⅰ为主支柱，Ⅱ和Ⅲ为辅支柱)和中间平台(动平台)组成。令 3 条支链与机身的连接点分别为 N_1、N_2、N_3，此特征$\{R(N,\ \boldsymbol{u})\}$的具体位置有两种：一种是特征线方向沿着 N_1N_2 方向[例如嫦娥三号着陆器，如图 11－1(a)和图 11－2(a)所示]；另一种是特征线方向为水平方向[例如阿波罗着陆器，如图 11－1(b)所示]。

据式(5－13)进行数综合，可取各参数如表 11－1 所示。因着陆腿与移位腿最后将组合成一个机构，为减小质量，驱动副仅在移位腿的运动副中选择，而着陆腿在实现折叠展开功能时，转动运动可由移位腿中的驱动副驱动来实现，故着陆腿中的驱动数取为零。

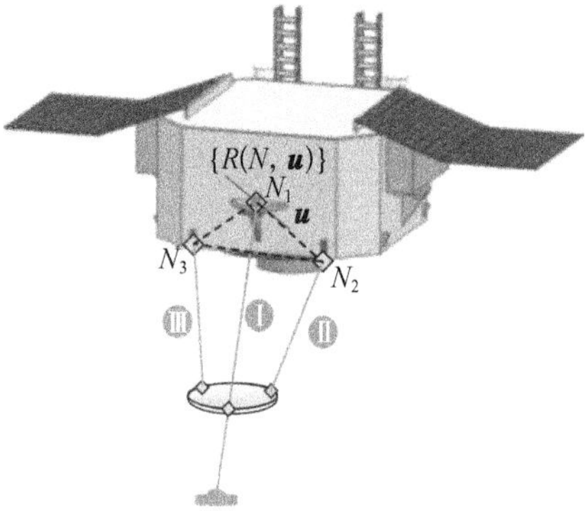

(a) 转动特征线N_1N_2

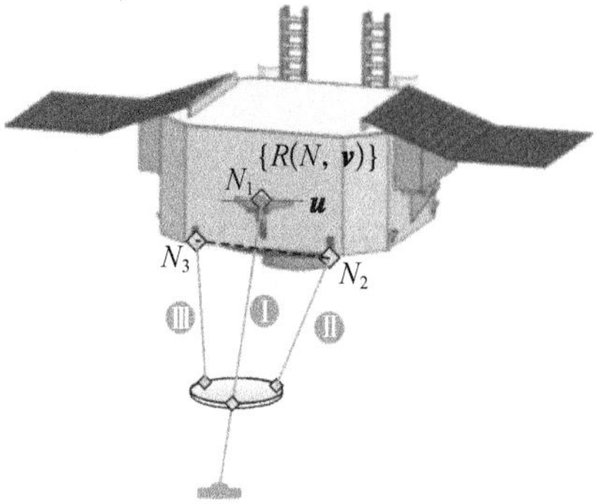

(b) 转动特征线-水平

图 11-1　着陆腿上部特征：{$\boldsymbol{R}(N, \boldsymbol{u})$}

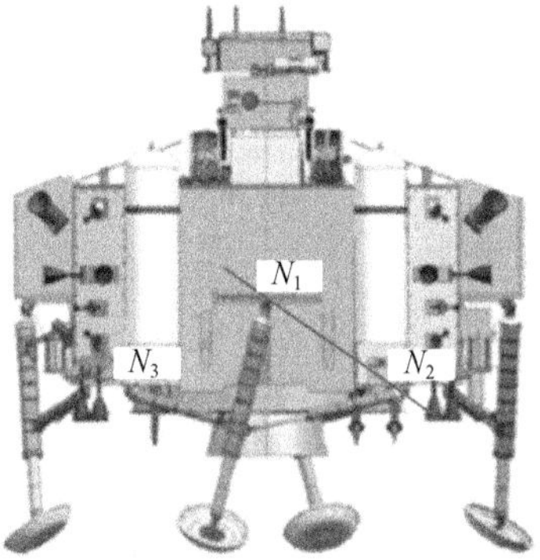

(a) 折叠状态

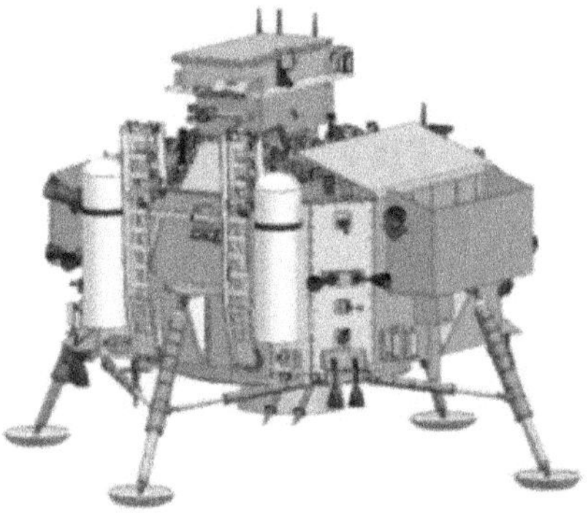

(b) 展开状态

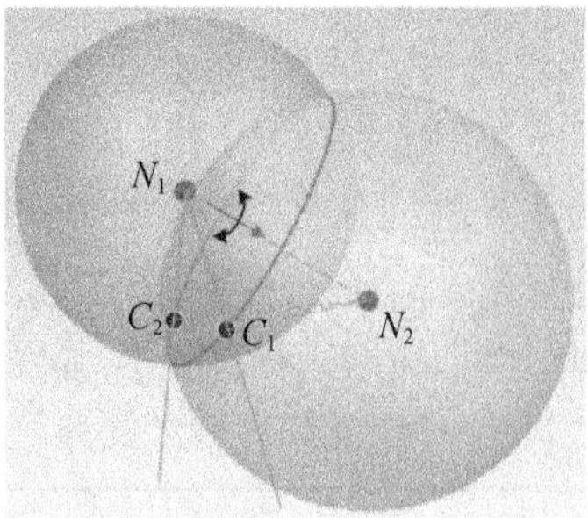

(c) 转动特征线N_1N_2

图 11-2　嫦娥三号着陆器折叠展开状态

表 11-1　着陆腿上部结构的数综合

参　数	数 值	参　数	数 值
总支链数 n_{TL}	3	总驱动数	0
主动支链数 n_{AL}	0	支链 i 上的驱动数($i = 1, 2, 3$)	(0, 0, 0)
被动支链数 n_{PL}	3	冗余驱动数 R_A	0

11.2.2　RMC－LMC 的溯源：$\{\boldsymbol{R}(N, \boldsymbol{u})\}$

根据 RMC－LMC 的等价条件、特征增广法则和运动特征的溯源流程，可得将机器人末端特征$\{R(N, \boldsymbol{u})\}$分解至 3 条支链的末端。下面先以特征线为 N_1N_2 的$\{R(N, \boldsymbol{u})\}$为例进行说明，具体步骤如下。

根据并联机构的形成原理，可得

$$\{\mathrm{RMC}\} = \{R(N, \boldsymbol{u})\} = \bigcap_{i=1}^{3}\{\mathrm{LMC}_i\} \tag{11-1}$$

(1) 第 1 条支链末端特征$\{\mathrm{LMC}_1\}$的确定：由等价法则，可取第 1 条支链的末端特征与机器人末端特征等价，取

$$\{\mathrm{LMC}_1\} = \{\mathrm{RMC}\} = \{R(N_1, \boldsymbol{u})\} \tag{11-2}$$

即其特征线与机器人末端特征中$\{R(N, \boldsymbol{u})\}$的特征线重合且位于腿的根部，如图 11-3(a)所示。

(2) 第 2 条支链末端特征$\{\mathrm{LMC}_2\}$的确定：因 N_1N_2 的连线方向与$\{R(N, \boldsymbol{u})\}$的特征线重合，由 2 个一维 R 特征间的求交法则可知，$\{\mathrm{LMC}_2\}$可取$\{R(N_2, \boldsymbol{u})\}$，特征线与$\{\mathrm{LMC}_1\}$中的 R 特征线重合。

(3) 第 3 条支链末端特征$\{\mathrm{LMC}_3\}$的确定：因为点 N_3 不在$\{R(N, \boldsymbol{u})\}$的特征线上，根据两个一维 R 特征间的求交法则可知，点 N_3 处应存在具有虚迁性的 R 特征才能满足要求，同时由迁移法则可知，这将引入与此 R 特征线相垂直的二维 T 特征。可先假定$\{\mathrm{LMC}_3\}$取$\{R(N_3, \boldsymbol{u})\}\{T(\boldsymbol{v})\}\{T(\boldsymbol{w})\}$。进而验证二维 T 特征引入的合理性，易得其满足支链特征间的余集条件[式(5-23)]，故$\{\mathrm{LMC}_3\}$可取此特征。

基于以上步骤，便得到一种满足机器人末端特征的支链特征分布，即$\{R(N_1, \boldsymbol{u})\}$ & $\{R(N_2, \boldsymbol{u})\}$ & $\{R(N_3, \boldsymbol{u})\}\{T(\boldsymbol{v})\}\{T(\boldsymbol{w})\}$，如表 11-2 所示。

表 11－2 末端特征为$\{R(N, \boldsymbol{u})\}$的支链特征分布

LMC_1	LMC_2	LMC_3
$\{R(N_1, \boldsymbol{u})\}$ 或 $\{R(N_1, \boldsymbol{u})R(N_1, \boldsymbol{v})\}$ 或 $\{S(N_1)\}$	$\{R(N_2, \boldsymbol{u})\}$ 或 $\{R(N_2, \boldsymbol{u})R(N_2, \boldsymbol{v})\}$ 或 $\{S(N_2)\}$ 或 $\{R(N_2, \boldsymbol{u})T(\boldsymbol{v})\}$ 或 $\{R(N_2, \boldsymbol{u})R(N_2, \boldsymbol{w})T(\boldsymbol{v})\}$ 或 $\{S(N_2)T(\boldsymbol{v})\}$ 或 $\{R(N_2, \boldsymbol{u})T(\boldsymbol{u})T(\boldsymbol{v})\}$ 或 $\{R(N_2, \boldsymbol{u})R(N_2, \boldsymbol{w})T(\boldsymbol{u})T(\boldsymbol{v})\}$	$\{R(N_3, \boldsymbol{u})T(\boldsymbol{v})T(\boldsymbol{w})\}$ $\{R(N_3, \boldsymbol{v})R(N_3, \boldsymbol{u})T(\boldsymbol{v})T(\boldsymbol{w})\}$ $\{R(N_3, \boldsymbol{v})R(N_3, \boldsymbol{w})R(N_3, \boldsymbol{u})T(\boldsymbol{v})T(\boldsymbol{w})\}$ $\{R(N_3, \boldsymbol{u})T(\boldsymbol{u})T(\boldsymbol{v})T(\boldsymbol{w})\}$ $\{R(N_3, \boldsymbol{u})R(N_3, \boldsymbol{v})T(\boldsymbol{u})T(\boldsymbol{v})T(\boldsymbol{w})\}$ $\{R(N_3, \boldsymbol{u})R(N_3, \boldsymbol{v})R(N_3, \boldsymbol{w})T(\boldsymbol{u})T(\boldsymbol{v})T(\boldsymbol{w})\}$
	$\{R(N_2, \boldsymbol{u})R(N_2, \boldsymbol{v})R(N_2, \boldsymbol{w})T(\boldsymbol{u})T(\boldsymbol{v})\}$	$\{R(N_3, \boldsymbol{u})R(N_3, \boldsymbol{v})R(N_3, \boldsymbol{w})T(\boldsymbol{v})T(\boldsymbol{w})\}$ $\{R(N_3, \boldsymbol{u})T(\boldsymbol{u})T(\boldsymbol{v})T(\boldsymbol{w})\}$ $\{R(N_3, \boldsymbol{u})R(N_3, \boldsymbol{v})T(\boldsymbol{u})T(\boldsymbol{v})T(\boldsymbol{w})\}$ $\{R(N_3, \boldsymbol{u})R(N_3, \boldsymbol{v})R(N_3, \boldsymbol{w})T(\boldsymbol{u})T(\boldsymbol{v})T(\boldsymbol{w})\}$
	$\{R(N_2, \boldsymbol{u})T(\boldsymbol{u})T(\boldsymbol{v})T(\boldsymbol{w})\}$	$\{R(N_3, \boldsymbol{u})T(\boldsymbol{u})T(\boldsymbol{v})T(\boldsymbol{w})\}$ $\{R(N_3, \boldsymbol{u})R(N_3, \boldsymbol{v})T(\boldsymbol{u})T(\boldsymbol{v})T(\boldsymbol{w})\}$ $\{R(N_3, \boldsymbol{u})R(N_3, \boldsymbol{v})R(N_3, \boldsymbol{w})T(\boldsymbol{u})T(\boldsymbol{v})T(\boldsymbol{w})\}$
$\{R(N_1, \boldsymbol{u})\}$	$\{R(N_2, \boldsymbol{u})R(N_2, \boldsymbol{w})T(\boldsymbol{u})T(\boldsymbol{v})T(\boldsymbol{w})\}$	$\{R(N_3, \boldsymbol{u})R(N_3, \boldsymbol{v})T(\boldsymbol{u})T(\boldsymbol{v})T(\boldsymbol{w})\}$ $\{R(N_3, \boldsymbol{u})R(N_3, \boldsymbol{v})R(N_3, \boldsymbol{w})T(\boldsymbol{u})T(\boldsymbol{v})T(\boldsymbol{w})\}$
	$\{R(N_2, \boldsymbol{u})R(N_2, \boldsymbol{v})R(N_2, \boldsymbol{w})T(\boldsymbol{u})T(\boldsymbol{v})T(\boldsymbol{w})\}$	$\{R(N_3, \boldsymbol{u})R(N_3, \boldsymbol{v})R(N_3, \boldsymbol{w})T(\boldsymbol{u})T(\boldsymbol{v})T(\boldsymbol{w})\}$

（4）对第 3 条支链特征进行增广：因第 1、2 条支链的末端特征与机器人末端特征等价，其两者的余集为空，即

$$\{\overline{LMC_i}\} = \{LMC_i\} \ominus \{RMC\} = \varnothing (i = 1, 2) \tag{11-3}$$

所以第 3 条支链中可以加入更多的运动特征，也可满足余集条件［式(5－23)］。故其支链特征还可为$\{R(N_3, \boldsymbol{v})R(N_3, \boldsymbol{u})T(\boldsymbol{v})T(\boldsymbol{w})\}$、$\{R(N_3, \boldsymbol{w})R(N_3, \boldsymbol{v})R(N_3, \boldsymbol{u})T(\boldsymbol{v})T(\boldsymbol{w})\}$、$\{R(N_3, \boldsymbol{u}) T(\boldsymbol{u})T(\boldsymbol{v})T(\boldsymbol{w})\}$、$\{R(N_3, \boldsymbol{v})R(N_3, \boldsymbol{u})T(\boldsymbol{u})T(\boldsymbol{v})T(\boldsymbol{w})\}$和$\{D\}$。

依据上述步骤，可对第 1、2 条支链特征进行增广，得到末端特征为$\{R(N, \boldsymbol{u})\}$的支链特征分布，如表 11－2 所示，其典型的具体特征线如图 11－3 所示。为避免重复，规定支链 3 的特征维数大于支链 2 的特征维数，支链 2 的特征维数大于支链 1 的特征维数［即满足式(5－26)］。如表 11－2 所示，第一条支链的末端特征有 3 种情形：当第一条支链的末端特征为$\{R(N_1, \boldsymbol{u})\}$时，支链末端特征的分布情况有 64 种；当取$\{R(N_1, \boldsymbol{u})R(N_1, \boldsymbol{v})\}$时有 55 种；当取$\{S(N_1)\}$时有 49 种；故末

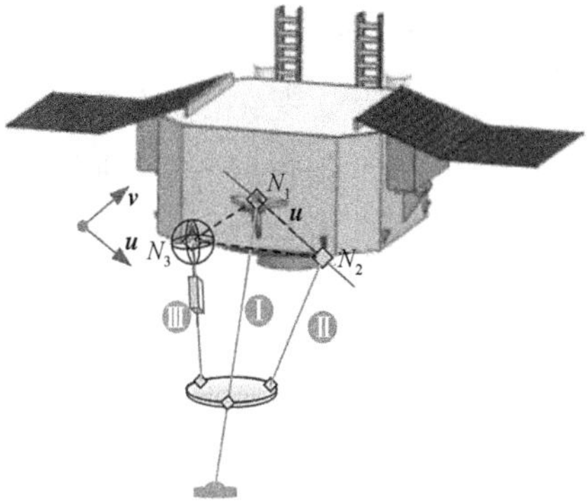

(a) $\{R(N_1, \boldsymbol{u})\}\&\{R(N_2, \boldsymbol{u})\}\&\{D\}$

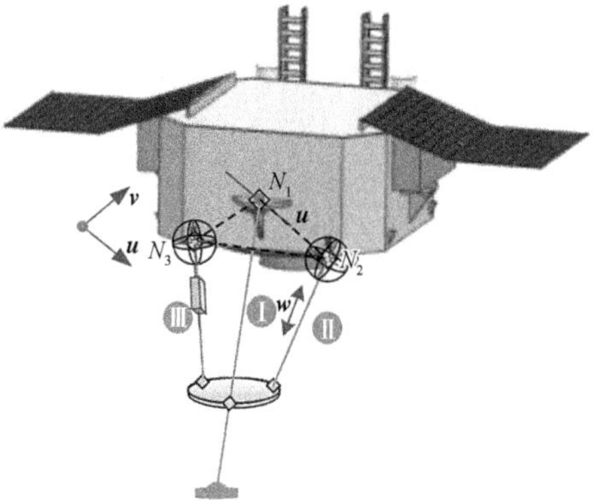

(b) $\{R(N_1, \boldsymbol{u})\}\&\{S(N_2)T(\boldsymbol{w})\}\&\{D\}$

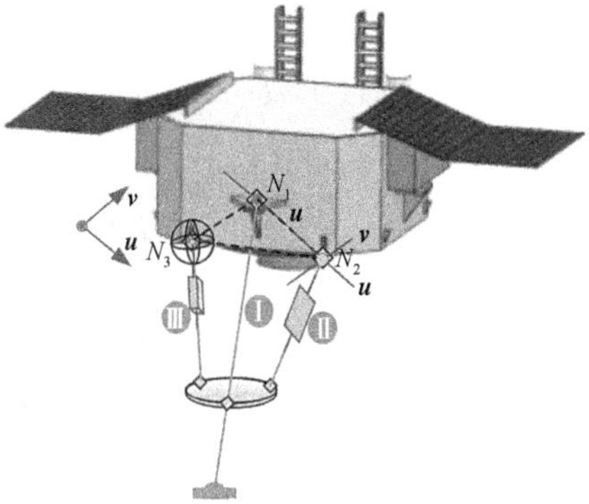

(c) $\{R(N_1, \boldsymbol{u})\}\&\{R(N_2, \boldsymbol{u})R(N_2, \boldsymbol{v})T(\boldsymbol{w})\}\&\{D\}$

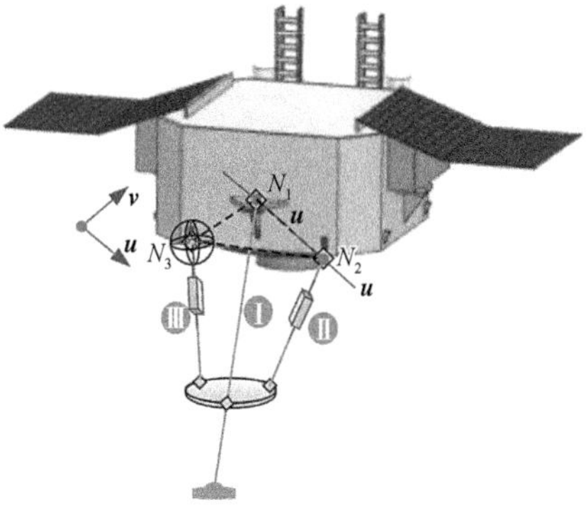

(d) $\{R(N_1, \boldsymbol{u})\}\&\{R(N_2, \boldsymbol{u})T\}\&\{D\}$

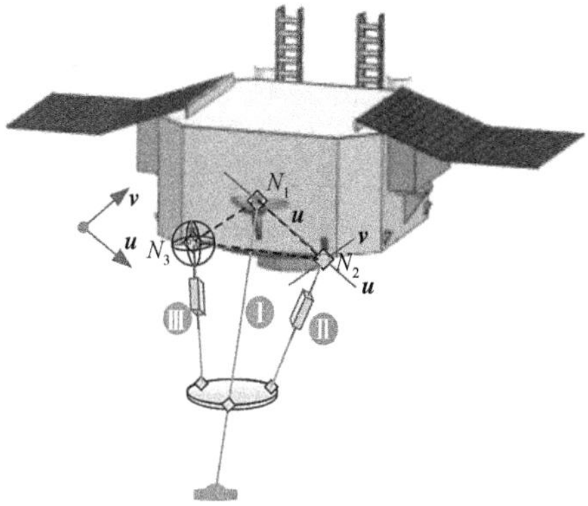

(e) $\{R(N_1, \boldsymbol{u})\}\&\{R(N_2, \boldsymbol{u})R(N_2, \boldsymbol{v})T\}\&\{D\}$

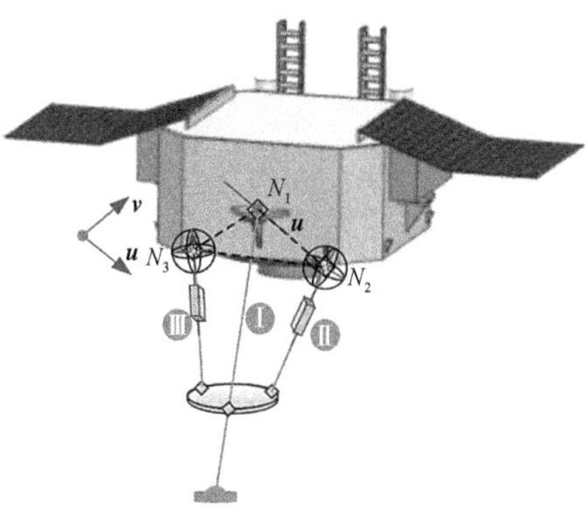

(f) $\{R(N_1, \boldsymbol{u})\}\&\{D\}\&\{D\}$

图 11－3　末端特征为 $\{\boldsymbol{R}(N, \boldsymbol{u})\}$ 的支链特征分布图

端特征线为 N_1N_2 的$\{R(N, \boldsymbol{u})\}$的支链分布共有 168 种。

同理,当取特征线方向为水平方向的$\{R(N, \boldsymbol{u})\}$时[图 11-1(b)],可得其支链的分布如表 11-3 所示,典型的特征线如图 11-4 所示。其中第一条支链末端特征可有3 种:当取$\{R(N_1, \boldsymbol{u})\}$时,支链分布形式有 21 种;当取$\{R(N_1, \boldsymbol{u})R(N_1, \boldsymbol{v})\}$时,支链分布形式有 18 种;当取$\{S(N_1)\}$时有 9 种;故末端特征线为水平轴的特征$\{R(N, \boldsymbol{u})\}$的支链分布共有 48 种。

表 11-3 $\{R(N, u)\}$的支链特征分布

<table>
<tr><th>LMC_1</th><th>LMC_2</th><th>LMC_3</th></tr>
<tr><td rowspan="9">$\{R(N_1, \boldsymbol{u})\}$
或
$\{R(N_1, \boldsymbol{u})R(N_1, \boldsymbol{v})\}$
或
$\{S(N_1)\}$</td><td rowspan="6">$\{R(N_2, \boldsymbol{u})T(\boldsymbol{u})T(\boldsymbol{v})\}$</td><td>$\{R(N_3, \boldsymbol{u})T(\boldsymbol{v})T(\boldsymbol{w})\}$</td></tr>
<tr><td>$\{R(N_3, \boldsymbol{v})R(N_3, \boldsymbol{u})T(\boldsymbol{v})T(\boldsymbol{w})\}$</td></tr>
<tr><td>$\{R(N_3, \boldsymbol{v})R(N_3, \boldsymbol{w})R(N_3, \boldsymbol{u})T(\boldsymbol{v})T(\boldsymbol{w})\}$</td></tr>
<tr><td>$\{R(N_3, \boldsymbol{u})T(\boldsymbol{u})T(\boldsymbol{v})T(\boldsymbol{w})\}$</td></tr>
<tr><td>$\{R(N_3, \boldsymbol{u})R(N_3, \boldsymbol{v})T(\boldsymbol{u})T(\boldsymbol{v})T(\boldsymbol{w})\}$</td></tr>
<tr><td>$\{R(N_3, \boldsymbol{u})R(N_3, \boldsymbol{v})R(N_3, \boldsymbol{w})T(\boldsymbol{u})T(\boldsymbol{v})T(\boldsymbol{w})\}$</td></tr>
<tr><td rowspan="5">$\{R(N_2, \boldsymbol{u})R(N_2, \boldsymbol{w})T(\boldsymbol{u})T(\boldsymbol{v})\}$</td><td>$\{R(N_3, \boldsymbol{v})R(N_3, \boldsymbol{u})T(\boldsymbol{v})T(\boldsymbol{w})\}$</td></tr>
<tr><td>$\{R(N_3, \boldsymbol{v})R(N_3, \boldsymbol{w})R(N_3, \boldsymbol{u})T(\boldsymbol{v})T(\boldsymbol{w})\}$</td></tr>
<tr><td>$\{R(N_3, \boldsymbol{u})T(\boldsymbol{u})T(\boldsymbol{v})T(\boldsymbol{w})\}$</td></tr>
<tr><td rowspan="9">$\{R(N_1, \boldsymbol{u})\}$
或
$\{R(N_1, \boldsymbol{u})R(N_1, \boldsymbol{v})\}$</td><td>$\{R(N_3, \boldsymbol{u})R(N_3, \boldsymbol{v})T(\boldsymbol{u})T(\boldsymbol{v})T(\boldsymbol{w})\}$</td></tr>
<tr><td>$\{R(N_3, \boldsymbol{u})R(N_3, \boldsymbol{v})R(N_3, \boldsymbol{w})T(\boldsymbol{u})T(\boldsymbol{v})T(\boldsymbol{w})\}$</td></tr>
<tr><td rowspan="4">$\{R(N_2, \boldsymbol{u})R(N_2, \boldsymbol{v})R(N_2, \boldsymbol{w})T(\boldsymbol{u})T(\boldsymbol{v})\}$</td><td>$\{R(N_3, \boldsymbol{u})R(N_3, \boldsymbol{v})R(N_3, \boldsymbol{w})T(\boldsymbol{v})T(\boldsymbol{w})\}$</td></tr>
<tr><td>$\{R(N_3, \boldsymbol{u})T(\boldsymbol{u})T(\boldsymbol{v})T(\boldsymbol{w})\}$</td></tr>
<tr><td>$\{R(N_3, \boldsymbol{u})R(N_3, \boldsymbol{v})T(\boldsymbol{u})T(\boldsymbol{v})T(\boldsymbol{w})\}$</td></tr>
<tr><td>$\{R(N_3, \boldsymbol{u})R(N_3, \boldsymbol{v})R(N_3, \boldsymbol{w})T(\boldsymbol{u})T(\boldsymbol{v})T(\boldsymbol{w})\}$</td></tr>
<tr><td rowspan="3">$\{R(N_2, \boldsymbol{u})T(\boldsymbol{u})T(\boldsymbol{v})T(\boldsymbol{w})\}$</td><td>$\{R(N_3, \boldsymbol{u})T(\boldsymbol{u})T(\boldsymbol{v})T(\boldsymbol{w})\}$</td></tr>
<tr><td>$\{R(N_3, \boldsymbol{u})R(N_3, \boldsymbol{v})T(\boldsymbol{u})T(\boldsymbol{v})T(\boldsymbol{w})\}$</td></tr>
<tr><td>$\{R(N_3, \boldsymbol{u})R(N_3, \boldsymbol{v})R(N_3, \boldsymbol{w})T(\boldsymbol{u})T(\boldsymbol{v})T(\boldsymbol{w})\}$</td></tr>
<tr><td rowspan="3">$\{R(N_1, \boldsymbol{u})\}$</td><td rowspan="2">$\{R(N_2, \boldsymbol{u})R(N_2, \boldsymbol{w})T(\boldsymbol{u})T(\boldsymbol{v})T(\boldsymbol{w})\}$</td><td>$\{R(N_3, \boldsymbol{u})R(N_3, \boldsymbol{v})T(\boldsymbol{u})T(\boldsymbol{v})T(\boldsymbol{w})\}$</td></tr>
<tr><td>$\{R(N_3, \boldsymbol{u})R(N_3, \boldsymbol{v})R(N_3, \boldsymbol{w})T(\boldsymbol{u})T(\boldsymbol{v})T(\boldsymbol{w})\}$</td></tr>
<tr><td>$\{R(N_2, \boldsymbol{u})R(N_2, \boldsymbol{v})R(N_2, \boldsymbol{w})T(\boldsymbol{u})T(\boldsymbol{v})T(\boldsymbol{w})\}$</td><td>$\{R(N_3, \boldsymbol{u})R(N_3, \boldsymbol{v})R(N_3, \boldsymbol{w})T(\boldsymbol{u})T(\boldsymbol{v})T(\boldsymbol{w})\}$</td></tr>
</table>

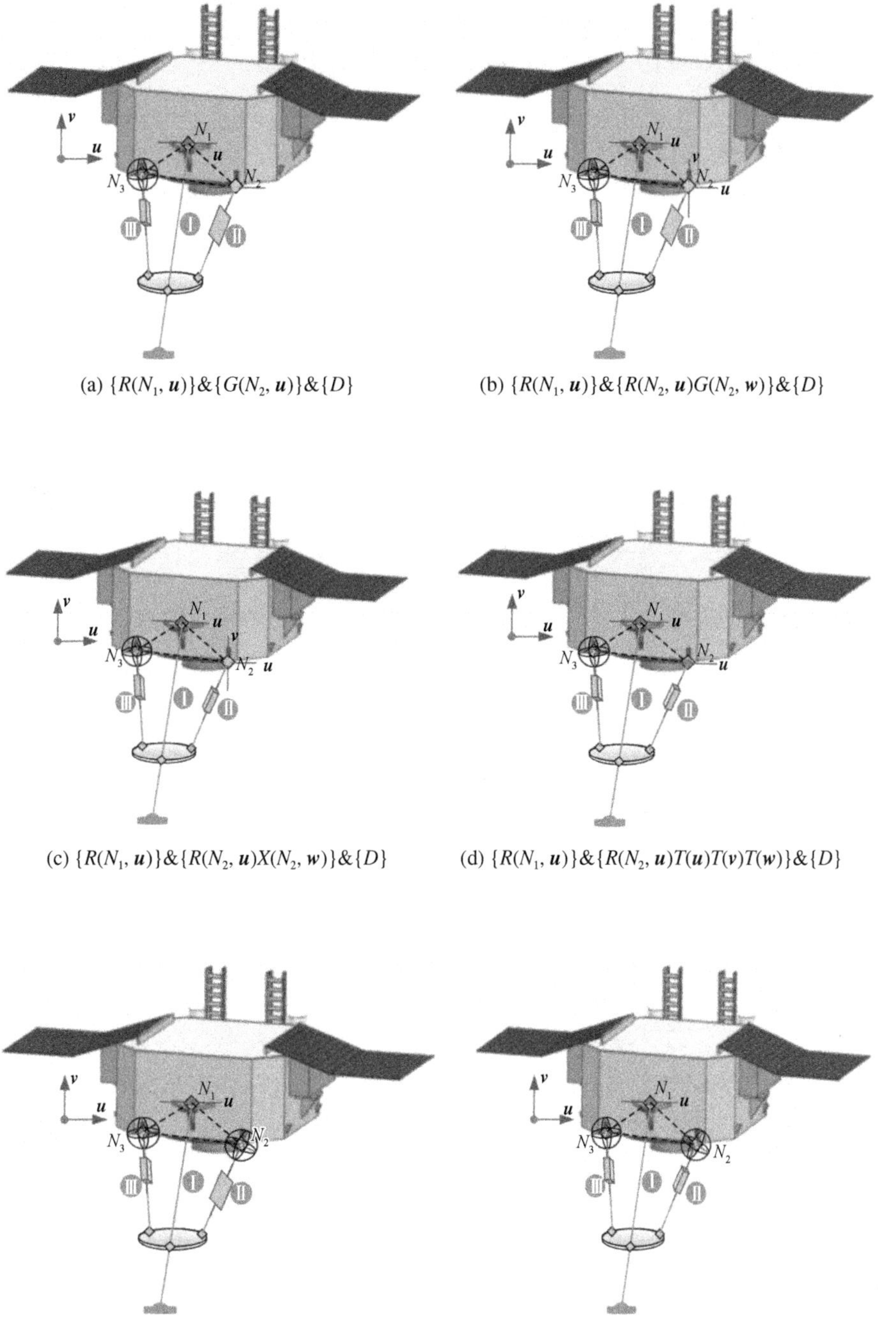

(a) $\{R(N_1, \boldsymbol{u})\}\&\{G(N_2, \boldsymbol{u})\}\&\{D\}$

(b) $\{R(N_1, \boldsymbol{u})\}\&\{R(N_2, \boldsymbol{u})G(N_2, \boldsymbol{w})\}\&\{D\}$

(c) $\{R(N_1, \boldsymbol{u})\}\&\{R(N_2, \boldsymbol{u})X(N_2, \boldsymbol{w})\}\&\{D\}$

(d) $\{R(N_1, \boldsymbol{u})\}\&\{R(N_2, \boldsymbol{u})T(\boldsymbol{u})T(\boldsymbol{v})T(\boldsymbol{w})\}\&\{D\}$

(e) $\{R(N_1, \boldsymbol{u})\}\&\{S(N_2)T(\boldsymbol{u})T(\boldsymbol{v})\}\&\{D\}$

(f) $\{R(N_1, \boldsymbol{u})\}\&\{D\}\&\{D\}$

图 11-4　$\{\boldsymbol{R}(N, \boldsymbol{u})\}$的支链特征分布图

11.2.3　LMC－JMC 的溯源与关节拓扑构造

由上一节可知,其支链末端特征主要包括$\{R(N, \boldsymbol{u})\}$、$\{R(N, \boldsymbol{u})R(N, \boldsymbol{v})\}$、$\{R(N, \boldsymbol{u})T(\boldsymbol{v})T(\boldsymbol{w})\}$、$\{R(N, \boldsymbol{u})R(N, \boldsymbol{v})R(N, \boldsymbol{w})\}$、$\{R(N, \boldsymbol{u})T(\boldsymbol{w})\}$、$\{R(N_2, \boldsymbol{u})R(N_2, \boldsymbol{v})T(\boldsymbol{w})\}$、$\{R(N_2, \boldsymbol{u})R(N_2, \boldsymbol{v})T_r\}$、$\{R(N_2, \boldsymbol{u})R(N_2, \boldsymbol{v})R(N_2, \boldsymbol{w})T(\boldsymbol{v})\}$、$\{R(N, \boldsymbol{v})R(N, \boldsymbol{u})T(\boldsymbol{v})T(\boldsymbol{w})\}$、$\{R(N, \boldsymbol{u})R(N, \boldsymbol{v})R(N, \boldsymbol{w})T(\boldsymbol{v})T(\boldsymbol{w})\}$、$\{R(N, \boldsymbol{u})T(\boldsymbol{u})T(\boldsymbol{v})T(\boldsymbol{w})\}$、$\{R(N, \boldsymbol{v})R(N, \boldsymbol{u})T(\boldsymbol{u})T(\boldsymbol{v})T(\boldsymbol{w})\}$和$\{D\}$共 12 种情况。根据 LMC 至 JMC 的运算法则,如分组、交换、基代换、特征增广和特征复制、特征重构等法则,可得到与这些支链末端特征对应的支链。

下面以前三个运动特征为例进行说明,其余情形见附录二。

1. $\{R(N, \boldsymbol{u})\}$

步骤 1,明确末端特征:此$\{\text{LMC}\}$为一维的$\{R(N, \boldsymbol{u})\}$特征,其特征线位置是过 N 点,方向为 $\boldsymbol{u}$;

步骤 2,数综合:此$\{\text{LMC}\}$仅具有一维特征,根据数综合公式(6－26)、式(6－27)和式(6－28),可以得到其关节运动特征仅为一维的 R 特征,且一定不存在 T 特征;

步骤 3,确认最简支链特征:其最简支链特征即为其本身$\{R(N, \boldsymbol{u})\}$;

步骤 4,支链特征的扩增:因其为一维运动特征,考虑工程应用,不对其作扩增;

步骤 5,关节构造:$\{R(N, \boldsymbol{u})\}$运动特征可由^{u}R副实现,其中 $\boldsymbol{u}$ 表示 R 副的轴线方向向量,进而由运动副的重构法则可知,在一定应用范围内,可用 P_R 副等效实现。

综上所述,可得$\{\text{LMC}\}$为$\{R(N, \boldsymbol{u})\}$时的支链拓扑结构为^{u}R和 P_R。

2. $\{R(N, \boldsymbol{u})R(N, \boldsymbol{v})\}$

步骤 1,明确末端特征:$\{\text{LMC}\}$为$\{R(N, \boldsymbol{u})R(N, \boldsymbol{v})\}$,维数为 2,其特征线过 N 点,方向矢量分别为 $\boldsymbol{u}$ 和 $\boldsymbol{v}$;

步骤 2,数综合:此$\{\text{LMC}\}$具有二维特征,根据数综合公式(6－26)、式(6－27)和式(6－28),可得:其关节运动特征为二维的 R 特征,且一定不存在 T 特征;

步骤 3,确认最简支链特征:其最简支链特征为$^{u}R^{v}R$,其中 $\boldsymbol{u}$、$\boldsymbol{v}$ 表示 R 特征线的方向向量;

步骤 4,支链的扩增:由分组法则可得,可将此两个特征融合为一组,得到$\{U(N, \boldsymbol{u}, \boldsymbol{v})\}$,由特征基代换可得,其$^{i}R^{j}R$可实现此特征(需满足条件:$\boldsymbol{u}$、$\boldsymbol{v}$ 张成的平面与 $\boldsymbol{i}$、$\boldsymbol{j}$ 张成的平面共面);

步骤 5,关节构造:运动特征$\{R(N, \boldsymbol{u})R(N, \boldsymbol{v})\}$可由运动副$^{u}\text{R}^{v}\text{R}$实现,其中 $\boldsymbol{u}$、$\boldsymbol{v}$ 表示 R 副轴线的方向向量,运动特征$\{U(N, \boldsymbol{u}, \boldsymbol{v})\}$可用$^{uv}\text{U}$副实现。

基于上述,可得$\{\text{LMC}\}$为$\{R(N, \boldsymbol{u})R(N, \boldsymbol{v})\}$的支链拓扑结构为$^{u}\text{R}^{v}\text{R}$、

${}^{i}R^{j}R$ 和 ${}^{uv}U$。

3. $\{R(N,\ \boldsymbol{u})T(\boldsymbol{v})T(\boldsymbol{w})\}$

步骤 1,明确末端特征:{LMC}为 $\{R(N,\ \boldsymbol{u})T(\boldsymbol{v})T(\boldsymbol{w})\}$,特征维数为 3,其中 R 特征满足虚迁性,即其特征线可沿平行 $\boldsymbol{u}$ 方向的任意位置,而 $\boldsymbol{u}$ 方向垂直于 $\boldsymbol{v}$、$\boldsymbol{w}$ 张成的二维移动特征平面;

步骤 2,数综合:此{LMC}具有三维特征,其中包括一维转动和二维移动,根据数综合公式(6-26)、式(6-27)和式(6-28)以及衍生法则,可得其关节运动特征应存在至少一维的 R 特征,但不一定存在 T 特征;

步骤 3,确认最简支链特征:此特征可由运动特征为"${}^{u}R^{v}P^{w}P$;

步骤 4,支链特征的扩增:由分组、交换法则可得

$$\begin{aligned}\{R(N,\ \boldsymbol{u})\}\{T(\boldsymbol{v})\}\{T(\boldsymbol{w})\} &= G(R_{\mathrm{h}}) = \{R(N,\ \boldsymbol{u})\}\{T(\boldsymbol{w})\}\{T(\boldsymbol{v})\}\\ &= \{T(\boldsymbol{v})\}\{R(N,\ \boldsymbol{u})\}\{T(\boldsymbol{w})\}\\ &= \{T(\boldsymbol{v})\}\{T(\boldsymbol{w})\}\{R(N,\ \boldsymbol{u})\}\\ &= \{T(\boldsymbol{w})\}\{R(N,\ \boldsymbol{u})\}\{T(\boldsymbol{v})\}\\ &= \{T(\boldsymbol{w})\}\{T(\boldsymbol{v})\}\{R(N,\ \boldsymbol{u})\}\end{aligned} \tag{11-4}$$

又由特征衍生法则可得

$$\{R(N,\ \boldsymbol{u})\}\{T(\boldsymbol{v})\}\{T(\boldsymbol{w})\} = \{R(N,\ \boldsymbol{u})\}\{R(A,\ \boldsymbol{u})\}\{R(B,\ \boldsymbol{u})\} \tag{11-5}$$

步骤 5,关节构造:式(11-4)对应的关节拓扑结构分别为"${}^{u}R^{w}P^{v}P$、${}^{v}P^{u}R^{w}P$、${}^{v}P^{w}P^{u}R$、${}^{w}P^{u}R^{v}P$、${}^{w}P^{v}P^{u}R$。式(11-5)对应的关节拓扑结构为"${}^{u}R^{u}R^{u}R$,即由 3 个特征线平行于 $\boldsymbol{u}$ 的 R 特征来实现。由重构法则可知:$T(\boldsymbol{v})T(\boldsymbol{w})$特征可由 PP_{a} 和 $P_{a}P_{a}$ 实现,$\{R(N,\ \boldsymbol{u})T(\boldsymbol{v})T(\boldsymbol{w})\}$可由 P_{a}^{*} 以及 P_{n} 实现,$\{R(N,\ \boldsymbol{u})T(\boldsymbol{v})\}$可由 R_{h} 实现。

综上所述,可得{LMC}为 $\{R(N,\ \boldsymbol{u})T(\boldsymbol{v})T(\boldsymbol{w})\}$的支链拓扑结构如表 11-4 所示。

表 11-4　$\{R(N,\ \boldsymbol{u})T(\boldsymbol{v})T(\boldsymbol{w})\}$的支链拓扑结构

运 动 副	支 链 拓 扑		
R P	${}^{u}R^{v}P^{w}P$	${}^{u}R^{w}P^{v}P$	${}^{v}P^{u}R^{w}P$
	${}^{w}P^{u}R^{v}P$	${}^{w}P^{v}P^{u}R$	${}^{v}P^{w}P^{u}R$
R R_{h}	${}^{u}R^{u}R^{u}R$	${}^{u}R_{h}{}^{w}P$	${}^{u}R_{h}{}^{v}P$

续 表

运动副	支链拓扑		
R P_a	$^{u}R^{v}P^{w}P_a$	$^{u}R^{w}P^{v}P_a$	$^{v}P_a{}^{u}R^{w}P$
	$^{w}P^{u}R^{v}P_a$	$^{w}P_a{}^{v}P^{u}R$	$^{v}P_a{}^{w}P^{u}R$
P_n $P_a{}^{*}$	$P_n-1\sim P_n-4$	$P_a{}^{*}$	

11.2.4 着陆腿结构的确定与优选

将得到的支链拓扑结构代入到着陆腿中各支链末端特征的分布中便可得到机器人的构型。因为以特征线为 N_1N_2 的 $\{R(N,\boldsymbol{u})\}$ 为机器人末端特征的支链末端特征分布有 168 种,而以特征线为水平轴的 $\{R(N,\boldsymbol{u})\}$ 为机器人末端特征的支链末端特征分布有 48 种,每种支链类型将产生非常庞大的数据,由机构的定性综合评价指标[式(3-32)]可知,为避免过约束对机械系统工作性能的有害影响,优先选取无过约束的末端特征分布以及少支链和运动副的机构,故以 $\{R(N,\boldsymbol{u})\}$ $(\boldsymbol{u}=N_1N_2)$ 为机器人末端特征的支链末端特征分布选取为 $\{R(N_1,\boldsymbol{u})\}\cap\{D\}\cap\{D\}$、$\{R(N_1,\boldsymbol{u})R(N_1,\boldsymbol{v})\}\cap\{S(N_2)T(\boldsymbol{u})T(\boldsymbol{v})\}\cap\{D\}$、$\{R(N_1,\boldsymbol{u})R(N_1,\boldsymbol{v})\}\cap\{R(N_2,\boldsymbol{u})R(N_2,\boldsymbol{w})T(\boldsymbol{u})T(\boldsymbol{v})T(\boldsymbol{w})\}\cap\{D\}$、$\{S(N_1)\}\cap\{S(N_2)T(\boldsymbol{v})\}\cap\{D\}$、$\{S(N_1)\}\cap\{R(N_2,\boldsymbol{u})R(N_2,\boldsymbol{w})T(\boldsymbol{u})T(\boldsymbol{v})\}\cap\{D\}$ 和 $\{S(N_1)\}\cap\{R(N_2,\boldsymbol{u})T(\boldsymbol{u})T(\boldsymbol{v})T(\boldsymbol{w})\}\cap\{D\}$。因增加杆件和运动副会增加机器人的质量和转动惯量等,故选取支链的结构时,以少杆件数、少运动副数为原则进行选取。本书也仅列出一些较具有代表性的着陆腿机构,即含杆件数和运动副数尽量少的支链,具体如表 11-5 所示,其余机构可将相应的支链结构代入至对应的支链末端特征的分布中(表 11-2 和表 11-3)得到。图 11-5(a)为 ^{u}R&2-^{uv}U^{w}P^{B}S 机构,包含三条支链,其中第一条支链仅有一个运动副,即 R 副,第二条支链和第三条支链具有相同的结构,均为不提供约束的 UPS 支链。图 11-5(g)所示为 ^{uv}U&^{uv}U^{B}S&^{u}R^{uv}U^{B}S 机构,包含三条不同的支链,第一条支链仅存在一个 U 副,第二条为 US 支链,第三条为 UPS 支链。与图 11-5(a)方案比,第二条支链为一杆二副,具有明显优势。

表 11-5 末端特征为 $\{R(N,\boldsymbol{u})\}$ 的着陆腿上部分结构 $(\boldsymbol{u}=N_1N_2)$

Type AL1-1: $\{RMC\}=\{R(N_1,\boldsymbol{u})\}\cap\{D\}\cap\{D\}$			
^{u}R&2-^{uv}U^{w}P^{B}S	^{u}R&2-^{uv}U^{u}R^{B}S	^{u}R&2-^{A}S^{w}P^{B}S	^{u}R&2-^{A}S^{u}R^{B}S
^{u}R&2-^{w}P^{uv}U^{B}S	^{u}R&2-^{u}R^{uv}U^{B}S	^{u}R&2-^{w}P^{A}S^{B}S	^{u}R&2-^{u}R^{A}S^{B}S
^{u}R&2-^{B}S^{w}P^{uv}U	^{u}R&2-^{B}S^{u}R^{uv}U	^{u}R&2-^{uv}U^{w}P$_a{}^{B}$S	^{u}R&2-^{A}S^{w}P$_a{}^{B}$S

续　表

Type AL1－2：$\{RMC\} = \{R(N_1, \boldsymbol{u})R(N_1, \boldsymbol{v})\} \cap \{S(N_2)T(\boldsymbol{u})T(\boldsymbol{v})\} \cap \{D\}$

$^{uv}U\&^{uv}US\&^{uv}U^{w}PS$	$^{uv}U\&^{uv}US\&^{uv}U^{u}RS$	$^{uv}U\&^{uv}U^{B}S\&^{A}S^{w}P^{B}S$	$^{uv}U\&^{uv}U^{B}S\&^{A}S^{u}R^{B}S$
$^{uv}U\&^{uv}US\&^{w}P^{uv}US$	$^{uv}U\&^{uv}US\&^{u}R^{uv}US$	$^{uv}U\&^{uv}U^{B}S\&^{w}P^{A}S^{B}S$	$^{uv}U\&^{uv}U^{B}S\&^{u}R^{A}S^{B}S$
$^{uv}U\&^{uv}US\&S^{w}P^{uv}U$	$^{uv}U\&^{uv}US\&S^{u}R^{uv}U$	$^{uv}U\&^{uv}US\&^{uv}U^{w}P_{a}S$	$^{uv}U\&^{uv}U^{B}S\&^{A}S^{w}P_{a}{}^{B}S$

Type AL1－3：$\{RMC\} = \{R(N_1, \boldsymbol{u})R(N_1, \boldsymbol{v})\} \cap \{R(N_2, \boldsymbol{u})R(N_2, \boldsymbol{w})T(\boldsymbol{u})T(\boldsymbol{v})T(\boldsymbol{w})\} \cap \{D\}$

$^{uv}U\&^{vu}U^{u}P^{v}P^{w}P\&^{uv}U^{w}P^{B}S$	$^{uv}U\&^{vu}U^{u}P^{v}P^{w}P\&^{uv}U^{u}R^{B}S$	$^{uv}U\&^{vu}U^{u}P^{v}P^{w}P\&^{A}S^{w}P^{B}S$
$^{uv}U\&^{vu}U^{u}P^{v}P^{w}P\&^{w}P^{uv}U^{B}S$	$^{uv}U\&^{vu}U^{u}P^{v}P^{w}P\&^{u}R^{uv}U^{B}S$	$^{uv}U\&^{vu}U^{u}P^{v}P^{w}P\&^{w}P^{A}S^{B}S$
$^{uv}U\&^{vu}U^{u}P^{v}P^{w}P\&^{B}S^{w}P^{uv}U$	$^{uv}U\&^{vu}U^{u}P^{v}P^{w}P\&^{B}S^{u}R^{uv}U$	$^{uv}U\&^{vu}U^{u}P^{v}P^{w}P\&^{uv}U^{w}P_{a}{}^{B}S$
$^{uv}U\&^{vu}U^{u}P^{v}P^{w}P\&^{A}S^{u}R^{B}S$	$^{uv}U\&^{vu}U^{u}P^{v}P^{w}P\&^{u}R^{A}S^{B}S$	$^{uv}U\&^{vu}U^{u}P^{v}P^{w}P\&^{A}S^{w}P_{a}{}^{B}S$

Type AL1－4：$\{RMC\} = \{S(N_1)\} \cap \{S(N_2)T(v)\} \cap \{D\}$

$^{N}S\&^{N}S^{v}P\&^{uv}U^{w}P^{B}S$	$^{N}S\&^{N}S^{v}P\&^{uv}U^{u}R^{B}S$	$^{N}S\&^{N}S^{v}P\&^{A}S^{w}P^{B}S$	$^{N}S\&^{N}S^{v}P\&^{A}S^{u}R^{B}S$
$^{N}S\&^{N}S^{v}P\&^{w}P^{uv}U^{B}S$	$^{N}S\&^{N}S^{v}P\&^{u}R^{uv}U^{B}S$	$^{N}S\&^{N}S^{v}P\&^{w}P^{A}S^{B}S$	$^{N}S\&^{N}S^{v}P\&^{u}R^{A}S^{B}S$
$^{N}S\&^{N}S^{v}P\&^{B}S^{w}P^{uv}U$	$^{N}S\&^{N}S^{v}P\&^{B}S^{u}R^{uv}U$	$^{N}S\&^{N}S^{v}P\&^{uv}U^{w}P_{a}{}^{B}S$	$^{N}S\&^{N}S^{v}P\&^{A}S^{w}P_{a}{}^{B}S$

Type AL1－5：$\{RMC\} = \{S(N_1)\} \cap \{R(N_2, \boldsymbol{u})R(N_2, \boldsymbol{w})T(\boldsymbol{u})T(\boldsymbol{v})\} \cap \{D\}$

$^{N}S\&^{uv}U^{v}P^{w}P\&^{uv}U^{w}P^{B}S$	$^{N}S\&^{uv}U^{v}P^{w}P\&^{uv}U^{u}R^{B}S$	$^{N}S\&^{uv}U^{v}P^{w}P\&^{A}S^{w}P^{B}S$
$^{N}S\&^{uv}U^{v}P^{w}P\&^{w}P^{uv}U^{B}S$	$^{N}S\&^{uv}U^{v}P^{w}P\&^{u}R^{uv}U^{B}S$	$^{N}S\&^{uv}U^{v}P^{w}P\&^{w}P^{A}S^{B}S$
$^{N}S\&^{uv}U^{v}P^{w}P\&^{B}S^{w}P^{uv}U$	$^{N}S\&^{uv}U^{v}P^{w}P\&^{B}S^{u}R^{uv}U$	$^{N}S\&^{uv}U^{v}P^{w}P\&^{uv}U^{w}P_{a}{}^{B}S$
$^{N}S\&^{uv}U^{v}P^{w}P\&^{A}S^{u}R^{B}S$	$^{N}S\&^{uv}U^{v}P^{w}P\&^{u}R^{A}S^{B}S$	$^{N}S\&^{uv}U^{v}P^{w}P\&^{A}S^{w}P_{a}{}^{B}S$

Type AL1－6：$\{RMC\} = \{S(N_1)\} \cap \{R(N_2, \boldsymbol{u})T(\boldsymbol{u})T(\boldsymbol{v})T(\boldsymbol{w})\} \cap \{D\}$

$^{N}S\&^{u}R^{u}P^{v}P^{w}P\&^{uv}U^{w}P^{B}S$	$^{N}S\&^{u}R^{u}P^{v}P^{w}P\&^{uv}U^{u}R^{B}S$	$^{N}S\&^{u}R^{u}P^{v}P^{w}P\&^{A}S^{w}P^{B}S$
$^{N}S\&^{u}R^{u}P^{v}P^{w}P\&^{w}P^{uv}U^{B}S$	$^{N}S\&^{u}R^{u}P^{v}P^{w}P\&^{u}R^{uv}U^{B}S$	$^{N}S\&^{u}R^{u}P^{v}P^{w}P\&^{w}P^{A}S^{B}S$
$^{N}S\&^{u}R^{u}P^{v}P^{w}P\&^{B}S^{w}P^{uv}U$	$^{N}S\&^{u}R^{u}P^{v}P^{w}P\&^{B}S^{u}R^{uv}U$	$^{N}S\&^{u}R^{u}P^{v}P^{w}P\&^{uv}U^{w}P_{a}{}^{B}S$
$^{N}S\&^{u}R^{u}P^{v}P^{w}P\&^{A}S^{u}R^{B}S$	$^{N}S\&^{u}R^{u}P^{v}P^{w}P\&^{u}R^{A}S^{B}S$	$^{N}S\&^{u}R^{u}P^{v}P^{w}P\&^{A}S^{w}P_{a}{}^{B}S$

在表 11－5 中的 6 大类方案 Type AL1－i(i＝1～6)中，均为无过约束方案，根据机构的定性综合评价指标[式(3－32)]可得，Type AL1－1 中可取最好指标值为 $EIC_{\text{Type AL1-1}} = 0+0+7+8+0+0 = 15$。同理，可得各方案可取的最优指标值，分别为：$EIC_{\text{Type AL1-}i} = [15, 13, 15, 15, 15, 15]$ ($i = 1 \sim 6$)。故 Type AL1－2 中的方案

可为最优,如图 11－5(g)所示的${}^{uv}U\&{}^{uv}U^{B}S\&{}^{u}R^{uv}U^{B}S$ 机构。

同理,对于以{$R(N, \boldsymbol{u})$}($\boldsymbol{u}$ 为水平轴)为机器人末端特征的着陆腿,根据机构的定性综合评价指标,支链末端特征的分布可选取为{$R(N_1, \boldsymbol{u})$} ∩ {D} ∩ {D},这里仅列出一些具有代表性的着陆腿机构,即含杆件数和运动副数尽量少的支链,具体如表 11－6 所示。

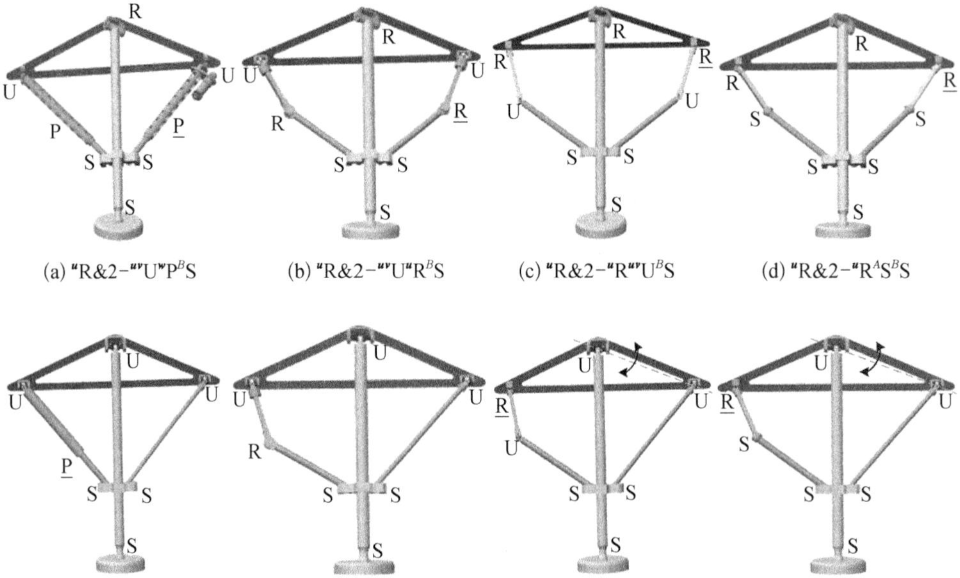

(a) ${}^{u}R\&2-{}^{uv}U^{w}P^{B}S$　(b) ${}^{u}R\&2-{}^{uv}U^{u}R^{B}S$　(c) ${}^{u}R\&2-{}^{u}R^{uv}U^{B}S$　(d) ${}^{u}R\&2-{}^{u}R^{A}S^{B}S$

(e) ${}^{uv}U\&{}^{uv}U^{B}S\&{}^{uv}U^{w}P^{B}S$　(f) ${}^{uv}U\&{}^{uv}U^{B}S\&{}^{uv}U^{u}R^{B}S$　(g) ${}^{uv}U\&{}^{uv}U^{B}S\&{}^{u}R^{uv}U^{B}S$　(h) ${}^{uv}U\&{}^{uv}U^{B}S\&{}^{u}R^{A}S^{B}S$

图 11－5　典型的着陆腿机构($\boldsymbol{u}=N_1N_2$)

表 11－6　末端特征为{$R(N, \boldsymbol{u})$}的着陆腿上部分机构($\boldsymbol{u}$ 为水平轴)

Type AL2:{RMC} = {$R(N_1, \boldsymbol{u})$} ∩ {D} ∩ {D}			
${}^{u}R\&2-{}^{uv}U^{w}P^{B}S$	${}^{u}R\&2-{}^{uv}U^{w}P^{B}S$	${}^{u}R\&2-{}^{uv}U^{w}P^{B}S$	${}^{u}R\&2-{}^{uv}U^{w}P^{B}S$
${}^{u}R\&2-{}^{w}P^{uv}U^{B}S$	${}^{u}R\&2-{}^{w}P^{uv}U^{B}S$	${}^{u}R\&2-{}^{w}P^{uv}U^{B}S$	${}^{u}R\&2-{}^{w}P^{uv}U^{B}S$
${}^{u}R\&2-{}^{B}S^{w}P^{uv}U$	${}^{u}R\&2-{}^{B}S^{w}P^{uv}U$	${}^{u}R\&2-{}^{B}S^{w}P^{uv}U$	${}^{u}R\&2-{}^{B}S^{w}P^{uv}U$

值得指出:当支链选取为二杆三副时,若二杆的连接处为具有转动特征的运动副(如 R 副或 U 副),则处于展开位形时,应保证二杆的轴线重合,从而处于奇异位形(这里指死点位置)。若二杆的连接处为具有移动特征的运动副(如 P 副),则处于展开位形时,应加入锁止装置,以保证此运动副处于被锁止状态,使其处于边界奇异位形,从而保证着陆器的可行性和稳定性。

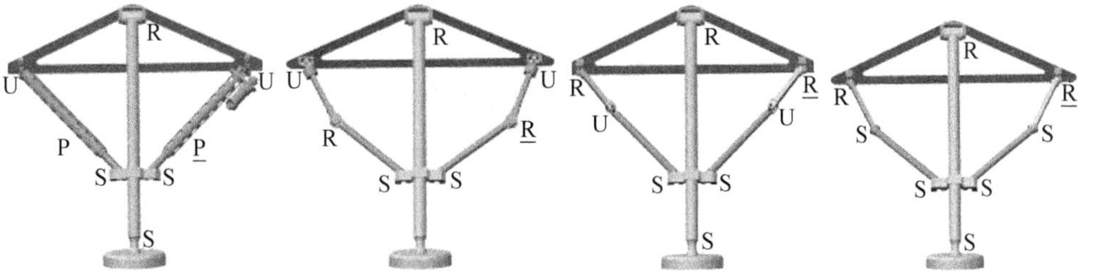

(a) ${}^{u}R\&2-{}^{uv}U^{w}P^{B}S$　(b) ${}^{u}R\&2-{}^{uv}U^{u}R^{B}S$　(c) ${}^{u}R\&2-{}^{u}R^{uv}U^{B}S$　(d) ${}^{u}R\&2-{}^{u}R^{A}S^{B}S$

图 11－6　典型的着陆腿机构-特征线(*u* 为水平轴)

11.2.5　固定式着陆器构型

着陆器机构由机身和四条机械腿组成,故将四条机械腿沿机身中心轴线周向均匀安装,便可得到含有被动支链机械腿的着陆巡视机器人。图 11－7 所示为由四条结构相同且性能较优的(UP&3－RUS)$\otimes$S 机械腿与机身组成的着陆器机构。

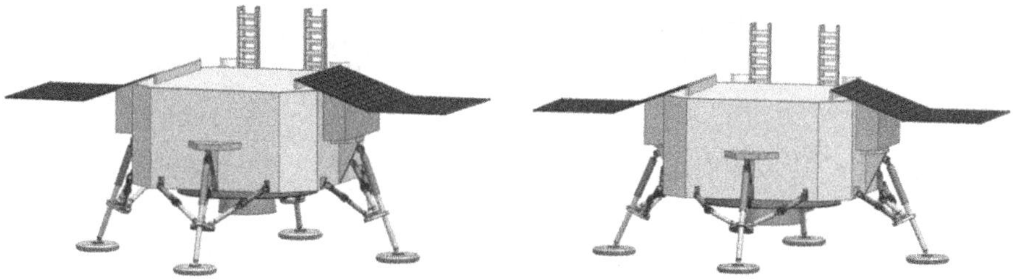

(a) *u*为斜轴　(b) *u*为水平轴

图 11－7　典型的固定式着陆器机构

11.3　具有姿态调整功能的固定式着陆器特征溯源设计

11.3.1　运动特征提取

根据特征溯源流程,首先需明确机器人的末端特征。由运动特征提取法则,可得到着陆器机身的运动特征为$\{R(N,\ \boldsymbol{u})\}\{R(N,\ \boldsymbol{v})\}$或$\{S(N)\}$。上部 2$R$ 特征具体可分为三类(图 11－8):① 可用 U 运动副等效实现,即两转动特征轴线在同一平面内且互相垂直,可表示为$\{R(N,\ \boldsymbol{u})\}\{R(N,\ \boldsymbol{v})\}$,如图 11－8(a);② 可用 RR 运动副实现,两转动特征轴线不在同一平面内,可表示为$\{R(A,\ \boldsymbol{u})\}\{R(B,\ \boldsymbol{v})\}$,如图 11－8(b);③ 可用 4－RRRR 等效机构实现,即末端两转动特征轴线在运动过程中发生变化。本节以第 3 种情况为例进行阐述,即末端特征为$\{R(N,\ \tilde{\boldsymbol{u}})\}\{R(N,\ \tilde{\boldsymbol{v}})\}$。

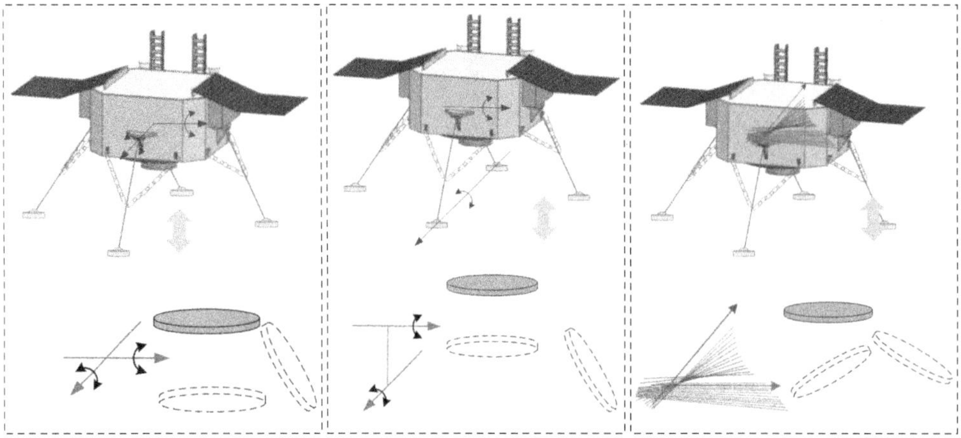

(a) 2R特征：$\{R(N, \boldsymbol{u})\}\{R(N, \boldsymbol{v})\}$　(b) 2R特征：$\{R(A, \boldsymbol{u})\}\{R(B, \boldsymbol{v})\}$　(c) 2R特征：$\{R(N, \tilde{\boldsymbol{u}})\}\{R(N, \tilde{\boldsymbol{v}})\}$

图 11-8　2*R* 运动特征的分类

11.3.2　RMC 确定以及数综合

由运动特征分组法则可知，机身的末端特征为 $\{R(N, \tilde{\boldsymbol{u}})\}\{R(N, \tilde{\boldsymbol{v}})\}$，因着陆器由四腿和机构组成，在姿态调整阶段，可看作是具有四条支链的并联机构，其末端构件为机身，末端特征即为 $\{R(N, \tilde{\boldsymbol{u}})\}\{R(N, \tilde{\boldsymbol{v}})\}$。而此末端特征可由 $4-(\mathrm{RR})_A(\mathrm{RR})_B$ 生成。进而问题转化为：设计末端特征为的 $4-(\mathrm{RR})_A(\mathrm{RR})_B$ 并联机构，如图 11-9 所示。首先进行数综合设计，据式(5-13)，取各参数如表 11-7 所示。

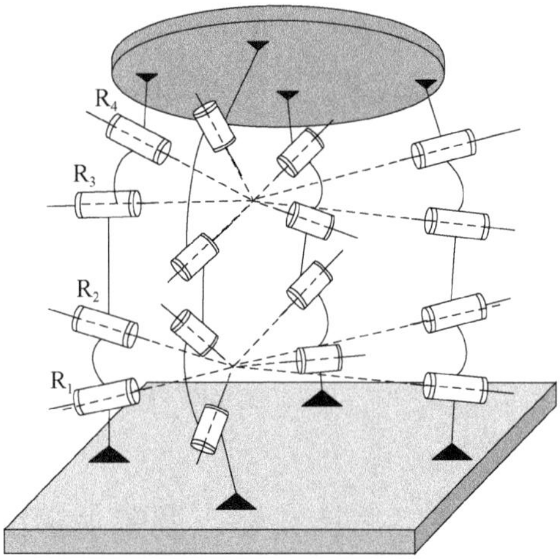

图 11-9　末端特征为的 $4-(\mathbf{RR})_A(\mathbf{RR})_B$ 机构

表 11-7　移位腿上部的数综合

参　数	数　值	参　数	数　值
总支链数 n_{TL}	4	总驱动数	2
主动支链数 n_{AL}	2	支链 i 上的驱动数(i = 1, 2, 3, 4)	(1, 1, 0, 0)
被动支链数 n_{PL}	2	冗余驱动数 R_{A}	0

11.3.3　RMC－LMC 的溯源

根据并联机构的形成原理，可得

$$\{\mathrm{RMC}\} = \{R(N,\boldsymbol{u})\}\{R(N,\boldsymbol{v})\} = \bigcap_{i=1}^{4}\{\mathrm{LMC}_i\} \tag{11-6}$$

根据 RMC－LMC 的等价法则、特征增广法则和运动特征的溯源流程，可得将机器人末端特征 $\{R(N,\boldsymbol{u})\}$ 分解至四支链的末端特征。

此运动特征可用 $4-(\mathrm{RR})_A(\mathrm{RR})_B$ 生成，故其支链运动特征均为 $\{R(N,\boldsymbol{u})R(N,\boldsymbol{v})\}\{T(\boldsymbol{u})T(\boldsymbol{v})\}\oplus\{R(N,\boldsymbol{w})T(\boldsymbol{w})\}$。由运动特征的增广规则，可得在不改变其末端运动特征的前提下的支链运动特征的分布形式，如表 11－8 所示。

表 11－8　末端特征为 $\{R(N,\boldsymbol{u})R(N,\boldsymbol{v})\}$ 的支链特征分布

<table>
<tr><th>编号</th><th>LMC_1</th><th>LMC_2</th><th>LMC_3</th><th>LMC_4</th></tr>
<tr><td>1</td><td rowspan="4">$\{R(N,\boldsymbol{u})R(N,\boldsymbol{v})\}\{T(\boldsymbol{u})T(\boldsymbol{v})\}\oplus\{R(N,\boldsymbol{w})T(\boldsymbol{w})\}$</td><td>$\{R(N,\boldsymbol{u})R(N,\boldsymbol{v})\}\{T(\boldsymbol{u})T(\boldsymbol{v})\}\oplus\{R(N,\boldsymbol{w})T(\boldsymbol{w})\}$</td><td>$\{R(N,\boldsymbol{u})R(N,\boldsymbol{v})\}\{T(\boldsymbol{u})T(\boldsymbol{v})\}\oplus\{R(N,\boldsymbol{w})T(\boldsymbol{w})\}$</td><td>$\{R(N,\boldsymbol{u})R(N,\boldsymbol{v})\}\{T(\boldsymbol{u})T(\boldsymbol{v})\}\oplus\{R(N,\boldsymbol{w})T(\boldsymbol{w})\}$</td></tr>
<tr><td>2</td><td>$\{R(N,\boldsymbol{u})R(N,\boldsymbol{v})\}\{T(\boldsymbol{u})T(\boldsymbol{v})\}\oplus\{R(N,\boldsymbol{w})T(\boldsymbol{w})\}$</td><td>$\{R(N,\boldsymbol{u})R(N,\boldsymbol{v})\}\{T(\boldsymbol{u})T(\boldsymbol{v})\}\oplus\{R(N,\boldsymbol{w})T(\boldsymbol{w})\}$</td><td>$\{R(N,\boldsymbol{u})R(N,\boldsymbol{v})R(N,\boldsymbol{w})\}\{T(\boldsymbol{u})T(\boldsymbol{v})\}\oplus\{T(\boldsymbol{w})\}$</td></tr>
<tr><td>3</td><td>$\{R(N,\boldsymbol{u})R(N,\boldsymbol{v})\}\{T(\boldsymbol{u})T(\boldsymbol{v})\}\oplus\{R(N,\boldsymbol{w})T(\boldsymbol{w})\}$</td><td>$\{R(N,\boldsymbol{u})R(N,\boldsymbol{v})\}\{T(\boldsymbol{u})T(\boldsymbol{v})\}\oplus\{R(N,\boldsymbol{w})T(\boldsymbol{w})\}$</td><td>$\{D\}$</td></tr>
<tr><td>4</td><td>$\{R(N,\boldsymbol{u})R(N,\boldsymbol{v})T(\boldsymbol{w})T(\boldsymbol{u})\}$</td><td>$\{D\}$</td><td>$\{D\}$</td></tr>
<tr><td>5</td><td rowspan="3">$\{R(N,\boldsymbol{u})R(N,\boldsymbol{v})R(N,\boldsymbol{w})\}\{T(\boldsymbol{u})T(\boldsymbol{w})\}$</td><td>$\{R(N,\boldsymbol{u})R(N,\boldsymbol{v})R(N,\boldsymbol{w})\}\{T(\boldsymbol{u})T(\boldsymbol{w})\}$</td><td>$\{R(N,\boldsymbol{u})R(N,\boldsymbol{v})R(N,\boldsymbol{w})\}\{T(\boldsymbol{u})T(\boldsymbol{w})\}$</td><td>$\{R(N,\boldsymbol{u})R(N,\boldsymbol{v})R(N,\boldsymbol{w})\}\{T(\boldsymbol{u})T(\boldsymbol{w})\}$</td></tr>
<tr><td>6</td><td>$\{R(N,\boldsymbol{u})R(N,\boldsymbol{v})R(N,\boldsymbol{w})\}\{T(\boldsymbol{u})T(\boldsymbol{w})\}$</td><td>$\{R(N,\boldsymbol{u})R(N,\boldsymbol{v})R(N,\boldsymbol{w})\}\{T(\boldsymbol{u})T(\boldsymbol{w})\}$</td><td>$\{D\}$</td></tr>
<tr><td>7</td><td>$\{R(N,\boldsymbol{u})R(N,\boldsymbol{v})T(\boldsymbol{w})T(\boldsymbol{u})\}$</td><td>$\{D\}$</td><td>$\{D\}$</td></tr>
</table>

支链末端特征分布情况分析：第一条支链可以选 2 种支链末端特征，当取 $\{R(N,\boldsymbol{u})R(N,\boldsymbol{v})\}\{T(\boldsymbol{u})T(\boldsymbol{v})\}\oplus\{R(N,\boldsymbol{w})T(\boldsymbol{w})\}$ 时有 4 种，当取 $\{R(N,\boldsymbol{u})R(N,\boldsymbol{v})R(N,\boldsymbol{w})\}\{T(\boldsymbol{u})T(\boldsymbol{w})\}$ 时有 3 种，故末端特征线为 $\{R(N,\boldsymbol{u})R(N,\boldsymbol{v})\}$ 的支链末端特征分布共有 7 种。图 11－10 中所举出了 4 种与表 11－8 中第 1、2、3 和 5 行对应的典型运动特征分布图。

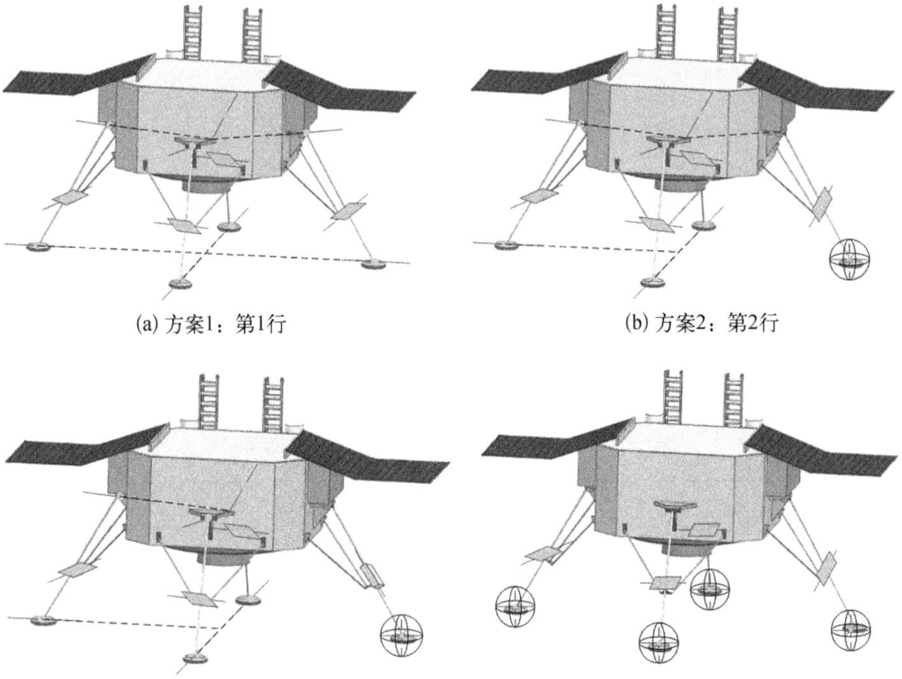

(a) 方案1：第1行　(b) 方案2：第2行

(c) 方案3：第3行　(d) 方案4：第5行

图 11－10　$\{\boldsymbol{R}(N, \boldsymbol{u})\boldsymbol{R}(N, \boldsymbol{v})\}$的支链特征分布图

11.3.4　着陆器的腿构型设计

考虑前期设计中着陆器足踝处具有 S_N,且在腿根部需存在转动特征以及四条腿的结构对称性,故可考虑采用图 11－10 中方案 4。其每腿的运动特征为$\{R(N, \boldsymbol{u})R(N, \boldsymbol{v})R(N, \boldsymbol{w})\}\{T(\boldsymbol{u})T(\boldsymbol{w})\}$,可分解为$\{R(N, \boldsymbol{u})R(N, \boldsymbol{v})R(N, \boldsymbol{w})\}\{R(B, \boldsymbol{u})R(B, \boldsymbol{v})\}$。可将每条腿的运动特征按串联形式进行分组,具体分为下部特征为$\{R(N, \boldsymbol{u})R(N, \boldsymbol{v})R(N, \boldsymbol{w})\}$,上部的运动特征为$\{R(B, \boldsymbol{u})R(B, \boldsymbol{v})\}$,其中下部特征$\{S(N)\}$可用相应的拓扑结构去实现,如 $(``R^{v}R^{w}R)_N$、$``^{uv}U^{w}R$、$``R^{vw}U$ 和 S_N,从杆件数最小考虑,本书采用球副 S_N 实现此运动特征,而上部特征则用具有三支链的并联机构去实现,问题转化为设计具有上部特征为$\{R(B, \boldsymbol{u})R(B, \boldsymbol{v})\}$的并联机构,因考虑运动特征维数大多小于 3,故上部的运动特征可由中间支链实现,而另 2 条支链设计为被动支链,不具有约束。

11.3.5　LMC－JMC 的溯源与关节拓扑构造

由上一节可知,其支链末端特征主要包括:$\{R(N, \boldsymbol{u})R(N, \boldsymbol{v})\}\{T(\boldsymbol{u})T(\boldsymbol{v})\}\oplus\{R(N, \boldsymbol{w})T(\boldsymbol{w})\}$、$\{R(N, \boldsymbol{u})R(N, \boldsymbol{v})R(N, \boldsymbol{w})\}\{T(\boldsymbol{u})T(\boldsymbol{w})\}$和$\{D\}$这 3 种情况。

根据 LMC 至 JMC 的运算法则,如分组、交换、基代换、特征增广和特征复制和特征重构等法则,可得到对应的支链,前两者如表 11 - 9 所示,{D} 如表 11 - 10 所示。

表 11 - 9 支链拓扑结构

末端特征	拓扑结构
$\{R(N, \boldsymbol{u})R(N, \boldsymbol{v})\}\{T(\boldsymbol{u})T(\boldsymbol{v})\} \oplus \{R(N, \boldsymbol{w})T(\boldsymbol{w})\}$	$(RR)_O(RR)_O$, RUR
$\{R(N, \boldsymbol{u})R(N, \boldsymbol{v})R(N, \boldsymbol{w})\}\{T(\boldsymbol{u})T(\boldsymbol{w})\}$	$(RRR)_O S$, SS, URU, SU, US, $(RR)_O S$, $S(RR)_O$, RSR, UUU

表 11 - 10 末端特征为 {D} 的支链拓扑结构

运动副	支链拓扑			
P R	${}^{u}P^{v}P^{w}P^{u}R^{v}R^{w}R$	${}^{u}R^{u}P^{v}P^{v}R^{v}R^{v}R$	RRPRRR	PRRRRR
R P_R R	$PPPRP_R R$	$RPPRP_R R$	$RRPRP_R R$	$PRRRP_R R$
$P_a P_R$ R	$P_a P_a P_a RRR$	$P_a P_a PRRR$	$P_a P_a P_a RP_R R$	$P_a P_a PRP_R R$
P U^* R P_a	$PU^* RRR$	$U^* P_a RRR$	$PU^* RP_R R$	URRRR
C P R	CPRRR	$CPRP_R R$		
P U S	${}^{uv}U^{w}P^{B}S$	${}^{w}P^{uv}U^{B}S$	${}^{w}P^{B}S^{uv}U$	${}^{B}S^{w}P^{uv}U$
R P R_h	${}^{w}R^{v}R^{u}R_h{}^{u}P^{v}P$	${}^{w}R^{v}R^{u}R_h{}^{v}P^{u}P$	${}^{w}R^{v}R^{u}P^{v}P^{u}R_h$	${}^{w}R^{v}R^{v}P^{u}P^{u}R_h$
R P R_h P_a	${}^{w}R^{v}R^{u}R_h{}^{u}P^{v}P_a$	${}^{w}R^{v}R^{u}R_h{}^{v}P^{u}P_a$	${}^{w}R^{v}R^{u}P^{v}P_a{}^{u}R_h$	${}^{w}R^{v}R^{v}P_a{}^{u}P^{u}R_h$
P S S	${}^{w}P^{A}S^{B}S$	${}^{A}S^{w}P^{B}S$	PSS	${}^{w}P^{A}S^{B}S$
R U S	${}^{u}R^{vw}U^{B}S$	${}^{u}R^{B}S^{vw}U$	${}^{vw}U^{u}R^{B}S$	${}^{N}S^{u}R^{uv}U$
R S S	${}^{u}R^{A}S^{B}S$	${}^{A}S^{u}R^{B}S$		
P_a U S	${}^{uv}U^{u}P_a S$	${}^{u}P_a{}^{uv}US$		
P U^* S	${}^{uv}U^{*}{}^{w}PS$	${}^{u}P^{uv}U^{*}S$		
P_n $P_a{}^*$	${}^{w}R^{v}R^{u}PP_a{}^{*}$	${}^{w}R^{v}R^{u}P^{u}P_n - 1 \sim {}^{w}R^{v}R^{u}P^{u}P_n - 4$		
	${}^{w}R^{v}RP_a{}^{*}{}^{u}P$	${}^{w}R^{v}R^{u}P_n - 1^{u}P \sim {}^{w}R^{v}R^{wv}U^{u}P_n - 4^{u}P$		

11.3.6 具有姿态调整能力的着陆器构型

据上述分析,可得到末端特征为 $\{R(N, \boldsymbol{u})R(N, \boldsymbol{v})\}$ 具有姿态调整能力的着

陆器构型[4]，考虑前期设计中着陆器足踝处具有 S_N，且在腿根部需存在转动特征，故可采用图 11－10 中方案 4 的情形，其每条脚机构都相同，即主支柱下部为 S 副，上部为 U 副，两条辅助支链均为 RUS 支链，如图 11－11 所示。

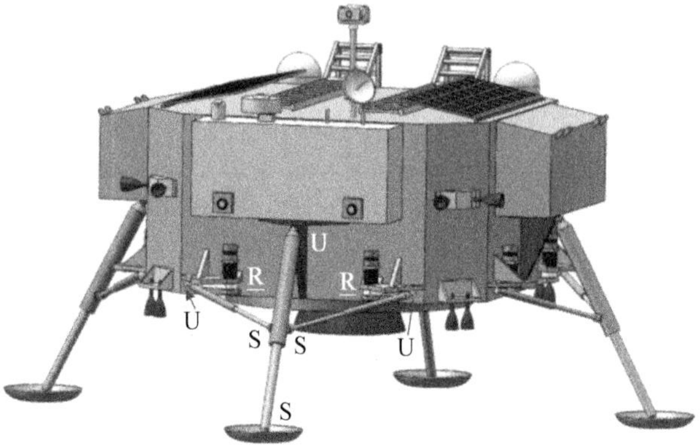

图 11－11 $\{R(N, \boldsymbol{u})R(N, \boldsymbol{v})\}$的着陆器构型

11.4 总 结

本章运用特征溯源方法对具有折叠展开和着陆缓冲功能的固定式着陆器进行了构型综合，得到具有沿水平轴或斜轴折展的两类固定式着陆器构型，运动特征为 $\{R(N, \boldsymbol{u})\}\{S(N)\}$。对具有折叠展开、着陆缓冲和着陆后具有姿态调整功能的着陆器进行了构型综合，得到多功能可调姿着陆器构型，运动特征为 $\{R(N, \boldsymbol{u})\}\{R(N, \boldsymbol{v})\}$，为地外天体着陆探测装备研发提供了新颖的构型方案。

参考文献

[1] Lin R F, Guo W Z, Li M, et al. Novel design of a legged mobile lander for extraterrestrial planet exploration[J]. International Journal of Advanced Robotic Systems, 2017, 14 (6): 1－16.

[2] Lin R F, Guo W Z, Chen X B, et al. Type synthesis of legged mobile landers with one passive limb using the singularity property[J]. Robotica, 2018, 36 (12): 1836－1856.

[3] Lin R F, Guo W Z, Li M. Novel design of legged mobile landers with decoupled landing and walking functions containing a rhombus joint[J]. ASME Journal of Mechanisms and Robotics, 2018, 10 (6): 1－14.

[4] Lin R F, Guo W Z, Zhao C J, et al. Conceptual design and analysis of legged landers with orientation capability[J]. Chinese Journal of Aeronautics, 2023, 36 (3): 171－183.

第十二章
可移动式着陆器特征溯源设计

12.1 引　言

本章运用特征溯源方法，对可移动式着陆器进行了构型设计，主要包括：① 着陆腿的运动特征为$\{R(N, \boldsymbol{u})\}\{R(N, \boldsymbol{v})\}\{T(\boldsymbol{w})\}$的可移动式着陆器设计；② 基于机构-桁架功能融合的具有被动支链的可移动式着陆器设计；③ 基于多位自锁功能关节的具有地形着陆适应能力的可移动式着陆器设计。其流程包括：基于任务的末端特征设计、机构末端至支链末端以及支链末端至关节的构型设计。

12.2 具有三支链移位腿的可移动式着陆器特征溯源

12.2.1 RMC 确定以及数综合

由运动特征分组法则可知，移位腿的末端特征$\{D\}$可按上、下两部分进行分组：上部为点的三维移动特征$\{T_P(3)\}$，下部为三维的转动特征$\{S(N)\}$。上部为点的三维移动特征可进一步映射为刚体的运动特征$\{R(N, \boldsymbol{u})\}\{R(N, \boldsymbol{v})\}\{T(\boldsymbol{w})\}$或$\{R(N, \boldsymbol{u})\}\{R(N, \boldsymbol{v})\}\{T_r\}$，下部可选取 S_N 实现运动特征$\{S(N)\}$。借鉴嫦娥四/五号着陆器结构，可提取其拓扑结构为：由上下两部分组成，上部为具有 3 条支链的并联形式，下部为一个杆件和一个节点组成，如图 12－1 所示。将上

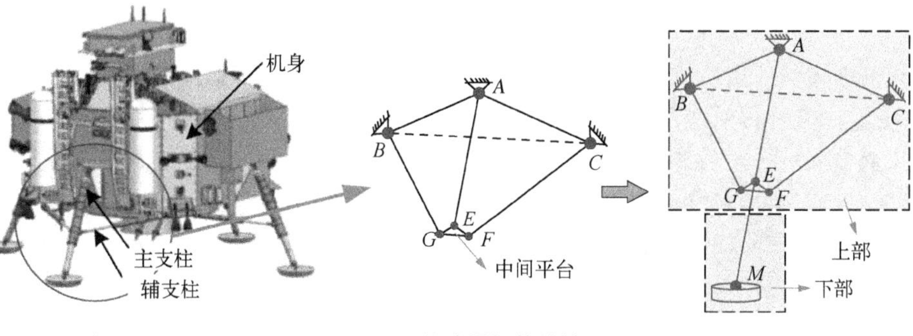

图 12－1　着陆器拓扑结构

部设计为并联机构，进而问题转化为：设计末端特征为$\{R(N, \boldsymbol{u})\}\{R(N, \boldsymbol{v})\}\{T(\boldsymbol{w})\}$或$\{R(N, \boldsymbol{u})\}\{R(N, \boldsymbol{v})\}\{T_r\}$的并联机构。同时为后续保证着陆腿与移位腿的机构可以融合为一体，移位腿中必须含有着陆腿中一维 R 特征。首先进行数综合设计，据式（5－13），取各参数如表 12－1 所示[1-3]。

表 12－1 移动式着陆器移位腿上部的数综合

参 数	数 值	参 数	数 值
总支链数 n_{TL}	3	总驱动数	3
主动支链数 n_{AL}	3	支链 i 上的驱动数（$i=1, 2, 3$）	（1, 1, 1）
被动支链数 n_{PL}	0	冗余驱动数 R_{A}	0

12.2.2 RMC－LMC 的溯源

考虑移位腿特征线的特殊要求，应含有与着陆腿中 R 特征的特征线重合的 R 特征，即应包含有沿 N_1N_2 为特征线的 R 特征或具有水平轴特征线的 R 特征。先以$\{R(N, \boldsymbol{u})R(N, \boldsymbol{v})T(\boldsymbol{w})\}$（$\boldsymbol{u}=N_1N_2$）为例进行设计，根据并联机构的形成原理，可得

$$\{\mathrm{RMC}\}=\{R(N, \boldsymbol{u})\}\{R(N, \boldsymbol{v})\}\{T(\boldsymbol{w})\}=\bigcap_{i=1}^{3}\{\mathrm{LMC}_i\} \qquad (12-1)$$

根据 RMC－LMC 的等价法则、特征增广法则和运动特征的溯源流程，可得将机器人末端特征$\{R(N, \boldsymbol{u})\}$分解至三支链的末端特征，如表 12－2 所示，具体步骤如下。

（1）第 1 条支链的末端特征$\{\mathrm{LMC}_1\}$的确定：由等价法则，可取第一条支链的末端特征与机器人末端特征等价为

$$\{\mathrm{LMC}_1\}=\{\mathrm{RMC}\}=\{R(N_1, \boldsymbol{u})R(N_1, \boldsymbol{v})T(\boldsymbol{w})\} \qquad (12-2)$$

（2）第 2 条支链的末端特征$\{\mathrm{LMC}_2\}$的确定：因 N_1N_2 的连线方向与$\{R(N_1, \boldsymbol{u})\}$的特征线重合，由两个一维 R 特征间的求交法则可知：$\{\mathrm{LMC}_2\}$可包含特征$\{R(N_2, \boldsymbol{u})\}$，特征线与$\{\mathrm{LMC}_1\}$中的$\{R(N_1, \boldsymbol{u})\}$特征线重合。进而考虑$\{R(N_1, \boldsymbol{v})\}$特征，因为 N_2 点不在$\{R(N, \boldsymbol{v})\}$的特征线上，由两个一维 R 特征间的求交法则可知，点 N_2 处应存在具有虚迁性的$\{R(N, \boldsymbol{v})\}$（$N\in\Theta$）特征才能满足要求，同时由迁移法则可知，其将引入与此$\{R(N, \boldsymbol{v})\}$（$N\in\Theta$）特征线相垂直的二维$\{T(\boldsymbol{w})T(\boldsymbol{u})\}$特征，其中$\{T(\boldsymbol{w})\}$与$\{\mathrm{RMC}\}$中的一维$\{T(\boldsymbol{w})\}$特征相同，故此 T 特征可取。引入$\{T(\boldsymbol{u})\}$特征后，支链 1 与支链 2 特征也满足余集条件［式（5－23）］，故

$\{LMC_2\}$ 可取 $\{R(N, \boldsymbol{u})R(N, \boldsymbol{v})T(\boldsymbol{w})T(\boldsymbol{u})\}$。

（3）第 3 条支链的末端特征 $\{LMC_3\}$ 的确定：因为点 N_3 不在 $\{R(N_1, \boldsymbol{u})\}$ 和 $\{R(N_1, \boldsymbol{v})\}$ 的特征线上，由两个一维 R 特征间的求交法则可知：点 N_3 处应存在具有虚迁性的二维 R 特征才能满足要求。同时由迁移法则可知，其将引入三维 T 特征，可先假定 $\{LMC_3\}$ 取 $\{R(N, \boldsymbol{v})R(N, \boldsymbol{u})R(N, \boldsymbol{w})T(\boldsymbol{u})T(\boldsymbol{v})T(\boldsymbol{w})\}$（即 $\{D\}$），进而验证三维 T 特征和 $\{R(N, \boldsymbol{w})\}$ 引入的合理性，易得其满足支链特征间的余集条件[式(5－23)]，故 $\{LMC_3\}$ 可取为 $\{D\}$。

基于以上步骤，便得到了一种满足机器人末端特征的支链特征分布，即 $\{R(N, \boldsymbol{u})R(N, \boldsymbol{v})T(\boldsymbol{w})\}$&$\{R(N, \boldsymbol{u})R(N, \boldsymbol{v})T(\boldsymbol{w})T(\boldsymbol{u})\}$&$\{D\}$。

（4）对支链特征进行增广：因为第 3 条支链已位于末端特征层级关系的最高层，所以不对其进一步增广。接下来，对第 2 条支链进行增广。因第 1 条支链的末端特征与机器人末端特征等价，其两者的余集为空，即

$$\{\overline{LMC_i}\} = \{LMC_i\} \ominus \{RMC\} = \varnothing \ (i = 1, 2) \tag{12-3}$$

故第 2 条支链中可以加入更多的运动特征，也可满足余集条件[式(5－23)]，其支链特征还可以是 $\{R(N, \boldsymbol{u})R(N, \boldsymbol{v})R(N, \boldsymbol{w})T(\boldsymbol{w})T(\boldsymbol{u})\}$、$\{R(N, \boldsymbol{u})R(N, \boldsymbol{v})T(\boldsymbol{w})T(\boldsymbol{u})T(\boldsymbol{v})\}$ 和 $\{D\}$。

依据上述步骤，还可先对第 1 条支链特征进行增广，得到更多 $\{RMC\}$ 为 $\{R(N, \boldsymbol{u})R(N, \boldsymbol{v})T(\boldsymbol{w})\}$ 的支链特征分布，如表 12－2 所示，其典型的具体特征线如图 12－2 所示。

表 12－2　末端特征为 $\{R(N, \boldsymbol{u})R(N, \boldsymbol{v})T(\boldsymbol{w})\}$ 的支链特征分布（$\boldsymbol{u} = N_1N_2$）

编号	LMC_1	LMC_2	LMC_3
1	$\{R(N, \boldsymbol{u})R(N, \boldsymbol{v})T(\boldsymbol{w})\}$ 或 $\{R(N, \boldsymbol{u})R(N, \boldsymbol{v})T_r\}$	$\{R(N, \boldsymbol{u})R(N, \boldsymbol{v})T(\boldsymbol{w})T(\boldsymbol{u})\}$	$\{D\}$
2		$\{R(N, \boldsymbol{u})R(N, \boldsymbol{v})R(N, \boldsymbol{w})T(\boldsymbol{w})T(\boldsymbol{u})\}$	
3		$\{R(N, \boldsymbol{u})R(N, \boldsymbol{v})T(\boldsymbol{w})T(\boldsymbol{u})T(\boldsymbol{v})\}$	
4		$\{D\}$	
5	$\{R(N, \boldsymbol{u})R(N, \boldsymbol{v})T(\boldsymbol{w})T(\boldsymbol{u})\}$	$\{R(N, \boldsymbol{u})R(N, \boldsymbol{v})T(\boldsymbol{w})T(\boldsymbol{u})\}$	
6		$\{R(N, \boldsymbol{u})R(N, \boldsymbol{v})R(N, \boldsymbol{w})T(\boldsymbol{w})T(\boldsymbol{u})\}$	
7		$\{R(N, \boldsymbol{u})R(N, \boldsymbol{v})T(\boldsymbol{w})T(\boldsymbol{u})T(\boldsymbol{v})\}$	
8	$\{R(N, \boldsymbol{u})R(N, \boldsymbol{v})R(N, \boldsymbol{w})T(\boldsymbol{w})T(\boldsymbol{u})\}$	$\{R(N, \boldsymbol{u})R(N, \boldsymbol{v})R(N, \boldsymbol{w})T(\boldsymbol{w})T(\boldsymbol{u})\}$	
9		$\{R(N, \boldsymbol{u})R(N, \boldsymbol{v})T(\boldsymbol{w})T(\boldsymbol{u})T(\boldsymbol{v})\}$	

支链末端特征分布情况分析：第一条支链可以选 3 种支链末端特征，当取 $\{R(N,\ \boldsymbol{u})R(N,\ \boldsymbol{v})T(\boldsymbol{w})\}$ 时有 4 种，当取 $\{R(N,\ \boldsymbol{u})R(N,\ \boldsymbol{v})T(\boldsymbol{w})T(\boldsymbol{u})\}$ 时有 3 种，当取 $\{R(N,\ \boldsymbol{u})R(N,\ \boldsymbol{v})R(N,\ \boldsymbol{w})T(\boldsymbol{w})T(\boldsymbol{u})\}$ 时有 2 种，故末端特征线为 N_1N_2 的 $\{R(N,\ \boldsymbol{u})\}$ 的支链末端特征分布共有 9 种。

类似地，以 $\{R(N,\ \boldsymbol{u})R(N,\ \boldsymbol{v})T_r\}$ $(\boldsymbol{u} = N_1N_2)$ 为末端特征时，其支链末端特征分布可有 4 种，如表 12－2 第 1~4 种情形所示，其几何表示可将图 12－2 中第一条支链的 T 特征改为 T_r 特征即可。同理，当取 {RMC} 为 $\{R(N,\ \boldsymbol{u})R(N,\ \boldsymbol{v})T(\boldsymbol{w})\}$ ($\boldsymbol{u}$ 为水平轴)时，支链末端特征的分布共有 4 种，如表 12－3 所示，具体的特征线如图 12－3 所示。类似地，以 $\{R(N,\ \boldsymbol{u})R(N,\ \boldsymbol{v})T_r\}$ ($\boldsymbol{u}$ 为水平轴)为末端特征时，支链末端特征分布有 2 种，如表 12－3 所示，其几何表示仅需将图 12－3(a) 和图 12－3(b) 中第一条支链中 T 特征改为 T_r 特征即可。

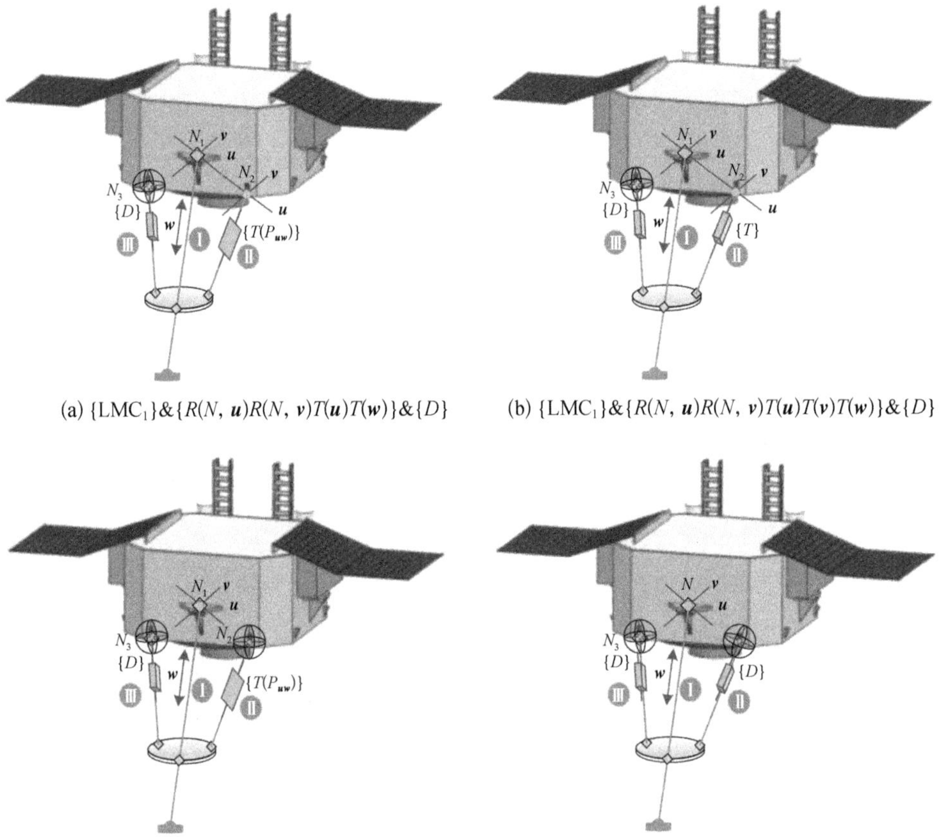

(a) $\{LMC_1\}\&\{R(N,\ \boldsymbol{u})R(N,\ \boldsymbol{v})T(\boldsymbol{u})T(\boldsymbol{w})\}\&\{D\}$

(b) $\{LMC_1\}\&\{R(N,\ \boldsymbol{u})R(N,\ \boldsymbol{v})T(\boldsymbol{u})T(\boldsymbol{v})T(\boldsymbol{w})\}\&\{D\}$

(c) $\{LMC_1\}\&\{R(N,\ \boldsymbol{u})R(N,\ \boldsymbol{v})R(N,\ \boldsymbol{w})T(\boldsymbol{w})T(\boldsymbol{u})\}\&\{D\}$

(d) $\{R(N,\ \boldsymbol{u})R(N,\ \boldsymbol{v})T(\boldsymbol{w})\}\&\{D\}\&\{D\}$

图 12－2 $\{R(N,\ \boldsymbol{u})R(N,\ \boldsymbol{v})T(\boldsymbol{w})\}$ 的支链特征分布图($\{LMC_1\} = \{R(N,\ \boldsymbol{u})R(N,\ \boldsymbol{v})T(\boldsymbol{w})\}$, $\boldsymbol{u} = N_1N_2$)

表 12－3　末端特征为{$R(N, u)R(N, v)T(w)$}的支链特征分布(u 为水平轴)

LMC_1	LMC_2	LMC_3
{$R(N, u)R(N, v)T(w)$}或{$R(N, u)R(N, v)T_r$}	{$R(N, u)R(N, v)T(w)T(u)T(v)$}	{D}
	{D}	
{$R(N, u)R(N, v)T(w)T(v)$}	{$R(N, u)R(N, v)T(w)T(u)$}	{$R(N, u)R(N, v)T(w)T(u)$}
		{$R(N, u)R(N, v)T(w)T(u)T(v)$}
		{$R(N, u)R(N, v)R(N, w)T(w)T(u)$}

12.2.3　LMC－JMC 的溯源与关节拓扑构造

由上一节可知,其支链末端特征主要包括:{$R(N, u)R(N, v)T(w)$}、{$R(N, u)R(N, v)T_r$}、{$R(N, u)R(N, v)T(v)T(w)$}、{$R(N, u)R(N, v)R(N, w)T(v)T(w)$}、{$R(N, u)R(N, v)T(u)T(v)T(w)$}、{$D$}这 6 种情况。根据 LMC－JMC 的运算法则,如:分组、交换、基代换、特征增广和特征复制和特征重构等法则,可得到对应的支链,具体见附录二。

12.2.4　移位腿机构的确定与优选

将得到的支链拓扑结构代入到移位腿中各支链末端特征的分布中,便可得到机器人的构型。为节省篇幅,对于以{$R(N, u)R(N, v)T(w)$}($u = N_1N_2$)为机器人末端特征的机器人,这里列出符合图 12－2 中支链特征分布的机构,支链的拓扑结构这里仅列出一些具有代表性的着陆腿机构(含杆件数和运动副数较少的支链),具体如表 12－4 所示。进而可得到几种典型的移位腿机构,例如:图 12－4(a)、图 12－4(c)、图 12－4(e)、图 12－4(g)分别对应的支链末端特征分布为表 12－4 中的第 1~4 种情形。其中,驱动副可用带下划线的符号表示,例如:$\underline{P}$ 和 $\underline{R}$ 分别表示驱动的 P 副和 R 副。

同理,对于{RMC}为{$R(N, u)R(N, v)T_r$}　($u = N_1N_2$)时,可得到相应的移位腿构型:图 12－4(b)、图 12－4(d)、图 12－4(f)和图 12－4(h)分别对应的支链末端特征分布为表 12－4 中的第 1~4 种情形。

在表 12－4 中的 4 大类方案 Type AW1－i($i = 1$~4)中,Type AW－4 为无过约束情形,根据机构的定性综合评价指标[式(3－32)],可得各方案可取到的最优值为 $\mathbf{EIC}_{\text{Type AL-}i} = [27, 26, 26, 25]$。故 Type AW1－4 中的方案可为最优,如 UP&2－UPS、UR&2－URS 与 UR&2－RUS 机构,考虑可将驱动副选于机架处,可选 UR&

2 - RUS 为最优方案，如图 12 - 4(c)。

对于{RMC}为$\{R(N,\ \boldsymbol{u})R(N,\ \boldsymbol{v})T(\boldsymbol{w})\}$（$\boldsymbol{u}$ 为水平轴）时，列出 4 类较具有代表性的着陆腿的机构（含杆件数和运动副数较少的支链），具体如表 12 - 5 所示。图 12 - 5 列举了几种典型的移位腿机构，其中图 12 - 5(a)和图 12 - 5(b)对应的支链末端特征分布为表 12 - 5 中的第 1 种情形，其中驱动副的选择如图 12 - 5 所示。

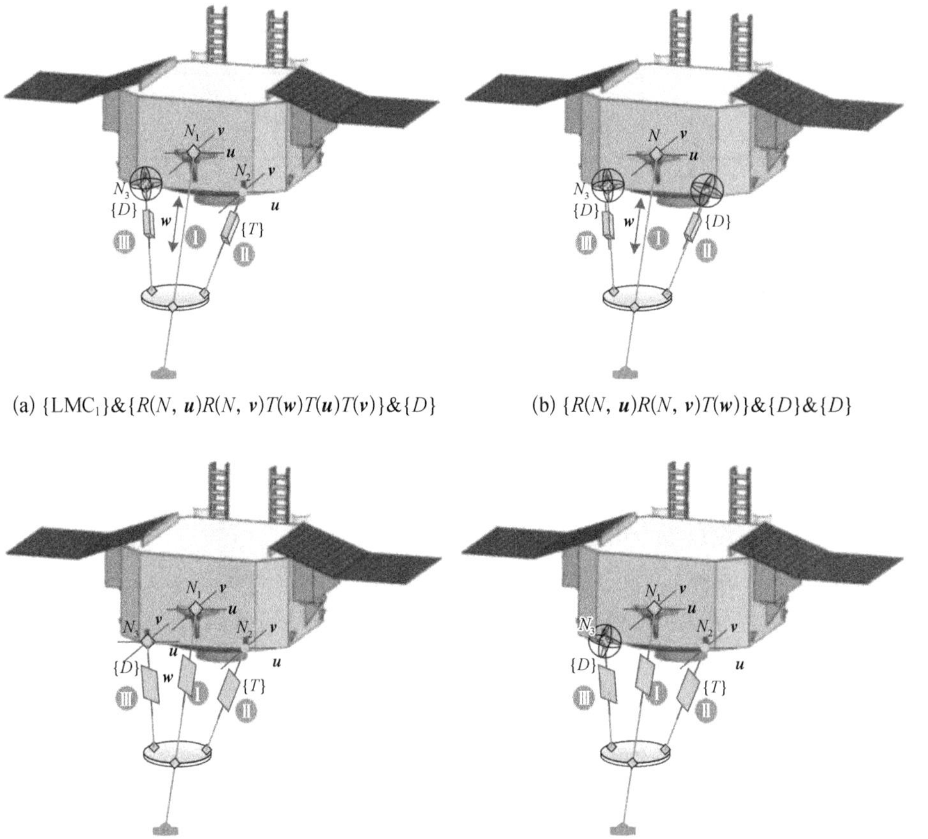

(a) $\{LMC_1\}\&\{R(N,\boldsymbol{u})R(N,\boldsymbol{v})T(\boldsymbol{w})T(\boldsymbol{u})T(\boldsymbol{v})\}\&\{D\}$　(b) $\{R(N,\boldsymbol{u})R(N,\boldsymbol{v})T(\boldsymbol{w})\}\&\{D\}\&\{D\}$

(c) $\{LMC_1\}=\{LMC_2\}=\{LMC_3\}$　(d) $\{LMC_1\}\&\{LMC_2\}\&\{S(N_3)T(\boldsymbol{w})T(\boldsymbol{u})\}$

图 12 - 3　$\{R(N,\ u)R(N,\ v)T(w)\}$的支链特征分布图（$\{LMC_1\}$ = $\{R(N,\ u)R(N,\ v)T(w)\}$，u 为水平轴）

同理，可得{RMC}为$\{R(N,\ \boldsymbol{u})R(N,\ \boldsymbol{v})T_r\}$（$\boldsymbol{u}=N_1N_2$）相应的移位腿构型，如图 12 - 5(c)所示。在表 12 - 5 中，根据无过约束的评价指标可知，仅有 Type AW2 - 2 为无过约束的运动特征的分布，即此类特征分布形式为最优，其一典型构型为 RR_h&2 - RUS，如图 12 - 5(a)所示。

同理，考虑着陆器位于着陆位形时，腿部结构处于奇异位形，而奇异位形可有死点奇异和边界奇异等，其中图 12－5(a)所示的着陆器机械腿处于死点奇异；图 12－6 和图 12－7 分别是机械腿中的主支柱与辅助支链位于边界奇异位形，进而得到相应四种的机构腿构型，如图 12－8 所示。

表 12－4　{$\boldsymbol{R}(N, \boldsymbol{u})\boldsymbol{R}(N, \boldsymbol{v})\boldsymbol{T}(\boldsymbol{w})$}移位腿上部结构($\boldsymbol{u}=N_1N_2$)

Type AW1－1：{RMC} = {$R(N, \boldsymbol{u})R(N, \boldsymbol{v})T(\boldsymbol{w})$}&{$R(N, \boldsymbol{u})R(N, \boldsymbol{v})T(\boldsymbol{u})T(\boldsymbol{w})$}&{$D$}			
RR_h&URR&RUS	RR_h&URR&RSS	UP&UPR&URS	UP&UPR&RSS
UP&URR&UPS	UP&URR&PSS	UP&CRR&UPS	UP&CRR&PSS
UP&URR&URS	UP&UPR&RSS	UP&CRR&URS	UP&CPR&RSS
UP&UPR&UPS	UP&UPR&PSS	UP&CPR&UPS	UP&CPR&PSS
UP&CPR&URS	UP&CPR&RSS		
Type AW1－2：{RMC} = {$R(N, \boldsymbol{u})R(N, \boldsymbol{v})T(\boldsymbol{w})$}&{$R(N, \boldsymbol{u})R(N, \boldsymbol{v})T(\boldsymbol{u})T(\boldsymbol{v})T(\boldsymbol{w})$}&{$D$}			
RR_h&URU&RUS	RR_h&URU&RSS	UP&UPU&URS	UP&UPU&RSS
UP&URU&UPS	UP&URU&PSS	UP&PUU&UPS	UP&PUU&PSS
UP&URU&URS	UP&URU&RSS	UP&PUU&URS	UP&PUU&RSS
UP&UPU&UPS	UP&UPU&PSS	UP&RUU&UPS	UP&RUU&PSS
UP&RUU&URS	UP&RUU&RSS		
Type AW1－3：{RMC} = {$R(N, \boldsymbol{u})R(N, \boldsymbol{v})T(\boldsymbol{w})$}&{$R(N, \boldsymbol{u})R(N, \boldsymbol{v})R(N, \boldsymbol{w})T(\boldsymbol{w})T(\boldsymbol{u})$}&{$D$}			
RR_h&CSRR&RUS	RR_h&SRR&RSS	UP&SPR&URS	UP&SPR&RSS
UP&SPR&UPS	UP&SPR&PSS	UP&SRR&UPS	UP&SRR&PSS
UP&SRR&URS	UP&SRR&RSS		
Type AW1－4：{RMC} = {$R(N, \boldsymbol{u})R(N, \boldsymbol{v})T(\boldsymbol{w})$}&{$D$}&{$D$}			
RR_h&2－RUS	RR_h&2－RSS	2－PSS&UP	2－RSS&UP

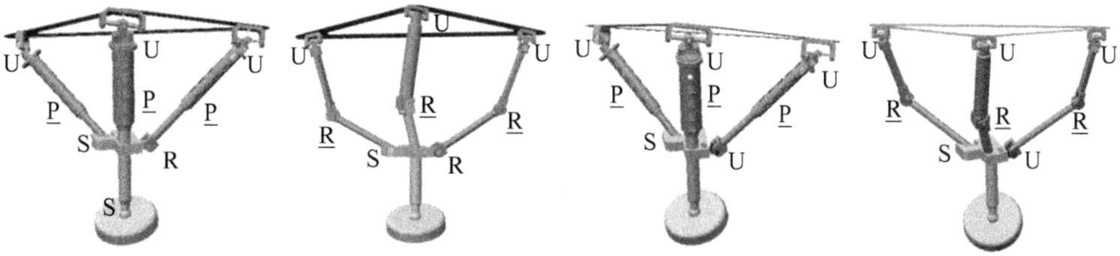

(a) UP&UPR&UPS　(b) UR&URR&URS　(c) UP&UPU&UPS　(d) UR&URU&URS

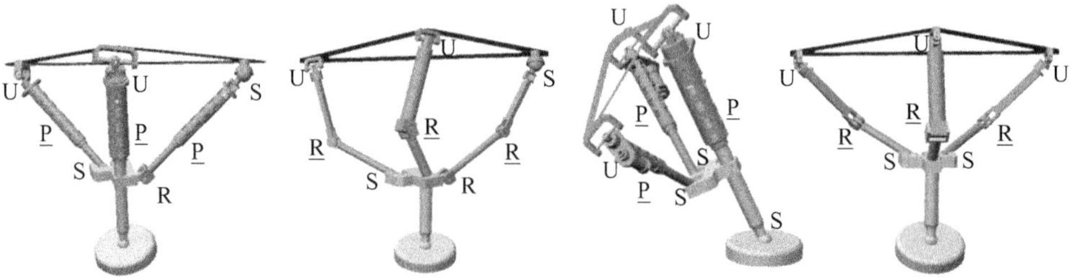

(e) UP&SPR&UPS　(f) UR&SRR&URS　(g) UP&2-UPS　(h) UR&2-URS

图 12－4　典型的移位腿机构$\{\boldsymbol{R}(N,u)\boldsymbol{R}(N,v)\boldsymbol{T}(w)\}$ $(u=N_1N_2)$

表 12－5　$\{\boldsymbol{R}(N,u)\boldsymbol{R}(N,v)\boldsymbol{T}(w)\}$移位腿上部结构($u$为水平轴)

Type AW2－1：$\{R(N,\boldsymbol{u})R(N,\boldsymbol{v})T(\boldsymbol{w})\}\&\{R(N,\boldsymbol{u})R(N,\boldsymbol{v})T(\boldsymbol{w})T(\boldsymbol{u})T(\boldsymbol{v})\}\&\{D\}$			
RR_h&CSRR&RUS	RR_h&SRR&RSS	UP&SPR&URS	UP&SPR&RSS
UP&SPR&UPS	UP&SPR&PSS	UP&SRR&UPS	UP&SRR&PSS
UP&SRR&URS	UP&SRR&RSS		
Type AW2－2：$\{R(N,\boldsymbol{u})R(N,\boldsymbol{v})T(\boldsymbol{w})\}\&\{D\}\&\{D\}$			
RR_h&2－RUS	RR_h&2－RSS	2－PSS&UP	2－RSS&UP
UR&2－RUS	UR&2－UPS	UP&2－UPS	2－RSS&UP
TypeAW2－3：$\{R(N,\boldsymbol{u})R(N,\boldsymbol{v})T(\boldsymbol{u})T(\boldsymbol{w})\}\&\{R(N,\boldsymbol{u})R(N,\boldsymbol{v})T(\boldsymbol{u})T(\boldsymbol{w})\}\&\{R(N,\boldsymbol{u})R(N,\boldsymbol{v})T(\boldsymbol{u})T(\boldsymbol{w})\}$			
3－URR	3－CRR	3－UPR	3－CPR
3－RRRR	3－RPRR	3－UP_aR	3－CP_aR
Type AW2－4：$\{R(N,\boldsymbol{u})R(N,\boldsymbol{v})T(\boldsymbol{u})T(\boldsymbol{w})\}\&\{R(N,\boldsymbol{u})R(N,\boldsymbol{v})T(\boldsymbol{u})T(\boldsymbol{w})\}\&\{S(N)T(\boldsymbol{u})T(\boldsymbol{w})\}$			
2－URR&SRR	2－CRR&SRR	2－UPR&SPR	2－CPR&SPR
2－RRRR&SRR	2－RPRR&SRR	2－UP_aR&SPR	2－CP_aR&SPR

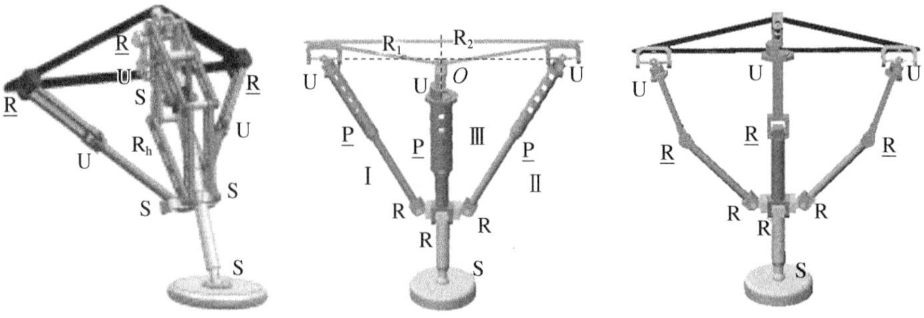

(a) RR_h&2-RUS　(b) 3-UPR　(c) 3-URR

图 12－5　典型的移位腿机构$\{\boldsymbol{R}(N,u)\boldsymbol{R}(N,v)\boldsymbol{T}(w)\}$($u$为水平轴)

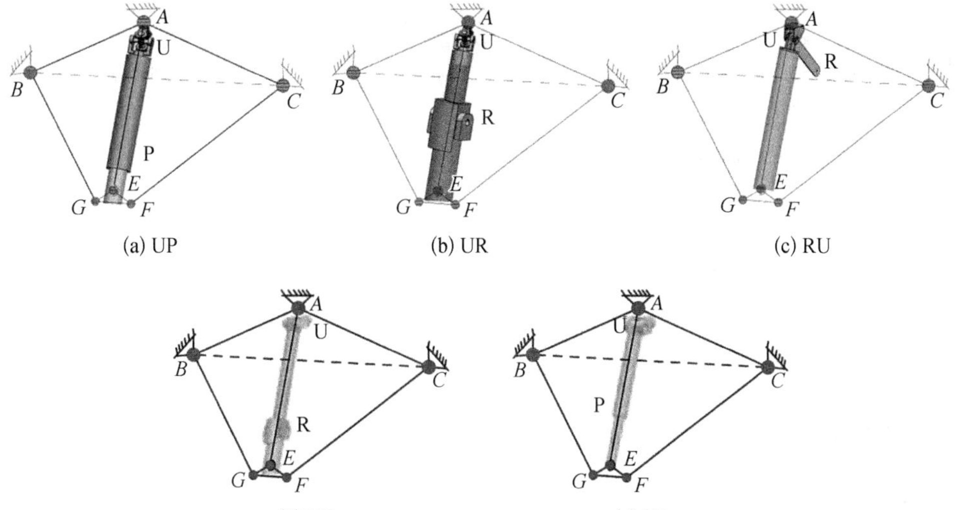

图 12 - 6 着陆器主支柱

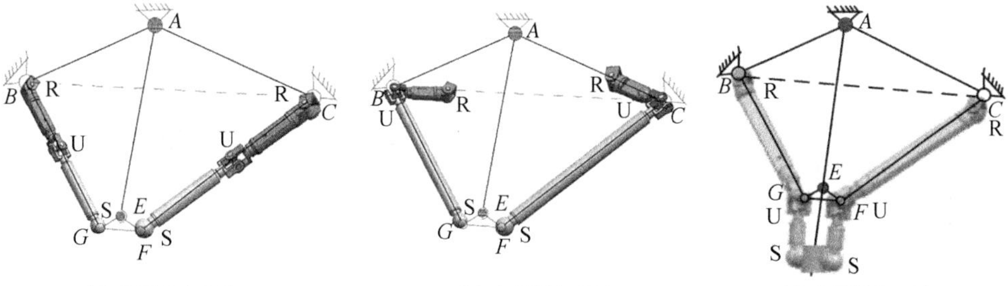

(a) 布置Ⅰ(RUS)　　　　(b) 布置Ⅱ(RUS)　　　　(c) 布置Ⅲ(RUS)

图 12 - 7 着陆器的辅支柱三种运动特征布置

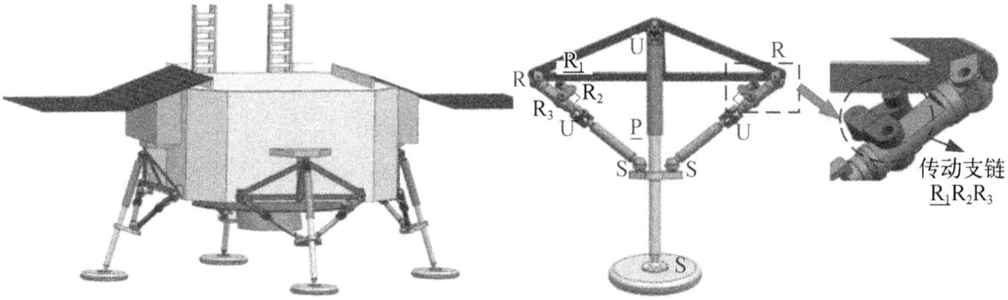

(a) 方案Ⅰ：UP&2-RUS 具有传动支链2-R₁R₂R₃

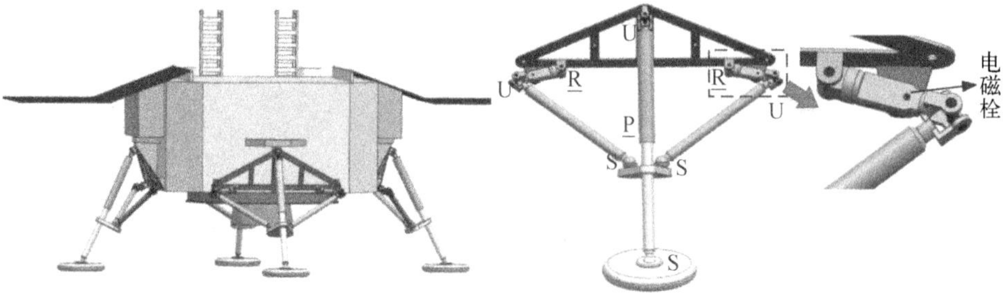

(b) 方案Ⅱ：UP&2-RUS

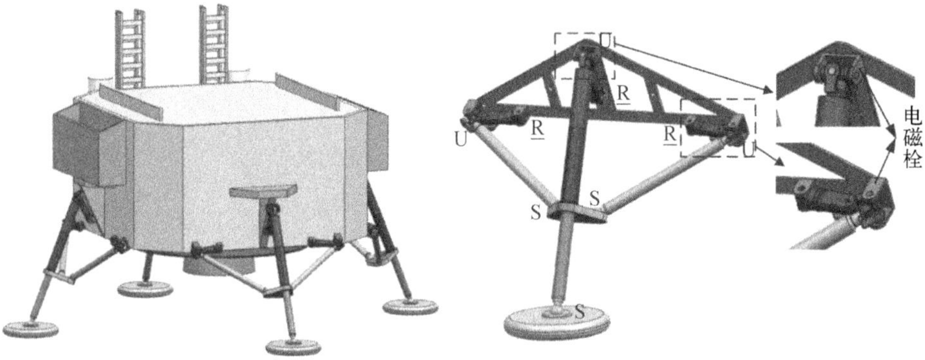

(c) 方案Ⅲ：RU&2-RUS

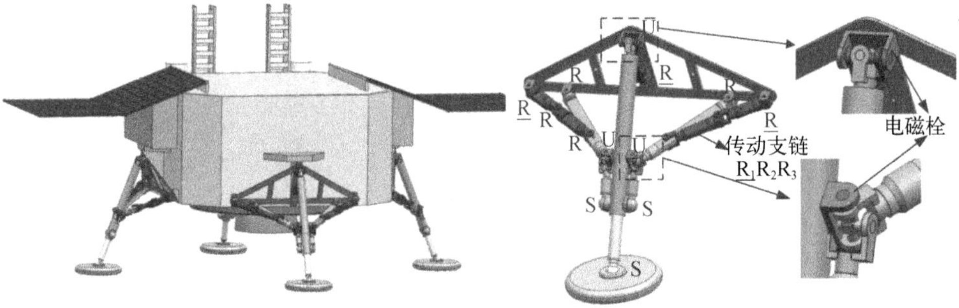

(d) 方案Ⅳ：RU&2-RUS

图 12－8　可移动式着陆器的构型

12.2.5　具有三支链移位腿的可移动式着陆器

着陆巡视机器人机构由机身和四条机械腿组成，故将四条机械腿沿机身中心轴线周向均匀安装，便可得到含有被动支链机械腿的着陆巡视机器人[4]，如图12－9所示。图12－9中的机构为由四条结构相同且性能较优的（UP&3－RUS）⊗S机械腿与机身组成的着陆巡视机器人，其折叠状态、着陆状态、行走状态和行走状态分别如图12－9所示。

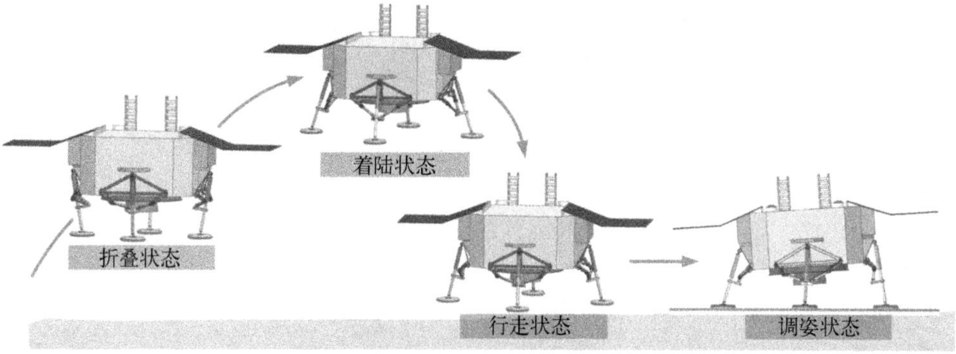

图 12-9　典型的具有被动支链的着陆巡视机器人：UP&3-RUS($u=N_1N_2$)

12.3　机构-桁架功能融合的可移动式着陆器的特征溯源设计

12.3.1　腿的机构-桁架功能融合方法

着陆巡视机器人最大的矛盾是：机器人在着陆前为负/零自由度的结构具有大冲击承载能力与着陆后为多自由度机构运动灵活性要求之间的矛盾。根据第二章可得，其腿部的运动特征可分解为：不存在运动能力的运动特征{E}和六维运动特征{D}。前者可应用于实现具有桁架结构性质的着陆缓冲能力，后者对应实现具有自由度机构性质的能力，例如：行走移位、姿态调整和折叠展开等能力。因机构处于某些奇异位形时可实现桁架功能，故设计着陆巡视机器人的一种思路为：先设计出满足多自由度的机构(即满足折叠展开、行走移位、姿态调整和地形适应四大功能的机械腿)，再应用机构的奇异位形以及合理地加入缓冲元件，使着陆巡视机器人具有着陆缓冲能力，如图 12-10 所示。

设计过程可分为三个阶段：① 腿部运动特征设计：对任务进行特征提取、融合分组得到腿部的运动特征的分布，这一阶段在第二章中已论述。② 功能融合腿的构型设计：首先通过特征溯源型综合方法，设计可实现多运动功能机构，再应用机构的奇异位形以及加入缓冲元件，进而实现着陆缓冲功能；因着陆时机器人(尤其是主支柱)需承受巨大的冲击，故引入被动支链的概念(被动支链指不含有驱动副的支链)，将主支柱设计为被动支链，其余支柱设计为主动支链；在主动支链中，则引入奇异位形的概念，即当机器人位于着陆位形时，每条主动支链处于特定的奇异位形，且驱动副轴线与支链轴线相垂直，使力流路径与驱动副轴线相垂直，通过此设计可有效地避免冲击力对电机的影响，如图 12-10 中位形 A 所示；当机器人位于行走移位阶段时，则腿部不位于奇异位形，如图 12-10 中位形 B 所示。③ 组

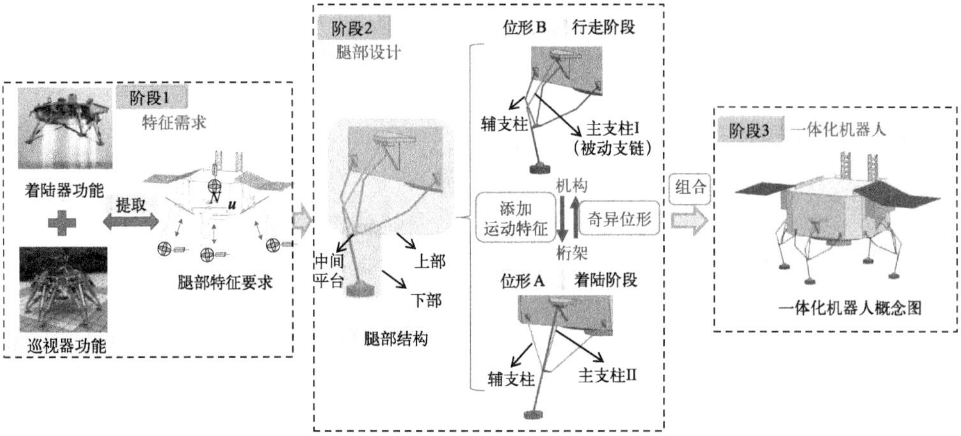

图 12-10　基于被动支链与奇异位形的功能融合腿的设计概念

装机身和四条机械腿结构得到腿式着陆巡视机器人。

12.3.2　功能融合腿末端特征的确定与数综合

由运动特征分组法则可知，着陆巡视机器人腿部的末端特征$\{D\}$可按上、下两部分进行分组：上部分为点的三维移动特征$\{T_P(3)\}$，下部分为三维的转动特征$\{S(N)\}$。上部分为点的三维移动特征可进一步映射为刚体的运动特征$\{R(N,\boldsymbol{u})\}\{R(N,\boldsymbol{v})\}\{T(\boldsymbol{w})\}$或$\{R(N,\boldsymbol{u})\}\{R(N,\boldsymbol{v})\}\{T_r\}$，下部分可选取 S_N 副实现运动特征$\{S(N)\}$。问题转化为：设计末端特征为$\{R(N,\boldsymbol{u})\}\{R(N,\boldsymbol{v})\}\{T(\boldsymbol{w})\}$或$\{R(N,\boldsymbol{u})\}\{R(N,\boldsymbol{v})\}\{T_r\}$的并联机构。因此机器人腿部中的主支柱主要承受竖直方向上的冲击，故主支柱设计成被动支链，即在主支柱中不加入驱动副，而其余支链为主动支链，根据数综合公式（5-13），取各参数如表 12-6 所示。

表 12-6　具体被动支链功能融合腿上部的数综合

参　数	数 值	参　数	数 值
总支链数 n_{TL}	4	总驱动数	3
主动支链数 n_{AL}	3	支链 i 上的驱动数 $(i=1,2,3)$	(1, 1, 1, 0)
被动支链数 n_{PL}	1	冗余驱动数 R_A	0

12.3.3　支链末端特征的确定

$\{R(N,\boldsymbol{u})R(N,\boldsymbol{v})T(\boldsymbol{w})\}$为末端特征时，其 $\boldsymbol{u}$ 轴的方位可有两种布置方式：

一种为斜轴(沿 N_1N_2 方向),另一种为水平轴方向。下面针对这两种情形分别进行说明。

1. $\{R(N,\ \boldsymbol{u})R(N,\ \boldsymbol{v})T(\boldsymbol{w})\}$($\boldsymbol{u}=N_1N_2$)分解

根据并联机构的形成原理,可得

$$\{\mathrm{RMC}\}=\{R(N,\ \boldsymbol{u})\}\{R(N,\ \boldsymbol{v})\}\{T(\boldsymbol{w})\}=\bigcap_{i=1}^{4}\{\mathrm{LMC}_i\} \qquad (12-4)$$

根据 RMC - LMC 的等价法则、特征增广法则和运动特征型综合的溯源流程,可将机器人末端特征 $\{R(N,\ \boldsymbol{u})\}$ 分解至四条支链的末端特征,如表 12 - 7 所示,具体步骤如下。

表 12 - 7 RMC 为 $\{R(N,\ \boldsymbol{u})R(N,\ \boldsymbol{v})T(\boldsymbol{w})\}$ 或 $\{R(N,\ \boldsymbol{u})R(N,\ \boldsymbol{v})T_r\}$ 具有被动支链的支链特征分布($\boldsymbol{u}=N_1N_2$)

编号	LMC_1	LMC_2	LMC_3	LMC_4
1	$\{R(N,\boldsymbol{u})R(N,\boldsymbol{v})T(\boldsymbol{w})\}$ 或 $\{R(N,\boldsymbol{u})R(N,\boldsymbol{v})T_r\}$	$\{R(N,\boldsymbol{u})R(N,\boldsymbol{v})T(\boldsymbol{w})T(\boldsymbol{u})\}$	$\{R(N,\boldsymbol{u})R(N,\boldsymbol{v})R(N,\boldsymbol{w})T(\boldsymbol{w})T(\boldsymbol{u})\}$	$\{D\}$
2			$\{D\}$	
3		$\{R(N,\boldsymbol{u})R(N,\boldsymbol{v})T(\boldsymbol{w})T(\boldsymbol{u})T(\boldsymbol{v})\}$	$\{R(N,\boldsymbol{u})R(N,\boldsymbol{v})T(\boldsymbol{w})T(\boldsymbol{u})T(\boldsymbol{v})\}$	
4			$\{D\}$	
5		$\{R(N,\boldsymbol{u})R(N,\boldsymbol{v})R(N,\boldsymbol{w})T(\boldsymbol{w})T(\boldsymbol{u})\}$	$\{R(N,\boldsymbol{u})R(N,\boldsymbol{v})T(\boldsymbol{w})T(\boldsymbol{u})T(\boldsymbol{v})\}$	
6			$\{D\}$	
7		$\{D\}$	$\{D\}$	
8	$\{R(N,\boldsymbol{u})R(N,\boldsymbol{v})T(\boldsymbol{w})T(\boldsymbol{u})\}$	$\{R(N,\boldsymbol{u})R(N,\boldsymbol{v})T(\boldsymbol{w})T(\boldsymbol{u})\}$	$\{R(N,\boldsymbol{u})R(N,\boldsymbol{v})T(\boldsymbol{w})T(\boldsymbol{u})T(\boldsymbol{v})\}$	
9			$\{D\}$	
10		$\{R(N,\boldsymbol{u})R(N,\boldsymbol{v})R(N,\boldsymbol{w})T(\boldsymbol{w})T(\boldsymbol{u})\}$	$\{R(N,\boldsymbol{u})R(N,\boldsymbol{v})T(\boldsymbol{w})T(\boldsymbol{u})T(\boldsymbol{v})\}$	
11			$\{D\}$	
12	$\{R(N,\boldsymbol{u})R(N,\boldsymbol{v})R(N,\boldsymbol{w})T(\boldsymbol{w})\}$	$\{R(N,\boldsymbol{u})R(N,\boldsymbol{v})T(\boldsymbol{w})T(\boldsymbol{u})\}$	$\{R(N,\boldsymbol{u})R(N,\boldsymbol{v})R(N,\boldsymbol{w})T(\boldsymbol{w})T(\boldsymbol{u})\}$	
13			$\{D\}$	
14		$\{R(N,\boldsymbol{u})R(N,\boldsymbol{v})T(\boldsymbol{w})T(\boldsymbol{u})T(\boldsymbol{v})\}$	$\{R(N,\boldsymbol{u})R(N,\boldsymbol{v})T(\boldsymbol{w})T(\boldsymbol{u})T(\boldsymbol{v})\}$	
15			$\{D\}$	
16		$\{R(N,\boldsymbol{u})R(N,\boldsymbol{v})R(N,\boldsymbol{w})T(\boldsymbol{w})T(\boldsymbol{u})\}$	$\{R(N,\boldsymbol{u})R(N,\boldsymbol{v})T(\boldsymbol{w})T(\boldsymbol{u})T(\boldsymbol{v})\}$	
17			$\{D\}$	
18	$\{R(N,\boldsymbol{u})R(N,\boldsymbol{v})R(N,\boldsymbol{w})T(\boldsymbol{w})T(\boldsymbol{u})\}$	$\{R(N,\boldsymbol{u})R(N,\boldsymbol{v})R(N,\boldsymbol{w})T(\boldsymbol{w})T(\boldsymbol{u})\}$	$\{R(N,\boldsymbol{u})R(N,\boldsymbol{v})T(\boldsymbol{w})T(\boldsymbol{u})T(\boldsymbol{v})\}$	
19			$\{D\}$	

(1) 第 1 条支链末端特征 $\{LMC_1\}$ 的确定。由等价法则可取第 1 条支链的末端特征与机器人末端特征等价，为

$$\{LMC_1\} = \{RMC\} = \{R(N_1, \boldsymbol{u})R(N_1, \boldsymbol{v})T(\boldsymbol{w})\} \tag{12-5}$$

(2) 第 2 条支链末端特征 $\{LMC_2\}$ 的确定。因 N_1N_2 的连线方向与 $\{R(N_1, \boldsymbol{u})\}$ 的特征线重合，由两个一维 R 特征间的求交法则可知，$\{LMC_2\}$ 可包含特征 $\{R(N_2, \boldsymbol{u})\}$，特征线与 $\{LMC_1\}$ 中的 $\{R(N_1, \boldsymbol{u})\}$ 特征线重合。进而考虑 $\{R(N_1, \boldsymbol{v})\}$ 特征，因为 N_2 点不在 $\{R(N_1, \boldsymbol{v})\}$ 的特征线上，由两个一维 R 特征间的求交法则可知，点 N_2 处应存在具有虚迁性的 $\{R(N, \boldsymbol{v})\}(N \in \Theta)$ 特征才能满足要求，同时由迁移法则可知，其将引入与此特征线相垂直的二维 $\{T(\boldsymbol{w})T(\boldsymbol{u})\}$ 特征，其中 $\{T(\boldsymbol{w})\}$ 与 $\{RMC\}$ 中的一维 $\{T(\boldsymbol{w})\}$ 特征相同，故此 T 特征可取。取一个 $\{T(\boldsymbol{u})\}$ 也满足支链 1 与支链 2 间特征的余集条件[式(5-23)]，故 $\{LMC_2\}$ 可取 $\{R(N, \boldsymbol{u})R(N, \boldsymbol{v})T(\boldsymbol{w})T(\boldsymbol{u})\}$。

(3) 第 3 条支链末端特征 $\{LMC_3\}$ 的确定。因为点 N_3 不在 $\{R(N_1, \boldsymbol{u})\}$ 和 $\{R(N_1, \boldsymbol{v})\}$ 的特征线上，由两个一维 R 特征间的求交法则可知，点 N_3 处应存在具有虚迁性的二维 R 特征才能满足要求，同时由迁移法则可知，其将引入三维 T 特征。可先假定 $\{LMC_3\}$ 取 $\{R(N, \boldsymbol{v})R(N, \boldsymbol{u})T(\boldsymbol{u})T(\boldsymbol{v})T(\boldsymbol{w})\}$，进而验证三维 T 特征引入的合理性，易得其满足支链特征间的余集条件[式(5-23)]，故 $\{LMC_3\}$ 可取此特征 $\{R(N, \boldsymbol{v})R(N, \boldsymbol{u})T(\boldsymbol{u})T(\boldsymbol{v})T(\boldsymbol{w})\}$。

(4) 第 4 条支链末端特征 $\{LMC_4\}$ 的确定。因为点 N_4 不在 $\{R(N_1, \boldsymbol{u})\}$ 和 $\{R(N_1, \boldsymbol{v})\}$ 的特征线上，由两个一维 R 特征间的求交法则可知，点 N_4 处应至少存在具有虚迁性的三维 R 特征才能满足要求，同时由迁移法则可知，其将引入三维 T 特征。可先假定 $\{LMC_4\}$ 取 $\{R(N, \boldsymbol{v})R(N, \boldsymbol{u})R(N, \boldsymbol{w})T(\boldsymbol{u})T(\boldsymbol{v})T(\boldsymbol{w})\}$（即 $\{D\}$）。进而验证三维 T 特征和 $R(N, \boldsymbol{w})$ 引入的合理性，易得其满足支链特征间的余集条件[式(5-23)]，故 $\{LMC_4\}$ 可取此特征 $\{D\}$。

基于以上步骤，可得到了一种满足机器人末端特征的支链特征分布，即 $\{R(N, \boldsymbol{u})R(N, \boldsymbol{v})T(\boldsymbol{w})\}\&\{R(N, \boldsymbol{u})R(N, \boldsymbol{v})T(\boldsymbol{w})T(\boldsymbol{u})\}\&\{R(N, \boldsymbol{u})R(N, \boldsymbol{v})\}\{T\}\&\{D\}$，如图 12-11(a) 所示。

(5) 对支链特征进行增广。因为第 4 条支链已位于末端特征层级数最高的位置，所以不对其进一步增广，进而对第 3 条支链进行增广。因第 1 条支链的末端特征与机器人末端特征等价，其两者的余集为空，即

$$\{\overline{LMC_i}\} = \{LMC_i\} \ominus \{RMC\} = \varnothing (i = 1, 2) \tag{12-6}$$

所以第 3 条支链中加入更多的运动特征后也可满足余集条件[式(5-23)]。故其支链特征还可为 $\{D\}$。同理，第 2 条支链中加入更多的运动特征后也可满足

余集条件[式(5-23)]。可得支链特征还可为{$R(N,\ \boldsymbol{u})R(N,\ \boldsymbol{v})R(N,\ \boldsymbol{w})T(\boldsymbol{w})T(\boldsymbol{u})$}、{$R(N,\ \boldsymbol{u})R(N,\ \boldsymbol{v})R(N,\ \boldsymbol{w})T(\boldsymbol{u})T(\boldsymbol{v})$}和{$D$}。依据上述步骤，还可对第1条支链特征进行增广，得到更多{RMC}为{$R(N,\ \boldsymbol{u})R(N,\ \boldsymbol{v})T(\boldsymbol{w})$}的支链特征分布，如表12-7所示。对应的具体特征线如图12-11所示。

支链末端特征分布情况分析，第一条支链可有4种支链末端特征：当取{$R(N,\ \boldsymbol{u})R(N,\ \boldsymbol{v})R(N,\ \boldsymbol{w})$}时，支链末端特征分布有7种；当取{$R(N,\ \boldsymbol{u})R(N,\ \boldsymbol{v})R(N,\ \boldsymbol{w})T(\boldsymbol{u})$}时有4种，当取{$R(N,\ \boldsymbol{u})R(N,\ \boldsymbol{v})R(N,\ \boldsymbol{w})T(\boldsymbol{w})$}时有6种；当取{$R(N,\ \boldsymbol{u})R(N,\ \boldsymbol{v})R(N,\ \boldsymbol{w})T(\boldsymbol{w})T(\boldsymbol{u})$}时有2种；故末端特征线为$N_1N_2$的{$R(N,\ \boldsymbol{u})$}的支链末端特征分布共有19种。

同理，以{$R(N,\ \boldsymbol{u})R(N,\ \boldsymbol{v})T_r$}($\boldsymbol{u}=N_1N_2$)为末端特征时，支链末端特征分布可有7种，如表12-7中第1~7种情形。对应的几何表示仅需将图12-11(a)~图12-11(g)中的第一条支链中T特征改为T_r特征即可。

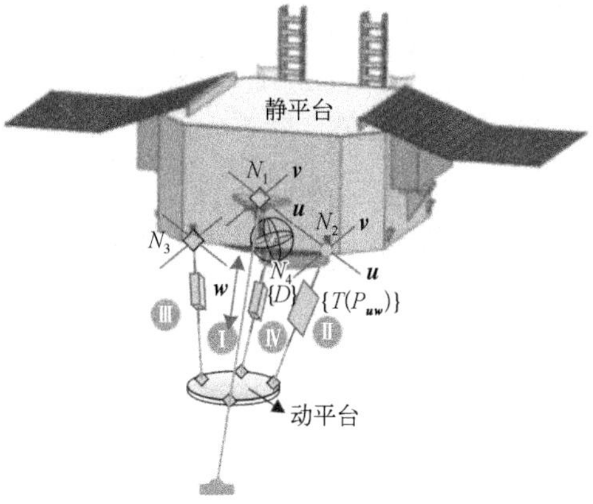

(a) 方案1

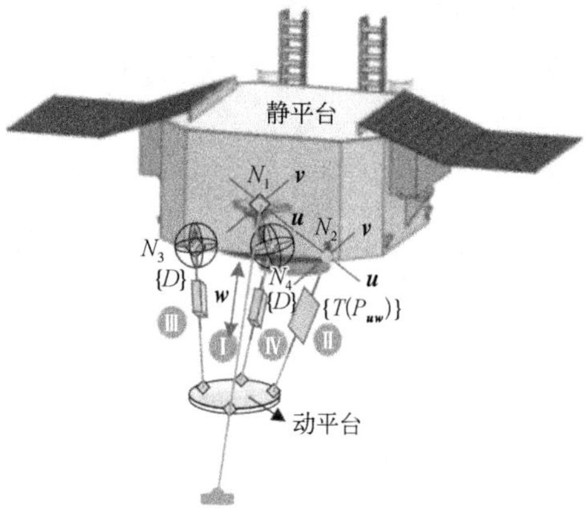

(b) 方案2

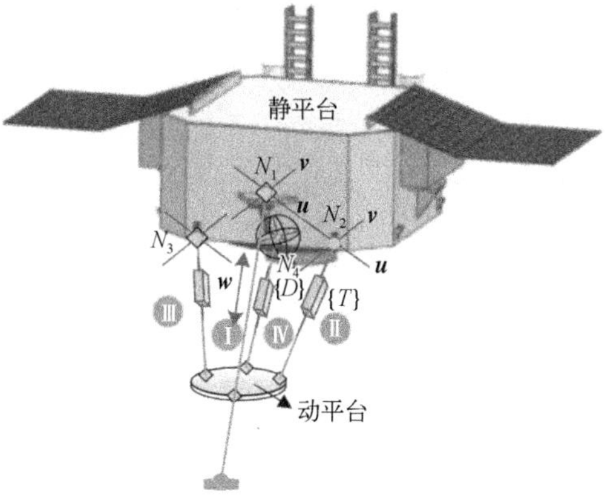

(c) 方案3

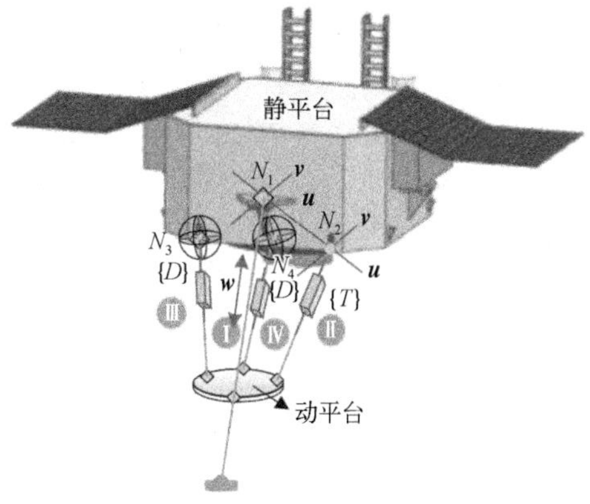

(d) 方案4

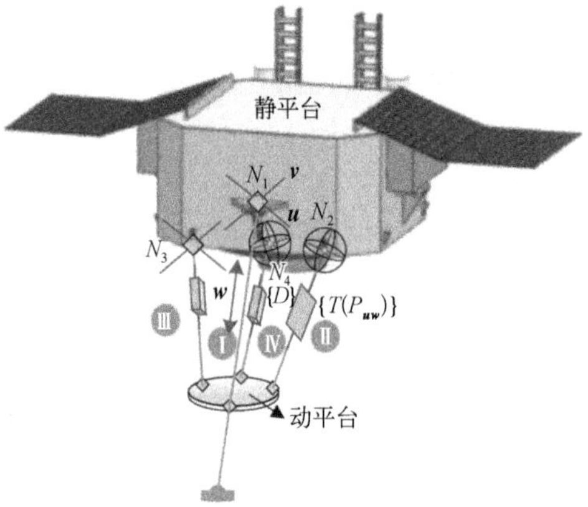

(e) 方案5

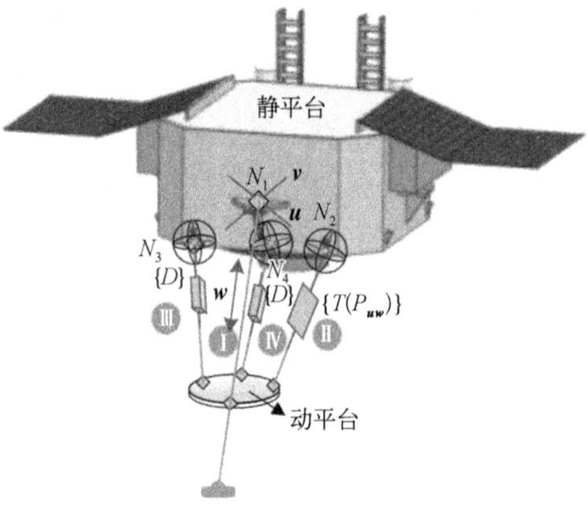

(f) 方案6

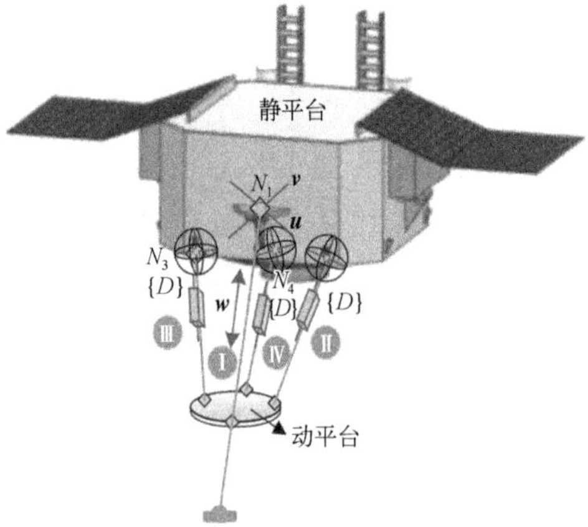

(g) 方案7

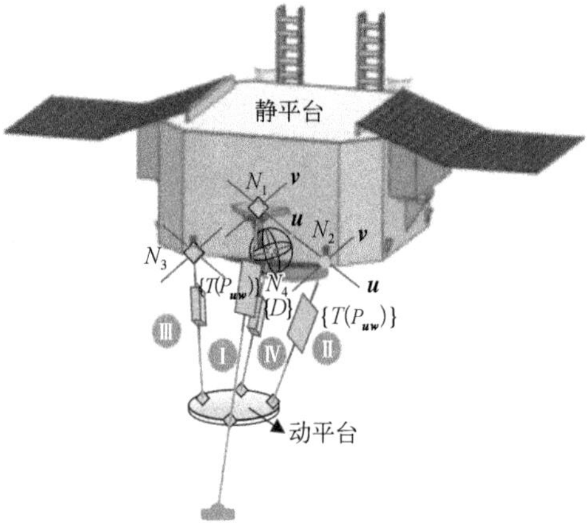

(h) 方案8

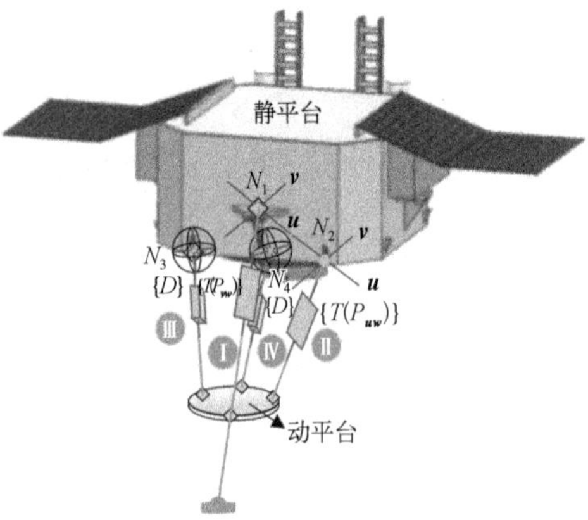

(i) 方案9

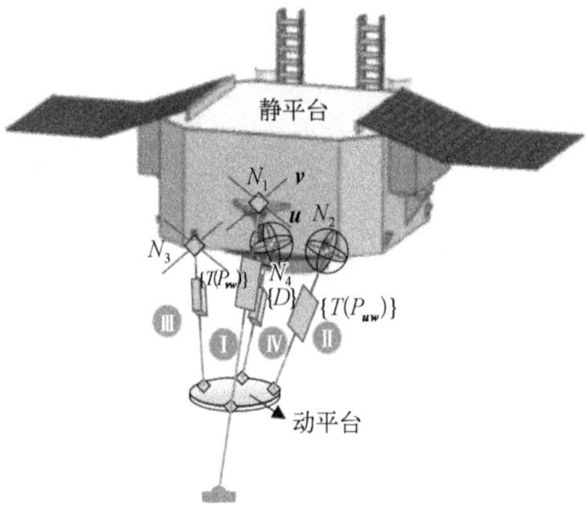

(j) 方案10

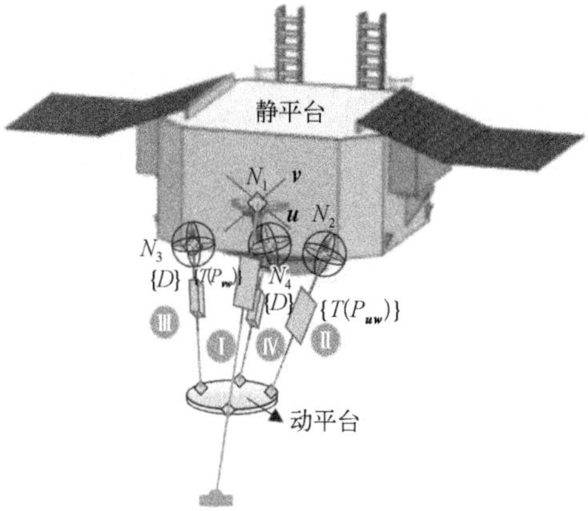

(k) 方案11

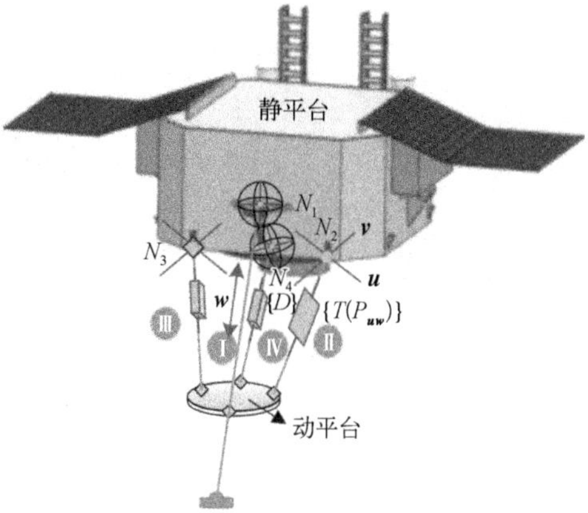

(l) 方案12

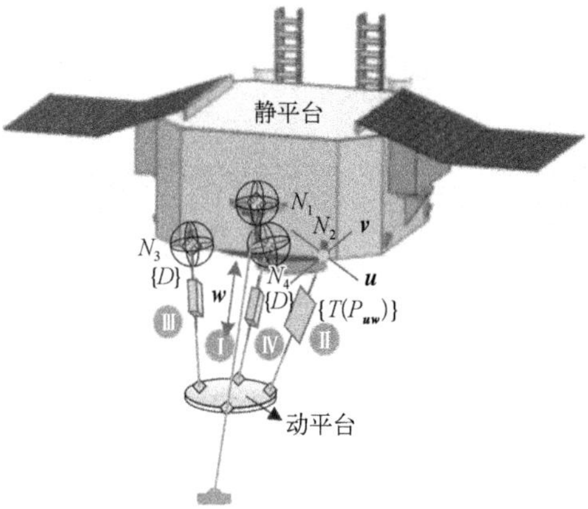

(m) 方案13

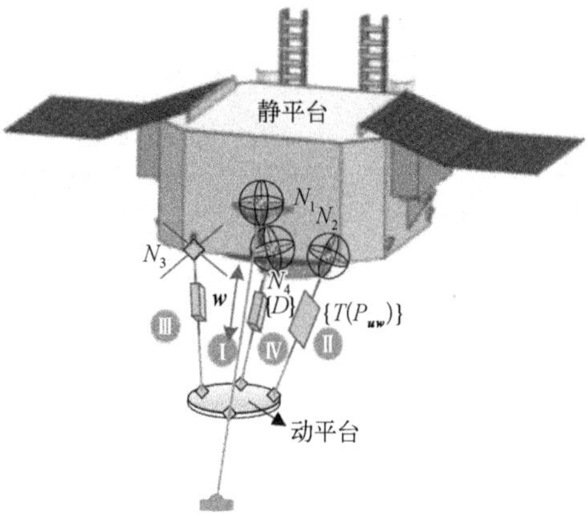

(n) 方案14

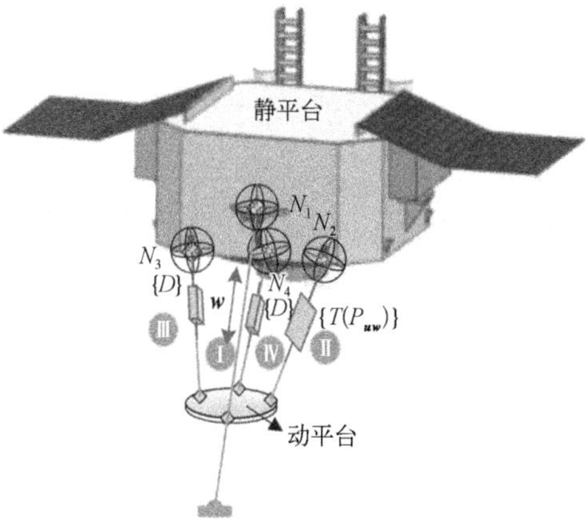

(o) 方案15

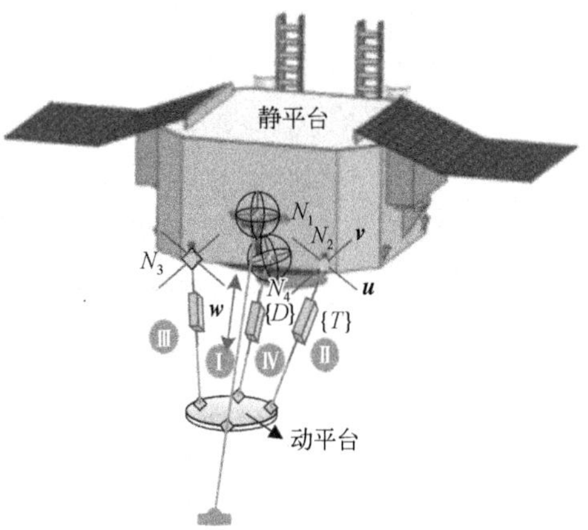

(p) 方案16

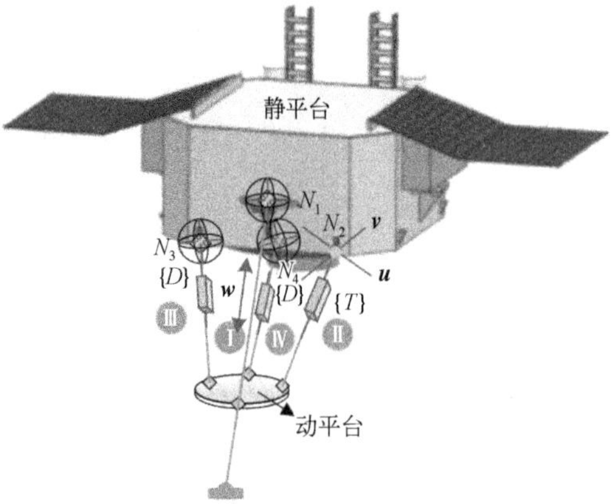

(q) 方案17

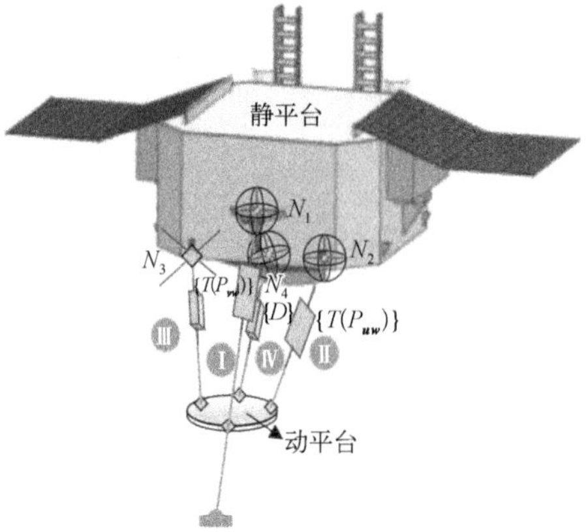

(r) 方案18

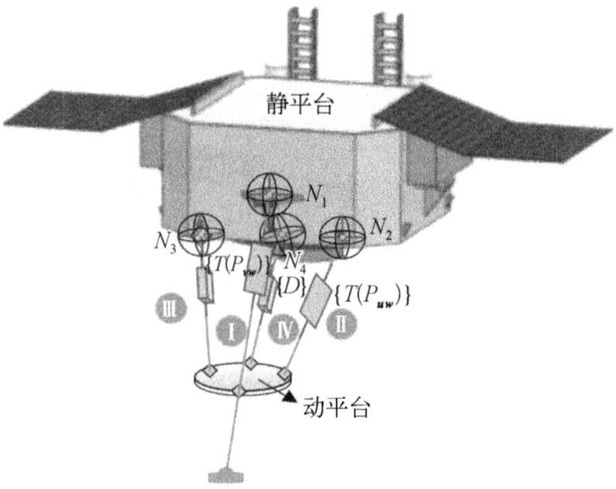

(s) 方案19

图 12－11　具有被动支链的支链特征分布图$\{\mathrm{RMC}\}=\{\boldsymbol{R}(\boldsymbol{N},\ \boldsymbol{u})\boldsymbol{R}(\boldsymbol{N},\ \boldsymbol{v})\boldsymbol{T}(\boldsymbol{w})\}(\boldsymbol{u}=\boldsymbol{N}_1\boldsymbol{N}_2)$

2. $\{R(N,\ \boldsymbol{u})R(N,\ \boldsymbol{v})T(\boldsymbol{w})\}$($\boldsymbol{u}$ 为水平轴)分解

同理,当{RMC}为$\{R(N,\ \boldsymbol{u})R(N,\ \boldsymbol{v})R(N,\ \boldsymbol{w})\}$($\boldsymbol{u}$ 为水平轴)时,支链末端特征分布共有 15 种,如表 12－8 所示。对应的几何表示与具体的特征线如图 12－12 所示。

表 12－8　RMC 为$\{\boldsymbol{R}(\boldsymbol{N},\ \boldsymbol{u})\boldsymbol{R}(\boldsymbol{N},\ \boldsymbol{v})\boldsymbol{T}(\boldsymbol{w})\}$的具有被动支链的支链特征分布($\boldsymbol{u}$ 为水平轴)

<table>
<tr><th>编号</th><th>LMC_1</th><th>LMC_2</th><th>LMC_3</th><th>LMC_4</th></tr>
<tr><td>1</td><td rowspan="3">$\{R(N,\ \boldsymbol{u})R(N,\ \boldsymbol{v})T(\boldsymbol{w})\}$ 或$\{R(N,\ \boldsymbol{u})R(N,\ \boldsymbol{v})T_r\}$</td><td rowspan="2">$\{R(N,\ \boldsymbol{u})R(N,\ \boldsymbol{v})T(\boldsymbol{w})T(\boldsymbol{u})T(\boldsymbol{v})\}$</td><td>$\{R(N,\ \boldsymbol{u})R(N,\ \boldsymbol{v})T(\boldsymbol{w})T(u)T(\boldsymbol{v})\}$</td><td rowspan="3">$\{D\}$</td></tr>
<tr><td>2</td><td>$\{D\}$</td></tr>
<tr><td>3</td><td>$\{D\}$</td><td>$\{D\}$</td></tr>
</table>

续 表

编号	LMC_1	LMC_2	LMC_3	LMC_4
4	$\{R(N,\ \boldsymbol{u})R(N,\ \boldsymbol{v})T(\boldsymbol{w})T(\boldsymbol{v})\}$	$\{R(N,\ \boldsymbol{u})R(N,\ \boldsymbol{v})T(\boldsymbol{w})T(\boldsymbol{u})\}$	$\{R(N,\ \boldsymbol{u})R(N,\ \boldsymbol{v})T(\boldsymbol{w})T(\boldsymbol{u})\}$	$\{D\}$
5			$\{R(N,\ \boldsymbol{u})R(N,\ \boldsymbol{v})R(N,\ \boldsymbol{w})T(\boldsymbol{w})T(\boldsymbol{u})\}$	
6			$\{R(N,\ \boldsymbol{u})R(N,\ \boldsymbol{v})T(\boldsymbol{w})T(\boldsymbol{u})T(\boldsymbol{u})\}$	
7			$\{D\}$	
8		$\{R(N,\ \boldsymbol{u})R(N,\ \boldsymbol{v})R(N,\ \boldsymbol{w})T(\boldsymbol{w})T(\boldsymbol{u})\}$	$\{R(N,\ \boldsymbol{u})R(N,\ \boldsymbol{v})R(N,\ \boldsymbol{w})T(\boldsymbol{w})T(\boldsymbol{u})\}$	
9			$\{R(N,\ \boldsymbol{u})R(N,\ \boldsymbol{v})T(\boldsymbol{w})T(\boldsymbol{u})T(\boldsymbol{v})\}$	
10			$\{D\}$	
11	$\{R(N,\ \boldsymbol{u})R(N,\ \boldsymbol{v})R(N,\ \boldsymbol{w})T(\boldsymbol{w})\}$	$\{R(N,\ \boldsymbol{u})R(N,\ \boldsymbol{v})T(\boldsymbol{w})T(\boldsymbol{u})T(\boldsymbol{v})\}$	$\{R(N,\ \boldsymbol{u})R(N,\ \boldsymbol{v})T(\boldsymbol{w})T(\boldsymbol{u})T(\boldsymbol{v})\}$	
12			$\{D\}$	
13	$\{R(N,\ \boldsymbol{u})R(N,\ \boldsymbol{v})R(N,\ \boldsymbol{w})T(\boldsymbol{w})T(\boldsymbol{u})\}$	$\{R(N,\ \boldsymbol{u})R(N,\ \boldsymbol{v})R(N,\ \boldsymbol{w})T(\boldsymbol{w})T(\boldsymbol{u})\}$	$\{R(N,\ \boldsymbol{u})R(N,\ \boldsymbol{v})R(N,\ \boldsymbol{w})T(\boldsymbol{w})T(\boldsymbol{u})\}$	
14			$\{R(N,\ \boldsymbol{u})R(N,\ \boldsymbol{v})T(\boldsymbol{w})T(\boldsymbol{u})T(\boldsymbol{v})\}$	
15			$\{D\}$	

类似地，当{RMC}为$\{R(N,\ \boldsymbol{u})R(N,\ \boldsymbol{v})T_r\}$（$\boldsymbol{u} = N_1N_2$）时，支链末端特征分布有 3 种，如表 12－8 所示。对应的几何表示仅需将图 12－12(a)～图 12－12(g)中的第一条支链中 T 特征改为 T_r 特征即可。

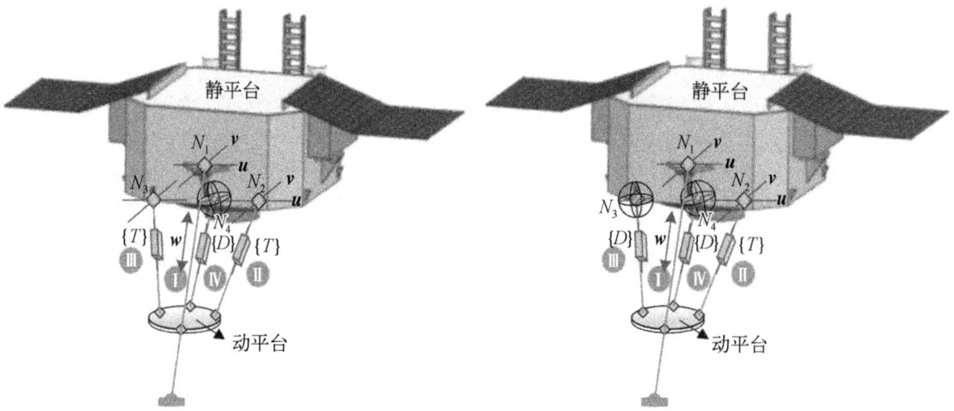

(a) 方案1　　(b) 方案2

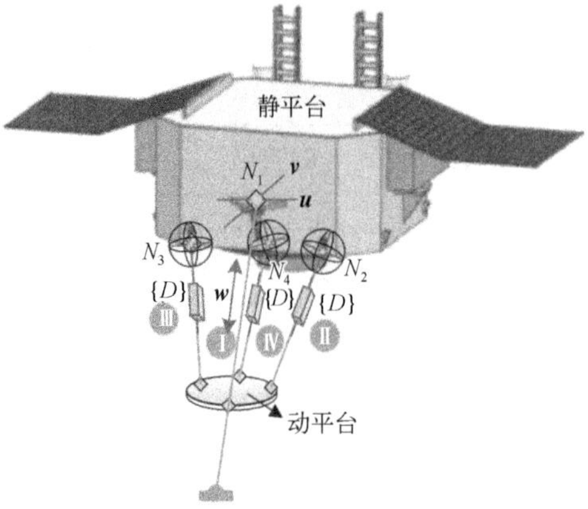

(c) 方案3

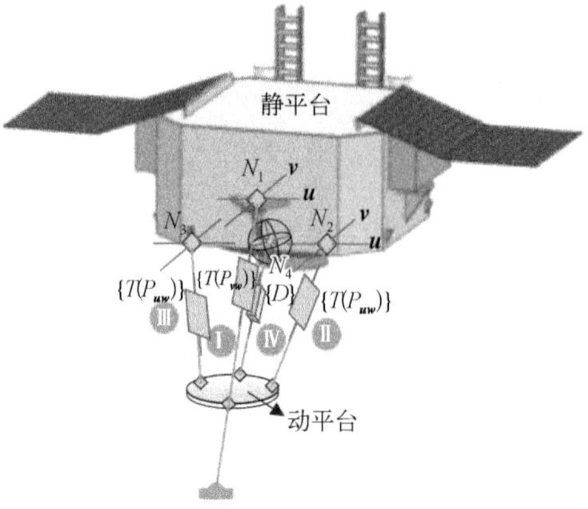

(d) 方案4

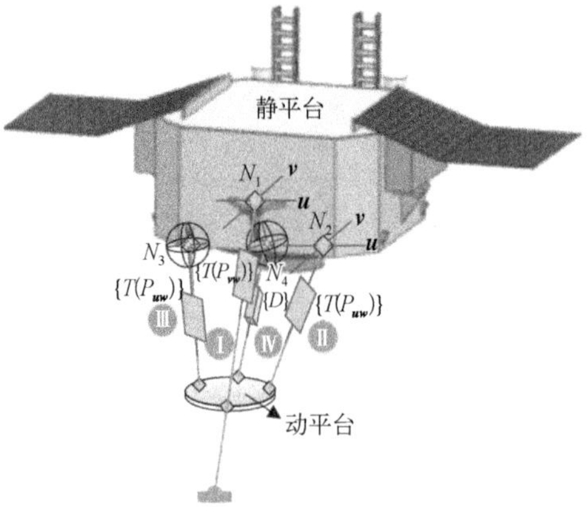

(e) 方案5

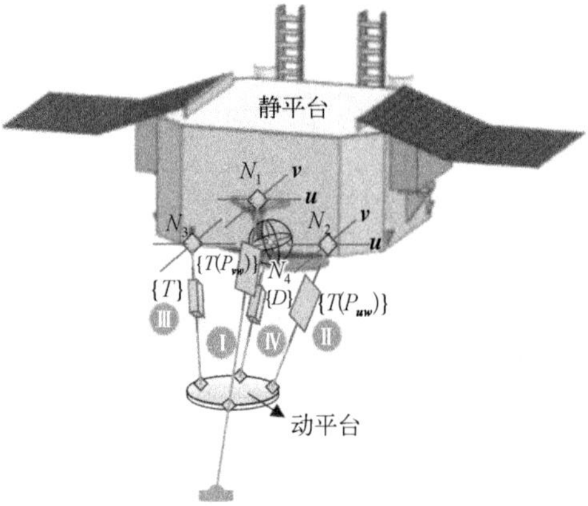

(f) 方案6

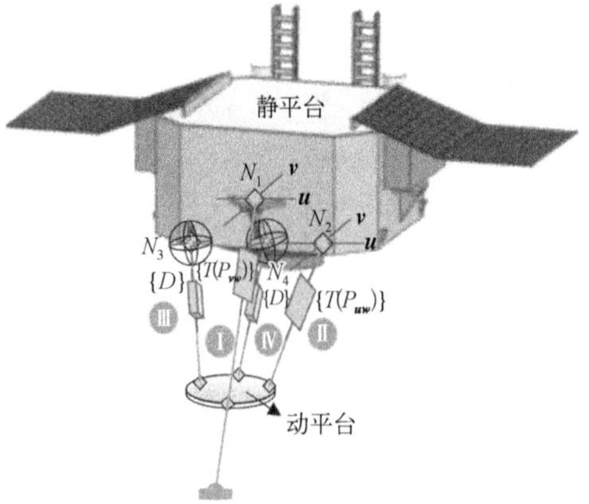

(g) 方案7

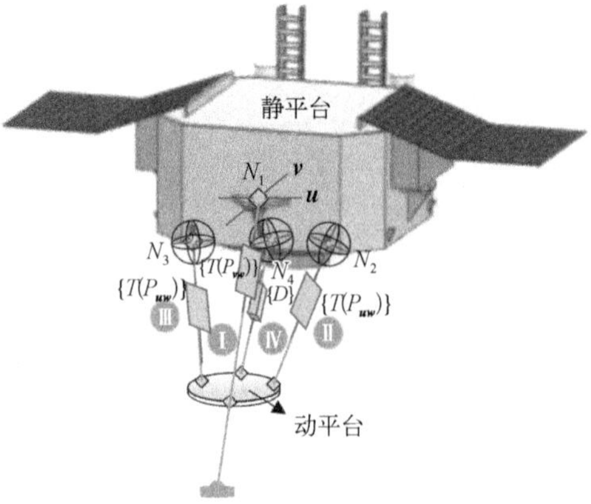

(h) 方案8

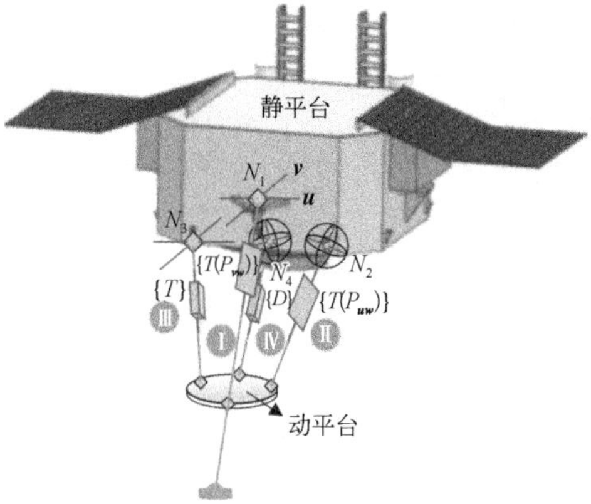

(i) 方案9

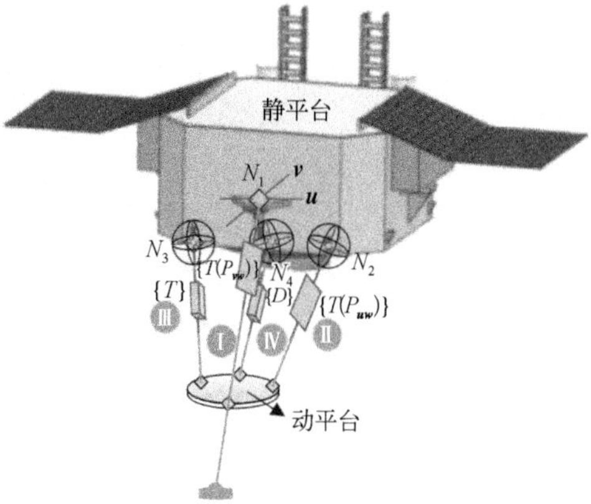

(j) 方案10

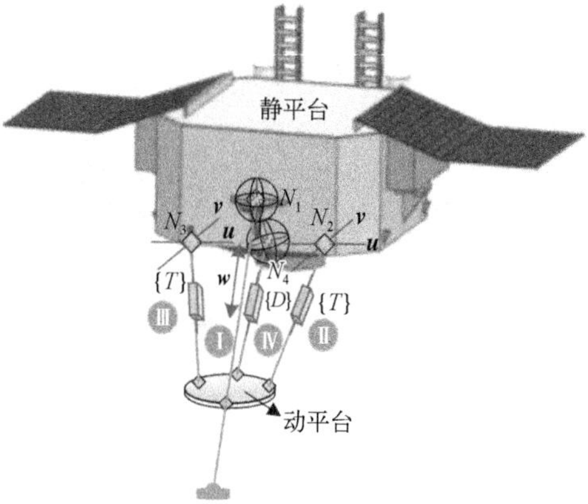

(k) 方案11

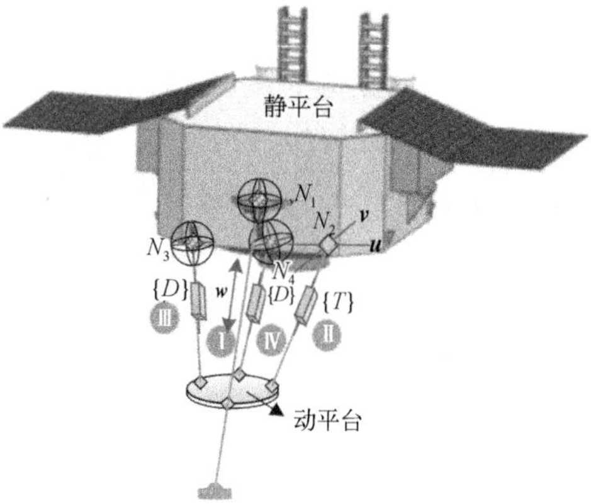

(l) 方案12

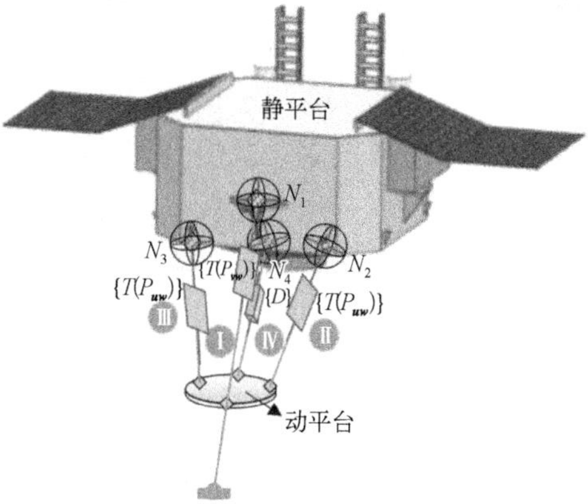

(m) 方案13

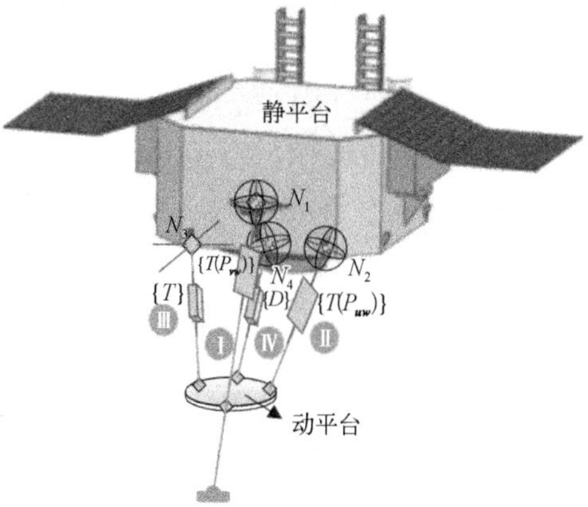

(n) 方案14

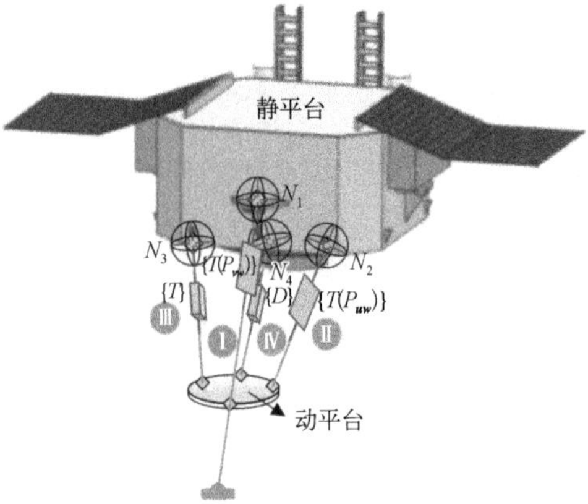

(o) 方案15

图 12-12 支链特征分布图$\{LMC_1\} = \{R(N, u)R(N, v)T(w)\}$($u$为水平轴)

12.3.4 支链的设计

由上一节可知，其支链末端特征主要包括：$\{R(N_2, w)R(N_2, u)T(v)\}$、$\{R(N, u)R(N, v)T_r\}$、$\{R(N, v)R(N, u)T(v)T(w)\}$、$\{R(N, u)R(N, v)R(N, w)T(v)T(w)\}$、$\{R(N, v)R(N, u)T(u)T(v)T(w)\}$和$\{D\}$这 5 种情况。根据 LMC 至 JMC 的运算法则可得到与这五种支链末端特征相对应的支链拓扑结构，分别见附录二。为了保持机器人结构的稳定性，本书主要列出每条支链上仅有 3 个运动特征的运动支链结构。

12.3.5 具有被动支链的功能融合腿的构型与优选

将支链拓扑结构带入相应的支链特征分布(图 12-11 和图 12-12)中便可得到相关的融合腿构型，如表 12-9 所示。图 12-13(a)~图 12-13(c)是{RMC}为$\{R(N, u)R(N, v)T(w)\}$ ($u = N_1N_2$)的典型融合腿机构，其对应的支链特征分布分别如图 12-11(b)、图 12-11(f)和图 12-11(g)所示。图 12-13(d)~图 12-13(f)是{RMC}为$\{R(N, u)R(N, v)T_r\}$ ($u = N_1N_2$)的典型融合腿机构，其对应的支链特征分布分别如图 12-11(d)~图 12-11(f)所示。

表 12-9 具有被动支链的机械腿上部结构$\{R(N, u)R(N, v)T(w)\}$ ($u = N_1N_2$)

Type BP1-1: {RMC} = $\{R(N, u)R(N, v)T(w)\}$&$\{R(N, u)R(N, v)T(u)T(w)\}$&$\{D\}$&$\{D\}$			
RR_h&URR&RUS&RUS&RUS	RR_h&URR&RSS	UP&UPR&URS&RUS	UP&UPR&RSS&RUS
UP&URR&UPS&RUS	UP&URR&PSS&RUS	UP&CRR&UPS&RUS	UP&CRR&PSS&RUS
UP&URR&URS&RUS	UP&UPR&RSS&RUS	UP&CRR&URS&RUS	UP&CPR&RSS&RUS

续　表

UP&UPR&UPS&RUS	UP&UPR&PSS&RUS	UP&CPR&UPS&RUS	UP&CPR&PSS&RUS
UP&CPR&URS&RUS	UP&CPR&RSS&RUS		
Type BP1－2：{RMC} ＝ {$R(N, \boldsymbol{u})R(N, \boldsymbol{v})T(\boldsymbol{w})$}&{$R(N, \boldsymbol{u})R(N, \boldsymbol{v})T(\boldsymbol{u})T(\boldsymbol{v})T(\boldsymbol{w})$}&{$D$}&{$D$}			
RR_h&URU&RUS&RUS	RR_h&URU&RSS&RUS	UP&UPU&URS&RUS	UP&UPU&RSS&RUS
UP&URU&UPS&RUS	UP&URU&PSS&RUS	UP&PUU&UPS&RUS	UP&PUU&PSS&RUS
UP&URU&URS&RUS	UP&URU&RSS&RUS	UP&PUU&URS&RUS	UP&PUU&RSS&RUS
UP&UPU&UPS&RUS	UP&UPU&PSS&RUS	UP&RUU&UPS&RUS	UP&RUU&PSS&RUS
UP&RUU&URS&RUS	UP&RUU&RSS&RUS		
Type BP1－3：{RMC} ＝ {$R(N, \boldsymbol{u})R(N, \boldsymbol{v})T(\boldsymbol{w})$}&{$R(N, \boldsymbol{u})R(N, \boldsymbol{v})R(N, \boldsymbol{w})T(\boldsymbol{w})T(\boldsymbol{u})$}&{$D$}&{$D$}			
RR_h&CSRR&RUS&RUS	RR_h&SRR&RSS&RUS	UP&SPR&URS&RUS	UP&SPR&RSS&RUS
UP&SPR&UPS&RUS	UP&SPR&PSS&RUS	UP&SRR&UPS&RUS	UP&SRR&PSS&RUS
UP&SRR&URS&RUS	UP&SRR&RSS&RUS		
Type BP1－4：{RMC} ＝ {$R(N, \boldsymbol{u})R(N, \boldsymbol{v})T(\boldsymbol{w})$}&{$D$}&{$D$}			
RR_h&3－RUS	RR_h&3－RSS	3－PSS&UP	3－RSS&UP
UP&3－UPS	UP&3－URS	UR&3－URS	UR&3－RUS

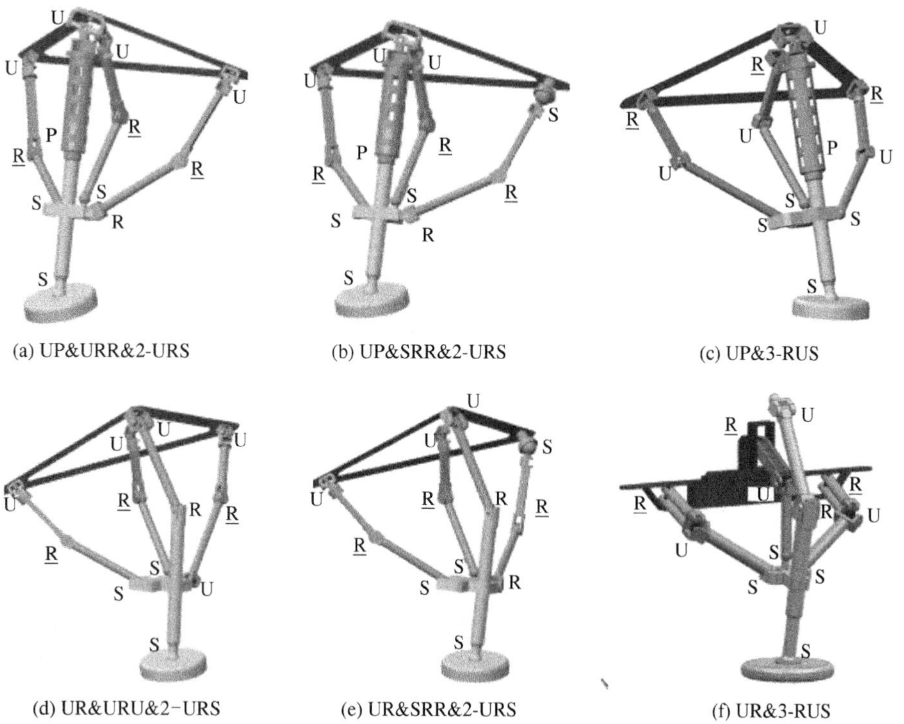

(a) UP&URR&2-URS　(b) UP&SRR&2-URS　(c) UP&3-RUS

(d) UR&URU&2-URS　(e) UR&SRR&2-URS　(f) UR&3-RUS

图 12－13　典型的具有被动支链的机械腿机构：{$\mathbf{RMC}_1$} ＝ {$\boldsymbol{R}(N, \boldsymbol{u})\boldsymbol{R}(N, \boldsymbol{v})\boldsymbol{T}(\boldsymbol{w})$}（$\boldsymbol{u} = N_1N_2$）

同理,以$\{R(N, \boldsymbol{u})R(N, \boldsymbol{v})T(\boldsymbol{w})\}$或$\{R(N, \boldsymbol{u})R(N, \boldsymbol{v})T_r\}$($\boldsymbol{u}$为水平轴)为机器人末端特征的机器人构型如表12-10所示。图12-14给出了典型的着陆腿机构,其中图12-14(a)和图12-14(b)为{RMC}为$\{R(N, \boldsymbol{u})R(N, \boldsymbol{v})T(\boldsymbol{w})\}$($\boldsymbol{u}$为水平轴)的融合腿机构,图12-14(c)~图12-14(f)为{RMC}为$\{R(N, \boldsymbol{u})R(N, \boldsymbol{v})T_r\}$($\boldsymbol{u}$为水平轴)的融合腿机构。

表12-10 具有被动支链的机械腿上部结构$\{R(N, \boldsymbol{u})R(N, \boldsymbol{v})T(\boldsymbol{w})\}$($\boldsymbol{u}$为水平轴)

Type BP2-1:{RMC} = $\{R(N, \boldsymbol{u})R(N, \boldsymbol{v})T(\boldsymbol{w})\}$&$\{R(N, \boldsymbol{u})R(N, \boldsymbol{v})T(\boldsymbol{u})T(\boldsymbol{w})\}$&{D}&{D}			
RR_h&URR&RUS&RUS	RR_h&URR&RSS&RUS	UP&UPR&URS&RUS	UP&UPR&RSS&RUS
UP&URR&UPS&RUS	UP&URR&PSS&RUS	UP&CRR&UPS&RUS	UP&CRR&PSS&RUS
UP&URR&URS&RUS	UP&UPR&RSS&RUS	UP&CRR&URS&RUS	UP&CPR&RSS&RUS
UP&UPR&UPS&RUS	UP&UPR&PSS&RUS	UP&CPR&UPS&RUS	UP&CPR&PSS&RUS
UP&CPR&URS&RUS	UP&CPR&RSS&RUS		
Type BP2-2:{RMC} = $\{R(N, \boldsymbol{u})R(N, \boldsymbol{v})T(\boldsymbol{w})\}$&$\{R(N, \boldsymbol{u})R(N, \boldsymbol{v})T(\boldsymbol{u})T(\boldsymbol{v})T(\boldsymbol{w})\}$&{D}&{D}			
RR_h&URU&RUS&RUS	RR_h&URU&RSS&RUS	UP&UPU&URS&RUS	UP&UPU&RSS&RUS
UP&URU&UPS&RUS	UP&URU&PSS&RUS	UP&PUU&UPS&RUS	UP&PUU&PSS&RUS
UP&URU&URS&RUS	UP&URU&RSS&RUS	UP&PUU&URS&RUS	UP&PUU&RSS&RUS
UP&UPU&UPS&RUS	UP&UPU&PSS&RUS	UP&RUU&UPS&RUS	UP&RUU&PSS&RUS
UP&RUU&URS&RUS	UP&RUU&RSS&RUS		
Type BP2-3:{RMC} = $\{R(N, \boldsymbol{u})R(N, \boldsymbol{v})T(\boldsymbol{w})\}$&$\{R(N, \boldsymbol{u})R(N, \boldsymbol{v})R(N, \boldsymbol{w})T(\boldsymbol{w})T(\boldsymbol{u})\}$&{D}&{D}			
RR_h&CSRR&RUS&RUS	RR_h&SRR&RSS&RUS	UP&SPR&URS&RUS	UP&SPR&RSS&RUS
UP&SPR&UPS&RUS	UP&SPR&PSS&RUS	UP&SRR&UPS&RUS	UP&SRR&PSS&RUS
UP&SRR&URS&RUS	UP&SRR&RSS&RUS		
Type BP2-4:{RMC} = $\{R(N, \boldsymbol{u})R(N, \boldsymbol{v})T(\boldsymbol{w})\}$&{D}&{D}&{D}			
RR_h&2-RUS&RUS	RR_h&2-RSS&RUS	2-PSS&UP&RUS	2-RSS&UP&RUS

表12-9和表12-10中各有4类运动特征分布形式,其中仅有Type BP1-4和Type BP2-4为无过约束情形。根据机构的定性综合评价指标[式(8-37)]可得,可得各方案可取到的最优值为:$EIC_{Type\ AL-i}$ = [21, 19, 19, 18]。故Type BP1-4与Type BP2-4中的方案设为优选方案,如UP&3-RUS与UR&3-RUS机构,考

虑可将驱动副选于机架处且奇异位形保持的难易程度，故选出最优方案为 UP&3 - RUS 机构，如图 12 - 13(c)所示。

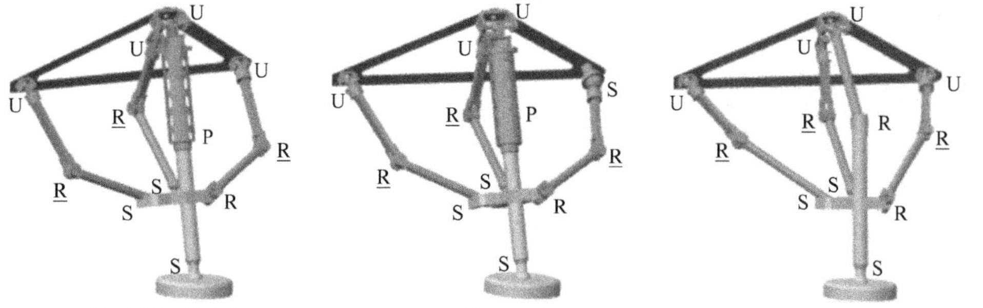

(a) UP&URR&2-URS　　(b) UP&SRR&2-URS　　(c) UR&URR&2-URS

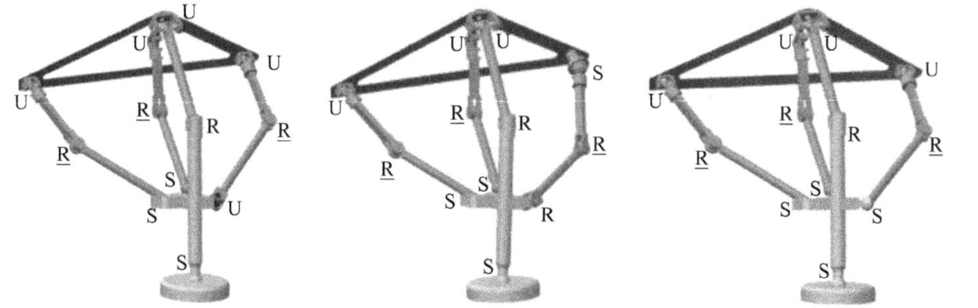

(d) UR&URU&2-URS　　(e) UR&SRR&2-URS　　(f) UR&3-URS

图 12 - 14　典型的具有被动支链的机械腿机构{$R(N, u)R(N, v)T(w)$}(u 为水平轴)

12.3.6　功能融合腿的着陆巡视机器人

着陆巡视机器人机构由机身和四条机械腿组成，故将四条机械腿沿机身中心轴线周向均匀安装，便可得到含有被动支链机械腿的着陆巡视机器人。图 12 - 15 中为两可行走着陆器，其机构为由四条结构相同且性能较优的(UP&3 - RUS) ⊗ S 机械腿与机身组成的着陆巡视机器人，其中图 12 - 15(a)和(b)为着陆状态，图

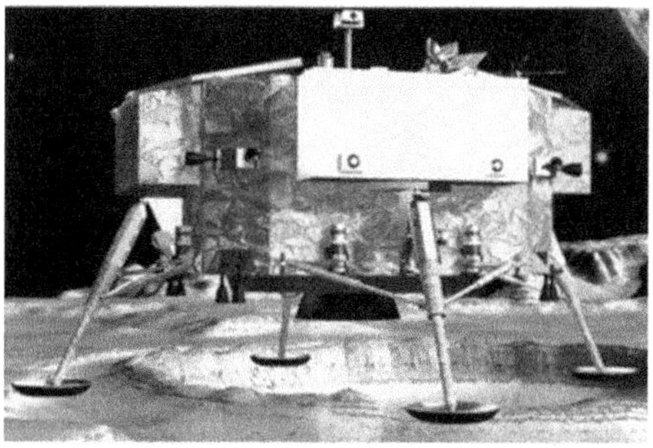

(a) 第一种着陆器的着陆状态

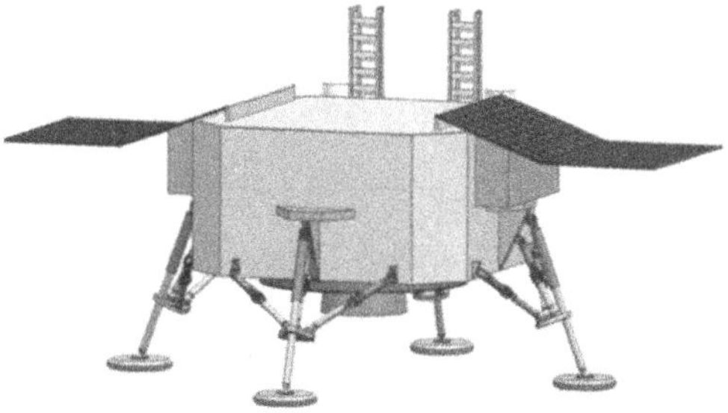

(b) 第二种着陆器的着陆状态

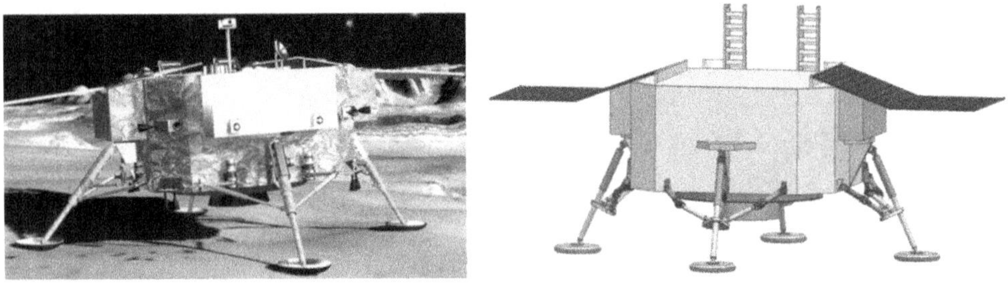

(c) 第一种着陆器的行走状态　　(d) 第二种着陆器的行走状态

图 12－15　典型的具有被动支链的着陆巡视机器人 UP&3－RUS($u = N_1N_2$)

12－15(c)和(d)为行走状态。此两种着陆器的主要区别在于,着陆位形所对应的奇异位形不同,图 12－15(a)为边界奇异位形,图 12－15(b)位于死点位置。

12.4　具有桁架与机构转化的可移动式着陆器设计

12.4.1　总体设计思想与流程

桁架是一种由杆件通过节点连接而成,不具有特征/自由度的平面或空间结构,而机构是由杆件通过运动副与平台连接具有一定运动特征/自由度的特殊结构,故机构与桁架的拓扑结构具有一致性:桁架的拓扑形式是机构去除部分运动副后的拓扑结构,而机构的拓扑则是在桁架拓扑中加入运动副元素的拓扑结构。其拓扑结构可引入拓扑布局去表示,拓扑布局包含三种元素:平台(P)、连接平台间的支链(L)和支链与平台的连接点(N)。拓扑布局与桁架映射关系为:三种元素分别对应于桁架结构中的平台、杆件以及节点;拓扑布局与机构的映射关系为:三种元素分别对应机构运动平台、连接运动平台间的支链以及支链与运动平台的连接点。拓扑布局与桁架拓扑存在一一对应的映射关系,而拓扑布局与机构存在一对多的映射关系,机构与桁架间可通过相同的拓扑布局形式建立联系,如表 12－11 所示。

表 12－11　机构与桁架的拓扑布局形式

性　质	机　构	拓扑布局形式	桁　架
线		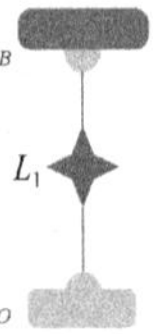	

续　表

性　质	机　构	拓扑布局形式	桁　架
平面		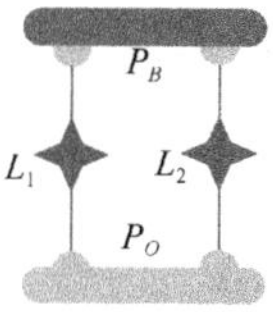	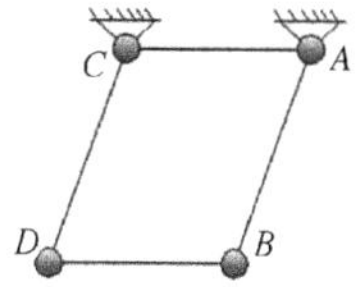
空间	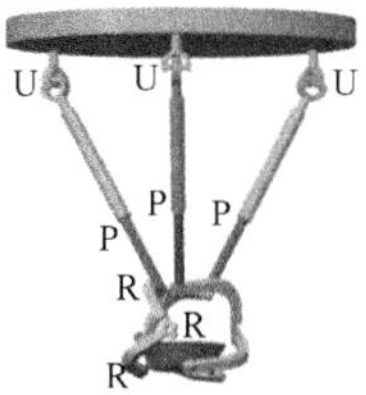	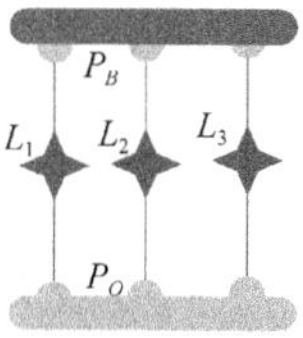	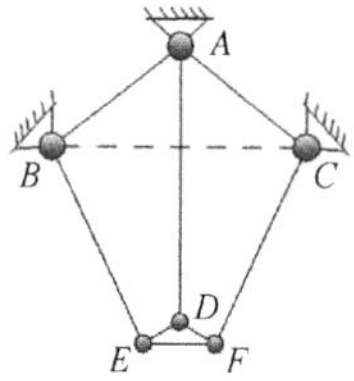
混合	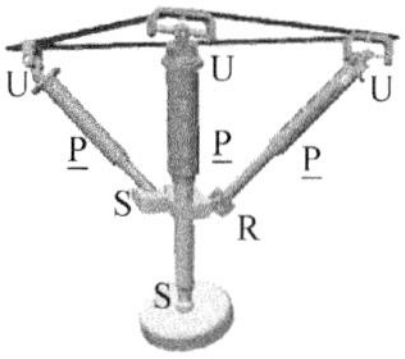	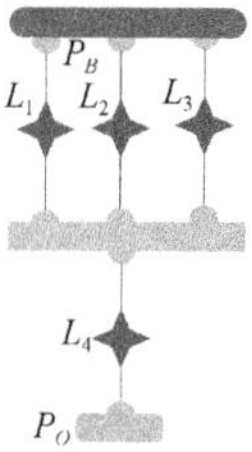	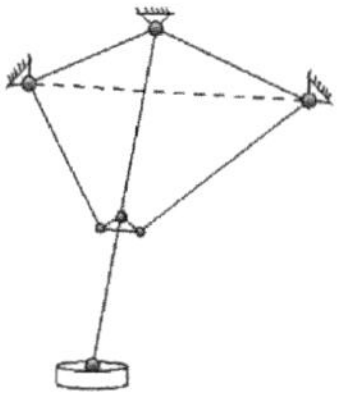

桁架是属于自由度等于或小于 0 的不动结构，机构是自由度大于 1 的可动结构。在某种程度上，桁架可看作是不动机构，即当机构位于特殊奇异位置而不可动时，则可看作是桁架；机构可看作是可动的桁架，即当在桁架上加入运动特征后，可使桁架具有运动，则可看作是机构。机构与桁架间的拓扑结构具有一致性，机构可认为是桁架结构中添加运动特征得到的结果，桁架结点限定了运动副的位置，杆件限定了机构支链的布置形式，但并没有限定运动特征类型和运动副，故可先设计出合理的桁架结构，再以桁架为基础应用特征溯源型综合方法在桁架结构的节点和杆件处添加运动特征，得到在不同位形下分别具有桁架不可动性质和机构可动性质的机器人。基于此思路，通过桁架与机构转换的特征溯源，可先设计合理的桁架，再在其上加入相应的运动特征，进而设计出相应的机构，如图 12－16 所示。根据特征溯源综合流程，可给出桁架与机构转换的特征溯源设计流程：

第一步，根据工程需求（如受力等）设计或优化相应的桁架结构以及对应的拓扑结构；

第二步，根据机构的运动特征需求，提取运动特征，利用特征溯源方法，得到节点与杆的运动特征；

第三步，通过奇异性、锁止关节等方法，将运动特征融入桁架结构中；

第四步，进行关节设计、驱动选取，得到相应的具有桁架与机构属性的机器人/装备。具体流程如图 12－18 所示。

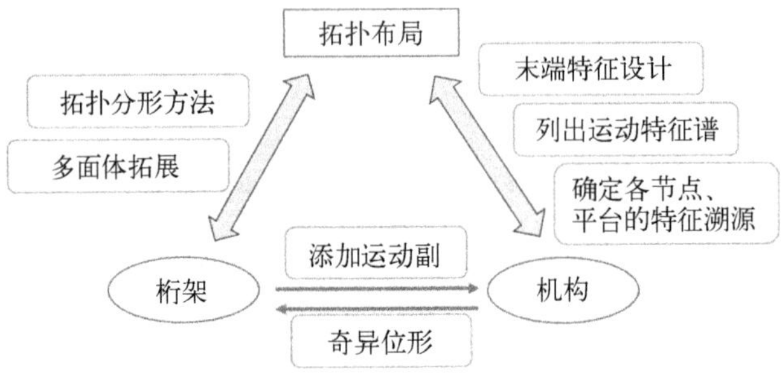

图 12－16　桁架与机构转换的特征溯源思想

12.4.2　拓扑结构设计

1. 方法一：拓扑分形方法

串联拓扑结构布局由平台、支链和节点三个元素串联组成，并联拓扑结构可看作是串联拓扑结构通过加入支链而得到，而混联机构的布局拓扑则可看作是由串、并联拓扑结构的不同组合分形拓展而成。由拓扑布局的结构特点，可定义三种分形运算方法：纵向链分形、横向链分形以及运动平台分形[5]，如图 12－17 所示。

(1) 纵向支链分形：在两平台之间，将一条纵向支链分为多条纵向支链，使两平台间的纵向支链增加，支链间关系为并联；

(2) 横向支链分形：不同的纵向支链间增加横向支链，使其形成闭链形式；

(3) 平台分形：在一条支链中加入多个运动平台，为支链演化为多级子并联拓扑布局提供运动平台。

另外，为加速拓扑分形速度可将经过一定分形后的拓扑结构直接进行组合从而得到更多的拓扑形式。为便于统一表述，对其拓扑布局进行命名，规则如下：① 一行支链与一行平台为一层，其层号数从静平台向动平台逐一增加；② 静平台表示为 P_B、动平台表示为 P_O、其他平台数逐层增加；③ 单条支链的运动特征表示为 L_i，纵向支链命名优先于横向支链，其支链号逐层增加。

基于上述分析，拓扑分形方法的具体步骤可分为两步：

(1) 通过拓扑结构分形得到所需的拓扑结构，确定出杆件数、平台数和节点数；

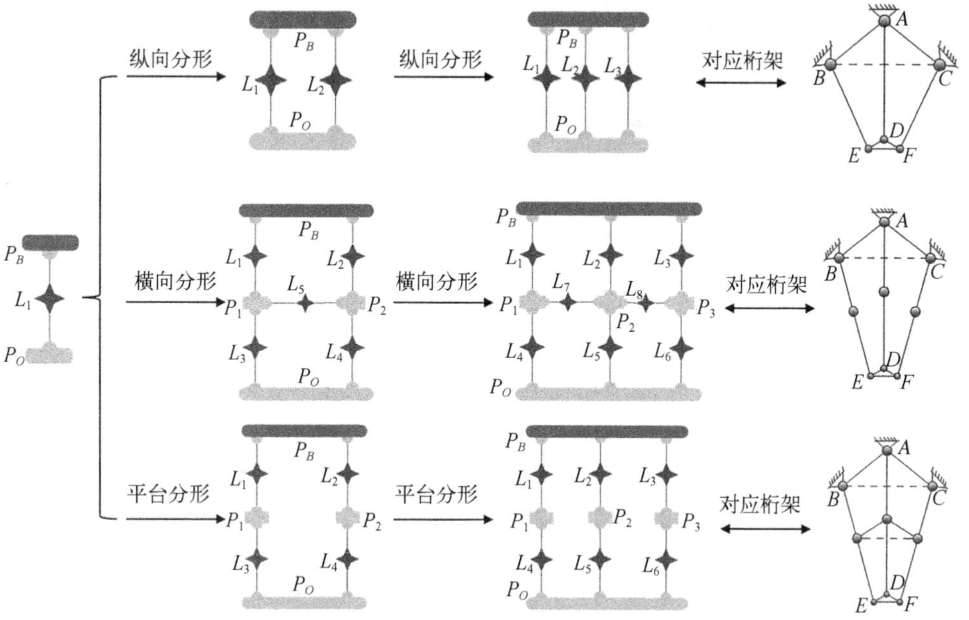

图 12－17　三种拓扑分形方法[5]

（2）根据拓扑结构，得到桁架结构，并通过优化杆与平台的连接位置（即节点的位置），得到所需的桁架结构。

2. *方法二：多面体拓展法*

桁架是一种由杆件在两端彼此由铰链连接而成的平面或空间结构，一般由稳定的三角形或四面体单元组成。空间桁架拓扑单元可看作是空间多边形，杆为多边形的边，节点为多边形的顶点，其设计步骤如下。

（1）据欧拉多边形公式，可得其边（E）、顶点（V）和面（F）的数量关系满足下式：

$$V - E + F = 2 \tag{12-7}$$

（2）根据任务需求和上式选取合适的边数、顶点数和面数，得到相应多边形。

（3）选取多边形的某一面为固定面即作为机架。对于并联机构桁架而言，一面选为动平台一面选为静平台，位于动静平台间的边称为支链边，可作为并联机构的支链。

（4）桁架结构的扩增。可对已得到的多面体通过加点、加线、加面和加体的方法得到。根据结构力学中的二元体规则，可在已设计好的桁架结构中加入二元体而不会改变原体系的几何组成性质。二元体是指由两根不在同一直线上的链杆连接一个新结点的构造，为几何不变体系。二元体规则（或称为二元体增、减规则）：

在一个体系上增加或撤去二元体，不会改变体系的几何组成性质。

12.4.3　运动特征添加至桁架的规则

桁架与机构的运动特征设计好后，即在流程中的第三步中，需将运动特征添加至桁架中且不改变桁架的不可动属性，保证桁架不可动属性可通过如下三种方式实现：

方式一：死点奇异位置。当机构位于死点奇异位置时，无论驱动力多大，机构仍不可动，故可应用这一属性，将运动特征加于桁架结构中。

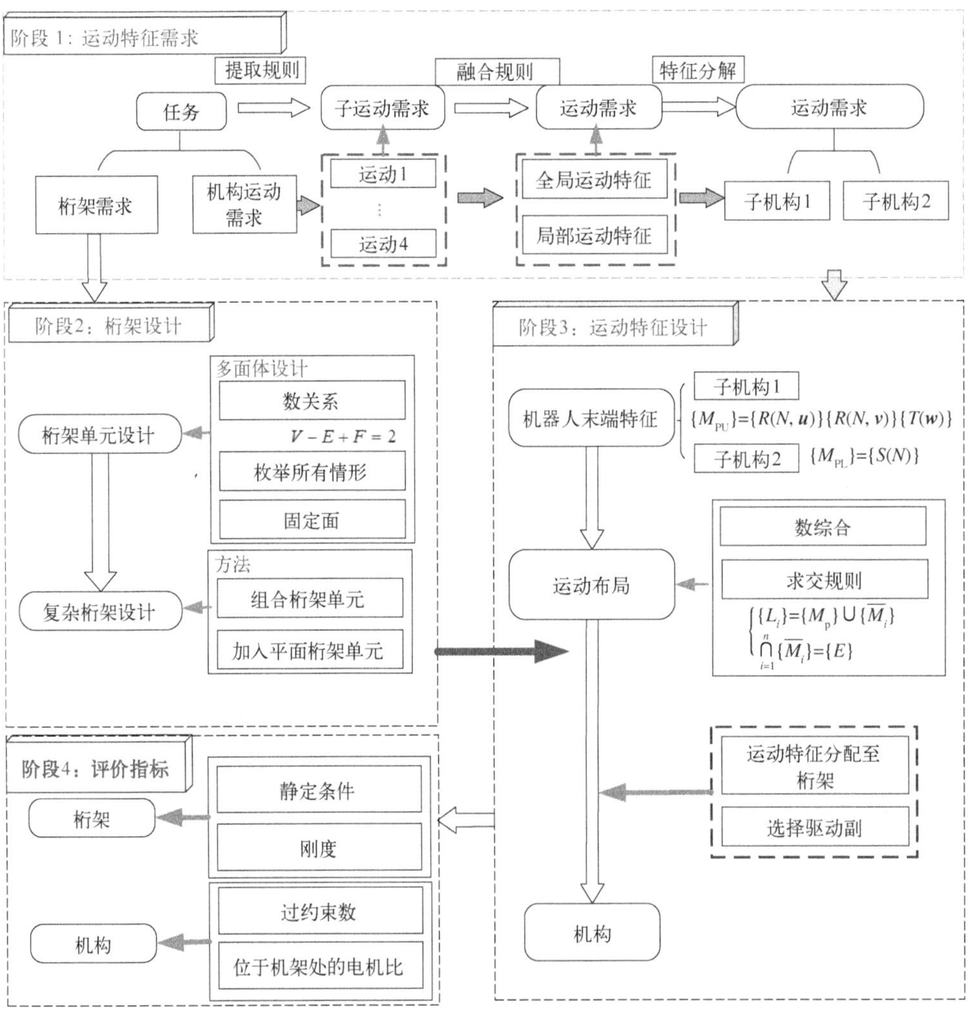

图 12－18　桁架与机构转换的特征溯源流程

方式二：边界奇异。当关节位于边界奇异位置时，其杆件在某一方向上因受结构限制而不可动。故可应用这一边界奇异位置，将运动特征加于桁架结构中。

方式三：加入固定式关节。加入关节时，可通过电磁插销或机架限制杆件运动，保持桁架不动的属性，故可应用这一边界奇异位置，将运动特征加于桁架结构中。

方式四：摩擦自锁关节[6]。当加入摩擦自锁关节时，可无论外力多大，其关节仍不可动，故可应用这一边界奇异位置，将运动特征加于桁架结构中。

对于运动特征添加至桁架结构中，可有以下添加规则：

添加规则 1：将移动副添加至桁架杆件中，使杆件可作相对移动的运动；

添加规则 2：将一至三维转动运动特征加于桁架件结点处，使桁架杆件之间可作相对转动的运动；

添加规则 3：等效关节的添加，即将等效的复杂运动副等效替换现有的简单关节，从而得到更多类型的机构，可能增加机构的刚度等属性。

12.4.4　着陆器的桁架设计

12.4.4.1　桁架的设计

根据拓扑结构的分形方法，结合机械腿上下组合的特点，先对其进行两次平台分形，再进行纵向、横向支链分形便得到所需的拓扑结构，进而通过合理布置节点位置可得到对应的桁架结构，如图 12－19 所示。

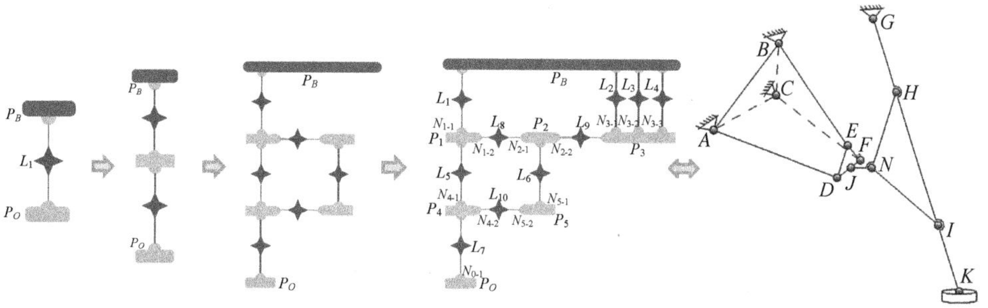

图 12－19　基于分形方法功能融合腿的桁架设计

同理，根据多面体拓展方法，可对机械腿的桁架结构进行设计：首先，可取 $E=9$、$V=6$、$F=5$ 得到五面体；其次，选择面 ABC 为并联机构的静平台，边 AD、BE、CF 为并联机构支链的备选边，面 DEF 为动平台；进而，添加杆件 JN，为提高桁架的承载能力，在其外部增加两杆 GH、HN 以及 IH、IN；最后，将杆 HI 延长至 K 点得到合适的桁架结构如图 12－20 所示，对应的拓扑布局如图 12－19 所示。

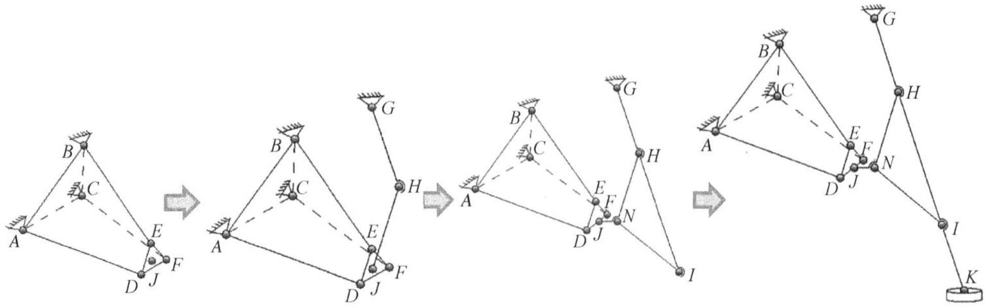

图 12-20 功能融合腿的桁架结构

12.4.4.2 桁架至机构的功能融合腿设计

(1) 确定机械腿的末端特征。

由第二章运动特征分解法则可知：机械腿的末端特征{D}可按上、下分为两组，上部分为点的三维移动特征{$T_P(3)$}，下部分为三维的转动特征{$S(O)$}，上部分为点的三维移动特征{$T_P(3)$}可进一步对应于刚体的运动特征{$R(G, \boldsymbol{u})$}{$R(G, \boldsymbol{v})$}{$T(\boldsymbol{w})$}或{$R(N, \boldsymbol{u})$}{$R(N, \boldsymbol{v})$}{T_r}。

(2) 列出如下运动特征关系为：

$$P_0 = N_{0-1} = L_7 \cup P_4 \leftarrow P_4 = N_{4-1} \cap N_{4-2} \tag{12-8}$$

$$\begin{cases} N_{4-1} = L_5 \cup P_1 \leftarrow P_1 = N_{1-1} \cap N_{1-2} \leftarrow \begin{cases} N_{1-1} = L_1 \\ N_{1-2} = L_8 \cup L_9 \cup P_3 \leftarrow P_3 = L_2 \cap L_3 \cap L_4 \end{cases} \\ N_{4-2} = L_{10} \cup L_6 \cup P_2 \leftarrow P_2 = N_{2-1} \cap N_{2-2} \leftarrow \begin{cases} N_{2-1} = L_1 \cup L_8 \\ N_{2-2} = L_9 \cup P_3 \leftarrow P_3 = L_2 \cap L_3 \cap L_4 \end{cases} \end{cases} \tag{12-9}$$

(3) 根据动平台的运动特征得到其上各节点的运动特征 N_{i-j}。

由其拓扑结构和式(12-8)，动平台上节点的运动特征即为其末端特征，即 $P_0 = N_{0-1}$。

(4) 根据各节点的运动特征 N_{i-j} 得到与其直接相连的纵向支链、横向支链和上一级各平台的运动特征 $P_k(k = 1, 2, 3, \cdots)$。

因为 $P_0 = N_{0-1} = L_7 \cup P_4$，机械腿的末端特征可分解为上、下两部分，上部分为点的三维移动特征，对应刚体的运动特征为{$R(G, \boldsymbol{u})$}{$R(G, \boldsymbol{v})$}{$T(\boldsymbol{w})$}或{$R(G, \boldsymbol{u})$}{$R(G, \boldsymbol{v})$}{T_r}，下部分为三维的转动特征{$S(K)$}，故可得此支链的各运动特征分布，如下：

$$\begin{cases} L_7 = \{S\} \\ P_4 = \{R(G, \boldsymbol{u})R(G, \boldsymbol{v})\}\{T(\boldsymbol{w})\} \text{或} \{R(G, \boldsymbol{u})R(G, \boldsymbol{v})\}\{T_r\} \end{cases} \tag{12-10}$$

(5) 根据平台的运动特征重复(3)、(4)步的运算,最后可得到全部支链和节点的运动特征集合。

将平台 P_4 的运动特征分解各节点 N_{4-1}、N_{4-2} 处,因 $P_4 = N_{4-1} \cap N_{4-2}$,可取:

$$\begin{cases} N_{4-1} = \{R(G, \boldsymbol{u})R(G, \boldsymbol{v})T(\boldsymbol{w})\} \text{ 或 } \{R(G, \boldsymbol{u})R(G, \boldsymbol{v})\}\{T_r\} \\ N_{4-2} = \{R(G, \boldsymbol{u})R(G, \boldsymbol{v})\}\{T\} \end{cases} \tag{12-11}$$

进而将节点 N_{4-1}、N_{4-2} 处的运动特征分别分解至其上支链和上一级平台中,因存在如下关系:

$$\begin{cases} N_{4-1} = L_5 \cup P_1 \\ N_{4-2} = L_{10} \cup L_6 \cup P_2 \end{cases} \tag{12-12}$$

由迁移法则和衍生法则可取:

$$\begin{cases} L_5 = \{T(\boldsymbol{w})\} \text{ 或 } \{R(M, \boldsymbol{v})\} \\ P_1 = \{R(G, \boldsymbol{u})R(G, \boldsymbol{v})\} \end{cases} \tag{12-13}$$

$$\begin{cases} L_{10} = \{R(I, \boldsymbol{v})\} \\ L_6 = \{R(N, \boldsymbol{v})\} \\ P_2 = \{R(G, \boldsymbol{u})R(G, \boldsymbol{v})T(\boldsymbol{w})\} \end{cases} \tag{12-14}$$

可令 $L_1 = P_1$,即 $L_1 = \{R(G, \boldsymbol{u})R(G, \boldsymbol{v})\}$。

因 $P_2 = N_{2-1} \cap N_{2-2}$,可取:

$$\begin{cases} N_{2-1} = \{R(G, \boldsymbol{u})R(G, \boldsymbol{v})T(\boldsymbol{w})\} \\ N_{2-2} = \{R(J, \boldsymbol{u})R(J, \boldsymbol{v})\}\{T\} \text{ 或 } \{D\} \end{cases} \tag{12-15}$$

因 $N_{2-1} = L_1 \cup L_8$,L_8 可取 $L_8 = \{R(H, \boldsymbol{u})\}$。

又因存在如下关系:

$$\begin{cases} N_{2-2} = L_9 \cup P_3 \\ N_{2-2} = \{R(J, \boldsymbol{u})R(J, \boldsymbol{v})\}\{T\} \text{ 或 } \{D\} \end{cases} \tag{12-16}$$

可将 N_{2-2} 处的运动特征分解至 L_9 和 P_3 处,则可取以下四种情形:

方案Ⅰ:

$$\begin{cases} L_9 = \{S(J)\} \\ P_3 = \{T\} \text{ 或 } \{R(B, \boldsymbol{u})R(B, \boldsymbol{v})\}\{T(\boldsymbol{w})\} \text{ 或 } \{T(\boldsymbol{u})\}\{T(\boldsymbol{v})\}\{R(B, \boldsymbol{u})\} \end{cases} \tag{12-17}$$

方案Ⅱ：

$$
\begin{cases}
L_9 = \{R(J,\ \boldsymbol{u})R(J,\ \boldsymbol{v})\} \\
P_3 = \{T\}
\end{cases}
\tag{12-18}
$$

方案Ⅲ：

$$
\begin{cases}
L_9 = \{R(J,\ \boldsymbol{v})\} \\
P_3 = \{T\}\{R(B,\ \boldsymbol{u})\}
\end{cases}
\tag{12-19}
$$

这种情形下，点 J 和 N 处的运动特征相同，均为与 P_2 相连接的 R 特征，可将 N 点合并至 J 点，合并后 J 点处为复合转动特征（三杆通过此 J 点连接），如表 12－12 所示。

表 12－12　L_9 和 P_3 的四种运动特征分布

方案 特征	Ⅰ	Ⅱ	Ⅲ	Ⅳ
L_9（即 J 点）	$\{S(J)\}$	$\{R(J,\ \boldsymbol{u})R(J,\ \boldsymbol{v})\}$	$\{R(J,\ \boldsymbol{v})\}$	$\{E\}$
P_3（即 DEF 平台）	$\{R(B,\ \boldsymbol{u})R(B,\ \boldsymbol{v})T(\boldsymbol{w})\}\{T\}$、$\{T(\boldsymbol{u})T(\boldsymbol{v})R(B,\ \boldsymbol{u})\}$	$\{T\}$	$\{T\}\{R(B,\ \boldsymbol{u})\}$	$\{T\}\{R(B,\ \boldsymbol{u})R(B,\ \boldsymbol{v})\}\{D\}$
桁架结构	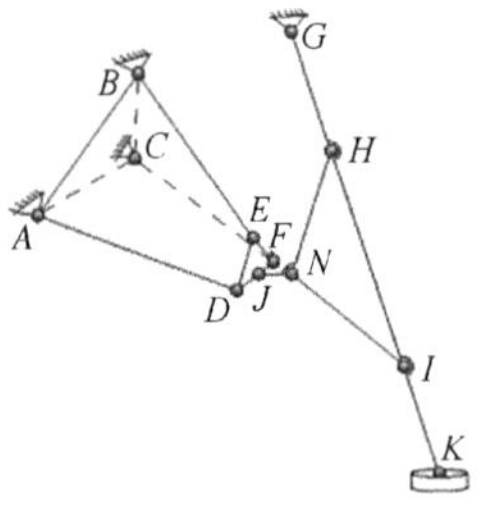		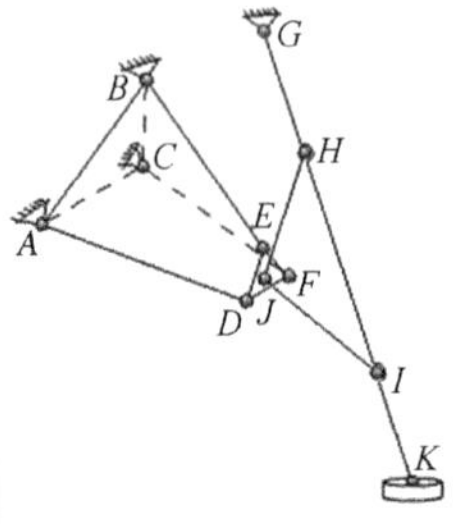	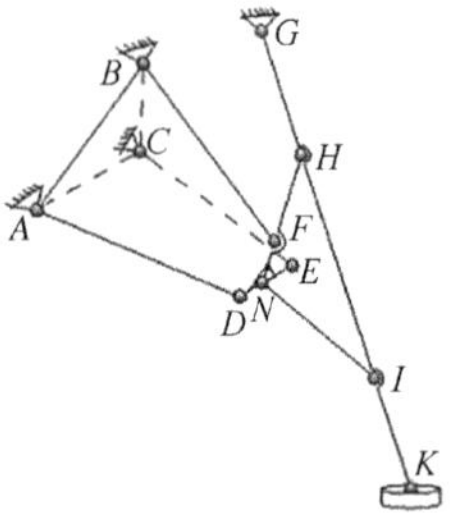

方案Ⅳ：

$$
\begin{cases}
L_9 = \{E\} \\
P_3 = \{T\}\{R(B,\ \boldsymbol{u})R(B,\ \boldsymbol{v})\}\ \text{或}\{D\}
\end{cases}
\tag{12-20}
$$

针对方案Ⅳ而言，因 L_9 不存在运动特征，故 P_3 与 P_2 平台为同一个平台，其拓扑形式和对应的桁架结构可用另一种形式表述，如图 12－21 所示。

为更直观地表述这四种情况，列出相应的运动特征与桁架结构，如表 12－12 所示。

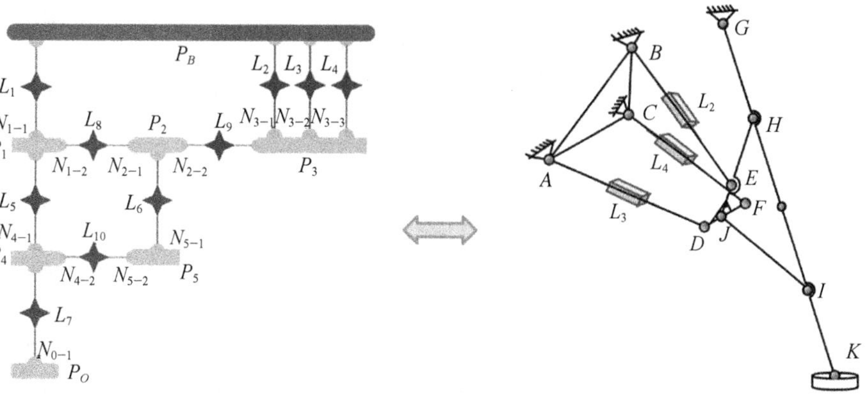

图 12－21　典型的机械腿拓扑结构(方案Ⅳ)

在这四种情况中,P_3 可有四种运动特征,如下:

$$P_3 = \{T\} \text{或} \{T\}\{R(B, \boldsymbol{u})\} \text{或} \{T\}\{R(B, \boldsymbol{u})R(B, \boldsymbol{v})\} \text{或} \{D\} \quad (12-21)$$

因 P_3 是具有三条支链的并联机构的动平台,其运动特征满足 $P_3 = L_2 \cap L_3 \cap L_4$,故可将 P_3 处的运动特征分解至三条支链上,具体如下:

当 $P_3 = \{T\}$ 时,由特征溯源流程可得:L_2、L_3、L_4 的末端运动特征如表 12－13 所示;

表 12－13　末端特征为 $\{\boldsymbol{T}\}$ 的支链特征分布

编　号	L_2	L_3	L_4
1	$\{T\}$	$\{T\}$	$\{T\}$
2			$\{T\}\{R(B, \boldsymbol{u})\}$
3			$\{T\}\{R(B, \boldsymbol{u})R(B, \boldsymbol{v})\}$
4			$\{D\}$
5		$\{T\}\{R(B, \boldsymbol{u})\}$	$\{T\}\{R(B, \boldsymbol{u})\}$
6			$\{T\}\{R(B, \boldsymbol{u})R(B, \boldsymbol{v})\}$
7			$\{D\}$
8		$\{T\}\{R(B, \boldsymbol{u})R(B, \boldsymbol{v})\}$	$\{T\}\{R(B, \boldsymbol{u})R(B, \boldsymbol{v})\}$
9			$\{D\}$
10		$\{D\}$	$\{D\}$

续　表

编　号	L_2	L_3	L_4
11			$\{T\}\{R(B,\boldsymbol{v})\}$
12		$\{T\}\{R(B,\boldsymbol{v})\}$	$\{T\}\{R(B,\boldsymbol{u})R(N,\boldsymbol{v})\}$
13	$\{T\}\{R(B,\boldsymbol{u})\}$		$\{D\}$
14		$\{T\}\{R(B,\boldsymbol{v})R(B,\boldsymbol{w})\}$	$\{T\}\{R(B,\boldsymbol{v})R(B,\boldsymbol{w})\}$
15			$\{D\}$

当 $P_3 = \{D\}$ 时，因 L_2、L_3、L_4 的运动特征满足包容条件，故可得其运动特征：

$$P_3 \subseteq L_2, L_3, L_4 \Rightarrow L_2 = L_3 = L_4 = \{D\} \tag{12-22}$$

当 $P_3 = \{T\}\{R(B,u)\}$ 时，L_2、L_3、L_4 的末端运动特征如表 12-14 所示；

表 12-14　末端特征为 $\{T\}\{R(B,u)\}$ 的支链特征分布

编　号	L_2	L_3	L_4
1		$\{T\}\{R(B,\boldsymbol{u})\}$	$\{T\}\{R(B,\boldsymbol{u})\}$
2			$\{T\}\{R(B,\boldsymbol{u})R(B,\boldsymbol{v})\}$
3	$\{T\}\{R(B,\boldsymbol{u})\}$		$\{D\}$
4		$\{T\}\{R(B,\boldsymbol{u})R(B,\boldsymbol{v})\}$	$\{T\}\{R(B,\boldsymbol{u})R(B,\boldsymbol{v})\}$
5			$\{D\}$
6		$\{D\}$	$\{D\}$
7	$\{T\}\{R(B,\boldsymbol{u})R(B,\boldsymbol{w})\}$	$\{T\}\{R(B,\boldsymbol{u})R(B,\boldsymbol{v})\}$	$\{T\}\{R(B,\boldsymbol{u})R(B,\boldsymbol{v})\}$
8			$\{D\}$

当 $P_3 = \{T\}\{R(B,u)R(B,v)\}$ 时，L_2、L_3、L_4 的末端运动特征如表 12-15 所示。

表 12-15　末端特征为 $\{T\}\{R(B,u)R(B,v)\}$ 的支链特征分布

编　号	L_2	L_3	L_4
1	$\{T\}\{R(B,\boldsymbol{u})R(B,\boldsymbol{v})\}$	$\{T\}\{R(B,\boldsymbol{u})R(B,\boldsymbol{v})\}$	$\{T\}\{R(B,\boldsymbol{u})R(B,\boldsymbol{v})\}$
2			$\{D\}$
3	$\{T\}\{R(B,\boldsymbol{u})R(B,\boldsymbol{v})\}$	$\{D\}$	$\{D\}$

(6) 将各运动特征分布融入桁架结构中。

得各节点和支链的运动特征,可将其分别融入桁架的杆和节点相应位置。

方案Ⅰ:为节省篇幅,这里仅列举一些运动特征的布置方式。如图 12-22 所示,节点 G 处的运动特征为$\{R(G,\ \boldsymbol{u})R(G,\ \boldsymbol{v})\}$,节点 H、I、K、F 处的运动特征均为$\{R(N_i,\ \boldsymbol{v})\}$,节点 J 处为$\{S\}$。图 12-22(a)和(b)中平台 EDN 的运动特征为$\{T\}$,图 12-22(a)中 L_2、L_3、L_4 支链的运动特征均为$\{T\}\{R(N_i,\ \boldsymbol{u})\}$,对应表 12-13 中第 11 行的情形,图 12-22(b)中 L_2 和 L_4 支链的运动特征为$\{T\}\{R(N_i,\ \boldsymbol{u})\}$、$L_3$ 的为$\{D\}$,对应表 12-13 中第 13 行的情形。

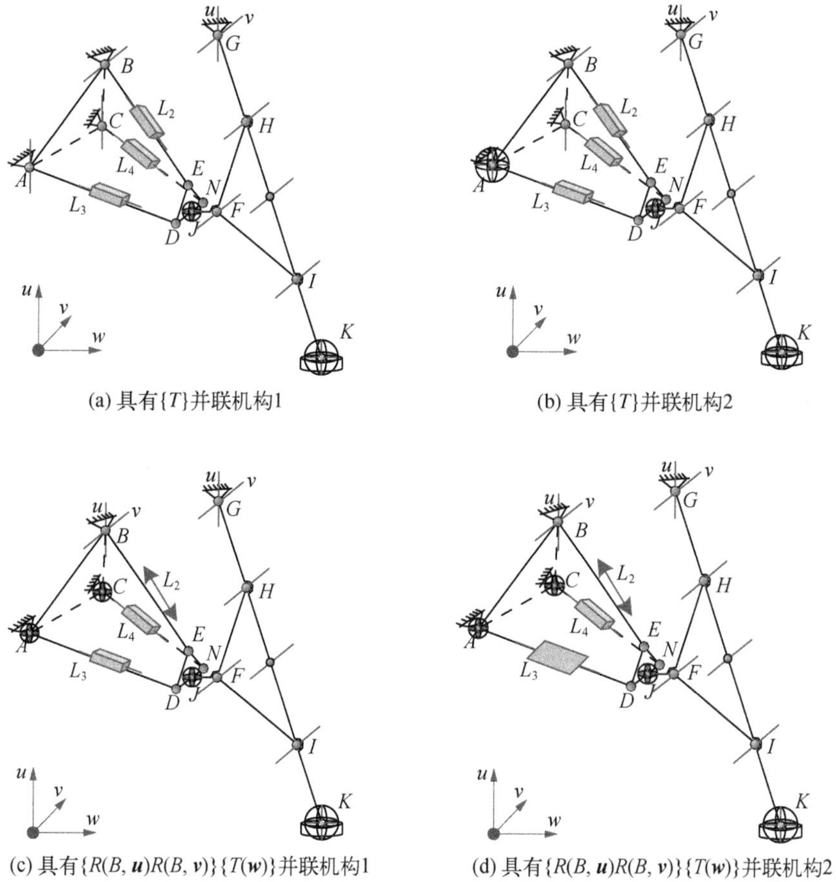

(a) 具有$\{T\}$并联机构1　(b) 具有$\{T\}$并联机构2

(c) 具有$\{R(B,\boldsymbol{u})R(B,\boldsymbol{v})\}\{T(\boldsymbol{w})\}$并联机构1　(d) 具有$\{R(B,\boldsymbol{u})R(B,\boldsymbol{v})\}\{T(\boldsymbol{w})\}$并联机构2

图 12-22　典型的机械腿拓扑结构的布局(方案Ⅰ)

图 12-22(c)和图 12-22(d)中平台 EDN 的运动特征为$\{R(B,\ \boldsymbol{u})R(B,\ \boldsymbol{v})\}\{T(\boldsymbol{w})\}$,图 12-22(c)中 L_2 的运动特征为$\{R(B,\ \boldsymbol{u})R(B,\ \boldsymbol{v})\}\{T(\boldsymbol{w})\}$,而 L_3、L_4 支链的运动特征均为$\{D\}$。图 12-22(d)中 L_2、L_3、L_4 支链的运动特征分别为$\{T\}$

{$R(B,\boldsymbol{u})$}、{$R(A,\boldsymbol{u})R(A,\boldsymbol{v})$}{$T$}和{$D$}。

同理，对于方案Ⅱ情形，如图 12－23 所示，节点 G 处的运动特征为{$R(G,\boldsymbol{u})R(G,\boldsymbol{v})$}。节点 H、I、K、F 处的运动特征均为{$R(N_i,\boldsymbol{v})$}，节点 J 处为{$R(J,\boldsymbol{u})$}。其中平台 EDN 的运动特征为{T}，图 12－23(a)中 L_2 为{T}{$R(B,\boldsymbol{u})$}，L_3、L_4 支链的运动特征均为{T}{$R(N_i,\boldsymbol{v})$}，对应表 12－13 中第 11 行的情形，图 12－23(b)中 L_2 为{T}{$R(B,\boldsymbol{v})$}，L_3 为{D}，L_4 支链的运动特征均为{T}{$R(C,\boldsymbol{u})$}。

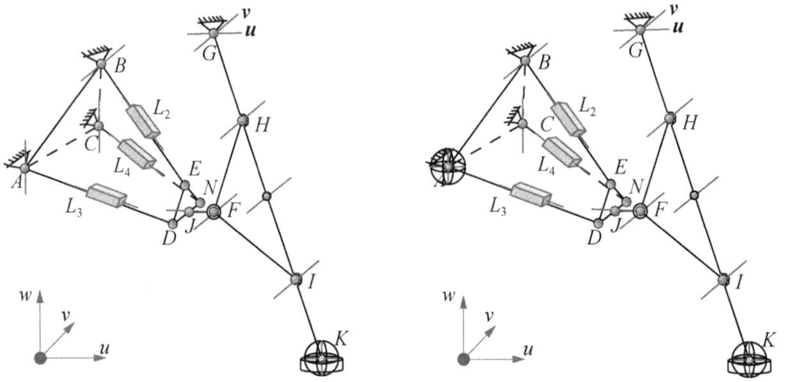

(a) 具有{T}并联机构1　　(b) 具有{T}并联机构2

图 12－23　典型的机械腿拓扑结构的布局(方案Ⅱ)

同理，对于方案Ⅲ情形如图 12－24 所示，节点 G 处的运动特征为{$R(G,\boldsymbol{u})R(G,\boldsymbol{v})$}，节点 H、I、K、J 处的运动特征均为{$R(N_i,\boldsymbol{v})$}，其中平台 EDN 的运动特征为{T}{$R(B,\boldsymbol{u})$}。图 12－24(a)中 L_2、L_3、L_4 为{T}{$R(N_i,\boldsymbol{u})$}；图 12－24(b)中 L_2 为{T}{$R(B,\boldsymbol{u})R(B,\boldsymbol{v})$}，$L_3$ 和 L_4 为{T}{$R(N_i,\boldsymbol{v})$}；图 12－24(c)中 L_2 为{D}，L_3 和 L_4 为{T}{$R(N_i,\boldsymbol{v})$}，图 12－24(d)中 L_2 为{T}{$R(B,\boldsymbol{u})$}，L_3 和 L_4 为{D}。

同理，对于方案Ⅳ情形，如图 12－25 所示，其节点 G 处的运动特征为{$R(G,\boldsymbol{u})R(G,\boldsymbol{v})$}，节点 H、I、K、J 处的运动特征均为{$R(N_i,\boldsymbol{v})$}。图 12－25(a)中平台 HJ 的运动特征为{T}{$R(B,\boldsymbol{u})R(B,\boldsymbol{v})$}，$L_2$ 的运动特征为{T}{$R(B,\boldsymbol{u})R(B,\boldsymbol{v})$}，$L_3$ 和 L_4 为{D}，图 12－25(b)中 L_2、L_3 和 L_4 的运动特征均为{D}。

(7) 运动特征的实现以及机械腿的实现。

运动特征可用相应的运动副去实现，支链{$R(N_i,\boldsymbol{u})T(\boldsymbol{u})T(\boldsymbol{v})T(\boldsymbol{w})$}、{$R(N_i,\boldsymbol{v})R(N_i,\boldsymbol{u})T(\boldsymbol{u})T(\boldsymbol{v})T(\boldsymbol{w})$}、{$D$}以及{$T$}的运动副实现方式，具体见附录二。进而可得到四种情形中 P_3 运动特征分别为{T}、{T}{$R(N_i,\boldsymbol{u})$}、{T}{$R(N_i,\boldsymbol{u})$}{$R(N_i,\boldsymbol{v})$}和{D}的支链 L_2、L_3、L_4 的实现方式，分别如表 12－16～表 12－19 所示。

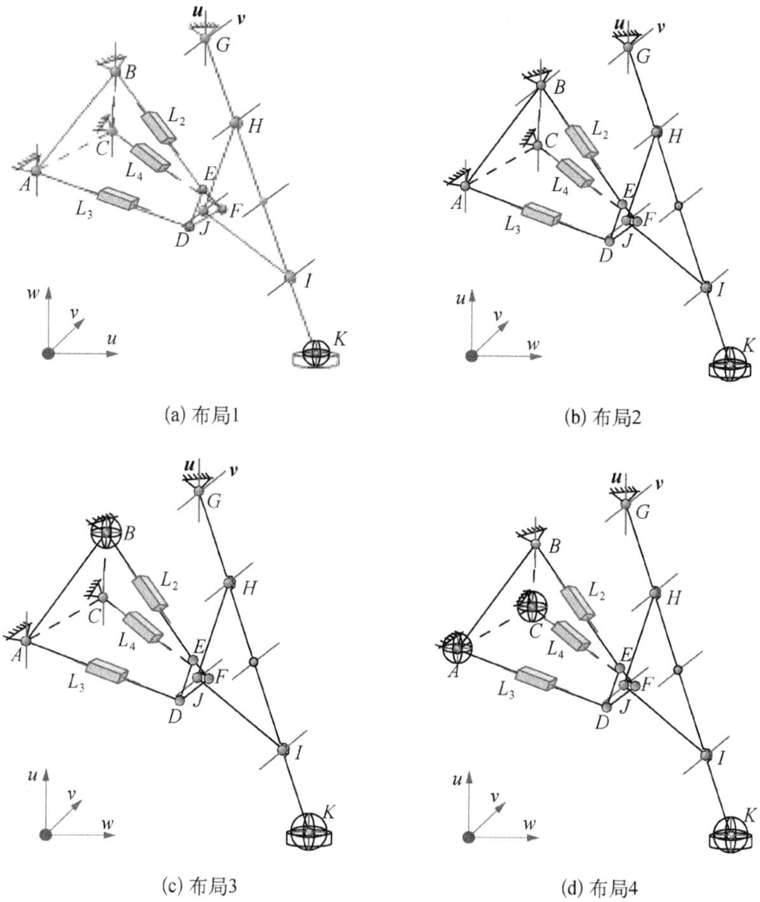

(a) 布局1　　(b) 布局2

(c) 布局3　　(d) 布局4

图 12-24　典型的机械腿拓扑结构的布局(方案Ⅲ)

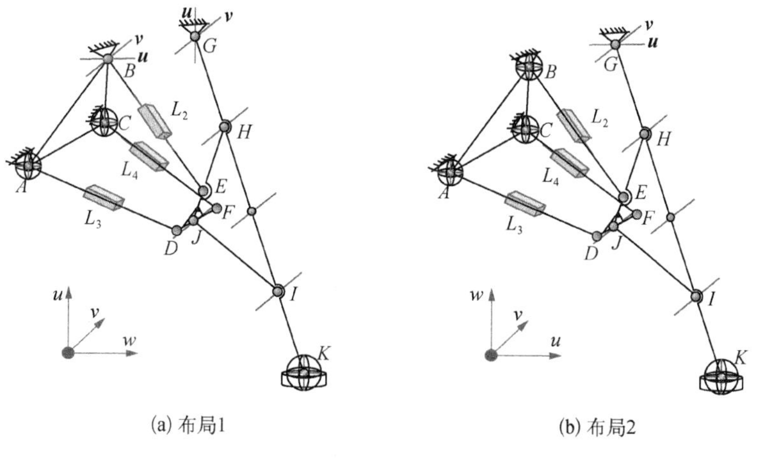

(a) 布局1　　(b) 布局2

图 12-25　典型的机械腿拓扑结构的布局(方案Ⅳ)

表 12-16　P_3 运动特征为 $\{T\}\{R(N_i,u)\}$ 的机构实现

编号	机 构 构 型			
1	$3-{}^uC^vP^wP$	$3-{}^uR^vR^vP_a{}^uR$	$3-{}^uP^{vw}U^*$	$3-{}^uC^vP^wR$
	$3-{}^vP^wP^uC$	$3-{}^vR^vP_a{}^uR^uR$	$3-{}^{vw}U^{*u}P$	$3-{}^uR^vR^wC$
2	$2-{}^uC^vP^wP\&{}^vR^uR^uP^{vw}U^*$	$2-{}^uR^vR^vP_a{}^uR\&{}^{uv}U^vP^{uv}U$	$2-{}^uP^{vw}U^*\&{}^uR^vR^vP_a{}^{uv}U$	$2-{}^uC^vP^wR\&{}^{uv}U^vP^{uv}U$
	$2-{}^vP^wP^uC\&{}^vR^uR^uP^{vw}U^*$	$2-{}^vR^vP_a{}^uR^uR\&{}^{uv}U^vP^{uv}U$	$2-{}^{vw}U^{*u}P\&{}^uR^vR^vP_a{}^{uv}U$	$2-{}^uR^vR^wC\&{}^{uv}U^vP^{uv}U$
3	$2-{}^uC^vP^wP\&{}^{uv}U^wRS$	$2-{}^uR^uR^vP_a{}^uR\&{}^{uv}U^wPS$	$2-{}^uP^{vw}U^*\&{}^uR^{uv}US$	$2-{}^uC^vP^wR\&RUS$
	$2-{}^vP^wP^uC\&{}^{uv}U^wRS$	$2-{}^uR^vP_a{}^uR^uR\&{}^{uv}U^wPS$	$2-{}^{vw}U^{*u}P\&{}^uR^{uv}US$	$2-{}^uR^vR^wC\&RUS$
4	${}^uC^vP^wP\&2-{}^vR^uR^uP^{vw}U^*$	${}^uR^uR^vP_a{}^uR\&2-{}^{uv}U^vP^{uv}U$	${}^uP^{vw}U^*\&2-{}^uR^uR^vP_a{}^{uv}U$	${}^uC^vP^wR\&2-{}^{uv}U^vP^{uv}U$
	${}^vP^wP^uC\&2-{}^vR^uR^uP^{vw}U^*$	${}^uR^vP_a{}^uR^uR\&2-{}^{uv}U^vP^{uv}U$	${}^{vw}U^{*u}P\&2-{}^uR^uR^vP_a{}^{uv}U$	${}^uR^vR^wC\&2-{}^{uv}U^vP^{uv}U$
5	${}^uC^vP^wP\&{}^vR^uR^uP^{vw}U^*\&{}^{uv}U^wRS$	${}^uR^uR^vP_a{}^uR\&{}^{uv}U^vP^{uv}U\&{}^{uv}U^wPS$	${}^uP^{vw}U^*\&{}^uR^uR^vP_a{}^{uv}U\&{}^uR^{uv}US$	${}^uC^vP^wR\&{}^{uv}U^vP^{uv}U\&{}^uR^{uv}US$
	${}^vP^wP^uC\&{}^vR^uR^uP^{vw}U^*\&{}^{uv}U^wRS$	${}^uR^vP_a{}^uR^uR\&{}^{uv}U^vP^{uv}U\&{}^{uv}U^wPS$	${}^{vw}U^{*u}P\&{}^uR^uR^vP_a{}^{uv}U\&{}^uR^{uv}US$	${}^uR^vR^wC\&{}^{uv}U^vP^{uv}U\&{}^uR^{uv}US$
6	${}^uC^vP^wP\&2-{}^{uv}U^wRS$	${}^uR^uR^vP_a{}^uR\&2-{}^{uv}U^wPS$	${}^uP^{vw}U^*\&2-{}^uR^{uv}US$	${}^uC^vP^wR\&2-{}^uR^{uv}US$
	${}^vP^wP^uC\&2-{}^{uv}U^wRS$	${}^uR^vP_a{}^uR^uR\&2-{}^{uv}U^wPS$	${}^{vw}U^{*u}P\&2-{}^uR^{uv}US$	${}^uR^vR^wC\&2-{}^uR^{uv}US$
7	${}^uR^wR^uP^{vw}U^*\&2-{}^uR^vR^uP^{vw}U^*$	${}^{uv}U^vP^{uw}U\&2-{}^{uv}U^vP^{uv}U$	${}^uR^wR^vP_a{}^{uw}U\&2-{}^uR^vR^vP_a{}^{uv}U^*$	${}^uR^uR^wC^wR\&2-{}^uR^uR^uC^vR$
	${}^uR^wR^uP^{vw}U^*\&2-{}^{uv}U^vP^uU$	${}^{uw}U^vP^{uw}U\&2-{}^uR^vR^vP_a{}^uU^*$	${}^uR^wR^vP_a{}^{uw}U\&2-{}^uR^uR^uC^vR$	${}^uR^uR^wC^wR\&2-{}^vR^vR^uP^{vw}U^*$
8	${}^uR^wR^uP^{vw}U^*\&{}^uR^uR^uP^{vw}U^*\&{}^{uv}U^wRS$	${}^{uw}U^vP^{uw}U\&{}^{uv}U^vP^{uv}U\&{}^wU^wPS$	${}^uR^wR^vP_a{}^{uw}U\&{}^uR^vR^vP_a{}^{uv}U^*\&{}^uR^{uv}US$	${}^uR^uR^wC^wR\&{}^uR^uR^uC^vR\&{}^uR^{uv}US$
	${}^uR^wR^uP^{vw}U^*\&{}^{uv}U^vP^{uv}U\&{}^uU^vRS$	${}^{uw}U^vP^{uw}U\&{}^uR^vR^vP_a{}^{uv}U^*\&{}^uU^vPS$	${}^uR^wR^vP_a{}^{uw}U\&{}^uR^uR^uC^vR\&{}^uR^{uv}US$	${}^uR^uR^wC^wR\&{}^uR^vR^uP^{vw}U^*\&{}^uR^{uv}US$

表 12-17 P_3 运动特征为 $\{T\}$ 的机构实现

编号	机 构 构 型			
1	$3-^uP^vP^wP$	$3-^uP_a^vP^wP$	$3-^uP^vP_a^wP$	$3-^uP^vP^wP_a$
	$3-^uP_a^vP_a^wP_s$	$3-^uP^vP_a^wP_a$	$3-^uP_a^vP^wP_a$	$3-^uP_a^vP_a^wP_a$
	$3-^uPU^*$	$3-U^{*u}P$	$3-^uP_aU^*$	$3-U^{*u}P_a$
2	$2-^uP^vP^wP\&^uC^vP^wP$	$2-^uP_a^vP^wP\&^uR^uR^vP_a^vR$	$2-^uP_a^vP_a^wP_s\&^uPU^*$	$2-^uP^vP^wP_a\&^uC^vP^wR$
	$2-^uPU^*\&^uC^vP^wP$	$2-U^{*u}P\&^uR^uR^vP_a^uR$	$2-^uP_aU^*\&^uPU^*$	$2-U^{*u}P_a\&^uR^vR^wC$
3	$2-^uP^vP^wP\&^uR^uR^uP^{vw}U^*$	$2-^uP_a^vP^wP\&^{uv}U^vP^{uv}U$	$2-^uP_a^vP_a^wP_s\&^uR^uR^vP_a^{uv}U$	
	$2-^uPU^*\&^vR^uR^uP^{vw}U^*$	$2-U^{*u}P\&^{uv}U^vP^{uv}U$	$2-^uP_aU^*\&^uR^uR^vP_a^{uv}U$	
4	$2-^uP^vP^wP\&^{uv}U^vRS$	$2-^uP_a^vP^wP\&^{uv}U^wPS$	$2-^uP_a^vP_a^wP_s\&^uR^{uv}US$	
	$2-^uPU^*\&^{uv}U^vRS$	$2-U^{*u}P\&^{uv}U^wPS$	$2-^uP_aU^*\&^uR^{uv}US$	
5	$^uP^vP^wP\&2-^uC^vP^wP$	$^uP_a^vP^wP\&2-^uR^uR^vP_a^uR$	$^uP_a^vP_a^wP_s\&2-^uR^uPU^*$	
	$^uPU^*\&2-^uC^vP^wP$	$U^{*u}P\&2-^uR^uR^vP_a^uR$	$^uP_aU^*\&2-^uR^uPU^*$	
6	$^uP^vP^w\&^uC^vP^wP\&^vR^uR^uP^{vw}U^*$	$P_aPP\&^uR^uR^vP_a^uR\&^{uv}U^vP^{uv}U$	$^uP_a^vP_a^wP_s\&^uPU^*\&^uR^uR^vP_a^{uv}U$	
	$^uPU^*\&^uC^vP^wP\&^vR^uR^uP^{vw}U^*$	$U^{*u}P\&^uR^uR^vP_a^uR\&^{uv}U^vP^{uv}U$	$^uP_aU^*\&^uPU^*\&^uR^uR^vP_a^{uv}U$	
7	$^uP^vP^wP\&^uC^vP^wP\&^{uv}U^vRS$	$P_aPP\&^uR^uR^vP_a^uR\&^{uv}U^wPS$	$^uP_a^vP_a^wP_s\&^uPU^*\&^uR^{uv}US$	
	$^uPU^*\&^uC^vP^wP\&^{uv}U^vRS$	$U^{*u}P\&^uR^uR^vP_a^uR\&^{uv}U^wPS$	$^uP_aU^*\&^uPU^*\&^uR^{uv}US$	
8	$^uP^vP^wP\&2-^uR^uR^uP^{vw}U^*$	$^uP_a^vP^wP\&2-^{uv}U^vP^{uv}U$	$^uP_a^vP_a^wP_s\&2-^uR^uR^vP_a^{uv}U$	
	$^uPU^*\&2-^vR^uR^uP^{vw}U^*$	$U^{*u}P\&2-^{uv}U^vP^{uv}U$	$^uP_aU^*\&2-^uR^uR^vP_a^{uv}U$	
9	$PPP\&^vR^uR^uP^{vw}U^*\&^{uv}U^vRS$	$^uP_a^vP^wP\&^{uv}U^vP^{uv}U\&^{uv}U^wPS$	$^uP_a^vP_a^wP_s\&^uR^uR^vP_a^{uv}U\&^uR^{uv}US$	
	$^uPU^*\&^vR^uR^uP^{vw}U^*\&U^vRS$	$U^{*u}P\&^{uv}U^vP^{uv}U\&^{uv}U^wPS$	$^uP_aU^*\&^uR^uR^vP_a^{uv}U\&^uR^{uv}US$	
10	$^uP^vP^wP\&2-^{uv}U^vRS$	$^uP_a^vP^wP\&2-^{uv}U^wPS$	$^uP_a^vP_a^wP_s\&2-^uR^{uv}US$	
	$^uPU^*\&2-^{uv}U^vRS$	$U^{*u}P\&2-^{uv}U^wPS$	$^uP_aU^*\&2-^uR^{uv}US$	
11	$^uC^vP^wP\&2-^vC^uP^wP$	$^uR^uR^vP_a^uR\&2-^vR^vR^uP_a^vR$	$^uPU^*\&2-^vPU^*$	
	$^uC^vP^wP\&2-^vR^uR^uP_a^uR$	$^uR^uR^vP_a^uR\&2-^vC^uP^wP$	$^uPU^*\&2-^vR^uR^uP_a^vR$	

续 表

编号	机构构型			
12	$^uC^vP^wP\&^vC^uP^wP\&^vR^uR^uP^{yw}U^*$	$^uR^uR^vP_a^uR\&^vR^vR^vP_a^uR\&^{uv}U^vP^{uv}U$	$^uPU^*\&^vPU^*\&^uR^uR^vP_a^{uv}U$	$^uC^vP^uR\&^vC^uP^uR\&^{uv}U^vP^{uv}U$
	$^uC^vP^wP\&^vR^uR^uP_a^vR\&^vR^uR^uP^{yw}U^*$	$^vR^uR^vP_a^uR\&^vC^uP^wP\&^{uv}U^vP^{uv}U$	$^uPU^*\&^vR^uR^uP_a^vR\&^uR^uR^vP_a^{uv}U$	$^vR^uR^wC\&^vR^uR^uP_a^vR\&^{uv}U^vP^{uv}U$
13	$^uC^vP^wP\&^vC^uP^wP\&^{uv}U^vRS$	$^uR^uR^vP_a^uR\&^vR^vR^vP_a^uR\&^{uv}U^wPS$	$^uPU^*\&^vPU^*\&^uR^{uv}US$	$^uC^vP^uR\&^vC^uP^uR\&^uR^{uv}US$
	$^uC^vP^wP\&^vR^uR^uP_a^vR\&^{uv}U^vRS$	$^vR^uR^vP_a^uR\&^vC^uP^wP\&^{uv}U^wPS$	$^uPU^*\&^vR^uR^uP_a^vR\&^uR^{uv}US$	$^vR^uR^wC\&^vR^uR^uP_a^vR\&^uR^{uv}US$
14	$^uC^vP^wP\&2-^vR^uR^uP^{yw}U^*$	$^uR^uR^vP_a^uR\&2-^{uv}U^vP^{uv}U$	$^uPU^*\&2-^uR^uR^vP_a^{uv}U$	$^uC^vP^wR\&2-^{uv}U^vP^{uv}U$
	$^uC^vP^wP\&2-^vR^uR^uP^{yw}U^*$	$^uR^uR^vP_a^uR\&2-^{uv}U^vP^{uv}U$	$^uPU^*\&2-^uR^uR^vP_a^{uv}U$	$^vR^vR^wC\&2-^{uv}U^vP^{uv}U$
15	$^uC^vP^wP\&^vR^uR^uP^{yw}U^*\&^{uv}U^vRS$	$^uR^uR^vP_a^uR\&^{uv}U^vP^{uv}U\&^uR^wPS$	$^uPU^*\&^uR^uR^vP_a^{uv}U\&^uR^{uv}US$	$^uC^vR^uR\&^{uv}U^vP^{uv}U\&^uR^{uv}US$
	$^uC^vP^wP\&^vR^uR^uP^{yw}U^*\&^{uv}U^vRS$	$^uR^uR^vP_a^uR\&^{uv}U^vP^{uv}U\&^uR^wPS$	$^uPU^*\&^uR^uR^vP_a^{uv}U\&^uR^{uv}US$	$^vR^vR^wC\&^{uv}U^vP^{uv}U\&^uR^{uv}US$

表 12-18 P_3 运动特征为 $\{T\}\{R(N_i,u)R(N_i,v)\}$ 的机构实现

编号	机构构型			
1	$^uR^wR^uP^{yw}U^*\&2-^vR^vR^uP^{yw}U^*$	$^{uw}U^vP^{uw}U\&2-^{uv}U^vP^{uv}U$	$^vR^wR^vP_a^{uw}U\&2-^uR^vR^vP_a^{uv}U^*$	$^uR^uR^wC^wR\&2-^uR^uR^uC^vR$
	$^uR^wR^uP^{yw}U^*\&2-^{uv}U^vP^{uv}U$	$^{uw}U^vP^{uw}U\&2-^vR^vR^vP_a^{uv}U^*$	$^vR^wR^vP_a^{uw}U\&2-^uR^uR^uC^vR$	$^uR^uR^uC^wR\&2-^vR^vR^uP^{yw}U^*$
2	$^uR^wR^uP^{yw}U^*\&^uR^vR^uP^{yw}U^*{}^{uv}U^vRS$	$^{uw}U^vP^{uw}U\&^{uv}U^vP^{uv}U\&^uR^wPS$	$^vR^wR^vP_a^{uw}U\&^uR^vR^vP_a^{uv}U^*\&^uR^{uv}US$	$^uR^uR^wC^wR\&^uR^uR^uC^vR\&^uR^{uv}US$
	$^uR^wR^uP^{yw}U^*\&^{uv}U^vP^{uv}U\&^{uv}U^vRS$	$^{uw}U^vP^{uw}U\&^uR^vR^vP_a^{uv}U^*\&^uR^wPS$	$^vR^vR^vP_a^{uw}U\&^uR^uR^uC^vR\&^uR^{uv}US$	$^uR^uR^uC^wR\&^vR^vR^uP^{yw}U^*\&^uR^{uv}US$
3	$^vR^vR^uP^{yw}U^*\&2-^uR^vRS$	$^{uv}U^vP^{uv}U\&2-^{uv}U^wPS$	$^vR^vR^vP_a^{uv}U^*\&2-^uR^{uv}US$	$^uR^uR^uC^vR\&2-^uR^{uv}US$
	$^uR^vR^uP^{yw}U^*\&2-^{uv}U^wPS$	$^{uv}U^vP^{uv}U\&2-^{uv}U^vRS$	$^uR^vR^vP_a^{uv}U^*\&2-^{uv}U^wPS$	$^uR^uR^uC^vR\&2-^{uv}U^wPS$

表 12－19　P_3 运动特征为{D}的机构实现

编号	机构构型			
1	$3-{}^{uv}U^{v}RS$	$3-{}^{uv}U^{w}PS$	$3-{}^{u}R^{uv}US$	$3-{}^{u}RSS$
	$3-S^{v}RS$	$3-{}^{uv}U^{w}P_aS$	$3-{}^{w}P^{uv}US$	$3-{}^{u}P_a{}^{uv}US$

根据运动特征在桁架结构中的布局和运动副的合理选取,可得到四大类的相应机构。

对于方案Ⅰ,图 12－26(a)、图 12－26(b)中的机构对应于图 12－22(a)、图 12－22(b)的运动特征的分布。图 12－26(a)中 L_2、L_3、L_4 支链均为 RRP_aR;图 12－26(b)中 L_3、L_4 支链均为 RRP_aR, L_2 为 RPRP;图 12－26(c)、图 12－26(d)中的机构对应于图 12－22(c)的运动特征的分布;图 12－26(c)中 L_2、L_4 支链均为 RRP_aR, L_3 为 RUS;图 12－26(d)中 L_2 支链均为 UP, L_3、L_4 为 RUS。

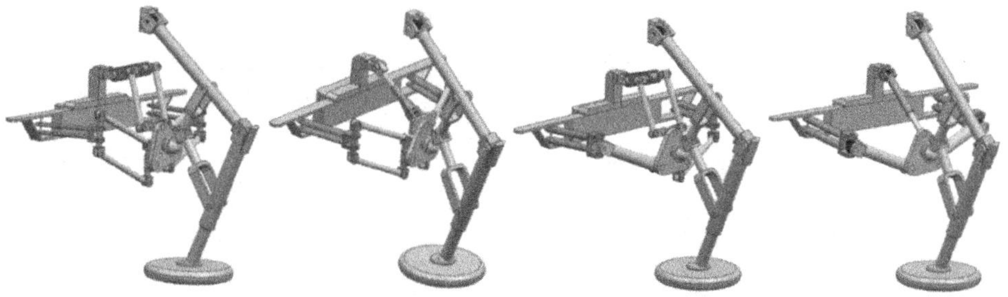

(a) 方案Ⅰ－1　(b) 方案Ⅰ－2　(c) 方案Ⅰ－3　(d) 方案Ⅰ－4

图 12－26　典型的机械腿机构(方案Ⅰ)

对于方案Ⅱ,如图 12－27 所示,其中图 12－27(a)、图 12－27(b)中的机构对应于图 12－23(a)、图 12－23(b)的运动特征的分布,图 12－27(a)中 L_2、L_3、L_4 支链均为 RRP_aR,图 12－27(b)中 L_2、L_4 支链均为 RRP_aR, L_3 为 RUS。

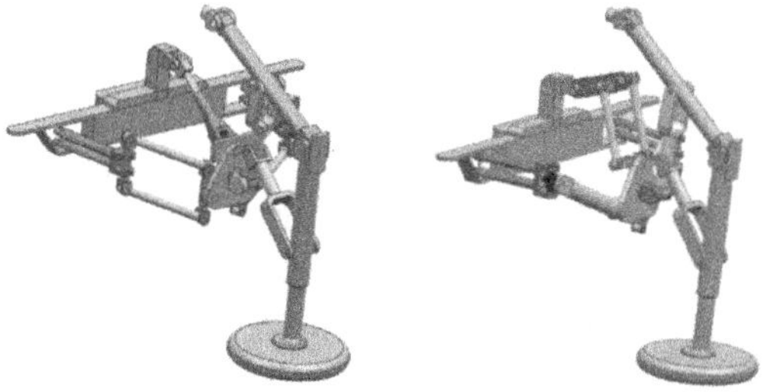

(a) 方案Ⅱ－1　(b) 方案Ⅱ－2

图 12－27　典型的机械腿机构(方案Ⅱ)

对于方案Ⅲ,如图 12－28 所示,其中图 12－28(a)～(d)中的机构对应于图 12－24(a)～(d)的运动特征的分布,图 12－28(a)中 L_2、L_3、L_4 支链均为 RRP_aR,图 12－28(b)中 L_3、L_4 支链均为 RRP_aR, L_2 为 UPRP,图 12－28(c)中 L_3、L_4 支链均为 RRP_aR, L_2 为 RUS,图 12－28(d)中 L_3、L_4 支链均为

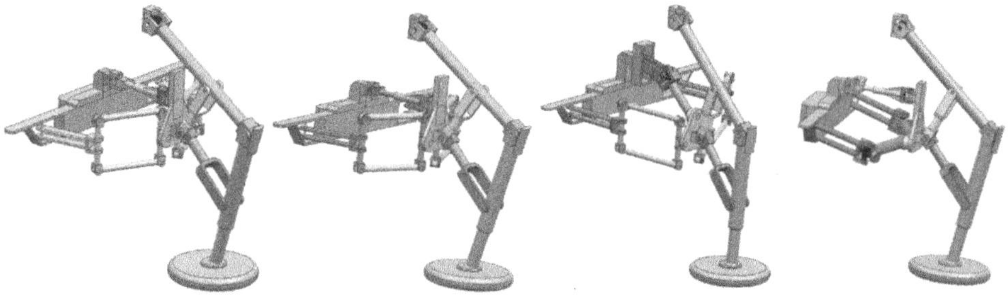

(a) 方案Ⅲ-1　　(b) 方案Ⅲ-2　　(c) 方案Ⅲ-3　　(d) 方案Ⅲ-4

图 12-28　典型的机械腿机构(方案Ⅲ)

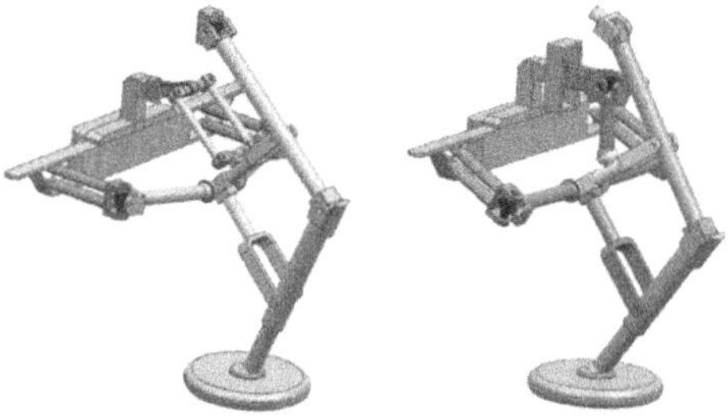

(a) 方案Ⅳ-1　　(b) 方案Ⅳ-2

图 12-29　典型的机械腿机构(方案Ⅳ)

RUS, L_2 为 $\mathrm{RRP_aR}$。

这类机械腿在着陆时主支柱的支链均处于奇异位形,而行走时则不再处于奇异位形,两种位形分别如图 12-30(a)、图 12-30(b)所示。根据驱动副的选取原则,可优先选择位于机架处的单自由度运动副作为驱动副,如图 12-30 所示的机构,可选取以位于机架处的 R 副为驱动副,并用下划线 R($\underline{\mathrm{R}}$)表示[7]。

根据机构的定性综合评价指标[式(3-32)],可得上述四种方案中可取到的最优值为: $\mathrm{EIC}_{\mathrm{case}-i}$ = [34, 34, 34, 32]。故方案Ⅳ中的方案可为最优,考虑可将驱动副选于机架处,可选出最优方案,如图 12-29(b) 所示。

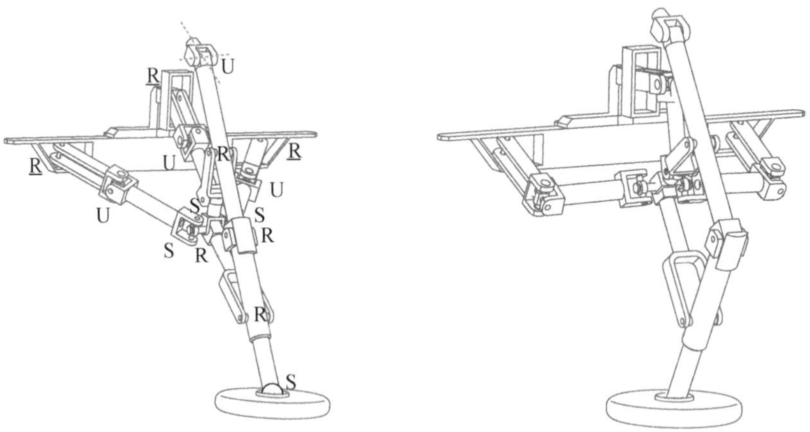

(a) 着陆位形　　(b) 行走位形

图 12-30　机械腿的两种位形

12.4.5 功能融合腿的着陆巡视机器人

将四条机械腿周向均布于机身即可得到着陆巡视机器人，图 12－31 为一种典型的着陆巡视机器人，由机身与四条结构相同的机械腿[腿结构为(UR&3－RUS)⊗S]组成。

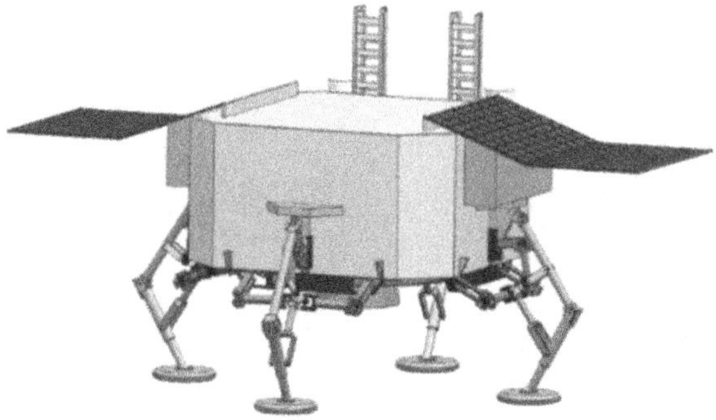

图 12－31 功能融合腿的着陆巡视机器人构型[(UR&3－RUS)⊗S]

12.5 具有着陆地形适应能力的可移动式着陆器设计

前一节介绍了具有折展功能、行走移位功能、姿态调整功能、地形行走适应功能和着陆功能的可移动式着陆器构型设计。然而，目前着陆器仅能在较为平坦的地形着陆。因不同星体表面环境多样化，星体表面环境难以进行全面的观测，加上着陆器动力下降阶段不可避免的着陆误差，使得着陆器面临不确定的着陆环境，另外，地外星体表面缺少可靠特征，月球和火星上没有丰富的植被和人造物体，能进行视觉特征匹配的外部环境信息较少。在着陆作业期间，难以在着陆表面找到合适的参照物进行导航。这些都将造成着陆时选址困难。另一方面，对复杂地域探测时，要求着陆器和探测设备着陆于复杂地形中。受活动能力和任务时间的限制，目前只能对着陆点附近的区域进行探测，因此想要获得更多区域的探测数据就要求着陆器有在更多区域进行着陆的能力。基于以上原因，有必要将现在着陆器的单一特定地形着陆功能进一步拓展至多地形自适应着陆功能，在前述功能中加入着陆地形适应能力，其优点在于：① 增加着陆地形适应功能后，可对复杂地形进行巡视探测，扩大巡视范围和利于复杂地形的到达能力；② 可大大降低选址要求；③ 可降低着陆难度，包括降低控制精度、缩短着陆前空中悬停时间。

基上述分析，新型着陆器的功能包括：折展功能、行走移位功能、姿态调整功能、地形适应功能(包括行走地形适应和着陆地形适应)和着陆功能的可移动式着陆器构型设计[6]。首先，应用摩擦力自锁原理得到具有多位自锁功能的关节，实现桁架至机构或半机构的转变。进而基于此类关节，得到具有多位自锁的着陆器腿拓扑结构，得到其相应支链，最后得了具有多复杂地形着陆适应能力的可移动式着陆器[7]。图 12－33 给出了两种典型的具有自锁关节的着陆巡视一体化机器人。图 12－33(a)中着陆巡视一体化机器人由机身和 4 条相同的机械腿组成，其中机械腿构型为图 12－32(d)。图 12－33(a)中着陆巡视一体化机器人中的机械腿为图 12－32(a)。

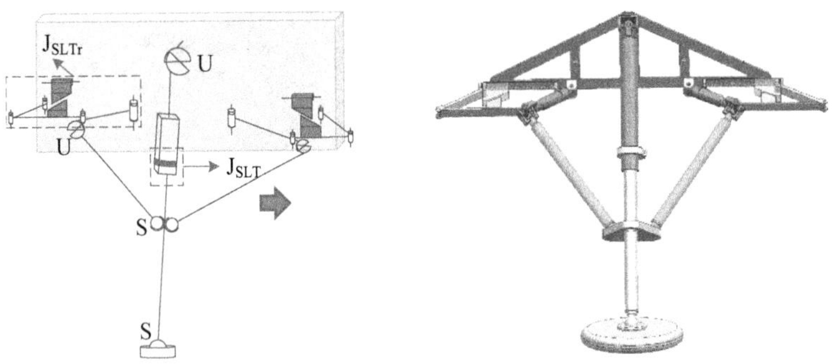

(a) 方案1: $UJ_{\underline{SLT}}$ & 2-$J_{\underline{SLTr}}$US

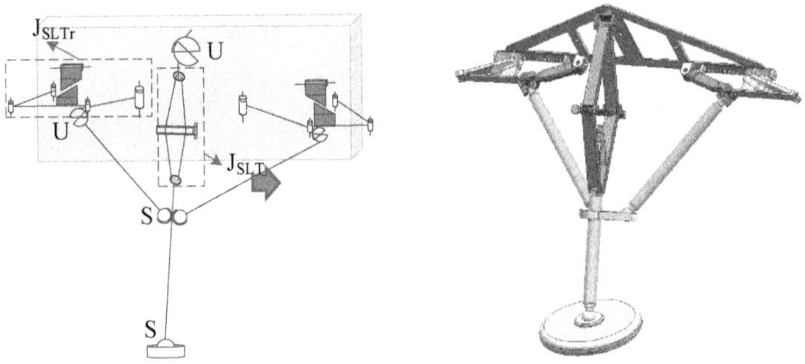

(b) 方案2: $UJ_{\underline{SLT}}$ & 2-$J_{\underline{SLTr}}$US

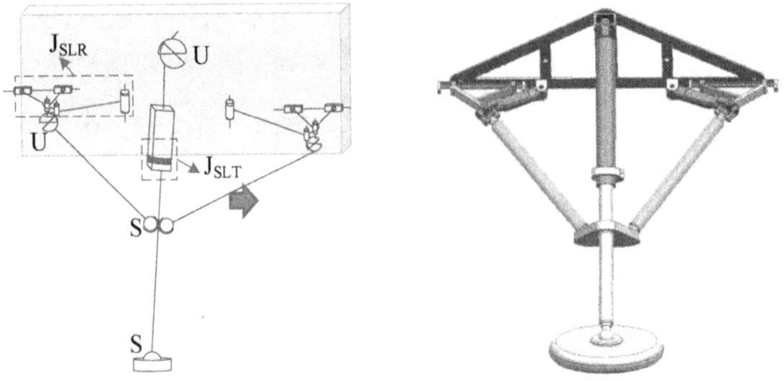

(c) 方案3: $UJ_{\underline{SLT}}$ & 2-$J_{\underline{SLR}}$US

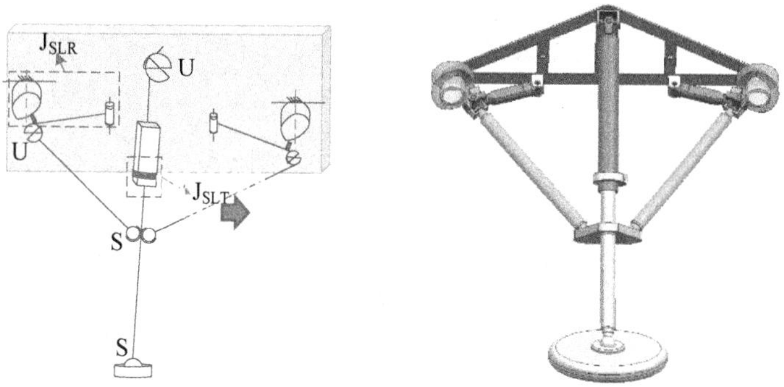

(d) 方案4: $UJ_{\underline{SLT}}$ & 2-$J_{\underline{SLR}}US$

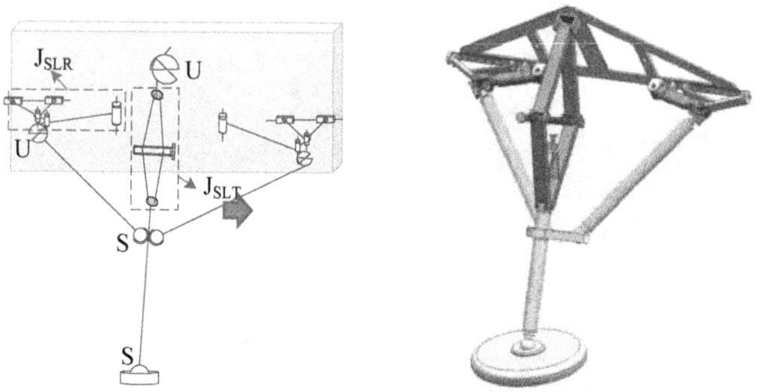

(e) 方案5: $UJ_{\underline{SLT}}$ & 2-$J_{\underline{SLR}}US$

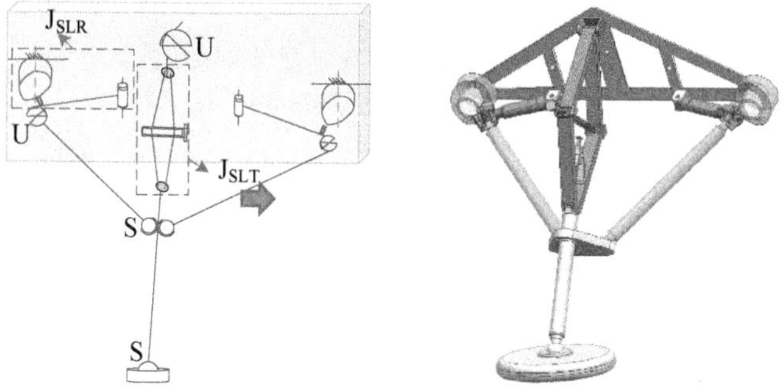

(f) 方案6: $UJ_{\underline{SLT}}$ & 2-$J_{\underline{SLR}}US$

图 12－32　具有自锁关节的多地形着陆适应的着陆器腿($u = N_1N_2$)

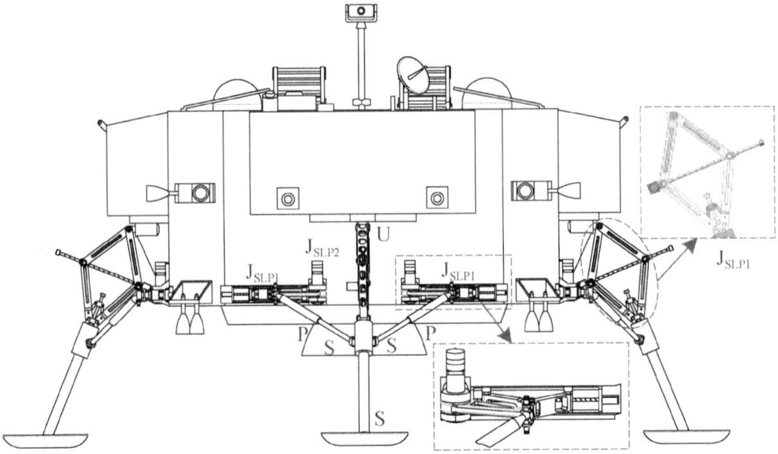

(a) 方案1

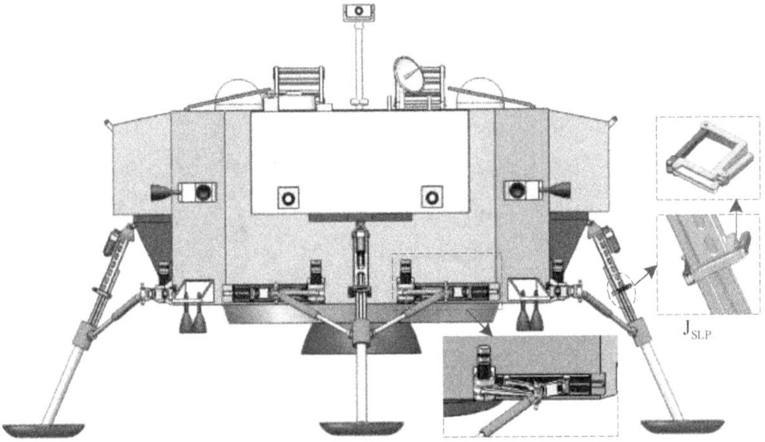

(b) 方案2

图 12－33　具有自锁关节的多地形着陆适应能力的可移动式着陆器 $U\underline{J_{SLP}}\&2-\underline{J_{SLR}}US$

12.6　总　　结

本章面向具有折叠展开、着陆缓冲、地形适应、行走移位、姿态调整等多功能一体化的可移动式着陆器任务需求，运用特征溯源方法和流程进行构型设计。通过被动支链和特殊奇异位形概念，提出机构-桁架功能融合的设计思路，得到多功能一体化可移动式着陆器构型；通过有级和无级自锁功能关节构造以及特征溯源方法，设计得到具有着陆地形适应能力的移动式着陆器构型方案，为拓展地外天体探测范围和基地建设提供可行方案。

参考文献

[1] Lin R F, Guo W Z, Li M, et al. Novel design of a legged mobile lander for extraterrestrial planet exploration[J]. International Journal of Advanced Robotic Systems, 2017, 14 (6): 172988141774612.

[2] Lin R F, Guo W Z. Novel design of a family of legged mobile landers based on decoupled landing and walking functions[J]. Journal of Mechanical Science and Technology, 2020, 34: 3815-3822.

[3] Lin R F, Guo W Z, Zhao C J, et al. Conceptual design and analysis of legged landers with orientation capability[J]. Chinese Journal of Aeronautics, 2022, 36(3): 171-183.

[4] Lin R F, Guo W Z, Zhao C J, et al. Topological design of a new family of legged mobile landers based on truss-mechanism transformation method[J]. Mechanism and Machine Theory, 2020, 149: 103787.

[5] 曾强. 具有串并混联形式与变自由度特性的空间多环机构的拓扑设计方法[D]. 北京: 北京交通大学, 2012.

[6] Lin R F, Guo W Z. Type synthesis of reconfiguration parallel mechanisms transforming between trusses and mechanisms based on friction self-locking composite joints[J]. Mechanism and Machine Theory, 2022, 168: 104597.

[7] Lin R F, Guo W Z. Creative design of legged mobile landers with multi-loop chains based on truss-mechanism transformation method[J]. Journal of Mechanisms and Robotics, 2021, 13 (1): 011013.

第十三章 大型仿生恐龙机器人特征溯源设计

13.1 引　　言

大型仿生恐龙在主题公园、大型活动、舞台表演和教育科普等领域有着重要应用价值。目前大型仿生恐龙的整机自由度数较少,整机灵活度不够导致仿真恐龙的运动感生硬,往往需要借助一定的辅助设备如轨道、支架等实现支撑运动,大大降低了真实性。仿生恐龙机器人具有多构件、多输出、运动特征呈分布式等特点,面对此任务需求和复杂的运动特征,本章对其进行特征溯源设计,得到相应的仿生恐龙机器人机构构型,为主题公园、大型活动、舞台表演和教育科普等领域的大型仿生恐龙研发提供参考。

13.2 大型仿生恐龙机器人运动特征设计

13.2.1 运动特征需求

大型仿生恐龙在主题公园、大型活动、舞台表演和教育科普等领域有着重要应用价值。目前国内大型仿生恐龙模型不具备可动性或只有局部结构具有可动性,且不具备自主行走的能力;国外大部分的设计都采用串联或平面机构,并需要辅助支撑结构。目前大型仿生恐龙的共同特点在于: 整机自由度数较少,整机灵活度不够导致仿真恐龙的运动感生硬,往往需要借助一定的辅助设备如轨道、支架等实现支撑运动。

从任务需求讲,此机器人的主要功能有: 头部与尾部的摇摆运动,以及行走功能和身体的姿态调整功能。从机构学角度讲,此机械系统具有多构件输出,包括: 头部、尾部、腿部以及身体;为更逼真地反映恐龙的运动特点,其运动特征呈分布式,例如: 髋关节和膝关节都需分布运动特征;此机器人机构的动静平台也在不断变化,例如: 仿生恐龙在行走过程中,其腿部时而抬起进而着地,动平台时而是腿末端,时而是机身;综上,仿生恐龙机器人具有多构件、多输出、运动特征呈分布式等特点,具有如下: ① 具有末端输出,头部、尾部、腿部以及身体;② 多功能,包括:

头部、尾部的摆动，行走功能；③ 此机器人在执行不同功能时，动静平台相互切换。下面提取与任务功能相对应的运动特征并进行特征设计。

1. 明确执行各任务功能时的动平台

在执行不同的功能时，此机器人的动静平台有所不同，如图 13－1 所示。对于头部摇摆功能而言，其动平台为头部，静平台为机身；对于尾部摇摆功能而言，其动平台是尾部，静平台为机身；对于姿态调整功能而言，此机器人可看作是并联机器人，以各支撑腿足端为支链，以机身为动平台；对于行走移位功能而言，对于支撑腿，动平台为机身，静平台为足端，对于摆动腿则相反，以腿的足端为动平台，以机身为静平台。综上所述，其功能中的动平台包括：头部、尾部、机身和腿足端。

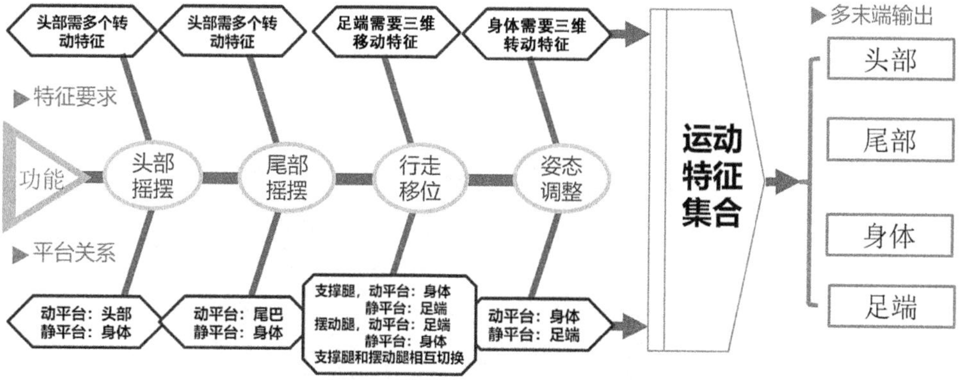

图 13－1　仿生恐龙机器人多功能要求与运动特征分析

2. 针对五大功能提取得到对应的运动特征

1）头部摇摆功能

恐龙在生活中需应用头部觅食、用嘴猎取食物，以及在行走过程中更好地保证行走过程的稳定性，所以恐龙的头部需具有摇摆功能，具体包括俯仰和偏航功能。故仿生机械的头部需具有绕某一固定于头部与机身连接的根部轴线的转动运动，根据运动特征的提取法则可知：其颈部需有三维的转动特征 $\{S(N)\}$，如图 13－2(a)所示。

2）尾部摇摆功能

为保证行走过程的稳定性和平衡性以及自我防卫，恐龙尾部需要摇摆功能。因其尾部较长，又需具有连续弯曲能力，若用刚性构件进行仿生，则需在其尾部多个位置布置二维转动特征 $\{R(N,\ \boldsymbol{u})R(N,\ \boldsymbol{v})\}$，如图 13－2(a)所示。

3）行走移位功能

机器人与动物的行走机理相同，即足端与地面间存在向上支撑力和向前反推

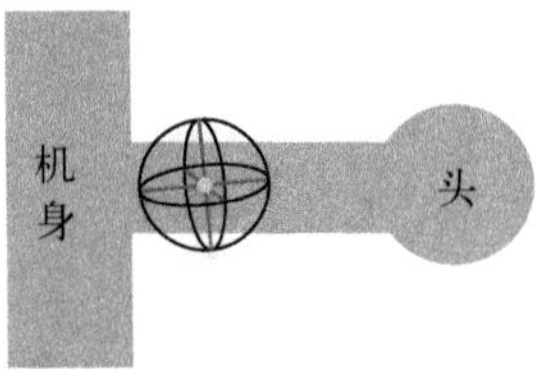

(a) 头部摇摆：$\{R(N, \boldsymbol{u})\}$

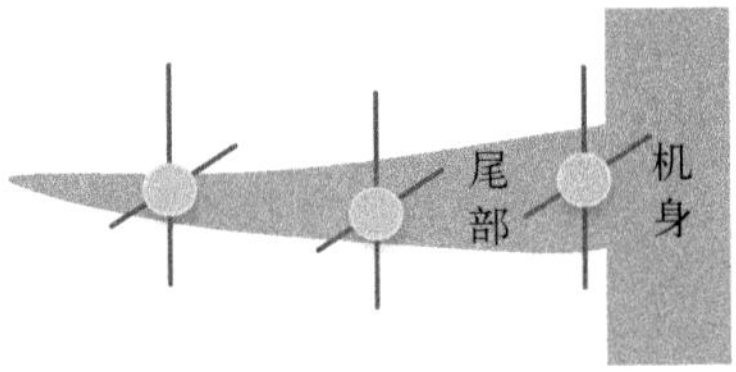

(b) 尾部摇摆：$\{E\}$

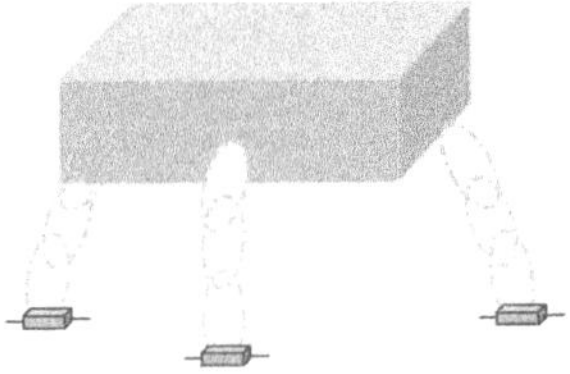

(c) 行走移位：$T_P(3)$

(d) 姿态调整：$\{D\}$

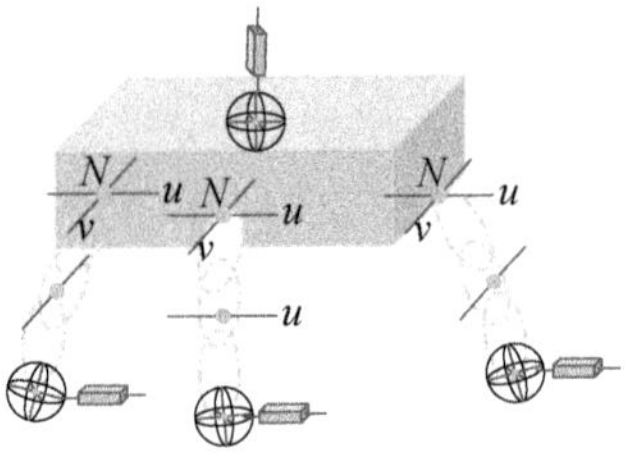

(e) 机身特征融合

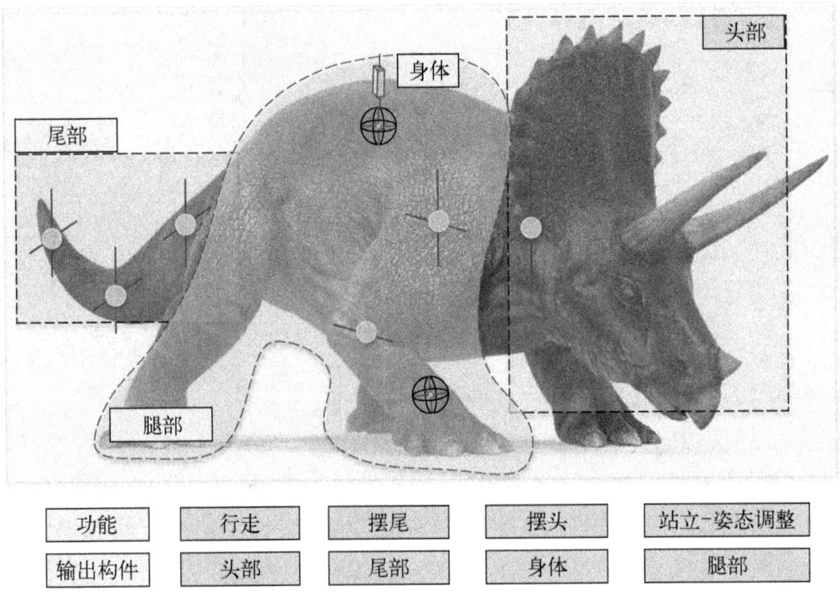

(f) 机器人整体特征融合

图 13－2　与机器人功能对应的运动特征

力。显而易见，其要求腿足端可实现空间三维的轨迹，即足端应具有三维的移动特征 $T_P(3)$，如图 10－8(c)所示。因末端执行件为点，可根据刚体运动特征与点运动特征的映射关系，用刚体的运动特征去实现点的三维运动特征（表 3－6），考虑腿部必存在根部的转动特征$\{R(N, \boldsymbol{u})\}$，故表 3－6 中仅有前 4 种符合条件，再考虑其特征间的方位关系，可得到另外 4 种情形，若考虑 T_r 特征的实现方式，可再得到

4 种情形，如图 10－9 所示。

4）姿态调整功能

机器人在执行姿态调整功能时，可看作是以机身为动平台，多条支撑腿为支链的并联机构。姿态调整功能要求机身具有横滚、俯仰和偏航的能力，故其机身应该具有三维的转动特征。因在一定场合时，还需适当地调整机身高度和水平位置，故机身还需具有上下、左右和前后的移动能力，即机身应具有三维移动特征，进而得到其机身具有六维运动特征$\{D\}$，如图 13－2 所示。

3. 对各动平台进行特征融合

根据特征融合法则（这里主要用到合并法则），可得到头部、尾部、机身和足端运动特征的融合结果，如图 13－2(f) 所示。其中头部的运动特征为$\{S(N)\}$，尾部运动特征为$n\cdot\{R(N,\boldsymbol{u})R(N,\boldsymbol{v})\}$，机身的运动特征集为$\{D\}$，腿足端的总特征集也为$\{D\}$。

4. 对不同动平台间的特征进行处理

仿生恐龙，其末端输出件包括头部、尾部、机身和腿部。其中头部和尾部相对独立。机身和腿部可看作同一套并联机构，即机身处的特征可看作由各支撑腿特征求交而成，因机身的运动特征集为六维特征$\{D\}$，可将其分解至支撑腿处，也为$\{D\}$。因支撑腿的动平台为腿与机身的连接处，而对于摆动腿的执行件为腿的末端，所以这两个执行件互为动、静平台，它们的特征即为互逆关系，即特征的顺序恰为相反排列。因它们均为六维运动特征，故腿部的特征为$\{D\}$。据上述分析可知，仅需设计出满足足端的局部特征$\{D\}$要求的腿部结构，则可满足机身处的特征，故在设计时仅需设计出满足其腿部的运动特征即可。

13.2.2　机器人的特征分组

此机器人的结构主要由头部、尾部、机身和四条机械腿组成。头部和尾部相对独立，静平台均可看作是机身。故可直接得到运动特征布置。

对于头部而言，其运动特征为布置在头部与机身连接之间的颈部处的三维转动特征，表示为：$\{S(N)\}$。

对于尾部而言，其运动为分布在多个尾部位置的二维转动特征，即运动特征为$n\cdot\{R(N,\boldsymbol{u})R(N,\boldsymbol{v})\}$。

对于机身和机械腿而言，机身处的运动特征由各支撑腿的运动特征求交得到，设计出满足腿部的运动特征后，机身处的运动特征便可满足，故对此机器人的设计难点和重点是机械腿的设计。而对机械腿进行构型设计，首先需对其融合得到的特征进行分解，得到机械腿具体的运动特征分布。机械腿足端的运动特征为$\{D\}$，具体分组方式可按髋关节、膝关节和踝关节布置形式进行分组。

根据串联形式分组法则,下式成立:

$$\begin{cases}\{S(N)\} \subseteq \{D\} \\ \{U(N,\ \boldsymbol{u},\ \boldsymbol{v})R(B,\ \boldsymbol{u})\} \subseteq \{D\} \\ \{D\} = \{U(N,\ \boldsymbol{u},\ \boldsymbol{v})R(B,\ \boldsymbol{u})S(N)\} \\ \dim(\{U(N,\ \boldsymbol{u},\ \boldsymbol{v})R(B,\ \boldsymbol{u})S(N)\}) = \dim(\{D\})\end{cases} \tag{13-1}$$

可将其运动特征$\{D\}$分解为髋关节、膝关节和踝关节的运动特征布置,可将其进一步分解为上下两部分,上部包括髋关节和膝关节,对应特征为$\{U(N,\ \boldsymbol{u},\ \boldsymbol{v})R(B,\ \boldsymbol{u})\}$。下部为踝关节,对应特征为$\{S(N)\}$。

故可将此机械恐龙的构型设计分解为头部、尾部和机械腿三个子部分进行构型设计。

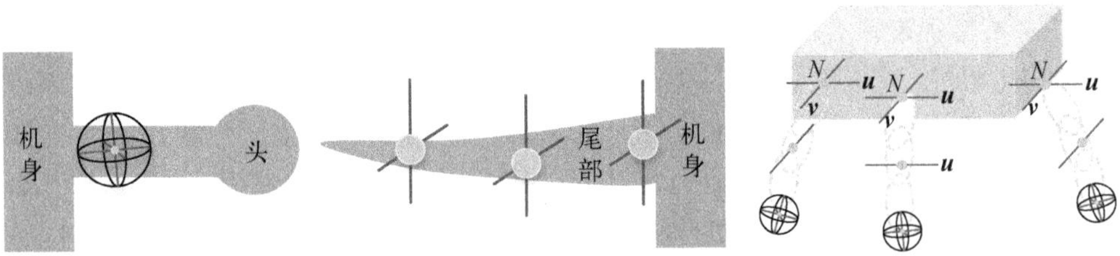

(a) 头部运动特征　(b) 尾部运动特征　(c) 腿部运动特征

图 13-3　机器人运动特征

13.3　头部$\{S(N)\}$设计

13.3.1　RMC 确定以及数综合

据上节可知,头部的运动特征为$\{S(N)\}$。为提高机构的刚度,采用并联单元实现,故对头部机构的设计问题转化为:设计末端特征为$\{S(N)\}$的并联机构。首先进行数综合设计,据式(5-13),取各参数如表 13-1 所示。

表 13-1　头部机构数综合

参　数	数　值	参　数	数　值
总支链数 n_{TL}	4	总驱动数	3
主动支链数 n_{AL}	3	支链 i 上的驱动数 (i = 1, 2, 3, 4)	(1, 1, 1, 0)
被动支链数 n_{PL}	1	冗余驱动数 R_A	0

13.3.2　RMC－LMC 的溯源

根据并联机构的形成原理，可得

$$\{\mathrm{RMC}\} = \{R(N,\ \boldsymbol{u})\}\{R(N,\ \boldsymbol{v})\} = \bigcap_{i=1}^{4}\{\mathrm{LMC}_i\} \tag{13-2}$$

根据 RMC－LMC 的等价法则、特征增广法则和运动特征的溯源流程，将机器人末端特征 $\{S(N)\}$ 分解至四支链的末端特征，如表 13－2 所示，具体步骤如下：

表 13－2　末端特征为 $\{\boldsymbol{R}(N,\ \boldsymbol{u})\boldsymbol{R}(N,\ \boldsymbol{v})\}$ 的支链特征分布

<table>
<tr><th>编号</th><th>LMC_1</th><th>LMC_2</th><th>LMC_3</th><th>LMC_4</th></tr>
<tr><td>1</td><td rowspan="18">$\{S(N)\}$</td><td rowspan="10">$\{S(N)\}$</td><td rowspan="4">$\{S(N)\}$</td><td>$\{S(N)\}$</td></tr>
<tr><td>2</td><td>$\{S(N)T(\boldsymbol{w})\}$</td></tr>
<tr><td>3</td><td>$\{S(N)T(\boldsymbol{w})T(\boldsymbol{v})\}$</td></tr>
<tr><td>4</td><td>$\{D\}$</td></tr>
<tr><td>5</td><td rowspan="3">$\{S(N)T(\boldsymbol{w})\}$</td><td>$\{S(N)T(\boldsymbol{w})\}$</td></tr>
<tr><td>6</td><td>$\{S(N)T(\boldsymbol{w})T(\boldsymbol{v})\}$</td></tr>
<tr><td>7</td><td>$\{D\}$</td></tr>
<tr><td>8</td><td rowspan="2">$\{S(N)T(\boldsymbol{w})T(\boldsymbol{v})\}$</td><td>$\{S(N)T(\boldsymbol{w})T(\boldsymbol{v})\}$</td></tr>
<tr><td>9</td><td>$\{D\}$</td></tr>
<tr><td>10</td><td>$\{D\}$</td><td>$\{D\}$</td></tr>
<tr><td>11</td><td rowspan="5">$\{S(N)T(\boldsymbol{w})\}$</td><td rowspan="3">$\{S(N)T(\boldsymbol{w})\}$</td><td>$\{S(N)T(\boldsymbol{w})\}$</td></tr>
<tr><td>12</td><td>$\{S(N)T(\boldsymbol{w})T(\boldsymbol{v})\}$</td></tr>
<tr><td>13</td><td>$\{D\}$</td></tr>
<tr><td>14</td><td rowspan="2">$\{S(N)T(\boldsymbol{w})T(\boldsymbol{v})\}$</td><td>$\{S(N)T(\boldsymbol{w})T(\boldsymbol{v})\}$</td></tr>
<tr><td>15</td><td>$\{D\}$</td></tr>
<tr><td>16</td><td rowspan="2">$\{S(N)T(\boldsymbol{w})T(\boldsymbol{v})\}$</td><td rowspan="2">$\{S(N)T(\boldsymbol{w})T(\boldsymbol{v})\}$</td><td>$\{S(N)T(\boldsymbol{w})T(\boldsymbol{v})\}$</td></tr>
<tr><td>17</td><td>$\{D\}$</td></tr>
<tr><td>18</td><td>$\{D\}$</td><td>$\{D\}$</td><td>$\{D\}$</td></tr>
</table>

(1) 第1条支链的末端特征{LMC_1}的确定：由等价法则，可取第一条支链的末端特征与机器人末端特征等价为

$$\{LMC_1\} = \{RMC\} = \{S(N)\} \tag{13-3}$$

(2) 第2~4条支链的末端特征{LMC_2}的确定：由求交规则可知，$\{S(N)\} \cap \{S(N)\} = \{S(N)\}$，故第2~4条支链均可选取为{$S(N)$}。

故可得到一种满足机器人末端特征的支链特征分布，即{$S(N)$}&{$S(N)$}&{$S(N)$}&{$S(N)$}，如表13-2第1行。

(3) 对支链特征进行增广：可将第4条支链进一步扩增为{$S(N)T(\boldsymbol{w})$}、{$S(N)T(\boldsymbol{w})T(\boldsymbol{v})$}和{$D$}，因为其引入的运动特征{$T(\boldsymbol{w})$}、{$T(\boldsymbol{w})T(\boldsymbol{v})$}和{$T$}都满足余集条件 $\{\overline{LMC_i}\} = \{LMC_i\} \ominus \{RMC\} = \varnothing (i = 1, 2)$。故第4条支链可设计为{$S(N)T(\boldsymbol{w})$}、{$S(N)T(\boldsymbol{w})T(\boldsymbol{v})$}和{$D$}，如表13-2第2~4行。

依据上述步骤，还可先对第3条支链特征进行增广，增广为{$S(N)T(\boldsymbol{w})$}、{$S(N)T(\boldsymbol{w})T(\boldsymbol{v})$}和{$D$}的支链特征分布，如表13-2第5~10行所示。

同理，可对第2条支链进行特征增广，增广为{$S(N)T(\boldsymbol{w})$}、{$S(N)T(\boldsymbol{w})T(\boldsymbol{v})$}和{$D$}的支链特征分布，如表13-2第11~18行所示。

注：表13-2中仅列出了第1条支链选取为{$S(N)$}的情形，应用同样的方法，易得到当第一条支链选取为{$S(N)T(\boldsymbol{w})$}、{$S(N)T(\boldsymbol{w})T(\boldsymbol{v})$}时的运动特征分布。

支链末端特征分布情况分析：第一条支链可以选3种支链末端特征（分别为{$S(N)$}、{$S(N)T(\boldsymbol{w})$}、{$S(N)T(\boldsymbol{w})T(\boldsymbol{v})$}），当取{$S(N)$}时有18种。图13-4列举了4种与表13-2对应的典型运动特征分布图。

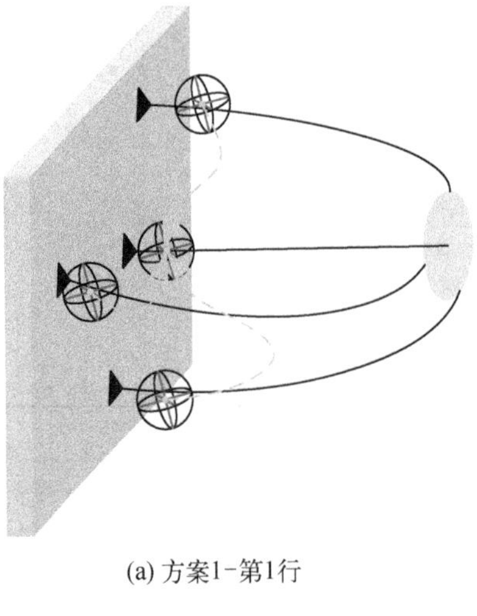

(a) 方案1-第1行

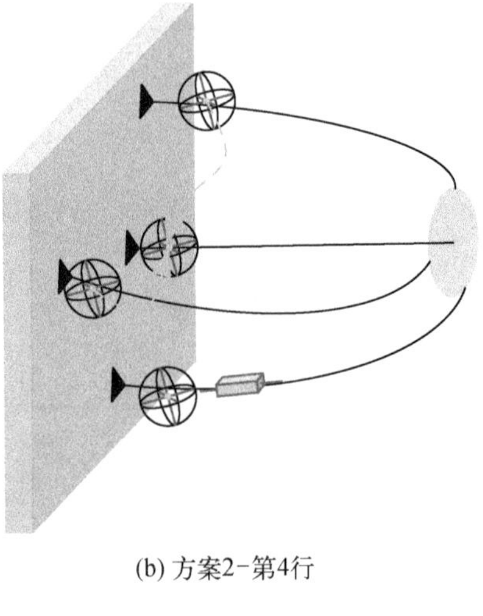

(b) 方案2-第4行

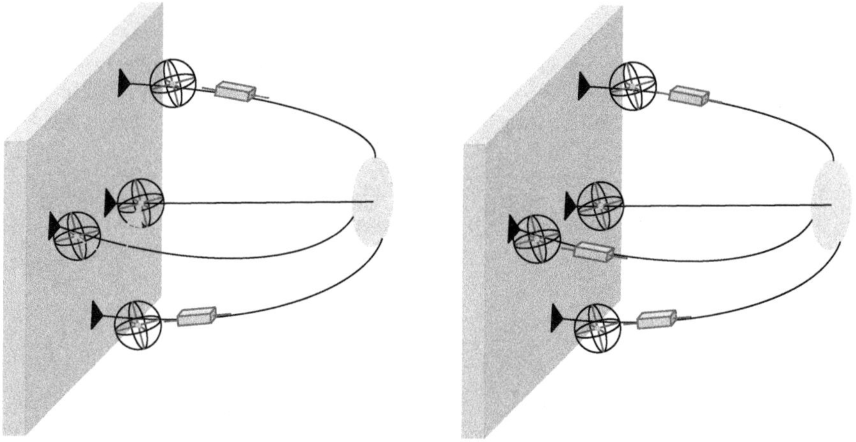

(c) 方案3-第10行　　(d) 方案4-第18行

图 13-4　尾部 $\{R(N,\boldsymbol{u})R(N,\boldsymbol{v})\}$ 的支链特征分布图

13.3.3　LMC-JMC 的溯源与关节拓扑构造

由上一节可知，支链末端特征主要包括：$\{S(N,\boldsymbol{u})\}$、$\{R(N,\boldsymbol{u})R(N,\boldsymbol{v})T(\boldsymbol{w})\}$、$\{R(N,\boldsymbol{u})R(N,\boldsymbol{v})T(\boldsymbol{v})T(\boldsymbol{w})\}$、$\{R(N,\boldsymbol{u})R(N,\boldsymbol{v})R(N,\boldsymbol{w})T(\boldsymbol{v})T(\boldsymbol{w})\}$、$\{R(N,\boldsymbol{u})R(N,\boldsymbol{v})T(\boldsymbol{u})T(\boldsymbol{v})T(\boldsymbol{w})\}$、$\{D\}$ 这 6 种情况。根据 LMC 至 JMC 的运算法则，如分组、交换、基代换、特征增广和特征复制和特征重构等法则，可得到相应的支链。

13.3.4　驱动副选取

因尾部每个单元为 3 自由度，可以在 3 条主支链中各加入 1 个驱动副，可假设都选取与机身相连接的第 1 个运动副为驱动副。进而，可将 3 个驱动副锁定，根据特征集聚流程，可得到其末端特征为空集，故验证驱动副选择正确。

13.3.5　尾部构型

将支链拓扑结构代入相应的支链特征分布中便可得到相应的尾部具有 $\{R(N,\boldsymbol{u})R(N,\boldsymbol{v})\}$ 运动特征的单元构型。如图 13-5 所示，进而将其几个单元通过串联形式组合，便可得到尾部的构型。图 13-4 所对应的典型构型分别如图 13-5 所示。

图 13-6 为典型的构型图，运动特征分布为 $\{S(N)\}\&\{D\}\&\{D\}\&\{D\}$［图 13-6(c)］，与表 13-2 第 18 行对应，三条支链的结构分别为：S&UPS&UPS&UPS。

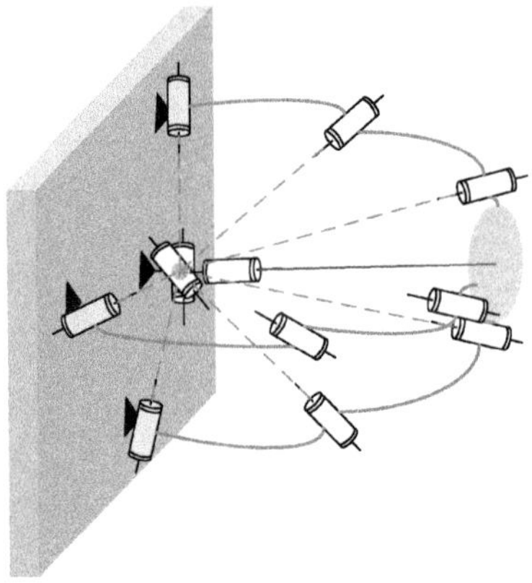

(a) 方案1-第1行

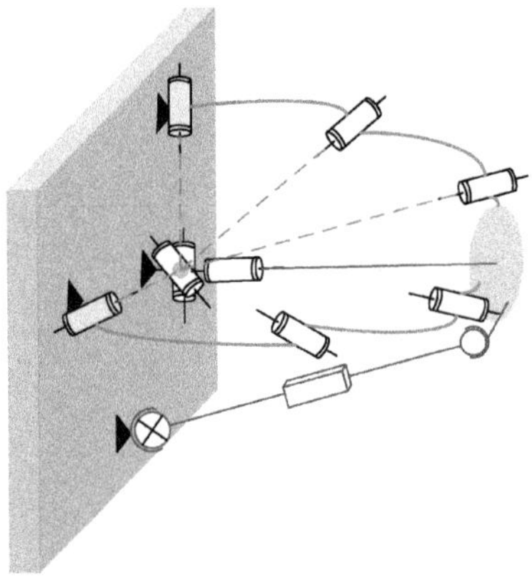

(b) 方案2-第4行

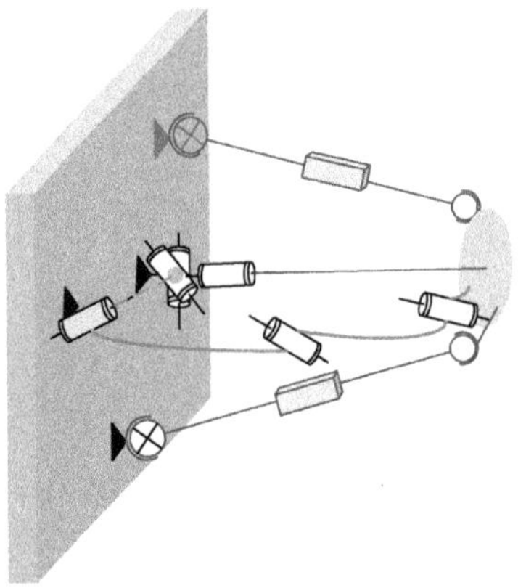

(c) 方案3-第10行

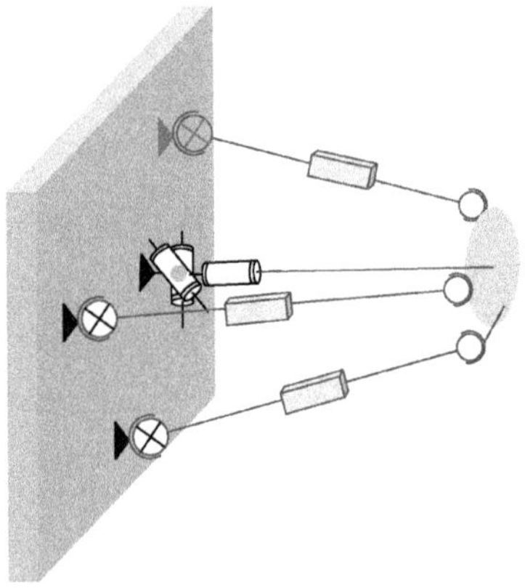

(d) 方案4-第18行

图 13-5　尾部{$R(N, u)R(N, v)$}的构型图

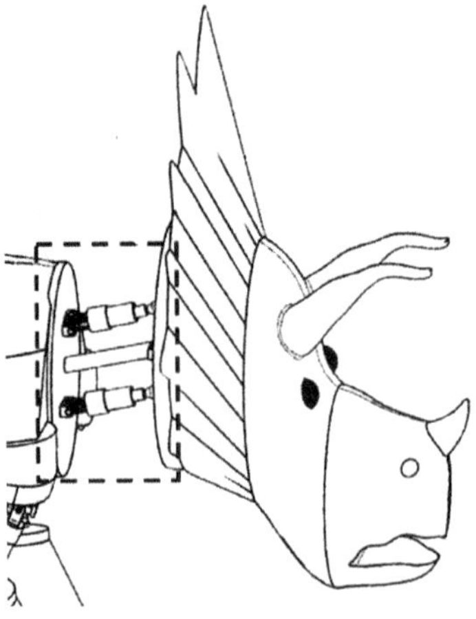

图 13-6　头部{$S(N)$}的典型构型

13.4　尾部 $n \cdot \{(N, \boldsymbol{u})R(N, \boldsymbol{v})\}$ 运动特征设计

13.4.1　RMC 确定以及数综合

据运动特征设计可知，其尾部的运动特征为：$n \cdot \{(N, \boldsymbol{u})R(N, \boldsymbol{v})\}$。为提高机构的刚度，本书采用并联单元通过串联形式实现，故对头部机构的设计问题转化为：设计末端特征为 $\{R(N, \boldsymbol{u})\}\{R(N, \boldsymbol{v})\}$ 的并联机构。首先进行数综合设计，据式(5－13)，取各参数如表 13－3 所示。

表 13－3　尾部机构的数综合

参　数	数　值	参　数	数　值
总支链数 n_{TL}	3	总驱动数	2
主动支链数 n_{AL}	2	支链 i 上的驱动数 ($i=1, 2, 3, 4$)	(1, 1, 0)
被动支链数 n_{PL}	1	冗余驱动数 R_A	0

13.4.2　RMC－LMC 的溯源

根据并联机构的形成原理，可得

$$\{\mathrm{RMC}\} = \{R(N, \boldsymbol{u})\}\{R(N, \boldsymbol{v})\} = \bigcap_{i=1}^{3}\{\mathrm{LMC}_i\} \tag{13-4}$$

根据 RMC－LMC 的等价法则、特征增广法则和运动特征的溯源流程，将机器人末端特征 $\{R(N, \boldsymbol{u})\}\{R(N, \boldsymbol{v})\}$ 分解至四支链的末端特征，如表 12－2 所示，具体步骤如下。

（1）第 1 条支链的末端特征 $\{\mathrm{LMC}_1\}$ 的确定：由等价法则，可取第一条支链的末端特征与机器人末端特征等价为

$$\{\mathrm{LMC}_1\} = \{\mathrm{RMC}\} = \{R(N_1, \boldsymbol{u})R(N_1, \boldsymbol{v})\} \tag{13-5}$$

（2）第 2 条支链的末端特征 $\{\mathrm{LMC}_2\}$ 的确定：因 N_1N_2 的连线方向与 $\{R(N_1, \boldsymbol{u})\}$ 的特征线重合，由两个一维 R 特征间的求交法则可知：$\{\mathrm{LMC}_2\}$ 可包含特征 $\{R(N_2, \boldsymbol{u})\}$，特征线与 $\{\mathrm{LMC}_1\}$ 中的 $\{R(N_1, \boldsymbol{u})\}$ 特征线重合，即 $\{R(N_2, \boldsymbol{u})\} = \{R(N_1, \boldsymbol{u})\}$。进而考虑 $\{R(N_1, \boldsymbol{v})\}$ 特征，下面举两种情况进行论述：情况一，由求交规则可知，其可由 $\{S(N_1)\} = \{R(N_1, \boldsymbol{u})\}\{R(N_1, \boldsymbol{v})\}\{R(N_1, \boldsymbol{w})\}$ 产生，而多引入的一维 $\{R(N_1, \boldsymbol{w})\}$ 特征并满足余集条件，故可取 $\{\mathrm{LMC}_2\}$ 为 $\{S(N_1)\}$；情况

二，因为 N_2 点不在 $\{R(N,\ \boldsymbol{v})\}$ 的特征线上，由两个一维 R 特征间的求交法则可知，点 N_2 处应存在具有虚迁性的 $\{R(N,\ \boldsymbol{v})\}(N\in\Theta)$ 特征才能满足要求，同时由迁移法则可知，其将引入与此 $\{R(N,\ \boldsymbol{v})\}(N\in\Theta)$ 特征线相垂直的二维 $\{T(\boldsymbol{w})T(\boldsymbol{u})\}$ 特征，其中 $\{T(\boldsymbol{w})\}$ 与 {RMC} 中的一维 $\{T(\boldsymbol{w})\}$ 特征相同，故此 T 特征可取。引入 $\{T(\boldsymbol{u})\}$ 特征后，支链 1 与支链 2 特征也满足余集条件[式(5－23)]，故 $\{\mathrm{LMC}_2\}$ 可取 $\{R(N,\ \boldsymbol{u})R(N,\ \boldsymbol{v})T(\boldsymbol{w})T(\boldsymbol{u})\}$。

(3) 第 3 条支链的末端特征 $\{\mathrm{LMC}_3\}$ 的确定：因为点 N_3 不在 $\{R(N_1,\ \boldsymbol{u})\}$ 和 $\{R(N_1,\ \boldsymbol{v})\}$ 的特征线上，下面对两种情况进行论述：情况一，由求交规则可知，其可由 $\{S(N_1)\}=\{R(N_1,\ \boldsymbol{u})\}\{R(N_1,\ \boldsymbol{v})\}\{R(N_1,\ \boldsymbol{w})\}$ 产生，而多引入的一维 $\{R(N_1,\ \boldsymbol{w})\}$ 特征并满足余集条件，故可取 $\{\mathrm{LMC}_3\}$ 为 $\{S(N_1)\}$；情况二，由两个一维 R 特征间的求交法则可知，点 N_3 处应存在具有虚迁性的二维 R 特征才能满足要求。同时由迁移法则可知，其将引入三维 T 特征，可先假定 $\{\mathrm{LMC}_3\}$ 取 $\{R(N,\ \boldsymbol{v})R(N,\ \boldsymbol{u})R(N,\ \boldsymbol{w})T(\boldsymbol{u})T(\boldsymbol{v})T(\boldsymbol{w})\}$（即 $\{D\}$），进而验证三维 T 特征和 $\{R(N,\ \boldsymbol{w})\}$ 引入的合理性，易得其满足支链特征间的余集条件[式(5－23)]，故 $\{\mathrm{LMC}_3\}$ 可取为 $\{D\}$。

基于以上步骤，得到一种满足机器人末端特征的支链特征分布，即 $\{R(N,\ \boldsymbol{u})R(N,\ \boldsymbol{v})\}\&\{S(N_1)\}\&\{S(N_1)\}$ 或 $\{R(N,\ \boldsymbol{u})R(N,\ \boldsymbol{v})\}\&\{R(N,\ \boldsymbol{u})R(N,\ \boldsymbol{v})T(\boldsymbol{w})T(\boldsymbol{u})\}\&\ \{S(N_1)\}$。

(4) 对支链特征进行增广：因为第 3 条支链已位于末端特征层级关系的最高层，所以不对其进一步增广。接下来，对第 1 条支链进行增广。因第 1 条支链的末端特征与机器人末端特征等价，其两者的余集为空，即

$$\{\overline{\mathrm{LMC}_i}\}=\{\mathrm{LMC}_i\}\ominus\{\mathrm{RMC}\}=\varnothing(i=1,\ 2)\tag{13-6}$$

故第 2 条支链中可以加入更多的运动特征，在满足余集条件[式(5－23)]下，其支链特征还可为 $\{R(N,\ \boldsymbol{u})R(N,\ \boldsymbol{v})R(N,\ \boldsymbol{w})T(\boldsymbol{w})T(\boldsymbol{u})\}$、$\{R(N,\ \boldsymbol{u})R(N,\ \boldsymbol{v})T(\boldsymbol{w})T(\boldsymbol{u})T(\boldsymbol{v})\}$ 和 $\{D\}$。

依据上述步骤，还可先对第 1 条支链特征进行增广，得到更多 {RMC} 为 $\{R(N,\ \boldsymbol{u})R(N,\ \boldsymbol{v})\}$ 的支链特征分布，如表 13－4 所示，其典型的具体特征线如图 13－7 所示。

支链末端特征分布情况分析：第一条支链可以选 3 种支链末端特征，当取 $\{R(N,\ \boldsymbol{u})R(N,\ \boldsymbol{v})\}$ 时有 5 种，当取 $\{R(N,\ \boldsymbol{u})R(N,\ \boldsymbol{v})T(\boldsymbol{v})\}$ 时有 5 种，当取 $\{R(N,\ \boldsymbol{u})R(N,\ \boldsymbol{v})R(N,\ \boldsymbol{w})\ T(\boldsymbol{u})\}$ 时有 3 种，故末端特征线为 $\{R(N,\ \boldsymbol{u})R(N,\ \boldsymbol{v})\}$ 的支链末端特征分布共有 13 种，如表 13－4 所示。图 13－7 中所举出了 6 种与表 13－4 对应的典型运动特征分布图。

表 13-4　末端特征为 $\{R(N, u)R(N, v)\}$ 的支链特征分布

编号	LMC_1	LMC_2	LMC_3
1		$\{R(N, \boldsymbol{u})R(N, \boldsymbol{v})\ R(N, \boldsymbol{w})\}$	$\{R(N, \boldsymbol{u})R(N, \boldsymbol{v})\ R(N, \boldsymbol{w})\}$
2		$\{R(N, \boldsymbol{u})R(N, \boldsymbol{v})\ R(N, \boldsymbol{w})\}$	$\{R(N, \boldsymbol{u})R(N, \boldsymbol{v})\ T_2(P_{uv})R(N, \boldsymbol{w})\}$
3	$\{R(N, \boldsymbol{u})R(N, \boldsymbol{v})\}$	$\{R(N, \boldsymbol{u})R(N, \boldsymbol{v})\ R(N, \boldsymbol{w})\}$	$\{D\}$
4		$\{R(N, \boldsymbol{u})R(N, \boldsymbol{v})T(\boldsymbol{w})T(\boldsymbol{u})\}$	$\{D\}$
5		$\{D\}$	$\{D\}$
6		$\{R(N, \boldsymbol{u})R(N, \boldsymbol{v})R(N, \boldsymbol{w})\}$	$\{R(N, \boldsymbol{u})R(N, \boldsymbol{v})R(N, \boldsymbol{w})\}$
7		$\{R(N, \boldsymbol{u})R(N, \boldsymbol{v})T(\boldsymbol{w})T(\boldsymbol{u})\}$	$\{R(N, \boldsymbol{u})R(N, \boldsymbol{v})R(N, \boldsymbol{w})\}$
8	$\{R(N, \boldsymbol{u})R(N, \boldsymbol{v})T(\boldsymbol{v})\}$	$\{R(N, \boldsymbol{u})R(N, \boldsymbol{v})T(\boldsymbol{w})T(\boldsymbol{u})\}$	$\{R(N, \boldsymbol{u})R(N, \boldsymbol{v})R(N, \boldsymbol{w})\ T(\boldsymbol{w})\}$
9		$\{R(N, \boldsymbol{u})R(N, \boldsymbol{v})T(\boldsymbol{w})T(\boldsymbol{u})\}$	$\{R(N, \boldsymbol{u})R(N, \boldsymbol{v})R(N, \boldsymbol{w})\ T(\boldsymbol{w})\ T(\boldsymbol{u})\}$
10		$\{R(N, \boldsymbol{u})R(N, \boldsymbol{v})T(\boldsymbol{w})T(\boldsymbol{u})\}$	$\{D\}$
11		$\{R(N, \boldsymbol{u})R(N, \boldsymbol{v})R(N, \boldsymbol{w})T(\boldsymbol{w})\}$	$\{D\}$
12	$\{R(N, \boldsymbol{u})R(N, \boldsymbol{v})R(N, \boldsymbol{w})\ T(\boldsymbol{u})\}$	$\{R(N, \boldsymbol{u})R(N, \boldsymbol{v})R(N, \boldsymbol{w})T(\boldsymbol{v})\}$	$\{D\}$
13		$\{D\}$	$\{D\}$

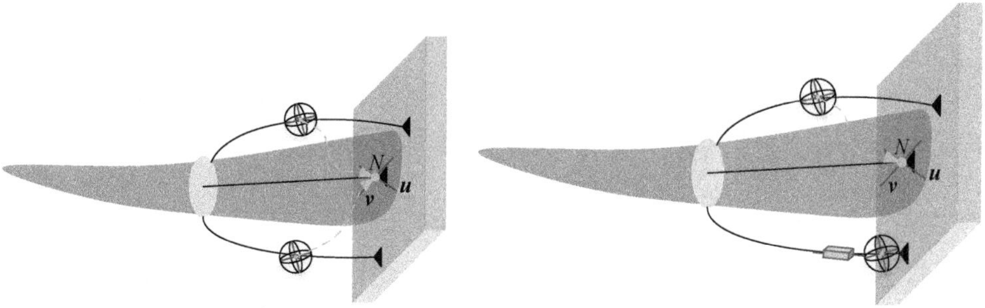

(a) 方案1-第1行　　　(b) 方案2-第3行

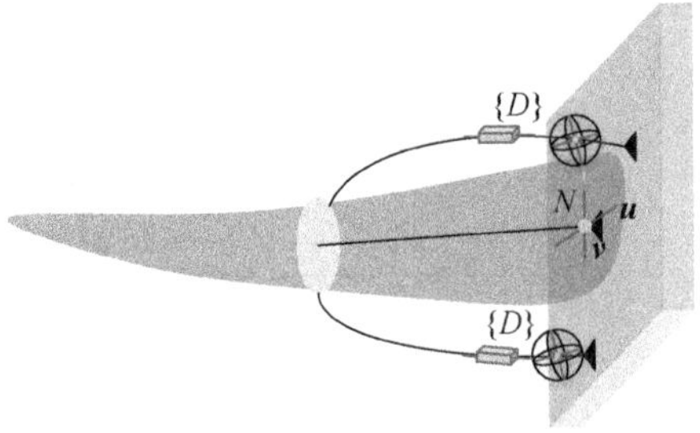

(c) 方案3-第5行

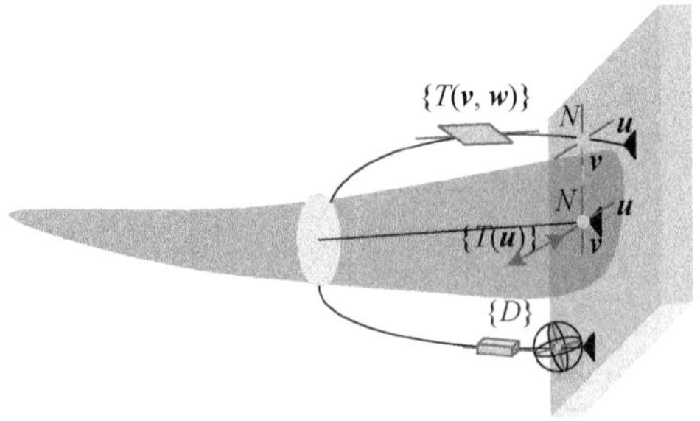

(d) 方案4-第10行

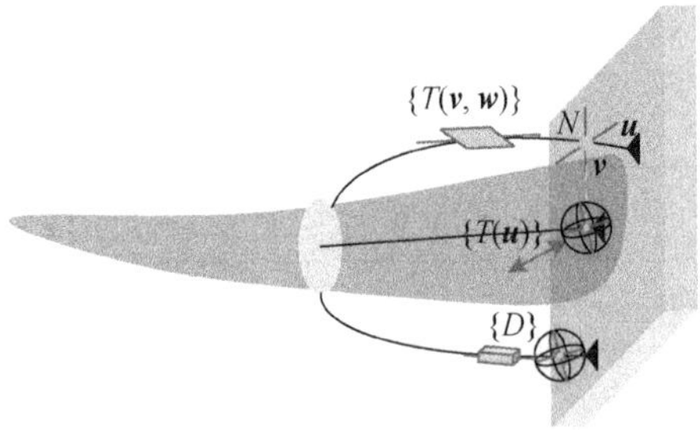

(e) 方案5-第11行

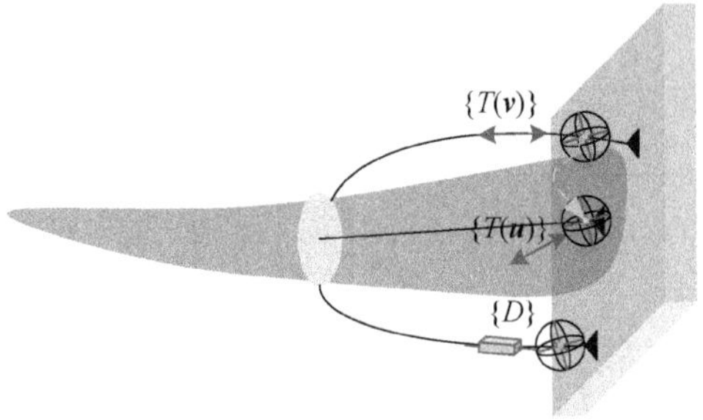

(f) 方案6-第12行

图 13-7　尾部{$\boldsymbol{R}(N, \boldsymbol{u})\boldsymbol{R}(N, \boldsymbol{v})$}的支链特征分布图

13.4.3　LMC-JMC 的溯源与关节拓扑构造

由上一节可知,其支链末端特征主要包括:{$R(N, \boldsymbol{u})R(N, \boldsymbol{v})$}、{$R(N, \boldsymbol{u})R(N, \boldsymbol{v})T(\boldsymbol{w})$}、{$R(N, \boldsymbol{u})R(N, \boldsymbol{v})T(\boldsymbol{v})T(\boldsymbol{w})$}、{$R(N, \boldsymbol{u})R(N, \boldsymbol{v})R(N, \boldsymbol{w})T(\boldsymbol{v})T(\boldsymbol{w})$}、{$R(N, \boldsymbol{u})R(N, \boldsymbol{v})T(\boldsymbol{u})T(\boldsymbol{v})T(\boldsymbol{w})$}、{$D$}这 6 种情况。根据 LMC-JMC 的运算法则,如分组、交换、基代换、特征增广和特征复制和特征重构等法则,可得到对应的支链。

13.4.4　驱动副选取

因尾部每个单元为 2 自由度,可以在两条主支链中各加入 1 个驱动副,可假设都选取与机身相连接的第 1 个运动副为驱动副。进而,可将 2 个驱动副锁定,根据特征集聚流程,可得到其末端特征为空集,故验证驱动副选择正确。

13.4.5　尾部构型

将支链拓扑结构引入相应的支链特征分布中便可得到相应的尾部具有{$R(N, \boldsymbol{u})R(N, \boldsymbol{v})$}运动特征的单元构型,再将其几个单元通过串联形式组合,便可得到尾部的构型。图 13-7 所对应的典型构型,分别如图 13-8 所示。

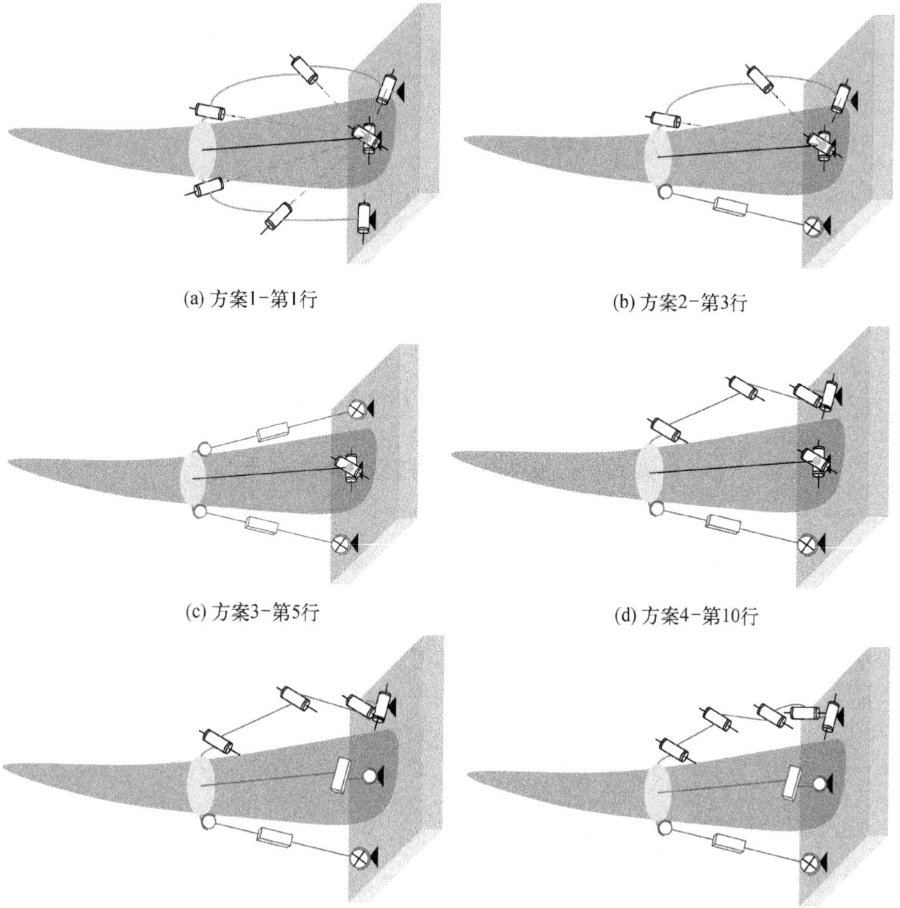

(a) 方案1-第1行

(b) 方案2-第3行

(c) 方案3-第5行

(d) 方案4-第10行

(e) 方案5-第11行

(f) 方案6-第12行

图 13-8 尾部{$R(N, u)R(N, v)$}的构型图

其中图 13-9 为典型的构型图,由 3 个具有三支链的并联机构串联而成,每个单元的支链运动特征分布为{$R(N, \boldsymbol{u})R(N, \boldsymbol{v})$}&{$D$}&{$D$}[图 13-7(c)],与表 13-4 第 5 行对应,三条支链的结构分别为 U&UPS&UPS。

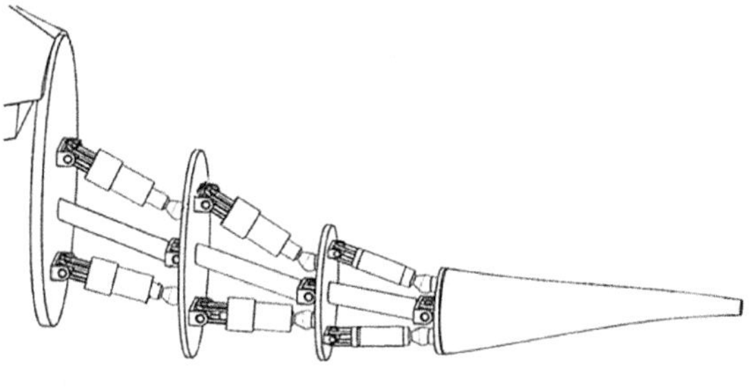

图 13-9 尾部{$R(N, u)R(N, v)$}的典型构型

13.5 腿部 $\{U(N, \boldsymbol{u}, \boldsymbol{v})R(B, \boldsymbol{u})\}$ 运动特征溯源

13.5.1 RMC 确定以及数综合

据运动特征分解结果，将腿部运动特征 $\{D\}$ 分解为髋关节、膝关节和踝关节的运动特征布置，进一步分解为上下两部分，上部包括髋关节和膝关节，对应特征为 $\{U(N, \boldsymbol{u}, \boldsymbol{v})R(B, \boldsymbol{u})\}$。下部为踝关节，对应特征为 $\{S(N)\}$。因下部运动特征可与头部的运动特征相同，故可直接应用，具体见上节内容。进而可将对机械腿的设计转化为对末端特征为 $\{U(N, \boldsymbol{u}, \boldsymbol{v})R(B, \boldsymbol{u})\}$ 的并联机构构型设计。首先进行数综合设计，据式(5－13)，取各参数如表 13－5 所示。

表 13－5 仿生恐龙机械腿上部的数综合

参 数	数 值	参 数	数 值
总支链数 n_{TL}	3	总驱动数	3
主动支链数 n_{AL}	3	支链 i 上的驱动数(i = 1, 2, 3, 4)	(1, 1, 1)
被动支链数 n_{PL}	0	冗余驱动数 R_A	0

13.5.2 RMC－LMC 的溯源

根据并联机构的形成原理，可得

$$\{\mathrm{RMC}\} = \{R(N, \boldsymbol{u})\}\{R(N, \boldsymbol{v})\} = \bigcap_{i=1}^{3}\{\mathrm{LMC}_i\} \tag{13-7}$$

根据 RMC－LMC 的等价法则、特征增广法则和运动特征的溯源流程，将机器人末端特征 $\{U(N, \boldsymbol{u}, \boldsymbol{v})R(B, \boldsymbol{u})\}$ 分解至三支链的末端特征，结果如表 13－6 所示。典型的支链布置形式如图 13－10 所示。

表 13－6 末端特征为 $\{U(N, \boldsymbol{u}, \boldsymbol{v})R(B, \boldsymbol{u})\}$ 的支链特征分布

编号	LMC_1	LMC_2	LMC_3
1	$\{U(N, \boldsymbol{u}, \boldsymbol{v})R(B, \boldsymbol{u})\}$	$\{U(N, \boldsymbol{u}, \boldsymbol{v})\}\{T\}$	$\{U(N, \boldsymbol{u}, \boldsymbol{v})T\}$
2		$\{U(N, \boldsymbol{u}, \boldsymbol{v})\}\{T\}$	$\{D\}$
3		$\{D\}$	$\{D\}$
4	$\{S(N)R(B, \boldsymbol{u})\}$	$\{U(N, \boldsymbol{u}, \boldsymbol{v})\}\{T\}$	$\{D\}$

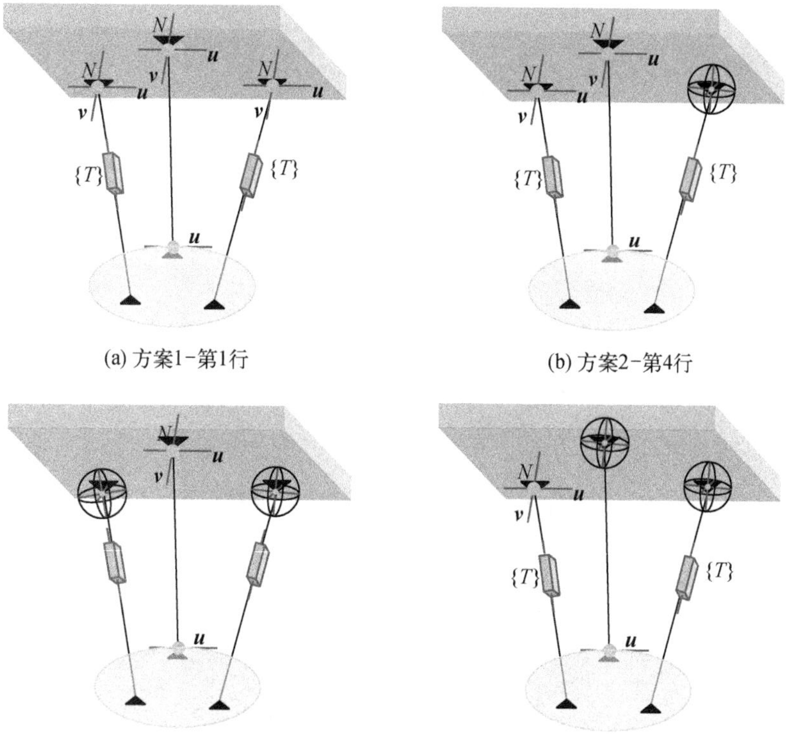

(a) 方案1-第1行　(b) 方案2-第4行

(c) 方案3-第10行　(d) 方案4-第18行

图 13-10　尾部$\{R(N,\ u)R(N,\ v)\}$的支链特征分布图

13.5.3　LMC-JMC 的溯源与关节拓扑构造

由上一节可知,支链末端特征主要包括：$\{R(N,\ \boldsymbol{u})R(N,\ \boldsymbol{v})\}$、$\{R(N,\ \boldsymbol{u})R(N,\ \boldsymbol{v})T(\boldsymbol{w})\}$、$\{R(N,\ \boldsymbol{u})R(N,\ \boldsymbol{v})T(\boldsymbol{v})T(\boldsymbol{w})\}$、$\{R(N,\ \boldsymbol{u})R(N,\ \boldsymbol{v})R(N,\ \boldsymbol{w})T(\boldsymbol{v})T(\boldsymbol{w})\}$、$\{R(N,\ \boldsymbol{u})R(N,\ \boldsymbol{v})T(\boldsymbol{u})T(\boldsymbol{v})T(\boldsymbol{w})\}$、$\{D\}$这 6 种情况。根据 LMC-JMC 的运算法则,如：分组、交换、基代换、特征增广和特征复制和特征重构等法则,可得到对应的支链。

13.5.4　驱动副选取

因尾部每个单元为 3 自由度,可以在第 2 条和第 3 条支链中各加入 1 个驱动副,可假设都选取与机身相连接的第 1 个运动副为驱动副。对于第 1 条支链可引入传动支链(如运动特征为$\{D\}$的 UPS 支链)来设计,可将传动支链中的移动副选为驱动副。将 3 个驱动副锁定,根据特征集聚流程,可得到末端特征为空集,故验证驱动副选择正确。图 13-11 为对应的典型机构。

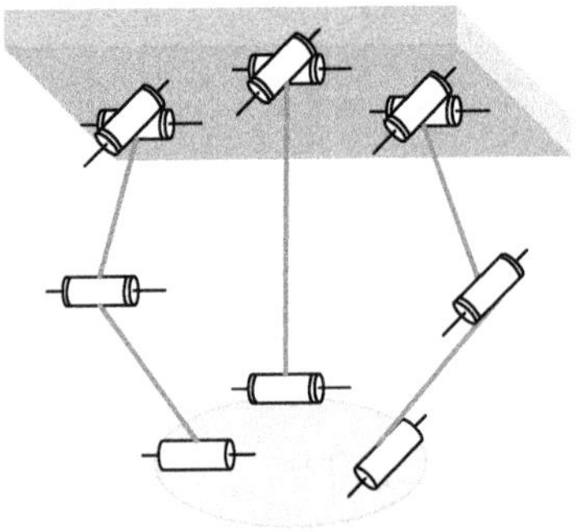

(a) 方案1－第1行(UR&2－URC)

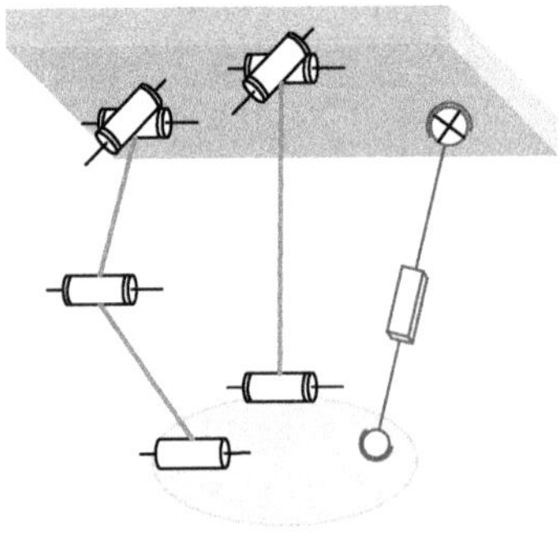

(b) 方案2－第4行(UR&URC&UPS)

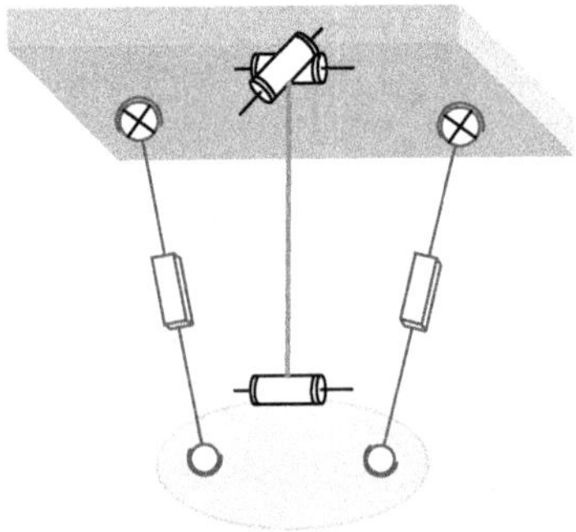

(c) 方案3－第10行(UR&2－UPS)

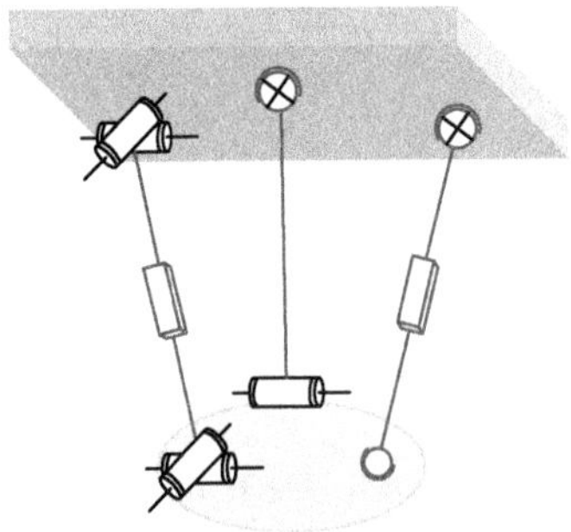

(d) 方案4－第18行(UR&UPU&UPS)

图 13－11　尾部 $\{R(N, u)R(N, v)\}$ 的支链特征分布图

13.5.5　机械腿构型

对于上部结构，将支链拓扑结构带入相应的支链特征分布中便可得到相应的具有 $\{U(N, \boldsymbol{u}, \boldsymbol{v})R(N, \boldsymbol{v})\}$ 运动特征的单元构型。

再将上下部分通过串联形式组合，得到机构腿构型。图 13－12 为一种典型恐龙机械腿构型，由上下两部分组成，上部分为 UR&2－UPS；下部机构为 S&3－UPS。

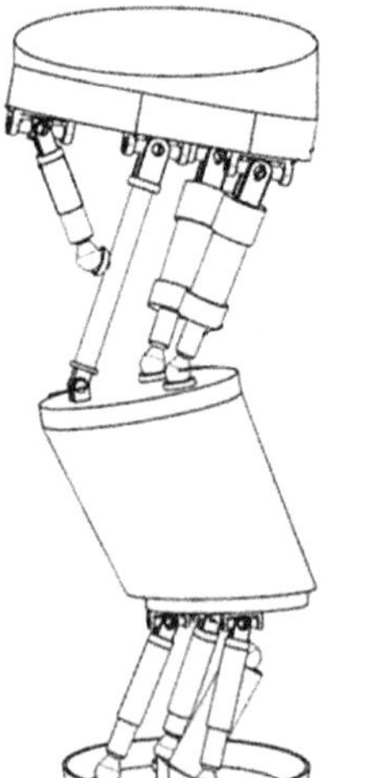

图 13－12　腿部 $\{U(N, u, v)R(B, u)\}$ 的典型构型

13.6　大型仿生恐龙

前面三个章节分别得到了头部、尾部和腿部的构型。大型仿生恐龙由头部、尾部、机身和四条腿组成,可将已得到的各子机构串联组装,得到大型仿生恐龙。图 13－13 为得到的一个典型构型[1]。

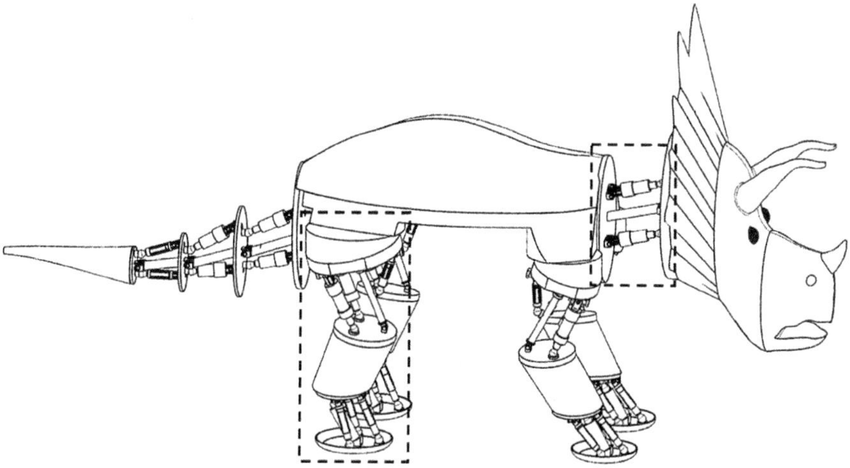

图 13－13　大型仿生恐龙机构构型

13.7　本 章 小 结

本章运用运动特征溯源方法与流程,对大型仿生恐龙机构进行了构型设计。根据运动提取、融合与分组法则,面向其任务需求,得到头部、尾部、腿部以及身体等的运动特征表达;再根据运动特征溯源方法与流程,开展不同部位构型设计得到相应构型;进而组合得到仿生恐龙机构系列构型,为主题公园和教育科普等领域的大型仿生恐龙研发提供了参考。

参考文献

[1] 郭为忠,李子岳,林荣富,等. 仿生四足机器人: CN202011383548.0[P], 2021－02－02.

附录一

符号与标记

A⊗B、AB	运动副 A 与运动副 B 为串联关系
$A \ominus B$	空间 A 与空间 B 的余集运算，满足：$A \ominus B = A \ominus (A \cap B)$
$A \cdot B$	群乘积运算
$A \oplus B$	特征 A 和 B 为伴随关系
A&B	运动副 A 与运动副 B 为并联关系
A_{CB}	位于机架处的驱动副数
A_{C_i}	第 i 条支链上的驱动数
A_{CP}	不位于机架处的驱动副数
A_{C}	总驱动副数
C_{A}	机器人末端特征的整体维数
$\mathrm{c}\theta$	$\cos\theta$
$\mathrm{c}(\theta_i+\theta_j)$	$\cos(\theta_i+\theta_j)$
C^i	第 i 条支链上的约束数
CKC	闭环运动链
$\{C(N, \boldsymbol{u})\}$	特征线重合的一维移动和一维转动特征，方向沿矢量 $\boldsymbol{u}$ 且过点 N
C_{O}	过约束数
dim ( )	阶
$\{D\}$	六维刚体运动
EIC	机构复杂度的综合评价指标值
$\{E\}$	无相对运动

续　表

FP	静平台(fixed base/platform)
F_r	局部自由度数的总和
F	机构自由度
GKC	运动链组
GMC	运动特征组
$\{G(\boldsymbol{u})\}$	法线为 $\boldsymbol{u}$ 的二维移动特征和沿平行于 $\boldsymbol{u}$ 的一维转动特征
H	螺旋副
θ_i, α, β, γ	角度
$\{\mathrm{JMC}_j\}$	并联机器人第 j 条支链的末端特征
KC	运动链
L_i	第 i 支链构型描述
LMC_{iRj}	第 i 条支链末端特征的第 j 个转动特征
LMC_{iTj}	第 i 条支链末端特征的第 j 个移动特征
LMC_i	第 i 条支链末端特征
LMC_R	支链末端特征的转动特征
LMC_T	支链末端特征的移动特征
MP	动平台(moving platform/end-effector)
M_{P}	独立的机器人末端特征的维数
M	机构的输入自由度数
n_{AL}	主动支链数
N_{JMC_R}	支链中关节转动特征的维数
N_{JMC_T}	支链中关节移动特征的维数
N_{LMC_i}	支链末端特征的维数
N_{LMC_R}	支链末端移动特征的数量
N_{LMC_T}	支链末端移动特征的数量

续 表

n_{PL}	被动支链数
N_{RMC_R}	机器人末端移动特征的数量
N_{RMC_T}	机构末端移动特征的数量
n_{TL}	总支链数
OKC	开环运动链
P_i, L_i, N_i	拓扑结构中的第 i 个台平、支链或节点
P	移动副
$(R_1 \perp R_2)_O$	平面垂直
$(R_1R_2)_O$	相交
$R_1 \perp R_2$	空间垂直
R_{A}	冗余驱动数
$\{\mathrm{RMC}_R\}$、$\{\mathrm{LMC}_R\}$	机器人或支链末端特征张成的转动特征空间
RMC_R、RMC_{R_j}	机器人末端特征的转动特征和第 j 个转动特征
$\{\mathrm{RMC}_T\}$、$\{\mathrm{LMC}_T\}$	机器人或支链末端特征张成的移动特征空间
RMC_T、RMC_{T_j}	机器人末端特征的移动特征和第 j 个移动特征
RMC	机构的末端特征
R_{M}	冗余自由度
$\{R(N, \boldsymbol{u})\}$, $N \in \Theta$	沿任意平行于 $\boldsymbol{u}$ 的一维转动特征
$\{R(N, \boldsymbol{u})\}$	一维转动特征,特征线方向沿单位矢量 $\boldsymbol{u}$ 且经过点 N
R	机器人整体构型描述
R	转动副
R	转动运动特征
$\{S(N)\}$	绕转动中心点 N 的三维转动
sθ	sin θ
S	球面副
$T_{\mathrm{P}}(3)$	三维移动特征

续　表

$T_P(\boldsymbol{uv})$	二维移动特征,运动平面：由单位矢量 $\boldsymbol{u}$ 和 $\boldsymbol{v}$ 张成的平面 P_{uv}
$T_P(\boldsymbol{u})$	一维移动特征,方向沿单位矢量 $\boldsymbol{u}$
$\{T(P_{vw})\}$	二维移动特征,运动平面：由单位矢量 $\boldsymbol{v}$ 和 $\boldsymbol{w}$ 张成的平面 P_{vw}
T_r	弧形移动特征
$\{T(\boldsymbol{u})\}$	一维移动特征,方向：沿单位矢量 $\boldsymbol{u}$
$\{T(\perp \boldsymbol{wv})\}$	圆弧移动特征,其刚体上点的轨迹为圆弧,$\boldsymbol{w}$ 为圆弧平面的法线,$\boldsymbol{v}$ 为圆弧半径方向矢量
$\{T\}$	空间三维移动特征
T	移动运动特征
$\boldsymbol{u}, \boldsymbol{v}, \boldsymbol{w}; \boldsymbol{i}, \boldsymbol{j}, \boldsymbol{k}$	单位方向矢量
U	虎克铰
$\{X(\boldsymbol{u})\}$	沿任意平行于 $\boldsymbol{u}$ 的一维转动特征和空间三维移动特征
$\cup$	并
$\not\perp$	不垂直
$\nparallel$	不平行
$\exists$	存在
$\hat{\boldsymbol{\omega}}$	反对阵矩阵
$\cap$	交
$\parallel$	平行
$\forall$	任意
$-$	异面
$\rightarrow$	运动特征产生
$\mid$	重合

附录二
运动特征溯源法则

1. 任务需求的特征提取法则

1）末端执行件为刚体

（1）当机构末端刚体执行构件需作绕某一轴转动的运动时，则引入一维 R 特征，且其特征线与该转动轴线重合，表示为 $\{R(N, \boldsymbol{u})\}$，其特征线经过点 N 且方向沿单位矢量 $\boldsymbol{u}$。

（2）当机构末端刚体执行构件需作沿某一方向移动的运动时，则引入一维 T 特征，且其特征线与该移动方向相同，表示为 $\{T(\boldsymbol{u})\}$，其特征线方向沿单位矢量 $\boldsymbol{u}$。

（3）若机构末端刚体执行构件作二维及以上运动时，可遵循以上两个运动特征的提取法则，得到所需的全部运动特征。

2）末端执行件为点

（1）机构末端点作直线运动时，可映射为刚体的一维 T 特征，且特征线与该直线方向相同。

（2）机构末端点作圆弧运动时，与刚体的映射可有以下情形：① 可映射为刚体的一维 R 特征，其特征线与该圆弧平面垂直，特征线穿过圆弧线的中心；② 可映射为刚体的一维的圆弧形移动特征，其运动特征为 T_r 特征。

（3）机构末端点作平面运动时，与刚体的映射可有以下情形：① 可映射为刚体的二维 T 特征，且圆弧包含于二维 T 特征所张成的平面；② 映射于刚体的一维 R 特征和一维 T 特征，其中 R 特征与 T 特征的特征线垂直，且 T 特征的特征线位在特定曲线所在的平面内。

（4）机构末端点作空间三维运动时，可映射于刚体的三维运动特征。若仅考虑基本特征为 R 和 T 特征且不考虑其方位性时，可有 $C_2^1C_2^1C_2^1 = 8$ 种映射，即 RRT、RTR、RTT、RRR、TRT、TTR、TRR、TTT。这是仅列出部分对应的特征：$\{R(N, \boldsymbol{u})\}\{R(N, \boldsymbol{v})\}\{T(\boldsymbol{w})\}$、$\{R(N, \boldsymbol{u})\}\{T(\boldsymbol{w})\}\{R(B, \boldsymbol{v})\}$、$\{R(N, \boldsymbol{u})\}\{T(\boldsymbol{u})\}\{T(\boldsymbol{v})\}$、$\{T(\boldsymbol{w})\}\{R(N, \boldsymbol{u})\}\{R(N, \boldsymbol{v})\}$、$\{T(\boldsymbol{w})\}\{R(N, \boldsymbol{u})\}\{T(\boldsymbol{w})\}$、$\{T(\boldsymbol{u})\}\{T(\boldsymbol{v})\}\{R(N, \boldsymbol{u})\}$、$\{R(N, \boldsymbol{u})\}\{T(\boldsymbol{u})\}\{R(B, \boldsymbol{v})\}$、$\{T(\boldsymbol{u})\}\{T(\boldsymbol{v})\}\{R(N,$

$\boldsymbol{w})\}$、$\{T(\boldsymbol{u})\}\{T(\boldsymbol{v})\}\{T(\boldsymbol{w})\}$等。

2. 运动特征的融合法则

运动特征的融合法则：当两个或多个同一运动特征串联且其特征线重合时，其末端特征则可合并为该运动特征，表示为$\{MC_1\}\{MC_2\}\cdots\{MC_n\}\rightarrow\{MC_i\}$。

扩展：两运动特征串联时，若运动特征$\{MC_1\}$包含于运动特征$\{MC_2\}$时，则其末端运动特征为$\{MC_2\}$，而运动特征$\{MC_1\}$被合并，即若存在$\{MC_1\}\subset\{MC_2\}$则$\{MC_1\}\{MC_2\}\rightarrow\{MC_2\}$。

3. 运动特征的分组法则

（1）**串联形式分组法则：**对于相邻串联的二维或二维以上关节特征$\{MC\}$可进行分组，即满足下式：

$$\begin{aligned}\{MC_1\}\{MC_2\}\{MC_3\} &= (\{MC_1\}\{MC_2\})\{MC_3\}\\ &= \{MC_1\}(\{MC_2\}\{MC_3\})\\ &= (\{MC_1\}\{MC_2\}\{MC_3\})\end{aligned} \tag{附2-1}$$

（2）**并联形式分组法则：**当特征分解为由多个子特征通过并联作用实现时，即$\{MC_{total}\}=\{MC_{sub_1}\}\&\{MC_{sub_2}\}\&\cdots\&\{MC_{sub_n}\}$，则运动特征$\{MC_{total}\}$与子运动特征$\{MC_{sub_i}\}$间应满足如下关系：

$$\{MC_{total}\}=\bigcap_{i=1}^{n}\{MC_{sub_i}\} \tag{附2-2}$$

可知：在这种情况下，需满足$\{MC_{total}\}\subseteq\{MC_{sub_i}\}$，即子运动特征处于总运动特征的同一层或拓展层。

4. 运动特征的等效条件

运动特征的等效性是揭示关节间的内在关联关系、关节拓扑构造首需解决的关键问题。运动特征等效性条件是指运动特征的类型、维数、特征线方位相同的两组运动特征，即需满足下式：

$$\begin{cases}\dim(RMC_1)=\dim(RMC_2)\\ \dim(RMC_{1R})=\dim(RMC_{2R})\\ \dim(RMC_{1T})=\dim(RMC_{2T})\\ h(RMC_1)=h(RMC_2)\\ \boldsymbol{l}(RMC_1)=\boldsymbol{l}(RMC_2)\\ \boldsymbol{v}(RMC_1)=\boldsymbol{v}(RMC_2)\end{cases} \tag{附2-3}$$

式中，$h(RMC_1)$、$\boldsymbol{l}(RMC_1)$和$\boldsymbol{v}(RMC_1)$分别表示为运动特征的旋量运动的节距、运动特征的轴线方向和移动特征的移动方向。

5. 运动特征的衍生法则

1）衍生规律

（1）支链末端的某一特征在其关节特征中不存在，则此特征是由关节特征衍生而成，此末端特征属于衍生特征；

（2）支链末端的移动特征可由转动特征串联作用衍生而成，而转动特征不能由移动特征衍生而来。

2）衍生法则

（1）衍生法则一，两个特征线平行的串联 R 特征 $R(B_1,\ \boldsymbol{\omega})R(B_2,\ \boldsymbol{\omega})$，其末端特征为

$$(\mathrm{R}_{B_1}^{\boldsymbol{\omega}} \parallel \mathrm{R}):\ R(B_1,\ \boldsymbol{\omega})R(B_2,\ \boldsymbol{\omega}) \mapsto R(B_2,\ \boldsymbol{\omega})\{T(\boldsymbol{u}) \oplus T(\boldsymbol{v})\} \ominus \begin{cases} \boldsymbol{u} \perp \boldsymbol{\omega},\ \boldsymbol{v} \perp \boldsymbol{\omega} \\ \boldsymbol{u} \neq \boldsymbol{v} \end{cases} \tag{附 2-4}$$

式中，⊥ 和 ∥ 分别表示垂直和平行符号；↦ 为运动特征产生符号；$(\mathrm{R}_{B_1}^{\boldsymbol{\omega}} \parallel \mathrm{R})$ 是与特征 $R(B_1,\ \boldsymbol{\omega})R(B_2,\ \boldsymbol{\omega})$ 直接对应的机构实现形式。

末端特征为 $R(B_2,\ \boldsymbol{\omega})\{T(\boldsymbol{u}) \oplus T(\boldsymbol{v})\}$，可知此末端具有二维独立的运动特征，分别为① 特征线过 B_2 点且方向为 $\boldsymbol{\omega}$ 的一维 R 特征；② 特征线分别为 $\boldsymbol{u}$、$\boldsymbol{v}$ 且相互伴随的一维 T 特征。其中一维 T 特征由 R 特征衍生得到。

（2）衍生法则二，三个特征线平行的串联 R 特征 $R(B_1,\ \boldsymbol{\omega})R(B_2,\ \boldsymbol{\omega})R(B_3,\ \boldsymbol{\omega})$，其末端特征为

$$\begin{aligned}&(\mathrm{R}_{B_1}^{\boldsymbol{\omega}} \parallel \mathrm{R} \parallel \mathrm{R}):\ R(B_1,\ \boldsymbol{\omega})R(B_2,\ \boldsymbol{\omega})R(B_3,\ \boldsymbol{\omega}) \mapsto R(N,\ \boldsymbol{\omega})T(\boldsymbol{u})T(\boldsymbol{v}) \\ &= \{G(\boldsymbol{\omega})\}\ (N \in \mathbb{R})\end{aligned} \tag{附 2-5}$$

其末端特征可为 $T(\boldsymbol{u})T(\boldsymbol{v})R(N,\ \boldsymbol{\omega}) = \{G(\boldsymbol{\omega})\}\ (N \in \mathbb{R})$，可知此末端具有三维独立的运动特征，分别为① 特征线垂直于 $\boldsymbol{\omega}$ 的二维独立 T 特征，此二维 T 特征属于衍生特征；② 一维独立 R 特征，其特征线方向平行于 R 特征的特征线，位置任意。

（3）衍生法则三，两条相同支链 $(\mathrm{R}_{B_1}^{\boldsymbol{\omega}} \parallel \mathrm{R}_{M_1})\&(\mathrm{R}_{B_2}^{\boldsymbol{\omega}} \parallel \mathrm{R}_{M_2})$，$(B_1M_1 \perp\!\!\!\perp B_2M_2)$ 组成的平行四边形运动副（$\mathrm{P_a}$ 副），特征 $\{R(B_1,\ \boldsymbol{\omega})R(M_1,\ \boldsymbol{\omega})\} \cap \{R(B_2,\ \boldsymbol{\omega})R(M_2,\ \boldsymbol{\omega})\}$，$(B_1M_1 \perp\!\!\!\perp B_2M_2)$，其末端特征为

$$\begin{aligned}&(\mathrm{R}_{B_1}^{\boldsymbol{\omega}} \parallel \mathrm{R}_{M_1})\&(\mathrm{R}_{B_2}^{\boldsymbol{\omega}} \parallel \mathrm{R}_{M_2}): \\ &\{R(B_1,\ \boldsymbol{\omega})R(M_1,\ \boldsymbol{\omega})\} \cap \{R(B_2,\ \boldsymbol{\omega})R(M_2,\ \boldsymbol{\omega})\} \mapsto \{T(\boldsymbol{u}) \oplus T(\boldsymbol{v})\}\end{aligned} \tag{附 2-6}$$

式中，$B_1M_1 \perp\!\!\!\perp B_2M_2$。

末端特征为 $\{T(\boldsymbol{u}) \oplus T(\boldsymbol{v})\}$，可知此末端具有特征线分别为 $\boldsymbol{u}$、$\boldsymbol{v}$ 且相互伴随的一维 T 特征，此一维 T 特征由 R 特征伴生得到。

（4）衍生法则四，两个特征线平行的串联 U 特征 $U(B_1, \boldsymbol{\omega}, \boldsymbol{v})U(B_2, \boldsymbol{\omega}, \boldsymbol{v})$，有

$$(\mathrm{U}_{B_1}^{uv} \parallel \mathrm{U}_{B_2}^{uv}):\ U(B_1, \boldsymbol{u}, \boldsymbol{v})U(B_2, \boldsymbol{u}, \boldsymbol{v}) \mapsto U(B_2, \boldsymbol{u}, \boldsymbol{v})\{T(\boldsymbol{\omega}) \oplus T(\boldsymbol{u})\}\{T(\boldsymbol{\omega}) \oplus T(\boldsymbol{v})\} \tag{附 2-7}$$

末端特征为 $U(B_2, \boldsymbol{u}, \boldsymbol{v})\{T(\boldsymbol{\omega}) \oplus T(\boldsymbol{u})\}\{T(\boldsymbol{\omega}) \oplus T(\boldsymbol{v})\}$，即此末端具有四维独立运动特征，分别为：① 特征线过 B_2 点且方向为 $\boldsymbol{u}$、$\boldsymbol{v}$ 的二维 R 特征；② 特征线分别为 $\boldsymbol{\omega}$、$\boldsymbol{u}$ 且相互伴随的一维 T 特征以及特征线分别为 $\boldsymbol{\omega}$、$\boldsymbol{v}$ 且相互伴随的一维 T 特征。其中二维 T 特征由 R 特征衍生得到。

（5）衍生法则五，两个串联 S 特征 $S(B_1)S(B_2)$，有

$$(\mathrm{S}_{B_1} \parallel \mathrm{S}_{B_2}):\ S(B_1)S(B_2) \mapsto S(B_2)\{T(\boldsymbol{\omega}) \oplus T(\boldsymbol{u})\}\{T(\boldsymbol{\omega}) \oplus T(\boldsymbol{v})\} \tag{附 2-8}$$

末端特征为 $S(B_2)\{T(\boldsymbol{\omega}) \oplus T(\boldsymbol{u})\}\{T(\boldsymbol{\omega}) \oplus T(\boldsymbol{v})\}$，即此末端具有五维独立运动特征，分别为① 特征线过 B_2 点三维 R 特征；② 特征线分别为 $\boldsymbol{\omega}$、$\boldsymbol{u}$ 且相互伴随的一维 T 特征以及特征线分别为 $\boldsymbol{\omega}$、$\boldsymbol{v}$ 且相互伴随的一维 T 特征。其中二维 T 特征由 R 特征伴生得到。

（6）衍生法则六，两条相同支链 $(\mathrm{U}_{B_1}^{uv} \parallel \mathrm{U}_{M_1}^{uv})\&(\mathrm{U}_{B_2}^{uv} \parallel \mathrm{U}_{M_2}^{uv})$，$(B_1M_1 \perp\!\!\!\perp B_2M_2)$ 组成的并联机构，特征 $\{U(B_1, \boldsymbol{u}, \boldsymbol{v})U(M_1, \boldsymbol{u}, \boldsymbol{v})\} \cap \{U(B_2, \boldsymbol{u}, \boldsymbol{v})U(M_2, \boldsymbol{u}, \boldsymbol{v})\}$，$(B_1M_1 \perp\!\!\!\perp B_2M_2)$，其末端特征为

$$\begin{aligned}&(\mathrm{U}_{B_1}^{uv} \parallel \mathrm{U}_{M_1}^{uv})\&(\mathrm{U}_{B_2}^{uv} \parallel \mathrm{U}_{M_2}^{uv}),(B_1M_1 \perp\!\!\!\perp B_2M_2):\\&\{U(B_1, \boldsymbol{u}, \boldsymbol{v})U(M_1, \boldsymbol{u}, \boldsymbol{v})\} \cap \{U(B_2, \boldsymbol{u}, \boldsymbol{v})U(M_2, \boldsymbol{u}, \boldsymbol{v})\}\\&\mapsto R(M_2, \boldsymbol{u})\{T(\boldsymbol{\omega}) \oplus T(\boldsymbol{u})\}\{T(\boldsymbol{\omega}) \oplus T(\boldsymbol{v})\}\end{aligned} \tag{附 2-9}$$

式中，$(B_1M_1 \perp\!\!\!\perp B_2M_2)$，$\boldsymbol{u} = M_1M_2$。

末端特征为 $R(M_2, \boldsymbol{u})\{T(\boldsymbol{\omega}) \oplus T(\boldsymbol{u})\}\{T(\boldsymbol{\omega}) \oplus T(\boldsymbol{v})\}$，即此末端具有三维独立运动特征，分别为：① 特征线过 M_2 点且方向为 $\boldsymbol{u}$ 的一维 R 特征；② 特征线分别为 $\boldsymbol{\omega}$、$\boldsymbol{u}$ 且相互伴随的一维 T 特征以及特征线分别为 $\boldsymbol{\omega}$、$\boldsymbol{v}$ 且相互伴随的一维 T 特征。其中二维 T 特征由 R 特征伴生得到。

（7）衍生法则七，三条相同支链 $(\mathrm{U}_{B_1}^{uv} \parallel \mathrm{U}_{M_1}^{uv})\&(\mathrm{U}_{B_2}^{uv} \parallel \mathrm{U}_{M_2}^{uv})\&(\mathrm{U}_{B_3}^{uv} \parallel \mathrm{U}_{M_3}^{uv})$，$(B_1M_1 \perp\!\!\!\perp B_2M_2 \perp\!\!\!\perp B_3M_3)$ 组成的并联机构，特征 $\{U(B_1, \boldsymbol{u}, \boldsymbol{v})U(M_1, \boldsymbol{u}, \boldsymbol{v})\} \cap$

$\{U(B_2, \boldsymbol{u}, \boldsymbol{v})U(M_2, \boldsymbol{u}, \boldsymbol{v})\} \cap \{U(B_3, \boldsymbol{u}, \boldsymbol{v})U(M_3, \boldsymbol{u}, \boldsymbol{v})\}$，$(B_1M_1 \perp\!\!\!\perp B_2M_2 \perp\!\!\!\perp B_3M_3)$，其末端特征为

$$(\mathrm{U}_{B_1}^{uv} \parallel \mathrm{U}_{M_1}^{uv})\&(\mathrm{U}_{B_2}^{uv} \parallel \mathrm{U}_{M_2}^{uv})\&(\mathrm{U}_{B_3}^{uv} \parallel \mathrm{U}_{M_3}^{uv}), (B_1M_1 \perp\!\!\!\perp B_2M_2 \perp\!\!\!\perp B_3M_3):$$
$$\{U(B_1, \boldsymbol{u}, \boldsymbol{v})U(M_1, \boldsymbol{u}, \boldsymbol{v})\} \cap \{U(B_2, \boldsymbol{u}, \boldsymbol{v})U(M_2, \boldsymbol{u}, \boldsymbol{v})\} \cap$$
$$\{U(B_3, \boldsymbol{u}, \boldsymbol{v})U(M_3, \boldsymbol{u}, \boldsymbol{v})\} \mapsto \{T(\boldsymbol{\omega}) \oplus T(\boldsymbol{u})\}\{T(\boldsymbol{\omega}) \oplus T(\boldsymbol{v})\} \tag{附 2-10}$$

式(附 2－10)表明其末端具有二维独立运动特征：特征线分别为 $\boldsymbol{\omega}$、$\boldsymbol{u}$ 且相互伴随的一维 T 特征以及特征线分别为 $\boldsymbol{\omega}$、$\boldsymbol{v}$ 且相互伴随的一维 T 特征。其中二维 T 特征由 R 特征衍生得到。

6. 运动特征的迁移法则

（1）**特征迁移定义**

特征迁移是指支链的末端运动特征的特征线可迁移至其他位置，而不是固定不变的。可发生特征迁移的运动特征，则称此特征具有迁移性或该特征可迁移。

对于移动特征：

（2）**一维移动特征：**当支链末端存在一个移动特征时，则其末端具有沿与此移动方向平行的任意特征线移动的能力。

（3）**二维移动特征：**当支链末端存在二个特征线不平行的移动特征时，则其末端具有沿与此两个移动方向张成的平面平行的任意平面内移动的能力。

（4）**三维移动特征：**当支链末端存在三个特征线不共面的移动特征时，则其末端具有沿空间任意特征线的移动能力。

对于移动特征：

（5）**一维虚迁转动特征：**当支链末端一维转动特征的转动轴线垂直于两个独立的末端 T 特征所构成的移动平面时，则支链末端具有绕与该轴线平行的任意轴线转动的能力(即该末端转动特征具有迁移能力)。

（6）**二维虚迁转动特征：**当支链末端存在二维转动特征和三维独立的末端 T 特征时，则支链末端具有绕与该二条轴线平行的任意轴线转动的能力(即该末端转动特征具有二维平行迁移能力)。

（7）**三维虚迁转动特征：**当支链末端存在三维转动特征和三维移动特征时，其支链末端具有绕与该转动轴线平行的任意轴线转动的能力(即该末端转动特征具有平行迁移能力)。

7. 运动特征的交换法则

运动特征的交换法则：若多个特征所对应位移子群的乘积 $\{\mathrm{MC}_1\}\{\mathrm{MC}_2\}$

$\{MC_3\}$是位移子群 G,表示为$\{MC_1\}\{MC_2\}\{MC_3\} = G$($G$ 为位移子群),则其特征间满足交换律,即

$$\begin{aligned} G &= \{MC_1\}\{MC_2\}\{MC_3\} = \{MC_1\}\{MC_3\}\{MC_2\} = \{MC_2\}\{MC_1\}\{MC_3\} \\ &= \{MC_2\}\{MC_3\}\{MC_1\} = \{MC_3\}\{MC_1\}\{MC_2\} = \{MC_3\}\{MC_2\}\{MC_1\} \end{aligned} \tag{附 2-11}$$

例:$R(A, \boldsymbol{w})T(\boldsymbol{u})T(\boldsymbol{v}) = G(\boldsymbol{w})$,$\{C(N, \boldsymbol{u})\} = \{R(N, \boldsymbol{u})\}\{T(\boldsymbol{u})\}$、$\{S(N)\} = \{R(N, \boldsymbol{u})\}\{R(N, \boldsymbol{v})\}\{R(N, \boldsymbol{w})\}$、$\{T(P_{vw})\} = \{T(\boldsymbol{u})\}\{T(\boldsymbol{v})\}$、$\{T\} = \{T(\boldsymbol{u})\}\{T(\boldsymbol{v})\}\{T(\boldsymbol{w})\}$、$\{X(\boldsymbol{u})\} = \{T(\boldsymbol{u})\}\{T(\boldsymbol{v})\}\{T(\boldsymbol{w})\}\{R(N, \boldsymbol{u})\}$等其内各特征均满足交换法则。

8. 运动特征的基代换法则

特征基代换法则:当末端特征为位移子群 G,若存在两种特征基$\{JMC_A\}$、$\{JMC_B\}$和$\{JMC_C\}$、$\{JMC_D\}$,在满足一定条件下,则可作为位移子群 G 特征基,且它们之间可相互代换,其条件为

$$\begin{aligned} &A \subseteq G,\ B \subseteq G,\ C \subseteq G,\ D \subseteq G \\ &\text{且}\dim(AB) = \dim(G) \\ &\quad \dim(CD) = \dim(G) \end{aligned} \tag{附 2-12}$$

9. 运动特征的复制法则

复制法则:运动特征复制法则末端特征对应的是位移子群 $\{G\} = \{MC_A\}\{MC_B\}\{MC_C\}$,则若存在 $\{MC_D\}$ 满足下式:

$$\begin{cases} \{MC_D\} \subset \{G\} \\ \dim(\{MC_A\}\{MC_B\}\{MC_C\}\{MC_D\}) = \dim(\{G\}) \end{cases} \tag{附 2-13}$$

即 $\{MC_D\}$ 的运动属性与已有特征相同,称其为冗余运动特征的增广或运动特征的复制。据此运动特征的增广可分为局部运动特征的复制和冗余运动特征的复制。

10. 运动特征的增广法则

增广法则:末端特征对应的是位移子群 $\{G\} = \{MC_A\}\{MC_B\}\{MC_C\}$,则若存在 $\{MC_D\}$ 满足下式:

$$\begin{cases} \{MC_D\} \notin \{G\} \\ \{MC_A\}\{MC_B\}\{MC_C\}\{MC_D\} = \{G\} \end{cases} \tag{附 2-14}$$

即 $\{MC_D\}$ 的运动属性并没有与已存在运动特征相同,此运动特征为消极或无效特征(对末端特征并不产生新的运动特征),称其为冗余运动特征的增广。

11. 运动特征的重构法则

关节特征重构法则(运动副等效替换)：关节 A 可实现关节特征{JMC$_1$}，关节 B 也可实现特征{JMC$_2$}，如果满足下式：

$$\begin{cases} \{\mathrm{JMC}_1\} \subseteq \{\mathrm{JMC}_2\},\ \{\mathrm{JMC}_2\} \subseteq \{\mathrm{JMC}_1\} \\ \dim(\{\mathrm{JMC}_1\}) = \dim(\{\mathrm{JMC}_2\}) \end{cases} \tag{附 2-15}$$

即{JMC$_1$} = {JMC$_2$}，则认为关节 B 是关节 A 的重构形式。

12. 运动特征的求交法则

1) 总体求交法则

求交法则一，对于转动特征而言：若存在特征线可重合的转动特征，由特征的合并法则可得，其求交结果为具有该特征线的 R 特征，即

$$\{R(A,\ \boldsymbol{u})\} = \begin{cases} \{R(A,\ \boldsymbol{u})\} \cap \{R(A,\ \boldsymbol{u})\} \\ \{R(A,\ \boldsymbol{u})\} \cap \{R(N,\ \boldsymbol{u})\},\ \forall N \end{cases} \tag{附 2-16}$$

求交法则二，对于移动特征而言：若存在同方向的特征线的移动特征，由特征的合并法则可得，其求交结果为具有该特征线的 T 特征，即

$$\{T(\boldsymbol{u})\} = \{T_i\} \cap \{T_j\},\ \boldsymbol{i} = \boldsymbol{j} = \boldsymbol{u} \tag{附 2-17}$$

基于以上两条总体求交法则，可将得到更多情形的求交法则，具体如下：

2) 转动特征之间的求交法则

(1) 一维 R 特征与一维 R 特征：

$$\begin{cases} \{R(A,\ \boldsymbol{u})\} \cap \{R(A,\ \boldsymbol{u})\} = \{R(A,\ \boldsymbol{u})\} \\ \{R(A,\ \boldsymbol{u})\} \cap \{R(N,\ \boldsymbol{u})\} = \{R(A,\ \boldsymbol{u})\},\ \forall N \\ \{R(A,\ \boldsymbol{u})\} \cap \{R(B,\ \boldsymbol{u})\} = \{E\} \end{cases} \tag{附 2-18}$$

式中，$\forall N$ 表示 N 点可为空间内的任意点。

(2) 一维 R 特征与二维 R 特征：

$$\begin{cases} \{R(A,\ \boldsymbol{u})\} \cap \{U(B,\ \boldsymbol{u},\ \boldsymbol{v})\} = \{R(A,\ \boldsymbol{u})\}, & A \subset \square(B,\ \boldsymbol{u},\ \boldsymbol{v}) \\ \{R(A,\ \boldsymbol{w})\} \cap \{U(N,\ \boldsymbol{u},\ \boldsymbol{v})\} = \{R(A,\ \boldsymbol{w})\},\ \forall A, & \boldsymbol{w} \subset \square(\boldsymbol{u},\ \boldsymbol{v}) \end{cases} \tag{附 2-19}$$

式中，$A \subset \square(B,\ \boldsymbol{u},\ \boldsymbol{v})$ 表示点 A 在通过点 B 和向量($\boldsymbol{u}$, $\boldsymbol{v}$)张成的平面 $\square(B,\ \boldsymbol{u},\ \boldsymbol{v})$ 内，$\boldsymbol{w} \subset \square(\boldsymbol{u},\ \boldsymbol{v})$ 表示 $\boldsymbol{w}$ 在($\boldsymbol{u}$, $\boldsymbol{v}$)张成的平面 $\square(\boldsymbol{u},\ \boldsymbol{v})$ 内。

(3) 一维 R 特征与三维 R 特征：

$$\{R(A,\ \boldsymbol{u})\} \cap \{S(O)\} = \{R(A,\ \boldsymbol{u})\},\ \boldsymbol{u} = AO \text{ 或 } A = O \tag{附 2-20}$$

式中，$\boldsymbol{u} = AO$、$A = O$ 分别表示 $\boldsymbol{u}$ 的方向与 AO 重合，点 A 与点 O 重合。

（4）二维 R 特征与二维 R 特征：

$$\begin{cases}\{U(A,\boldsymbol{u},\boldsymbol{v})\}\cap\{U(A,\boldsymbol{i},\boldsymbol{j})\}=\{U(A,\boldsymbol{u},\boldsymbol{v})\}, & \square(\boldsymbol{u},\boldsymbol{v})=\square(\boldsymbol{i},\boldsymbol{j})\\ \{U(A,\boldsymbol{u},\boldsymbol{v})\}\cap\{U(A,\boldsymbol{i},\boldsymbol{j})\}=\{R(A,\boldsymbol{w})\}, & \square(\boldsymbol{u},\boldsymbol{v})\cap\square(\boldsymbol{i},\boldsymbol{j})=\boldsymbol{w}\\ \{U(A,\boldsymbol{u},\boldsymbol{v})\}\cap\{U(B,\boldsymbol{i},\boldsymbol{j})\}=\{R(A,\boldsymbol{u})\}, & \square(\boldsymbol{u},\boldsymbol{v})=\square(\boldsymbol{i},\boldsymbol{j})\text{ 且 }\boldsymbol{u}=\boldsymbol{i}=AB\end{cases}$$

（附 2－21）

（5）二维 R 特征与三维 R 特征：

$$\begin{cases}\{U(A,\boldsymbol{u},\boldsymbol{v})\}\cap\{S(O)\}=\{U(A,\boldsymbol{u},\boldsymbol{v})\}, & A=O\\ \{U(A,\boldsymbol{u},\boldsymbol{v})\}\cap\{S(B)\}=\{R(A,\boldsymbol{u})\}, & B\in\square(\boldsymbol{u},\boldsymbol{v}),\ \boldsymbol{u}=AB\end{cases}$$

（附 2－22）

（6）三维 R 特征与三维 R 特征：

$$\begin{cases}\{S(A)\}\cap\{S(B)\}=\{S(A)\}, & A=B\\ \{S(A)\}\cap\{S(B)\}=\{R(N,\boldsymbol{u})\}, & N\in\{A,B\},\ \boldsymbol{u}=AB\end{cases}$$

（附 2－23）

3）移动特征之间的求交法则

$$\{T_i\}\cap\{T_j\}=\begin{cases}\{\boldsymbol{E}\}, & \dim(\{T_{\mathrm{i}}\})\cap\dim(\{T_{\mathrm{j}}\})=0\\ \{T(\boldsymbol{u})\}, & \dim(\{T_{\mathrm{i}}\})\cap\dim(\{T_{\mathrm{j}}\})=1\\ \{T_2(\boldsymbol{v})\}, & \dim(\{T_{\mathrm{i}}\})\cap\dim(\{T_{\mathrm{j}}\})=2\\ \{T\}, & \dim(\{T_{\mathrm{i}}\})\cap\dim(\{T_{\mathrm{j}}\})=3\end{cases}\quad\text{（附 2－24）}$$

4）具有伴随运动的总体运算法则

（1）伴随运动与主次运动选择有关，运动大小程度可能不同；当主次运动大小范围相近时，可认为具有互换性，即其主运动和伴随运动可切换选择，表示为

$$M_m\oplus\{P_m\}=P_m\oplus\{M_m\}\quad\text{（附 2－25）}$$

（2）当具有伴随运动的 $\{M_m\oplus\{P_m\}\}$ 运动特征与具有其内伴随运动的 $\{P_m\}$ 运动特征串联时，可得到 $\{M_m\}\cdot\{P_m\}$ 运动。因主运动和伴随运动存在互换性[式(6－17)]，故：当具有伴随运动的 $\{M_m\oplus\{P_m\}\}$ 运动特征与具有其内伴随运动的 $\{M_m\}$ 运动特征串联时，可得到 $\{M_m\}\cdot\{P_m\}$ 运动：

$$\{M_m\oplus\{P_m\}\}\cdot\{P_m\}=\{M_m\}\cdot\{P_m\}\quad\text{（附 2－26）}$$

$$\{M_m\oplus\{P_m\}\}\cdot\{M_m\}=\{M_m\}\cdot\{P_m\}\quad\text{（附 2－27）}$$

（3）当具有伴随运动的 $\{M_m\oplus\{P_m\}\}$ 运动特征与具有相同运动的运动特征串联时，其末端运动为 $\{M_m\}\cdot\{P_m\}$：

$$\{M_m \oplus \{P_m\}\} \cdot \{M_m \oplus \{P_m\}\} = \{M_m\} \cdot \{P_m\}$$
$$\{M_m \oplus \{P_m\}\} \cdot \{P_m \oplus \{M_m\}\} = \{M_m\} \cdot \{P_m\} \tag{附 2-28}$$

例如：

$$\begin{cases} T_x \cdot (T_x \oplus T_y) = \{T_{xy}\} \\ T_y \cdot (T_x \oplus T_y) = \{T_{xy}\} \\ (T_x \oplus T_y) \cdot (T_x \oplus T_y) = \{T_{xy}\} \end{cases} \tag{附 2-29}$$

（4）当具有伴随运动的 $\{M_m \oplus \{P_m\}\}$ 运动特征与具有相同运动的运动特征并联时，其末端运动特征为 $\{M_m \oplus \{P_m\}\}$，表示如下：

$$\{M_m \oplus \{P_m\}\} \cap \{M_m \oplus \{P_m\}\} = \{M_m \oplus \{P_m\}\} \tag{附 2-30}$$

当具有伴随运动的 $\{M_m \oplus \{P_m\}\}$ 运动特征与运动 $\{M_m\} \cdot \{P_m\}$ 的运动特征并联时，其末端运动特征为 $\{M_m \oplus \{P_m\}\}$，$\{M_m \oplus \{P_m\}\} \subseteq \{M_m\} \cdot \{P_m\}$，表示如下：

$$\{M_m \oplus \{P_m\}\} \cap \{\{M_m\} \cdot \{P_m\}\} = \{M_m \oplus \{P_m\}\} \tag{附 2-31}$$

（5）将运动分解为具有伴随运动特征，则是式（附 2-26）、式（附 2-27）和式（附 2-28）的逆过程：

$$\begin{aligned} \{M_m\} \cdot \{P_m\} &= \{M_m \oplus \{P_m\}\} \cdot \{M_m \oplus \{P_m\}\} \\ &= \{M_m \oplus \{P_m\}\} \cdot \{P_m \oplus \{M_m\}\} \\ &= \{M_m \oplus \{P_m\}\} \cdot \{M_m\} \\ &= \{M_m \oplus \{P_m\}\} \cdot \{P_m\} \end{aligned} \tag{附 2-32}$$

注：具有伴随运动的运动特征之间求交，需结合具体的尺度信息（如尺寸间的约束关系）在内的约束进行求解。

13. 运动特征求并法则

1）转动特征之间的求并法则

（1）一维 R 特征与一维 R 特征：

$$\{R(A, \boldsymbol{u})\} \cup \{R(B, \boldsymbol{v})\} = \begin{cases} (R_1R_2)_{\parallel} \text{ 规则}, & \boldsymbol{u} \parallel \boldsymbol{v} \\ \{R(A, \boldsymbol{u})\}, & \boldsymbol{u} = \boldsymbol{v} \\ \{U(A, \boldsymbol{u}, \boldsymbol{v})\}, & A = B \text{ 且 } \boldsymbol{u} \nparallel \boldsymbol{v} \end{cases} \tag{附 2-33}$$

当两 R 特征的特征线平行时，按衍生法则式（4-4）来计算，如果其特征线重合，则由复制法则可知其特征求并为其本身，若两特征线相交但不重合，则其求并结果为两 R 特征线所张成的二维 R 特征空间。

（2）一维 R 特征与二维 R 特征：

$$\{R(A,\boldsymbol{u})\}\cup\{U(B,\boldsymbol{i},\boldsymbol{j})\}=\begin{cases}(R_1R_2)_{\parallel}\text{ 规则}+\{R(A,\perp\boldsymbol{u})\}, & \boldsymbol{u}\parallel\boldsymbol{i}\\ \{U(B,\boldsymbol{i},\boldsymbol{j})\}, & \boldsymbol{u}=\boldsymbol{i},\ B\in(A,\boldsymbol{u})\\ \{U(A,\boldsymbol{i},\boldsymbol{j})\}, & A=B\text{ 且 }\boldsymbol{u}\subset\square(\boldsymbol{i},\boldsymbol{j})\end{cases}\quad(\text{附 }2-34)$$

式中 $B\in(A,\boldsymbol{u})$ 表示点 B 在直线上，此直线是通过点 A 且方向矢量为 $\boldsymbol{u}$。

（3）一维 R 特征与三维 R 特征：

$$\{R(A,\boldsymbol{u})\}\cup\{S(B)\}=\begin{cases}(R_1R_2)_{\parallel}\text{ 规则}+\{U(A,\boldsymbol{v},\boldsymbol{w})\}, & B\notin(A,\boldsymbol{u})\\ \{S(B)\}, & B\in(A,\boldsymbol{u})\end{cases}\quad(\text{附 }2-35)$$

（4）二维 R 特征与二维 R 特征：

$$\{U(A,\boldsymbol{u},\boldsymbol{v})\}\cup\{U(B,\boldsymbol{i},\boldsymbol{j})\}=\begin{cases}\{-U_1\parallel U_2-\}\text{ 规则}, & \square(A,\boldsymbol{u},\boldsymbol{v})\parallel\square(A,\boldsymbol{i},\boldsymbol{j})\\ \{U(A,\boldsymbol{u},\boldsymbol{v})\}, & A=B\end{cases}\quad(\text{附 }2-36)$$

（5）二维 R 特征与三维 R 特征：

$$\begin{aligned}&\{U(A,\boldsymbol{u},\boldsymbol{v})\}\cup\{S(B)\}\\=&\begin{cases}\{-U_1\parallel U_2-\}\text{ 规则}+\{R(A,AB)\}, & B\notin(A,\boldsymbol{u})\text{ 且 }B\notin(A,\boldsymbol{v})\\ \{S(B)\}, & B\in(A,\boldsymbol{u})\text{ 或 }B\in(A,\boldsymbol{v})\end{cases}\end{aligned}\quad(\text{附 }2-37)$$

（6）三维 R 特征与三维 R 特征：

$$\{S(A)\}\cup\{S(B)\}=\begin{cases}\{-S_1\parallel S_2-\}\text{ 规则}, & A\neq B\\ \{S(B)\}, & A=B\end{cases}\quad(\text{附 }2-38)$$

2）移动特征之间的求并法则

（1）一维 T 特征与一维 T 特征：

$$\{T(\boldsymbol{u})\}\cup\{T(\boldsymbol{v})\}=\begin{cases}\{T(\boldsymbol{u})\}, & \boldsymbol{u}\parallel\boldsymbol{v}\\ \{T_2(\boldsymbol{w})\},\ \boldsymbol{w}\perp\square(\boldsymbol{u},\boldsymbol{v}), & \boldsymbol{u}\nparallel\boldsymbol{v}\end{cases}\quad(\text{附 }2-39)$$

（2）一维 T_r 特征与一维 T_r 特征：

$$\{T_r(A,\perp\boldsymbol{u})\}\cup\{T_r(B,\perp\boldsymbol{v})\}=\begin{cases}\{T_2(\boldsymbol{u})\}, & A\neq B,\ \boldsymbol{u}\parallel\boldsymbol{v}\\ \{T_r(A,\perp\boldsymbol{u})\}\{T_r(B,\perp\boldsymbol{v})\}, & A\neq B,\ \boldsymbol{u}\nparallel\boldsymbol{v}\\ \{T_r(A,\perp\boldsymbol{u})\}, & A=B\text{ 且 }\boldsymbol{u}\mid\boldsymbol{v}\end{cases}$$

（附 2-40）

（3）一维 T 特征与一维 T_r 特征：

$$\{T(\boldsymbol{u})\} \cup \{T_r(B, \perp \boldsymbol{v})\} = \begin{cases} \{T_2(\boldsymbol{u})\}, & \boldsymbol{u} \perp \boldsymbol{v} \\ \{T(\boldsymbol{u})\}\{T_r(B, \perp \boldsymbol{v})\}, & \boldsymbol{u} \not\perp \boldsymbol{v} \end{cases} \tag{附 2-41}$$

（4）一维 T 特征与二维 T 特征：

$$\{T(\boldsymbol{u})\} \cup \{T_2(\boldsymbol{v})\} = \begin{cases} \{T_2(\boldsymbol{v})\}, & \boldsymbol{u} \subset \square(\perp \boldsymbol{v}) \\ \{T\}, & \boldsymbol{u} \not\subset \square(\perp \boldsymbol{v}) \end{cases} \tag{附 2-42}$$

（5）一维 T 特征与二维 T_r 特征：

$$\{T(\boldsymbol{u})\} \cup \{T_{r2}(\perp \boldsymbol{v})\} = \begin{cases} \{T_2(\boldsymbol{w})\}\{T_r(\perp \boldsymbol{v})\}, \ \boldsymbol{w} \perp \square(\boldsymbol{u}, \boldsymbol{v}), & \boldsymbol{u} \perp \boldsymbol{v} \\ \{T\}, & \boldsymbol{u} \parallel \boldsymbol{v} \end{cases} \tag{附 2-43}$$

（6）一维 T_r 特征与二维 T 特征：

$$\{T_r(A, \boldsymbol{u})\} \cup \{T_2(\boldsymbol{v})\} = \begin{cases} \{T_2(\boldsymbol{v})\}, & \boldsymbol{u} \in \square(\perp \boldsymbol{v}) \\ \{T\}, & \boldsymbol{u} \notin \square(\perp \boldsymbol{v}) \end{cases} \tag{附 2-44}$$

（7）一维 T_r 特征与二维 T_r 特征：

$$\{T_r(A, \perp \boldsymbol{u})\} \cup \{T_{r2}(B, \perp \boldsymbol{v})\} = \begin{cases} \{T\}, & A \neq B \\ \{T_{r2}(B, \perp \boldsymbol{v})\}, & A = B \text{ 且 } \boldsymbol{u} \mid \boldsymbol{v} \end{cases} \tag{附 2-45}$$

（8）二维 T 特征与二维 T 特征：

$$\{T_2(\boldsymbol{u})\} \cup \{T_2(\boldsymbol{v})\} = \begin{cases} \{T\}, & \boldsymbol{u} \nparallel \boldsymbol{v} \\ \{T_2(\boldsymbol{u})\}, & \boldsymbol{u} \parallel \boldsymbol{v} \end{cases} \tag{附 2-46}$$

（9）二维 T_r 特征与二维 T_r 特征：

$$\{T_{r2}(A, \perp \boldsymbol{u})\} \cup \{T_{r2}(B, \perp \boldsymbol{v})\} = \begin{cases} \{T\}, & A \neq B \\ \{T_{r2}(B, \perp \boldsymbol{v})\}, & A = B \text{ 且 } \boldsymbol{u} \mid \boldsymbol{v} \end{cases} \tag{附 2-47}$$

（10）三维 T 特征与三维 T 特征：

$$\{T\} \cup \{T\} = \{T\} \tag{附 2-48}$$

应用上述求并规则，可对支链末端特征进行分解得到相应的关节特征。

3）具有伴随运动的总体运算法则

（1）当具有伴随运动的 $\{M_m \oplus \{P_m\}\}$ 运动特征与具有其内伴随运动的 $\{P_m\}$ 运动特征求并时,可得到 $\{M_m\}\cdot\{P_m\}$ 运动。因主运动和伴随运动存在互换性[式(6－17)],故：当具有伴随运动的 $\{M_m \oplus \{P_m\}\}$ 运动特征与具有其内伴随运动的 $\{M_m\}$ 运动特征求并时,可得到 $\{M_m\}\cdot\{P_m\}$ 运动：

$$\{M_m \oplus \{P_m\}\} \cup \{P_m\} = \{M_m\}\cdot\{P_m\} \quad (附2-49)$$

$$\{M_m \oplus \{P_m\}\} \cup \{M_m\} = \{M_m\}\cdot\{P_m\} \quad (附2-50)$$

（2）当具有伴随运动的 $\{M_m \oplus \{P_m\}\}$ 运动特征与具有相同运动的运动特征求并时,其末端运动特征为 $\{M_m\}\cdot\{P_m\}$：

$$\begin{aligned}\{M_m \oplus \{P_m\}\} \cup \{M_m \oplus \{P_m\}\} = \{M_m\}\cdot\{P_m\}\\ \{M_m \oplus \{P_m\}\} \cup \{P_m \oplus \{M_m\}\} = \{M_m\}\cdot\{P_m\}\end{aligned} \quad (附2-51)$$

例如：

$$\begin{cases}T_x \cup (T_x \oplus T_y) = \{T_{xy}\}\\ T_y \cup (T_x \oplus T_y) = \{T_{xy}\}\\ (T_x \oplus T_y) \cup (T_x \oplus T_y) = \{T_{xy}\}\end{cases} \quad (附2-52)$$

（3）当具有伴随运动的 $\{M_m \oplus \{P_m\}\}$ 运动特征与具有相同运动的运动特征并联时,其末端运动特征为 $\{M_m \oplus \{P_m\}\}$,表示如下：

$$\{M_m \oplus \{P_m\}\} \cap \{M_m \oplus \{P_m\}\} = \{M_m \oplus \{P_m\}\} \quad (附2-53)$$

当具有伴随运动的 $\{M_m \oplus \{P_m\}\}$ 运动特征与 $\{M_m\}\cdot\{P_m\}$ 运动特征并联时,其末端运动特征为 $\{M_m \oplus \{P_m\}\}$,$\{M_m \oplus \{P_m\}\} \subseteq \{M_m\}\cdot\{P_m\}$,表示如下：

$$\{M_m \oplus \{P_m\}\} \cap \{\{M_m\}\cdot\{P_m\}\} = \{M_m \oplus \{P_m\}\} \quad (附2-54)$$

（4）将运动分解为具有伴随运动特征,则是式(6－18)、式(6－19)和式(6－20)的逆过程;

$$\begin{aligned}\{M_m\}\cdot\{P_m\} &= \{M_m \oplus \{P_m\}\} \cup \{M_m \oplus \{P_m\}\}\\ &= \{M_m \oplus \{P_m\}\} \cup \{P_m \oplus \{M_m\}\}\\ &= \{M_m \oplus \{P_m\}\} \cup \{M_m\}\\ &= \{M_m \oplus \{P_m\}\} \cup \{P_m\}\end{aligned} \quad (附2-55)$$

附录三
支链类型

附录三列举了本书在构型综合中用到的主要支链类型。

1. $\{T(\boldsymbol{u})T(\boldsymbol{v})\}$

附表 3-1　$\{\boldsymbol{T}(\boldsymbol{u})\boldsymbol{T}(\boldsymbol{v})\}$的支链拓扑结构

运动副	支 链 拓 扑				图 例
$P\ P_a$	${}^{u}P{}^{v}P$	${}^{u}P{}^{v}P_a$	${}^{u}P_a{}^{v}P$	${}^{u}P_a{}^{v}P_a$	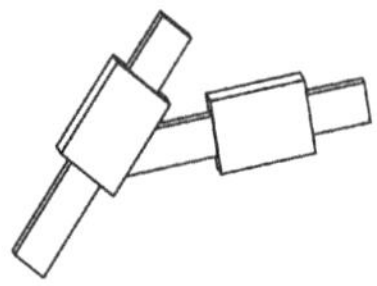

2. $\{R(N,\ \boldsymbol{u})T(\boldsymbol{w})\}$

附表 3-2　$\{\boldsymbol{R}(N,\ \boldsymbol{u})\boldsymbol{T}(\boldsymbol{w})\}$的支链拓扑结构

运动副	支 链 拓 扑			
$R\ P\ P_a$	${}^{u}R{}^{w}P$	${}^{u}R{}^{w}P_a$		
R_h	R_h-1	R_h-2	R_h-3	$R_h-4\sim6$

3. $\{R(N,\ \boldsymbol{v})R(N,\ \boldsymbol{u})T(\boldsymbol{w})\}$

附表 3-3　$\{\boldsymbol{R}(N,\ \boldsymbol{v})\boldsymbol{R}(N,\ \boldsymbol{u})\boldsymbol{T}(\boldsymbol{w})\}$的支链拓扑结构

运 动 副	支 链 拓 扑	
$R\ P\ U$	${}^{v}R{}^{u}R{}^{w}P$	${}^{vu}U{}^{w}P$
$R\ R_h$	${}^{v}RR_h-1\sim{}^{v}RR_h-6$	

4. $\{R(N, \boldsymbol{u})R(N, \boldsymbol{v})T_r\}$

附表 3-4　$\{\boldsymbol{R}(N, \boldsymbol{u})\boldsymbol{R}(N, \boldsymbol{v})\boldsymbol{T}_r\}$的支链拓扑结构

运　动　副	支　链　拓　扑	
R $\mathrm{P_a}$	$^{u}\mathrm{R}^{v}\mathrm{RP_a}$	$^{u}\mathrm{R}^{v}\mathrm{R}^{v}\mathrm{R}$
$\mathrm{P_a}$ U	$^{vu}\mathrm{UP_a}$	$^{v}\mathrm{R}^{u}\mathrm{R}^{u}\mathrm{R}$

5. $\{R(O, \boldsymbol{u})\}\{R(O, \boldsymbol{v})\}$与$\{S(O)\}$

附表 3-5　$\{\boldsymbol{R}(\boldsymbol{O}, \boldsymbol{u})\}\{\boldsymbol{R}(\boldsymbol{O}, \boldsymbol{v})\}$与$\{\boldsymbol{S}(\boldsymbol{O})\}$的拓扑结构

<table>
<tr><th>{LMC}</th><th>编　号</th><th>支链拓扑结构</th><th>典型图例</th><th>条　件</th></tr>
<tr><td rowspan="2">$\{R(O, \boldsymbol{u})\}\{R(O, \boldsymbol{v})\}$</td><td>1</td><td>$(^{u}\mathrm{R}^{v}\mathrm{R})_O$</td><td>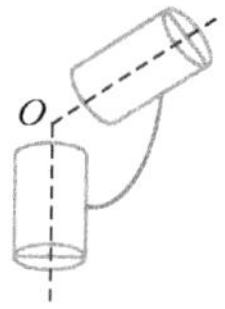</td><td rowspan="7">共点</td></tr>
<tr><td>2</td><td>$(^{u}\mathrm{RP_R})_O$</td><td>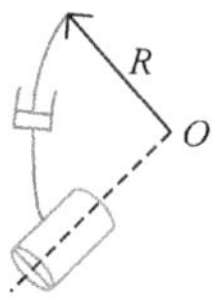</td></tr>
<tr><td rowspan="5">$\{S(O)\}$或$\{R(N, \boldsymbol{u})R(N, \boldsymbol{v})R(N, \boldsymbol{w})\}$</td><td>1</td><td>$(^{u}\mathrm{R}^{v}\mathrm{R}^{w}\mathrm{R})_O$</td><td>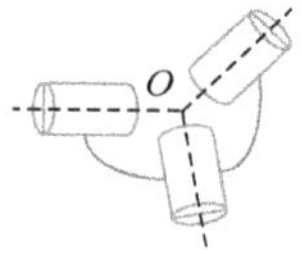</td></tr>
<tr><td>2</td><td>$(^{u}\mathrm{RP_R}{}^{w}\mathrm{R})_O$</td><td>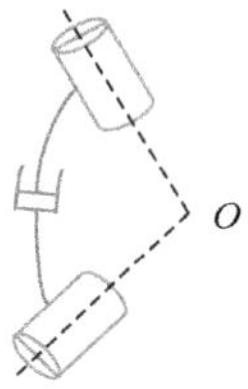</td></tr>
<tr><td>3</td><td>$^{w}\mathrm{R}^{u}\mathrm{R}^{v}\mathrm{R}$　$^{w}\mathrm{R}^{v}\mathrm{R}^{u}\mathrm{R}$</td><td rowspan="4"></td></tr>
<tr><td>4</td><td>$^{v}\mathrm{R}^{u}\mathrm{R}^{w}\mathrm{R}$　$^{v}\mathrm{R}^{w}\mathrm{R}^{u}\mathrm{R}$</td></tr>
<tr><td>5</td><td>$^{uv}\mathrm{U}^{w}\mathrm{R}$　$^{u}\mathrm{R}^{vw}\mathrm{U}$</td></tr>
<tr><td>6</td><td>$\mathrm{P_R}{}^{uv}\mathrm{U}$　$^{N}\mathrm{S}$</td></tr>
</table>

6. $\{R(N,\ \boldsymbol{u})T(\boldsymbol{w})R(B,\ \boldsymbol{v})\}$

附表 3-6 $\{\boldsymbol{R}(N,\ \boldsymbol{u})\boldsymbol{T}(\boldsymbol{w})\boldsymbol{R}(N,\ \boldsymbol{v})\}$的支链拓扑结构

运动副	支链拓扑			图例
PRP_a	$^{u}R^{w}P^{v}R$	$^{u}R^{w}P_a{}^{v}R$	$^{u}R^{v}R^{v}R$	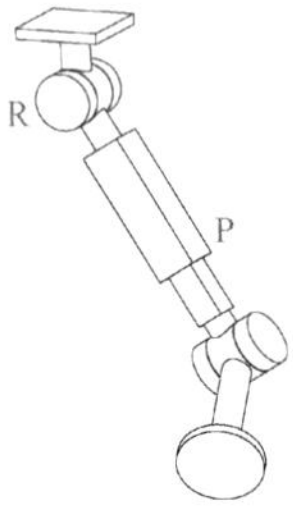

7. $\{R(N,\ \boldsymbol{u})R(N,\ \boldsymbol{v})R(N,\ \boldsymbol{w})T(\boldsymbol{w})\}$

附表 3-7 $\{\boldsymbol{R}(N,\ \boldsymbol{u})\boldsymbol{R}(N,\ \boldsymbol{v})\boldsymbol{R}(N,\ \boldsymbol{w})\boldsymbol{T}(\boldsymbol{w})\}$的支链拓扑结构

运动副	支链拓扑		
RPUS	$^{uv}U^{w}R^{v}P$	$^{u}R^{vw}U^{v}P$	$S^{v}P$
RP	$^{u}R^{w}R^{v}R^{v}P$	$^{v}R^{u}R^{w}R^{v}P$	$^{v}R^{w}R^{u}R^{v}P$
	$^{w}R^{v}R^{u}R^{v}P$	$^{w}R^{u}R^{v}R^{v}P$	
RR_h	$^{u}R^{v}RR_h-1$ ~ $^{u}R^{v}RR_h-6$		

8. $\{R(N,\ \boldsymbol{v})R(N,\ \boldsymbol{u})T(\boldsymbol{v})T(\boldsymbol{w})\}$

附表 3-8 $\{\boldsymbol{R}(N,\ \boldsymbol{v})\boldsymbol{R}(N,\ \boldsymbol{u})\boldsymbol{T}(\boldsymbol{v})\boldsymbol{T}(\boldsymbol{w})\}$的支链拓扑结构

运动副	支链拓扑			
RP	$^{v}R^{u}R^{v}P^{w}P$	$^{v}R^{u}R^{w}P^{v}P$	$^{v}R^{v}P^{u}R^{w}P$	$^{v}R^{v}P^{w}P^{u}R$
	$^{v}R^{w}P^{u}R^{v}P$	$^{v}R^{w}P^{v}P^{u}R$		
PUP_a	$^{uv}U^{v}P^{w}P$	$^{uv}U^{w}P^{v}P$	$^{uv}U^{v}P^{w}P_a$	$^{uv}U^{u}R^{u}R$
RR_h	$^{v}R^{u}R^{u}R^{u}R$	$^{v}R^{u}R_h{}^{w}P$	$^{v}R^{u}R_h{}^{v}P$	
RP_a	$^{v}R^{u}R^{v}P^{w}P_a$	$^{v}R^{u}R^{w}P^{v}P_a$	$^{v}R^{v}P^{u}R^{w}P_a$	$^{v}R^{v}P^{w}P_a{}^{u}R$
	$^{v}R^{w}P^{u}R^{v}P_a$	$^{v}R^{w}P^{v}P_a{}^{u}R$	$^{v}R^{v}P_a{}^{u}R^{w}P$	$^{v}R^{v}P_a{}^{w}P^{u}R$
$P_n\ P_a$ *	$^{v}RP_n-1$、$^{v}RP_n-2$	$^{v}RP_n-3$	$^{v}RP_n-4$	$^{v}RP_a$ *

9. $\{R(N, \boldsymbol{u})R(N, \boldsymbol{v})R(N, \boldsymbol{w})T(\boldsymbol{v})T(\boldsymbol{w})\}$

附表 3-9　$\{\boldsymbol{R}(N, \boldsymbol{u})\boldsymbol{R}(N, \boldsymbol{v})\boldsymbol{R}(N, \boldsymbol{w})\boldsymbol{T}(\boldsymbol{v})\boldsymbol{T}(\boldsymbol{w})\}$的支链拓扑结构

运动副	支链拓扑			
R P	$^{u}R^{v}R^{w}R^{v}P^{w}P$	$^{u}R^{v}R^{w}R^{w}P^{v}P$	$^{v}R^{w}R^{v}P^{u}R^{w}P$	$^{v}R^{w}R^{v}P^{w}P^{u}R$
	$^{v}R^{w}R^{w}P^{u}R^{v}P$	$^{v}R^{w}R^{w}P^{v}P^{u}R$		
R P U P_a	$^{w}R^{uv}U^{v}P^{w}P$	$^{w}R^{uv}U^{w}P^{v}P$	$^{w}R^{uv}U^{v}P^{w}P_a$	$^{w}R^{uv}U^{u}R^{u}R$
	$^{uv}U^{w}R^{v}P^{w}P$	$^{uv}U^{w}R^{w}P^{v}P$	$^{uv}U^{w}R^{v}P^{w}P_a$	$^{uv}U^{w}R^{u}R^{u}R$
R R_h	$^{v}R^{u}R^{u}R^{u}R$	$^{v}R^{u}R_h{}^{w}P$	$^{v}R^{u}R_h{}^{v}P$	
R P_a	$^{w}R^{v}R^{u}R^{v}P^{w}P_a$	$^{w}R^{v}R^{u}R^{w}P^{v}P_a$	$^{w}R^{v}R^{v}P^{u}R^{w}P_a$	$^{w}R^{v}R^{v}P^{w}P_a{}^{u}R$
	$^{w}R^{v}R^{w}P^{u}R^{v}P_a$	$^{w}R^{v}R^{w}P^{v}P_a{}^{u}R$		
P_n $P_a{}^*$ U	$^{w}R^{v}RP_a{}^*$	$^{w}R^{v}RP_n-1\sim{}^{w}R^{v}RP_n-3$		
	$^{wv}UP_a{}^*$	$^{wv}UP_n-1\sim{}^{wv}UP_n-4$		
U　S	$^{uv}U^{B}S$			

10. $\{R(N, \boldsymbol{u})T(\boldsymbol{u})T(\boldsymbol{v})T(\boldsymbol{w})\}$

附表 3-10　$\{\boldsymbol{R}(N, \boldsymbol{u})\boldsymbol{T}(\boldsymbol{u})\boldsymbol{T}(\boldsymbol{v})\boldsymbol{T}(\boldsymbol{w})\}$的支链拓扑结构

运动副	支链拓扑			
R P	$^{u}R^{u}P^{v}P^{w}P$	$^{u}R^{u}P^{w}P^{v}P$	$^{u}R^{v}P^{u}P^{w}P$	$^{u}R^{v}P^{w}P^{u}P$
	$^{u}R^{w}P^{u}P^{v}P$	$^{u}R^{w}P^{v}P^{u}P$		
	$^{u}R^{v}P^{w}P^{u}P$	$^{u}R^{w}P^{v}P^{u}P$	$^{v}P^{u}R^{w}P^{u}P$	$^{v}P^{w}P^{u}R^{u}P$
	$^{w}P^{u}R^{v}P^{u}P$	$^{w}P^{v}P^{u}R^{u}P$		
	$^{u}P^{u}R^{v}P^{w}P$	$^{u}P^{u}R^{w}P^{v}P$	$^{u}P^{v}P^{u}R^{w}P$	$^{u}P^{v}P^{w}P^{u}R$
	$^{u}P^{w}P^{u}R^{v}P$	$^{u}P^{w}P^{v}P^{u}R$		
R P U^*	$^{u}R^{u}P^{vw}U^*$	$^{u}R^{v}P^{uw}U^*$	$^{u}R^{w}P^{uv}U^*$	$^{u}R^{v}P^{wu}U^*$
	$^{v}P^{u}R^{wu}U^*$	$^{vw}U^*{}^{u}R^{u}P$	$^{w}P^{u}R^{vu}U^*$	$^{wv}U^*{}^{u}R^{u}P$
	$^{u}P^{u}R^{vw}U^*$	$^{u}P^{u}R^{wv}U^*$	$^{uv}U^*{}^{u}R^{w}P$	$^{uv}U^*{}^{w}P^{u}R$
	$^{uw}U^*{}^{u}R^{v}P$	$^{uw}U^*{}^{v}P^{u}R$		

续 表

运动副	支链拓扑			
$R P P_a$	$^uR^uP^vP^wP_a$	$^uR^uP^wP^vP_a$	$^uR^vP^uP^wP_a$	$^uR^vP^wP^uP_a$
	$^uR^wP^uP^vP_a$	$^uR^wP^vP^uP_a$	$^uR^wP^uP_a{}^vP$	$^uR^wP^vP_a{}^uP$
	$^uR^vP^wP^uP$	$^uR^wP^vP^uP$	$^vP^uR^wP^uP$	$^vP^wP^uR^uP$
	$^wP^uR^vP^uP$	$^wP^vP^uR^uP$		
	$^uP^uR^vP^wP$	$^uP^uR^wP^vP$	$^uP^vP^uR^wP$	$^uP^vP^wP^uR$
	$^uP^wP^uR^vP$	$^uP^wP^vP^uR$		
$P R_h$	$^uR_h{}^uP^vP$	$^uR_h{}^vP^uP$	$^uP^vP^uR_h$	$^vP^uP^uR_h$
$P R_h P_a$	$^uR_h{}^uP^vP_a$	$^uR_h{}^vP^uP_a$	$^uP^vP_a{}^uR_h$	$^vP_a{}^uP^uR_h$
$P_n\ P_a{}^*$	$^uPP_a{}^*$	$^uP^uP_n-1\sim{}^uP^uP_n-4$		
	$^uPP_a{}^*$	$^uP_n-1{}^uP\sim{}^{wv}U^uP_n-4{}^uP$		

11. $\{T\}$

附表 3-11 $\{T\}$的支链拓扑结构

运动副	支链拓扑			
$P P_a$	$^uP^vP^wP$	$^uP_a{}^vP^wP$	$^uP^vP_a{}^wP$	$^uP^vP^wP_a$
	$^uP_a{}^vP_a{}^wP_s$	$^uP^vP_a{}^wP_a$	$^uP_a{}^vP^wP_a$	$^uP_a{}^vP_a{}^wP_a$
$P U^*\ P_a$	$^uPU^*$	$U^{*u}P$	$^uP_aU^*$	$U^{*u}P_a$

12. $\{R(N, \boldsymbol{v})R(N, \boldsymbol{u})T(\boldsymbol{u})T(\boldsymbol{v})T(\boldsymbol{w})\}$

附表 3-12 $\{R(N, v)R(N, u)T(u)T(v)T(w)\}$的支链拓扑结构

运动副	支链拓扑			
$R P$	$^vR^uR^uP^vP^wP$	$^vR^uR^uP^wP^vP$	$^vR^uR^vP^uP^wP$	$^vR^uR^vP^wP^uP$
	$^vR^uR^wP^uP^vP$	$^vR^uR^wP^vP^uP$	$^vR^vP^uR^wP^uP$	$^vR^uP^vP^wP^uR$
$U P$	$^{vu}U^uP^vP^wP$	$^{vu}U^uP^wP^vP$	$^{vu}U^vP^uP^wP$	$^{vu}U^vP^wP^uP$
	$^{vu}U^wP^uP^vP$	$^{vu}U^wP^vP^uP$	$^{vu}U^vP^wP^uP$	$^{uv}U^wP^vP^{uv}U$

续　表

运动副	支　链　拓　扑			
U P Pₐ	$^{vu}U^uP^vP^wP_a$	$^{vu}U^uP^wP^vP_a$	$^{vu}U^vP^uP^wP_a$	$^{vu}U^vP^wP^uP_a$
	$^{vu}U^uP^vP^vP_a$	$^{vu}U^wP^vP^uP_a$	$^{vu}U^vP^wP^uP_a$	$^{vu}U^wP^vP^uP_a$
R P Pₐ	$^vR^uP^vP^wP_a$	$^vR^uP^wP^vP_a$	$^vR^vP^uP^wP_a$	$^vR^vP^wP^uP_a$
	$^vR^uP^wP^uP^vP_a$	$^vR^uP^wP^vP^uP_a$	$^vR^uP^vP^uP^wR_a$	$^vR^vP^wP^uP^uR_a$
R P Rₕ	$^vR^uR_h{}^uP^vP$	$^vR^uR_h{}^vP^uP$	$^vR^uP^vP^uR_h$	$^vR^uP^vP^uR_h$
R P Rₕ Pₐ	$^vR^uR_h{}^uP^vP_a$	$^vR^uR_h{}^vP^uP_a$	$^vR^uP^vP_a{}^uR_h$	$^vR^vP_a{}^uP^uR_h$
Pₙ Pₐ *	$^vR^uPP_a^*$	$^vR^uP^vP_n-1 \sim {}^vR^uP^uP_n-4$		
	$^vRP_a^*{}^uP$	$^vR^uP_n-1^uP \sim {}^{vw}R^{vw}UP_n-4^uP$		

13. {D}

附表 3-13　{D}的支链拓扑结构

运动副	支　链　拓　扑			
P R	$^uP^vP^wP^uR^vR^wR$	$^uR^uP^vP^vR^vR^vR$	RRPRRR	PRRRRR
R Pᵣ R	PPPRP_RR	RPPRP_RR	RRPRP_RR	PRRRP_RR
Pₐ Pᵣ R	$P_aP_aP_aRRR$	P_aP_aPRRR	$P_aP_aRP_RR$	$P_aP_aPRP_RR$
P U * R Pₐ	PU^*RRR	U^*P_aRRR	PU^*RP_RR	URRRR
C P R	CPRRR	CPRP_RR		
P U S	$^{uv}U^uP^BS$	$^wP^{uv}U^BS$	$^wP^BS^{uv}U$	$^BS^wP^{uv}U$
R P Rₕ	$^wR^vR^uR_h{}^vP^uP$	$^wR^vR^uR_h{}^uP^vP$	$^wR^vR^uP^vP^uR_h$	$^wR^vR^vP^uP^uR_h$
R P Rₕ Pₐ	$^wR^vR^uR_h{}^uP^vP_a$	$^wR^vR^uR_h{}^uP^vP_a$	$^wR^vR^uP^vP_a{}^uR_h$	$^wR^vR^vP_a{}^uP^uR_h$
P S S	$^wP^AS^BS$	$^AS^wP^BS$	PSS	$^wP^AS^BS$
R U S	$^uR^{vw}U^BS$	$^uR^BS^{vw}U$	$^{vw}U^uR^BS$	$^NS^uR^{vw}U$
R S S	$^uR^AS^BS$	$^AS^uR^BS$		
Pₐ U S	$^{uv}U^uP_aS$	$^uP_a{}^{uv}US$		
P U * S	$^{uv}U^*{}^wPS$	$^uP^{uv}U^*S$		

续 表

运动副	支链拓扑	
P_n $P_a{}^*$	${}^wR^vR^uPP_a{}^*$	${}^wR^vR^uP^uP_n-1 \sim {}^wR^vR^uP^uP_n-4$
	${}^wR^vRP_a{}^{*u}P$	${}^wR^vR^uP_n-1^uP \sim {}^wR^vR^{wv}U^uP_n-4^uP$

附录四
数学工具

本附录汇编了运动特征溯源研究所用到的部分数学工具，如螺旋理论和李群李代数；给出螺旋、李代数和李群之间的关系，给出刚体位姿表达方法，以方便读者阅读本书时查阅。

1. 数学基础——螺旋理论

旋量又称螺旋，是具有旋距要素的线矢量。旋量是一个几何体，可用由一对三维向量构成的六维向量表示，写为

$$\boldsymbol{\$} = \begin{bmatrix} \boldsymbol{s} \\ \boldsymbol{s}_0 \end{bmatrix} = \begin{bmatrix} \boldsymbol{s} \\ \boldsymbol{r} \times \boldsymbol{s} + h\boldsymbol{s} \end{bmatrix} = [s_x, s_y, s_z, s_{x0}, s_{y0}, s_{z0}]^{\mathrm{T}} = [l, m, n, p, q, r]^{\mathrm{T}} \tag{附 4-1}$$

式中，$\boldsymbol{s}$ 表示主旋量轴线方向的单位矢量，$\boldsymbol{r}$ 表示旋量轴线上的任意一点，h 表示旋量节距。

对于不同的运动特征，其空间速度可用旋量表示：

$$\boldsymbol{\$} = \begin{cases} \begin{bmatrix} \boldsymbol{s} \\ \boldsymbol{r} \times \boldsymbol{s} \end{bmatrix}, R\text{ 特征} \\ \begin{bmatrix} 0 \\ \boldsymbol{s} \end{bmatrix}, T\text{ 特征} \\ \begin{bmatrix} \boldsymbol{s} \\ \boldsymbol{r} \times \boldsymbol{s} + h\boldsymbol{s} \end{bmatrix}, H\text{ 特征} \end{cases} \tag{附 4-2}$$

两个螺旋 $\boldsymbol{\$}_1 = \begin{pmatrix} \boldsymbol{s}_1 \\ \boldsymbol{s}_{01} \end{pmatrix}$ 和 $\boldsymbol{\$}_1 = \begin{pmatrix} \boldsymbol{s}_2 \\ \boldsymbol{s}_{02} \end{pmatrix}$，它们的互易积为

$$\boldsymbol{\$}_1 \circ \boldsymbol{\$}_2 = \boldsymbol{s}_1 \cdot \boldsymbol{s}_{02} + \boldsymbol{s}_2 \cdot \boldsymbol{s}_{01} \tag{附 4-3}$$

若两螺旋的互易积为零，则它们互易。

若一个刚体的运动螺旋系为 $\boldsymbol{S}$，它受到的约束螺旋系为 $\boldsymbol{S}^r$，则 $\boldsymbol{S}$ 与 $\boldsymbol{S}^r$ 互易，即满足：

$$\boldsymbol{\$}_i \circ \boldsymbol{\$}_j^r = 0,\ \forall\ \$_i \in \boldsymbol{S},\ \forall\ \$_i \in \boldsymbol{S}^r \qquad \text{(附 4-4)}$$

螺旋可分为线矢、偶量和一般螺旋,它们的定义、可表示的物理量和运动副见附表 4-1。对于线矢和偶量,可以利用它们之间的几何关系直观地判断互易性,判断规则如下:

(1) 两线矢互易的充要条件是它们共面;

(2) 两偶量必互易;

(3) 线矢与偶量仅当垂直才互易,不垂直不互易。

对于运动特征与力或力偶间的旋量表示的互易条件,如附表 4-2 所示。

附表 4-1 运动副的旋量表示

螺旋类型	节 距	静 力 学	运 动 学	代表运动副
线矢	$h=0$	纯约束力 $(\boldsymbol{f},\ \boldsymbol{r}\times\boldsymbol{f})$	绕线矢轴线的转动: 角速度$(\boldsymbol{\omega},\ \boldsymbol{r}\times\boldsymbol{\omega})$	R
偶量	$h=\infty$	纯约束力偶 $(0,\ \boldsymbol{\tau})$	沿偶量轴线的移动: 移动速度$(0,\ \boldsymbol{v})$	P
一般螺旋	h 为非零有限值	约束力旋量 (可看成纯约束力和纯约束力偶的合成) $(\boldsymbol{f},\ \boldsymbol{r}\times\boldsymbol{f}+h\boldsymbol{f})$	绕螺旋轴线转动与沿螺旋轴线移动的合成运动 $(\boldsymbol{\omega},\ \boldsymbol{r}\times\boldsymbol{\omega}+h\boldsymbol{\omega})$	H

附表 4-2 旋量互易的几何条件

运动特征 \ 旋量	力	力 偶
转动	共面	垂直
移动	垂直	无

2. 数学基础——李群李代数

1) 基本概念——群与李群

“**群**”的定义:群是指可对其元素 g 进行二元运算的集合 G,且满足下列 4 个基本条件:

(1) 具有封闭性:$\forall g_1,\ g_2 \in G \Rightarrow g_1 \circ g_2 \in G$;

(2) 满足结合律:对于 $g_1,\ g_2,\ g_3 \in G$,有 $(g_1 \circ g_2) \circ g_3 = g_1 \circ (g_2 \circ g_3)$;

(3) 存在唯一单位元 e,使得 $g \circ e = e \circ g = g$;

(4) 存在唯一逆元 g^{-1},使得 $g \circ g^{-1} = g^{-1} \circ g = e$。

李群的定义:李群除了满足一般群所具有的 4 个基本条件外,还需满足以下特殊条件：

（1）元素 g 的集合 G 必定构成一个微分流形，而微分流形本质上是一个可积的空间，因此李群同时具有可积可微性；

（2）群的乘积运算 mult：$G \times G \rightarrow G$ 一定是可微分的映射；

（3）元素 g 到其逆 g^{-1} 的映射 inv：$G \rightarrow G$，使得 $\mathrm{inv}(g)=g^{-1}$，也一定是可微分的映射。

2）李群的基本运算规则

李群具有一些运算规则，如下：

（1）交换性：如果$\{A\}$、$\{B\}$、$\{C\}$是李群$\{Q\}$的子群，且有$\{A\}\{B\}\{C\}=\{Q\}$，根据群乘积的封闭可得，此 3 个子群具有交换性，即

$$\begin{aligned}\{A\}\{B\}\{C\} &= \{A\}\{C\}\{B\} = \{B\}\{A\}\{C\} \\ &= \{B\}\{C\}\{A\} = \{C\}\{A\}\{B\} = \{C\}\{B\}\{A\} = \{Q\}\end{aligned} \tag{附 4-5}$$

例：$R(N_1, \boldsymbol{w})$、$R(N_2, \boldsymbol{w})$、$R(N_3, \boldsymbol{w})$都是 $G(\boldsymbol{w})$ 的子群，且有 $R(N_1, \boldsymbol{w})R(N_2, \boldsymbol{w})R(N_3, \boldsymbol{w})=G(\boldsymbol{w})$，根据群乘法运算的封闭性可得，$R(N_1, \boldsymbol{w})R(N_2, \boldsymbol{w})R(N_3, \boldsymbol{w})= R(N_1, \boldsymbol{w})\ R(N_3, \boldsymbol{w})\ R(N_2, \boldsymbol{w})$具有交换性。

（2）增广性：若$\{A\}$、$\{B\}$是李群$\{Q\}$的子群，即$\{A\}\subseteq\{Q\}$，$\{B\}\subseteq\{Q\}$，由群乘积的封闭可得，$\{A\}$、$\{B\}$的群乘包含于$\{Q\}$，即

$$\{A\}\{B\}\subseteq\{Q\} \tag{附 4-6}$$

例：两个相同的李子群的乘积等于本身，如共轴的两个特征的乘积仍是它本身，即

$$\begin{aligned}&R(N_1, \boldsymbol{w})R(N_1, \boldsymbol{w})=R(N_1, \boldsymbol{w}) \\ &T(\boldsymbol{w})T(\boldsymbol{w})=T(\boldsymbol{w})\end{aligned} \tag{附 4-7}$$

（3）等效性：若$\{A\}$、$\{B\}$是李群$\{Q\}$的子群，即$\{A\}\subseteq\{Q\}$，$\{B\}\subseteq\{Q\}$且满足 $\dim(\{A\}\{B\})=\dim(\{Q\})$，可得$\{A\}$、$\{B\}$的乘积等于$\{Q\}$，即

$$\{A\}\{B\}=\{Q\} \tag{附 4-8}$$

例：$R(N_1, \boldsymbol{w})$、$R(N_2, \boldsymbol{w})$、$R(N_3, \boldsymbol{w})$都是 $G(\boldsymbol{w})$ 的子群，且有 $\dim\{R(N_1, \boldsymbol{w})R(N_2, \boldsymbol{w})R(N_3, \boldsymbol{w})\}=\dim\{G(\boldsymbol{w})\}$，据群乘积的封闭可得，$R(N_1, \boldsymbol{w})R(N_2, \boldsymbol{w})R(N_3, \boldsymbol{w})=G(\boldsymbol{w})$。

注：对于串联机构的等效可具有 2~3 种形式，即其运动副完全不同、部分相同或顺序不同。

3) 刚体位姿的表达

a) 速度域：旋量运动

对于不同的运动特征,其空间速度可用旋量表示；

$$\$ = \begin{cases} \begin{bmatrix} \boldsymbol{s} \\ \boldsymbol{r} \times \boldsymbol{s} \end{bmatrix}, & R \text{ 特征} \\ \begin{bmatrix} 0 \\ \boldsymbol{s} \end{bmatrix}, & T \text{ 特征} \\ \begin{bmatrix} \boldsymbol{s} \\ \boldsymbol{r} \times \boldsymbol{s} + h\boldsymbol{s} \end{bmatrix}, & H \text{ 特征} \end{cases} \quad \text{(附 4-9)}$$

b) 刚体转动的指数坐标

对于机器人学中的旋转运动来说,一般情况下是刚体绕着某一固定轴做一定角度的旋转。用数学公式描述机器人这种旋转运动特性,如附图 4-1 所示。设 $\boldsymbol{\omega} \in \boldsymbol{R}^3$ 表示旋转轴方向的单位矢量, $\theta \in \boldsymbol{R}$ 表示该关节转动位移。连杆的每一次旋转都会产生一个旋转矩阵 $\boldsymbol{R} \in SO(3)$, 并且与它的运动状态一一对应。因此,可以用 $\boldsymbol{\omega}$ 和 θ 具体表示旋转矩阵 $\boldsymbol{R}$。

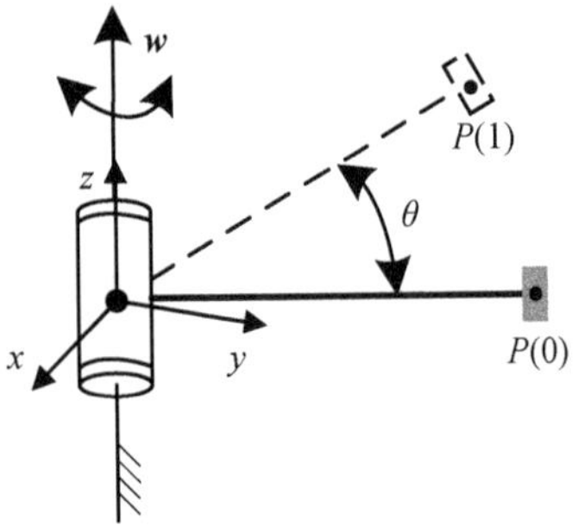

附图 14-1 刚体绕定轴旋转

在刚体上取任意一点 P,若刚体以单位角速度绕轴 $\boldsymbol{\omega}$ 作匀速转动,那么 P 点的速度可表示为

$$\dot{P}(t) = \boldsymbol{\omega} \times P(t) = \hat{\boldsymbol{\omega}} P(t) \quad \text{(附 4-10)}$$

其中, $\hat{\boldsymbol{\omega}}$ 为反对阵矩阵,满足 $\hat{\boldsymbol{\omega}}^T = \hat{\boldsymbol{\omega}}^{-1} = -\hat{\boldsymbol{\omega}}$。若 $\boldsymbol{\omega} = \begin{pmatrix} \omega_1 \\ \omega_2 \\ \omega_3 \end{pmatrix}$,则 $\hat{\boldsymbol{\omega}} = \begin{pmatrix} 0 & -\omega_3 & \omega_2 \\ \omega_3 & 0 & -\omega_1 \\ -\omega_2 & \omega_1 & 0 \end{pmatrix}$。

上式是以时间为变量的一阶线性微分方程,其解为

$$P(t) = e^{\hat{\omega} t} P(0) \quad \text{(附 4-11)}$$

式中, $P(0)$ 为该点的初始位置, $e^{\hat{\omega} t}$ 为矩阵指数。进行泰勒级数展开：

$$e^{\hat{\omega} t} = I + \hat{\boldsymbol{\omega}} t + \frac{(\hat{\boldsymbol{\omega}} t)^2}{2} + \frac{(\hat{\boldsymbol{\omega}} t)^3}{2} + \cdots \quad \text{(附 4-12)}$$

如果刚体以单位角速度绕 $\boldsymbol{\omega}$ 轴旋转角度 θ (以 θ 为变量),则旋转矩阵：

$$R(\boldsymbol{\omega}, \theta) = e^{\hat{\omega} t} \quad \text{(附 4-13)}$$

为表达方便, $\hat{\boldsymbol{\omega}}$ 通常取单位矩阵的形式,即 $\| \hat{\boldsymbol{\omega}} \| = 1$。因此,对 $e^{\theta \hat{\omega}}$ 进行泰勒

级数展开,得到:

$$e^{\theta\hat{\omega}} = I + \theta\hat{\omega} + \frac{\theta^2}{2}\hat{\omega}^2 + \frac{\theta^3}{2}\hat{\omega}^3 + \cdots \tag{附 4-14}$$

$\hat{\omega} \in so(3)$ 满足以下关系:

$$\hat{\omega} = \omega\omega^{\mathrm{T}} - I,\ \hat{\omega}^3 = -\hat{\omega} \tag{附 4-15}$$

故式(2-5)可写为

$$e^{\theta\hat{\omega}} = I + \left(\theta - \frac{\theta^3}{3!} + \frac{\theta^5}{5!} - \cdots\right)\hat{\omega} + \left(\frac{\theta^2}{2!} - \frac{\theta^4}{4!} + \frac{\theta^6}{6!} - \cdots\right)\hat{\omega}^2 \tag{附 4-16}$$

因此,

$$e^{\theta\hat{\omega}} = I + \hat{\omega}\sin\theta + \hat{\omega}^2(1 - \cos\theta) \tag{附 4-17}$$

上式通常称为罗德里格斯(Rodrigues)公式。如果 $\|\hat{\omega}\| \neq 1$, 上式修正为

$$e^{\theta\hat{\omega}} = I + \frac{\hat{\omega}}{\|\hat{\omega}\|}\sin(\|\hat{\omega}\|\theta) + \frac{\hat{\omega}^2}{\|\hat{\omega}\|^2}(1 - \cos(\|\hat{\omega}\|\theta)) \tag{附 4-18}$$

c) 一般刚体运动的指数坐标

欧氏群与旋转群一样,也可以用指数坐标表示。如附图 4-3 所示,点 $P \in \boldsymbol{R}^3$,由起始坐标变换至最终坐标的运动,点 P 的最终坐标为

$$\boldsymbol{p}(\theta,h) = \boldsymbol{r} + e^{\theta\hat{\omega}}[\boldsymbol{p}(0) - \boldsymbol{r}] + h\theta\boldsymbol{\omega},\quad \boldsymbol{\omega} \neq \boldsymbol{0} \tag{附 4-19}$$

表示为齐次坐标形式为

$$\boldsymbol{g}\begin{bmatrix} p(\theta) \\ 1 \end{bmatrix} = \begin{bmatrix} e^{\theta\hat{\omega}} & (I - e^{\theta\hat{\omega}})r + h\theta\boldsymbol{\omega} \\ 0 & 1 \end{bmatrix}\begin{bmatrix} \boldsymbol{p}(0) \\ 1 \end{bmatrix} \tag{附 4-20}$$

因上式中 $\boldsymbol{p}(0) \in \boldsymbol{R}^3$ 都成立,故

$$\boldsymbol{g} = \begin{bmatrix} e^{\theta\hat{\omega}} & (I - e^{\theta\hat{\omega}})r + h\theta\boldsymbol{\omega} \\ 0 & 1 \end{bmatrix} \tag{附 4-21}$$

若取 $\boldsymbol{v} = \boldsymbol{r} \times \boldsymbol{\omega} + h\theta\boldsymbol{\omega}$, 可得

$$\boldsymbol{g} = \begin{bmatrix} e^{\theta\hat{\omega}} & (\boldsymbol{I}_3 - e^{\theta\hat{\omega}})(\boldsymbol{\omega} \times \boldsymbol{v}) + \theta\boldsymbol{\omega}\boldsymbol{\omega}^{\mathrm{T}}\boldsymbol{v} \\ 0 & 1 \end{bmatrix} \tag{附 4-22}$$

其对应的螺旋运动(这里假设 $\|\boldsymbol{\omega}\| = 1,\ \theta \neq 0$) 所对应旋量的 Plucker 坐标为

$$\$ = (\boldsymbol{s};\ \boldsymbol{s}^0) = (\boldsymbol{s};\ \boldsymbol{r} \times \boldsymbol{s} + h\theta \boldsymbol{s}),\ \boldsymbol{s} = \boldsymbol{\omega} \tag{附 4-23}$$

而在纯移动情况，若设 θ 为移动量，则由旋量表示的刚体运动为

$$\boldsymbol{g} = \begin{bmatrix} \boldsymbol{I} & \theta \boldsymbol{v} \\ \boldsymbol{0} & 1 \end{bmatrix} \tag{附 4-24}$$

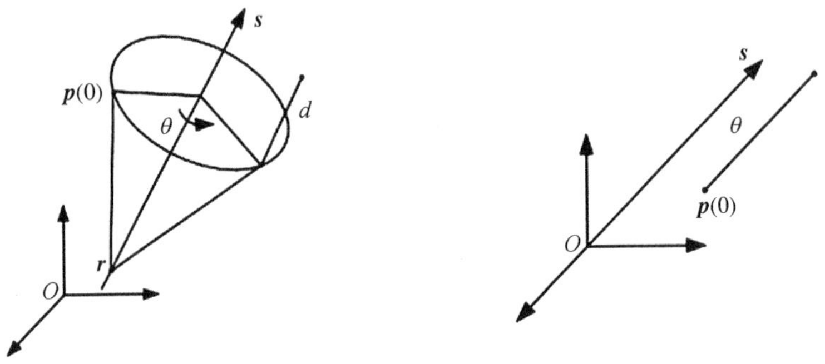

(a) 一般螺旋运动　　(b) 纯移动

附图 4-2　刚体运动

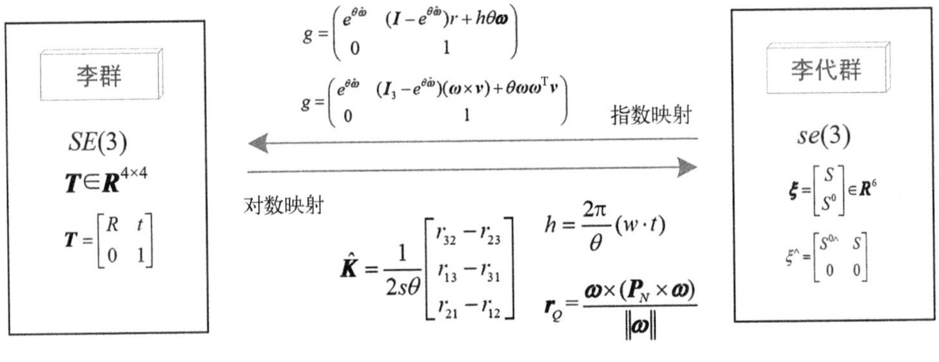

附图 4-3　李群李代数间的关系

综上所述，R 和 T 特征，可表述如下：

$$\begin{cases} e^{\theta \hat{\$}} = \begin{pmatrix} \boldsymbol{I} & \theta \boldsymbol{v} \\ \boldsymbol{0} & 1 \end{pmatrix}, & \boldsymbol{\omega} = 0,\ T \text{ 特征} \\ e^{\theta \hat{\$}} = \begin{pmatrix} e^{\theta \hat{\boldsymbol{\omega}}} & \boldsymbol{t} \\ \boldsymbol{0} & 1 \end{pmatrix}, & \boldsymbol{\omega} \neq 0,\ R \text{ 特征} \end{cases} \tag{附 4-25}$$

式中，

$$\begin{cases} e^{\theta\hat{\boldsymbol{\omega}}} = \boldsymbol{I} + \hat{\boldsymbol{\omega}} s\theta + \hat{\boldsymbol{\omega}}^2(1 - c\theta) \\ \boldsymbol{t} = (\boldsymbol{I}_3 - e^{\theta\hat{\boldsymbol{\omega}}})(\boldsymbol{\omega} \times \boldsymbol{v}) + \theta\boldsymbol{\omega}\boldsymbol{\omega}^{\mathrm{T}}\boldsymbol{v} \\ \quad \text{或}\ \boldsymbol{t} = (\boldsymbol{I} - \boldsymbol{R}_{\bar{v}}(\theta)) \cdot \boldsymbol{r} + h\theta\boldsymbol{\omega} \end{cases} \tag{附 4-26}$$

d）Chasles 等效轴线运动

Chasles 定理：任意刚体都可以通过螺旋运动即通过绕某轴的转动与沿该轴移动的复合运动实现。

如图 4－4 所示，(a) 表示惯性参考坐标系，(b) 表示刚体坐标系，而 $\boldsymbol{g}_{ab} \in SE(3)$ 表示 (b) 相对于 (a) 的形位：

$$\boldsymbol{g}_{ab} = \begin{bmatrix} \boldsymbol{R}_{ab} & \boldsymbol{P}_{ab} \\ 0 & 1 \end{bmatrix} \tag{附 4-27}$$

其中，$\boldsymbol{P}_{ab} \in \boldsymbol{R}^3$ 是 (b) 的坐标原点在 (a) 中的坐标，而 $\boldsymbol{R}_{ab}$ 的三列分别为 (b) 坐标轴向量 $\boldsymbol{x}_{ab}$、$\boldsymbol{y}_{ab}$、$\boldsymbol{z}_{ab}$ 在 (a) 中的坐标向量。如果选取刚体上一点 q，它在 (b) 中坐标为 $\boldsymbol{q}^b$，在 (a) 中坐标为 $\boldsymbol{q}^a$，那么有坐标变换 $\boldsymbol{q}^a = \boldsymbol{g}_{ab}\boldsymbol{q}^b$。

如果 (a) 和 (b) 在 $t = 0$ 时重合，就有 $\boldsymbol{g}_{ab}(\boldsymbol{0}) = e$，那 $\boldsymbol{g}_{ab}(t)$ 描述的就是刚体的运动。否则，用 a_0 表示在 $t = 0$ 时刚体上与 (a) 重合的刚体坐标架：

$$\boldsymbol{q}_a(t) = \boldsymbol{g}_{aa0}(t) \cdot \boldsymbol{g}_{a0b}\boldsymbol{q}^b \tag{附 4-28}$$

其中，$\boldsymbol{g}_{aa0}(t)$ 表示刚体的运动；$\boldsymbol{g}_{a0b}$ 仅仅表示刚体上的坐标变换。故刚体变换 $\boldsymbol{g}_{ab}$ 由刚体运动和坐标变换两部分组成，勿将运动和坐标变换相混淆。

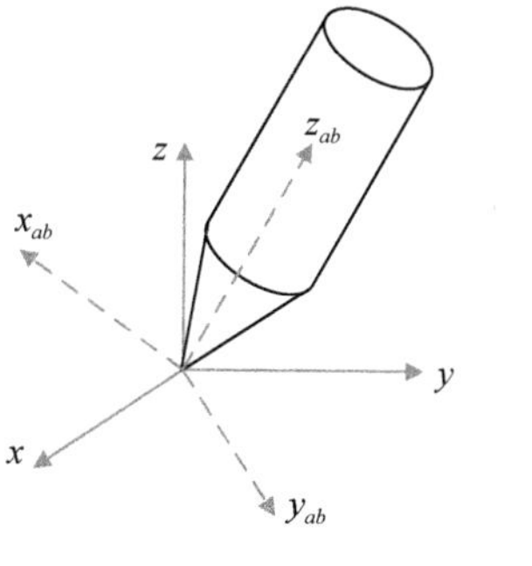

(a) 刚体的旋转运动(虚线为物体坐标系)

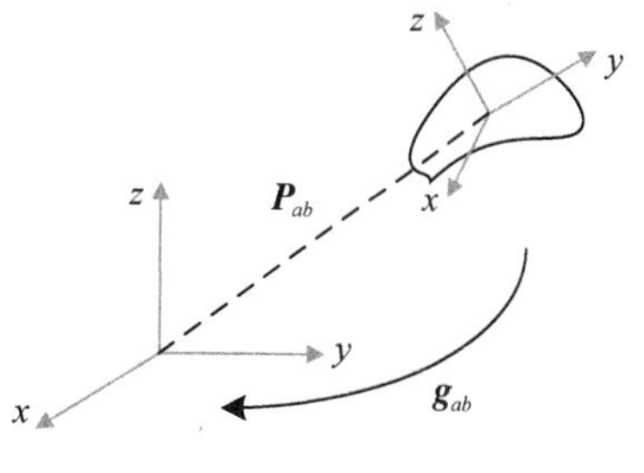

(b) 一般刚体运动

附图 4－4　刚体运动的坐标描述

由 Chasles 定理可知：刚体从 (a) 位形可通过等效轴到达 (b) 位形。其等效轴的求解如下。

等效转角为

$$\theta = A\cos\left(\frac{r_{11} + r_{22} + r_{33} - 1}{2}\right)$$

或 $\theta = A\tan 2(\sqrt{(r_{32} - r_{23})^2 + (r_{13} - r_{31})^2 + (r_{21} - r_{12})^2},\ r_{11} + r_{22} + r_{33} - 1)$

（附 4-29）

式中，r_{ij} 表示旋转矩阵中的第 i 行第 j 列的数。

等效轴的方向矢量为

$$\hat{\boldsymbol{K}} = \frac{1}{2s\theta}\begin{bmatrix} r_{32} - r_{23} \\ r_{13} - r_{31} \\ r_{21} - r_{12} \end{bmatrix} \tag{附 4-30}$$

其节矩为

$$h = \frac{2\pi}{\theta}(\boldsymbol{w} \cdot \boldsymbol{t}) \tag{附 4-31}$$

令 $\boldsymbol{P}_N$ 为其等效轴上的点，则可通过下式求得

$$(\boldsymbol{I} - e^{\theta\hat{\omega}})\boldsymbol{P}_N = \boldsymbol{t} - \frac{\theta}{2\pi}h\boldsymbol{\omega} \tag{附 4-32}$$

等效轴上至原点的方向矢量为

$$\boldsymbol{r}_Q = \frac{\boldsymbol{\omega} \times (\boldsymbol{P}_N \times \boldsymbol{\omega})}{\|\boldsymbol{\omega}\|} \tag{附 4-33}$$

对应 Plucker 坐标的副部为

$$\boldsymbol{v} = \boldsymbol{P}_N \times \boldsymbol{\omega} + h\theta\boldsymbol{\omega} \tag{附 4-34}$$

或由 $\boldsymbol{P}_{ab} = (\boldsymbol{I}_3 - e^{\theta\hat{\omega}})(\boldsymbol{\omega} \times \boldsymbol{v}) + \theta\boldsymbol{\omega}\boldsymbol{\omega}^{\mathrm{T}}\boldsymbol{v}$ 可得

$$\boldsymbol{v} = \mathbf{inv}\{(\boldsymbol{I}_3 - e^{\theta\hat{\omega}})\hat{\boldsymbol{\omega}} + \theta\boldsymbol{\omega}\boldsymbol{\omega}^{\mathrm{T}}\}t \tag{附 4-35}$$

综合，可得到等效轴线的旋量表示：

$$\$ = [\boldsymbol{\omega}, \boldsymbol{v}] \tag{附 4-36}$$

若给定上式旋量表示，可得到旋量坐标的属性如下。

（1）节距。

$$h = \frac{\boldsymbol{\omega}^T\boldsymbol{v}}{\|\boldsymbol{\omega}\|^2} \tag{附 4-37}$$

旋量的节距是平动与转动的比值。若 $\boldsymbol{\omega} = 0$，则认为 $\$$ 是无穷大节距。

(2) 轴。

$$l=\begin{cases}\left\{\dfrac{\boldsymbol{\omega}\times\boldsymbol{v}}{\|\boldsymbol{\omega}\|^2}+\lambda\boldsymbol{\omega}:\lambda\in R\right\}, & \boldsymbol{\omega}\neq 0\\ \{0+\lambda\boldsymbol{v}:\lambda\in R\}, & \boldsymbol{\omega}=0\end{cases}\qquad\text{(附 4-38)}$$

轴 l 为过一点的有向线。当 $\boldsymbol{\omega}\neq 0$ 时,此轴是过点 $\dfrac{\boldsymbol{\omega}\times\boldsymbol{v}}{\|\boldsymbol{\omega}\|^2}$ 与 $\boldsymbol{\omega}$ 同向的直线;当 $\boldsymbol{\omega}=0$ 时,此轴是过原点与 $\boldsymbol{v}$ 同向的直线。

(3) 幅值。

$$M=\begin{cases}\|\boldsymbol{\omega}\|, & \boldsymbol{\omega}\neq 0\\ \|\boldsymbol{v}\|, & \boldsymbol{\omega}=0\end{cases}\qquad\text{(附 4-39)}$$

若刚体运动含有旋转分量,则旋量的幅值是指纯转动量,否则为纯移动量。若取 $\|\boldsymbol{\omega}\|=1$(或当 $\boldsymbol{\omega}=0$ 时取 $\|\boldsymbol{v}\|=1$),那么旋量的幅值为 $M=\theta$。

e) 开链机构

对于开链机构而言,针对刚体运动叠加原理(即先将运动副 1 至 $n-1$ 固定不动,只转动第 n 个运动副,然后只转动第 $n-1$ 个运动副,而固定其余运动副,最后只转动第 1 个运动副,其余运动副固定),可对于进行乘积运算表示:

$$\boldsymbol{g}_{\mathrm{st}}=e^{\theta_1\hat{\xi}_1}e^{\theta_2\hat{\xi}_2}\cdots e^{\theta_n\hat{\xi}_n}\boldsymbol{g}_{\mathrm{st}}(\boldsymbol{0})\qquad\text{(附 4-40)}$$

当取初始位置时末端坐标系与世界坐标系重合时,有 $g_{\mathrm{st}}(\boldsymbol{0})=e$,那么:

$$\boldsymbol{g}_{\mathrm{st}}=M_1M_2\cdots M_n\boldsymbol{g}_{\mathrm{st}}(\boldsymbol{0})\qquad\text{(附 4-41)}$$

式中,M_1、M_2、…,M_n 为关节特征。

3. 刚体运动的李群表示

1) 李群的矩阵表示

【数学描述】刚体的位形可以用特殊欧氏群(special Euclidean group)$SE(3)$ 来描述,其李群的矩阵表示形式为

$$SE(3)=\left\{\boldsymbol{g}\,\middle|\,\boldsymbol{g}=\begin{pmatrix}\boldsymbol{R} & \boldsymbol{p}\\ 0 & 1\end{pmatrix},\boldsymbol{R}\in SO(3),\boldsymbol{p}\in\mathbb{R}^3\right\}\qquad\text{(附 4-42)}$$

式中,$SO(3)$ 是用于描述转动的特殊正交群,即 3×3 旋转正交矩阵;$\mathbb{R}^3$ 表示三维的向量空间;$\boldsymbol{R}$ 是 $SO(3)$ 中的任意元素,表示绕 Chasles 轴的旋转矩阵,$\boldsymbol{p}$ 表示沿绕 Chasles 轴方向的移动矢量;$\boldsymbol{R}$ 和 $\boldsymbol{p}$ 则包含了 Chasles 轴的信息(轴线、节距和大小三要素)。其中,

$$\begin{cases} \boldsymbol{R} = e^{\theta\hat{\omega}} = \boldsymbol{I} + \hat{\boldsymbol{\omega}} s\theta + \hat{\boldsymbol{\omega}}^2 (1 - c\theta) \\ \boldsymbol{p} = (\boldsymbol{I}_3 - e^{\theta\hat{\omega}})(\boldsymbol{\omega} \times \boldsymbol{v}) + \theta\boldsymbol{\omega}\boldsymbol{\omega}^{\mathrm{T}}\boldsymbol{v} \\ \quad 或\ \boldsymbol{p} = [\boldsymbol{I} - \boldsymbol{R}_{\bar{v}}(\theta)] \cdot \boldsymbol{r} + h\theta\boldsymbol{\omega} \end{cases} \tag{附 4-43}$$

对于 R 和 T 特征，可表述如下：

$$\begin{cases} e^{\theta\hat{\$}} = \begin{bmatrix} \boldsymbol{I} & \theta\boldsymbol{v} \\ \boldsymbol{0} & 1 \end{bmatrix}, & \boldsymbol{\omega} = 0,\ T\ 特征 \\ e^{\theta\hat{\$}} = \begin{bmatrix} e^{\theta\hat{\omega}} & \boldsymbol{p} \\ \boldsymbol{0} & 1 \end{bmatrix}, & \boldsymbol{\omega} \neq 0,\ R\ 特征 \end{cases} \tag{附 4-44}$$

式中，$\hat{\boldsymbol{\omega}}$ 表示反对阵矩阵；$\boldsymbol{r}_f$ 表示 Chasles 轴的位置矢量。

【运动合成】矩阵李子群的合成是通过矩阵乘法实现的，李子群可以看作是由几个一维子群组成的，因此刚有限运动的组成可以用有序单自由度有限运动的相乘来表示：

$$M = M_1 M_2 \cdots M_n \tag{附 4-45}$$

式中，子群 M_k 描述序列中第 k 个有限运动，即为关节特征。

根据指数映射关系，可将 M_k 写为实数形式：

$$M = \{ e^{\theta_1 \hat{\xi}_1} e^{\theta_2 \hat{\xi}_2} \cdots e^{\theta_n \hat{\xi}_n} \mid \theta_1,\ \theta_2,\ \cdots,\ \theta_n \in \mathbb{R} \} \tag{附 4-46}$$

式中，$\hat{\boldsymbol{\xi}}_1$ 为齐次矩阵，表示与 M_k 对应的 Chasles 轴和节距，为

$$\hat{\boldsymbol{\xi}}_k = \begin{bmatrix} \boldsymbol{\omega}_k & \boldsymbol{r}_k \times \boldsymbol{\omega}_k + \dfrac{p_k}{\theta_k}\boldsymbol{\omega}_k \\ \boldsymbol{0} & 0 \end{bmatrix} \tag{附 4-47}$$

【求交运算】对于矩阵李子群，Herve、Meng 等基于群的运算，给出了相应规则。到目前为止，矩阵李子群与组合流形(几个李子群的乘积)的有限运动的交集主要是基于特殊原理进行计算的，如：Fanghella 和 Galletti 给出的情况[1, 2]。然而，这些操作是难以实现的分析方式和应用于所有的运动模式。对于矩阵李子群和复合流形，尚未有完整的求交算法。

2）李代数

【数学描述】矩阵李群 $SE(3)$ 表示刚体的有限运动，而对应部分的瞬时运动的矩阵形式可采用李代数 $se(3)$ 来描述，如下：

$$se(3) = \left\{ \boldsymbol{\omega}\hat{\boldsymbol{\xi}}_t \,\middle|\, \boldsymbol{\omega}\hat{\boldsymbol{\xi}}_t = \begin{bmatrix} \hat{\boldsymbol{\omega}} & \boldsymbol{v} \\ \boldsymbol{0} & 0 \end{bmatrix};\ \boldsymbol{\omega},\ \boldsymbol{v} \in \mathbb{R}^3 \right\} \tag{附 4-48}$$

式中，$\boldsymbol{\omega}$、$\boldsymbol{v}$ 表示角速度和线速度的三维线矢量形式。

对于 $se(3)$ 中的任何元素可写为矢量形式：

$$\boldsymbol{\omega}\hat{\boldsymbol{\xi}}_t = (\boldsymbol{\omega}\boldsymbol{v})^{\mathrm{T}} \tag{附 4-49}$$

$$\boldsymbol{\xi}_t = (\boldsymbol{\omega}_t \quad \boldsymbol{r}_t \times \boldsymbol{\omega}_t + p_t\boldsymbol{\omega}_t)^{\mathrm{T}} \tag{附 4-50}$$

式中，$\boldsymbol{\xi}_t$ 为单位化速度；ω 为幅值；p_t 为节距；$\boldsymbol{r}_t$ 表示为 Mozzi 轴的位置。

【运动合成】对于瞬时运动而言，可以一维 $se(3)$ 子空间表示一维自由度关节的瞬时运动；对于串联形式机构（当多个关节串联连接时）可用运动合成方法，得到末端运动；对于并联形式机构可用所有的支链运动形式的求交来表示。

李代数 $se(3)$ 是六维向量空间，矩阵李子空间的复合由线性加法实现，有

$$\begin{aligned}\boldsymbol{T} &= \mathrm{span}\{\boldsymbol{T}_1 \cup \boldsymbol{T}_2 \cup \cdots \cup \boldsymbol{T}_n\} \\ &= \boldsymbol{T}_1 \otimes \boldsymbol{T}_2 \otimes \cdots \otimes \boldsymbol{T}_n\end{aligned} \tag{附 4-51}$$

式中，$\otimes$ 为线性矢量空间的复合运算。

对于不同的子空间的求交运算可通过线性运算，如下：

$$\begin{aligned}\boldsymbol{T} &= \boldsymbol{T}_1 \cap \boldsymbol{T}_2 \cap \cdots \cap \boldsymbol{T}_n \\ &= (\boldsymbol{T}_1^{\perp} \otimes \boldsymbol{T}_2^{\perp} \otimes \cdots \otimes \boldsymbol{T}_n^{\perp})^{\perp}\end{aligned} \tag{附 4-52}$$

式中，$\boldsymbol{T}_1$，$\boldsymbol{T}_2$，…，$\boldsymbol{T}_n$ 表示为 n 个 $se(3)$ 的子空间。

3）李群矩阵与李代数的映射关系

根据物理原理，有限运动（位移）是瞬时运动的积分（速度），速度是位移的微分。用李群矩阵和李代数描述位移和速度时，它们之间可以表示为微分指数映射关系，如下：

$$\mathrm{d}\boldsymbol{g} = \mathrm{d}e^{\theta\hat{\boldsymbol{\xi}}_f} = \dot{\theta}\hat{\boldsymbol{\xi}}_f e^{\theta\hat{\boldsymbol{\xi}}_f} = \omega\hat{\boldsymbol{\xi}}_f e^{\theta\hat{\boldsymbol{\xi}}_f} \tag{附 4-53}$$

$$e^{\theta\hat{\boldsymbol{\xi}}_t} = \boldsymbol{g} \tag{附 4-54}$$

对上两式进行说明：在 $\theta = 0$ 处的微分为 $\omega\hat{\boldsymbol{\xi}}_f$。在 $\theta = 0$ 处，Chaseles 轴与速度轴重合，故 $\boldsymbol{g}$ 在 $\theta = 0$ 处的微分是 $se(3)$ 的元素，因 $se(3)$ 是 $SE(3)$ 在单位元处的切空间。

综上所述，李群矩阵与李代数的映射关系存在微分与指数积的关系，对于单自由度情况，有

$$\begin{aligned}\mathrm{d}\boldsymbol{M}_k \mid \theta_k = 0 &= \{\mathrm{d}e^{\theta_k\hat{\boldsymbol{\xi}}_{f,k}} \mid \theta_k = 0\} \\ &= \{\dot{\theta}_k\hat{\boldsymbol{\xi}}_{f,k}e^{\theta\hat{\boldsymbol{\xi}}_{f,k}} \mid \theta_k = 0\} \\ &= \{\omega_k\hat{\boldsymbol{\xi}}_{f,k}e^{\theta_k\hat{\boldsymbol{\xi}}_{f,k}} \mid \omega_k \in \mathbb{R}\} \\ &= T_k\end{aligned} \tag{附 4-55}$$

$$\{e^{\theta_n \hat{\xi}_{f,n}} \mid \theta_k \in \mathbb{R}\} = M_k \tag{附 4 - 56}$$

对于多自由度情形,有

$$\begin{aligned} & \mathrm{d}(\boldsymbol{M}_n \cdots \boldsymbol{M}_2 \boldsymbol{M}_1) \mid \theta_{k=0,1,2,\cdots,n} \\ = & \{\mathrm{d}(e^{\theta_n \hat{\xi}_{f,n}} \cdots e^{\theta_2 \hat{\xi}_{f,2}} e^{\theta_1 \hat{\xi}_{f,1}}) \mid \theta_{k=0,1,2,\cdots,n}\} \\ = & \{\omega_1 \hat{\boldsymbol{\xi}}_{t,1} + \omega_2 \hat{\boldsymbol{\xi}}_{t,2} + \cdots + \omega_n \hat{\boldsymbol{\xi}}_{t,n} \mid \omega_n \in \mathbb{R};\ k = 1, 2, \cdots, n\} \\ = & T_1 \otimes T_2 \otimes \cdots \otimes T_n \end{aligned} \tag{附 4 - 57}$$

$$\{e^{\theta_n \hat{\xi}_{t,n}} \cdots e^{\theta_2 \hat{\xi}_{t,2}} e^{\theta_1 \hat{\xi}_{t,1}} \mid \theta_1, \theta_2, \cdots, \theta_n \in \mathbb{R}\} = M_n \cdots M_2 M_1 \tag{附 4 - 58}$$

参考文献

[1] Klein F. A comparative review of recent researches in geometry[J]. Bulletin of the American Mathematical Society, 1893, 2 (10): 215 - 249.

[2] Hahn L-S. Complex numbers and geometry[M]. Berkeley: American Mathematical Society, 2019.